Jahrhundertwissenschaft Biologie

Die großen Themen

Jahrhundertwissenschaft Biologie

Die großen Themen

Herausgegeben von Peter Sitte

Verlag C. H. Beck München

Mit 58 Abbildungen, davon 31 in Farbe, und 11 Tabellen

Die Deutsche Bibliothek – CIP-Einheitsaufnahme

Jahrhundertwissenschaft Biologie : die großen Themen / hrsg. von
Peter Sitte. – München : Beck, 1999
ISBN 3 406 45444 5

ISBN 3 406 45444 5

© C. H. Beck'sche Verlagsbuchhandlung (Oscar Beck), München 1999
Gesamtherstellung: Kösel, Kempten
Gedruckt auf säurefreiem, alterungsbeständigem Papier
(hergestellt aus chlorfrei gebleichtem Zellstoff)
Printed in Germany

Inhalt

Ouvertüre

Von Peter Sitte

In einem Vortrag über «Wissenschaft als persönliches Erlebnis» hat der Philosoph Hans Jonas bekannt:

«Die Biologie ... ließ mir ... das Wunder des Lebensreiches aufgehen, seiner Entwicklung, Gestaltenfülle, Funktionsweisen, Stufenschichtung – das ganze, zwischen Sein und Nichtsein die Waage haltende, verletzliche, unendlich erfinderische Abenteuer organischen Seins inmitten der anorganischen Natur.»

Niemand kann sich diesem Wunder, diesem Abenteuer alles Lebendigen entziehen. Wir selbst gehören ja dem Lebensreich an, das uns Menschen in einer nach Lebensaltern nicht zu messenden Evolution hervorgebracht hat, und wir sind in unserer Existenz auf unsere belebte Umwelt besonders angewiesen. Sie und damit uns selbst immer besser zu verstehen ist das Ziel biologischer Forschung.

Unter den Naturwissenschaften hatte es die Biologie wegen der schier unendlichen Vielfalt und der enormen Komplexität alles Belebten lange Zeit besonders schwer. Immerhin begann sich schon im vorigen Jahrhundert eine allgemeine Biologie, eine umfassende Lebenswissenschaft durch eine Reihe grundlegender Entdeckungen und neuer Ideen zu formieren. Schon vor über 150 Jahren wurde die *Zelle* als Baustein aller Lebewesen und als kleinste lebensfähige Einheit erkannt, als der elementare Organismus. Diese Einsicht regte zur Erforschung der mikroskopischen Zellstrukturen und der Zellteilung an; man entdeckte die gesetzmäßige Verteilung der Chromosomen auf die Tochterzellen. Eine enorme Aufregung in der breiten Öffentlichkeit löste dann vor allem die *Evolutionstheorie* aus, die alle noch so verschiedenen Organismen einschließlich des Menschen in verwandtschaftlicher Beziehung zu sehen erlaubt. Es folgte – zunächst freilich kaum beachtet – das Postulat von materiellen *Erbfaktoren*, die in verschlüsselter Form Information von Generation zu Generation weitergeben. Als Erreger vieler tödlicher Krankheiten und Seuchen konnten bestimmte Bakterien identifiziert werden. Und es konnte überzeugend bewiesen werden, daß es Urzeugung, d.h. die ständige Neuentstehung von Leben aus unbelebter Materie, auf der heutigen Erde nicht gibt. Das alles und manches mehr hatte die biologische Forschung schon vor 1900 als Ernte einbringen können.

Aber erst in unserem Jahrhundert, vor allem in seiner zweiten Hälfte, konnte die Biologie jenen Sturmlauf beginnen, der sie mehr und mehr in den Brennpunkt des wissenschaftlichen und öffentlichen Interesses brachte. Selbst im verwirrenden Meldungsmosaik der Tagespresse traten die großen Themen und ihre Bezüge zu Menschheitsproblemen immer deutlicher hervor: Ökologie und Erhaltung der labilen Biosphäre vor dem Hintergrund einer globalen Bevölkerungsexplosion; «Grüne Revolution» und Züchtungsforschung; Verhaltensforschung und Soziobiologie, die kulturelle Evolution der Hominiden und die evolutionäre Erkenntnistheorie als Beiträge der Biologie zu unserem Selbstverständnis und zu einem neuen Menschenbild; die phantastischen Einblicke in den Mikrokosmos der Zelle, den das Elektronenmikroskop erschloß; fast zeitgleich die Aufklärung normaler und pathologischer Stoffwechselprozesse, die durch die moderne Biochemie und Biophysik möglich wurde, mitsamt den zugehörigen Regelmechanismen, deren Verständnis die Kybernetik erschlossen hatte; vor allem aber die Enträtselung des Vererbungsgeschehens durch die molekulare Biologie der Nukleinsäuren und Proteine.

Um die Jahrhundertmitte zeigte sich, daß die von Friedrich Miescher schon um 1870 als «Nuclein» erstmals isolierte *Desoxyribonucleinsäure (DNS = DNA)* der Stoff ist, aus dem die Gene sind. Und mit der 1953 erfolgten Aufklärung der makromolekularen Struktur der DNA-Doppelhelix konnte auch das Geheimnis der Vererbung gelüftet werden – ein wahrhaft epochaler Durchbruch: Aus dieser Struktur, genauer: dem Positiv-Negativ-Verhältnis der beiden sich gegenseitig umwindenden Schraubenstränge der DNA-Doppelhelix, ließ sich das Prinzip der identischen Vermehrung informativer, semantischer Makromoleküle, und damit der elementarste Lebensprozeß überhaupt, verstehen. Denn letztlich ist es ja die *Vermehrungsfähigkeit* aller Organismen, die «Leben» zu einem so einzigartigen Phänomen macht. Nur von Lebewesen werden – in jeder Generation neu – artgleiche Systeme von einem hohen, extrem komplexen Ordnungsgrad erzeugt, der sich oft auch äußerlich in Symmetrien und phantastischen Musterbildungen ausprägt. Nur dank der in DNA-Molekülen gespeicherten genetischen Information war es überhaupt möglich, daß über vier Milliarden Jahre lang der Fortbestand des Lebens auf der Erde in ununterbrochenen Generationszyklen und im steten Wechsel der Gestalten gesichert blieb. Auch das sonst unbegreifliche Faktum wurde jetzt verständlich, daß aus den immer gleichen, relativ wenigen molekularen Bausteinen – aus 20 verschiedenen Aminosäuren, aus etlichen Zuckern und Fettstoffen sowie aus nur fünf unterschiedlichen Nucleotiden – sich so ungleiche Lebewesen formen können wie Spinne und Spitzmaus, Regenwurm und Riesenwal, Schimmelpilz und Schirmakazie, wie *Micrococcus* und Mensch.

Die Basisaussagen der *Molekularbiologie* sind längst in alle einschlägigen Lehr- und Schulbücher eingegangen, sie werden immer wieder auch in Zeitungsberichten behandelt und im Fernsehen veranschaulicht und haben damit sozusagen Wohnrecht im allgemeinen Bildungskanon erworben. Laborhandbücher enthalten die methodischen Anleitungen, die für die weitere Forschung und für Universitätspraktika relevant sind. Die entscheidende Grundlage für die rasche Entwicklung der Molekularbiologie seit der Jahrhundertmitte war die durch die Röntgenstrukturforschung möglich gewordene Erfassung des *atomaren Baues von Makromolekülen*. Damit konnten u. a. die detaillierten Strukturen von DNA und RNA sowie der für die Zellfunktionen wichtigsten Proteine ermittelt und ihr Wirken im Vererbungs- und Stoffwechselgeschehen verständlich gemacht werden. Die Prozeßketten von den Genen zu den Eigenschaften der Organismen, den Phänen, wurden geklärt: Die DNA vermag sich nicht nur mit Hilfe zahlreicher Proteine zu replizieren, die in ihr gespeicherte genetische Information kann vielmehr auch stückweise auf RNA kopiert werden (*Transkription*), und diese RNA – die Boten- oder Messenger-RNA (mRNA) – instruiert dann die Synthese entsprechender Proteine (*Translation*) an den im Elektronenmikroskop sichtbaren Ribosomen des Zellplasmas. Viele dieser Proteine katalysieren als *Enzyme* bestimmte Stoffwechselreaktionen, deren schließliches Ergebnis die äußerlich sichtbaren Phäne sind. Entscheidend bei diesen Reaktionsketten und -zyklen sind, ebenso wie bei Replikation, Transkription und Translation, spezifische Wechselwirkungen zwischen Biopolymeren, die auf Paßfomen der Moleküloberflächen beruhen. Dank solcher komplementärsymmetrischer Paßformen, die spezifisches gegenseitiges Erkennen gleicher oder verschiedener Proteine und Nucleinsäuren vermitteln, können die zahlosen Komplexe aus zellulären Makromolekülen gebildet werden, wie z. B. die Ribosomen, die «Proteinnähmaschinen», oder die Filamente und Mikrotubuli des Zellskeletts.

Im Leben der Zelle spielen kurzfristige Wechselwirkungen zwischen molekularen Partnern eine enorme Rolle. Besonders gut untersucht sind z. B. die Interaktionen von Hormonen mit den auf sie ansprechenden Rezeptoren sowie jene von sog. Motormolekülen mit dem Zellskelett, worauf fast alle Bewegungsvorgänge beruhen. Die Motormoleküle (das Myosin der Muskeln, die Kinesine, Dyneine und Dynamine) sind eklatante Beispiele dafür, daß alle diese großen Moleküle oder Molekülkomplexe nicht starr, sondern flexibel sind und nur dadurch überhaupt ihre Funktionen zu erfüllen vermögen. Ohne das wären z. B. Regulationsphänomene undenkbar, etwa die Frage, wie sie die Transkription steuern und darüber entscheiden, welche Gene aus dem gesamten Genom in bestimmten Zellen wirksam werden, d. h. aktiv sind, und letztlich in Form der ihnen zugeordneten Phäne exprimiert werden. Auch in den *Biomembranen*, die einerseits die Zelle gegen ihre Umwelt abgrenzen, andererseits auch innerhalb der Zelle besondere Kompartimente umschließen, müssen viele Proteine ihre Konformation verändern können, um ausgewählte Moleküle oder Ionen durch die sonst unpassierbaren Lipidfilme der Membranen hindurchzuschleusen.

Alle diese Erkenntnisse sind inzwischen für die verschiedenen biologischen Disziplinen bis hin zu Evolutionstheorie und Systematik nutzbar gemacht worden. Auch das öffentliche Interesse wendet sich zunehmend dem zu, was sich daraus für die kulturelle und praktische Seite der Biologie ableiten läßt. Vor allem hiervon wird in diesem Buch die Rede sein.

Heute ist es dank der molekularen Biologie zum Gemeinplatz geworden, daß es ohne genetische Information kein Leben geben kann, und übrigens ohne Leben – so gut wir wissen – auch keine Information. Nirgends finden wir in der abiotischen Welt informative Programme, die auf die Multiplizierung und Perpetuierung komplexer Systeme ausgerichtet wären. Die Vorgänge dort sind allenfalls teleomatisch: Wenn sie überhaupt zielgerichtet ablaufen (wie etwa das Zu-Boden-Fallen losgelassener Steine oder das Kreisen von Planeten), dann werden damit lediglich die Auswirkungen allgemeiner Naturgesetze manifest. Dagegen verfügen alle Lebewesen (und selbst noch die Viren, diese «leblosen Organismen») über *artspezifische genetische Programme*. Ihre Entwicklung ist daher nicht einfach ein teleomatischer, sondern ein *teleonomer* Vorgang, programmiert durch vorgegebene Information, die in den Riesenmolekülen der DNA gespeichert ist, ständig präzis vermehrt und auf nachfolgende Generationen vererbt wird. Darauf beruht letztlich auch der eigenartige Umstand, daß in der Biologie (und unter den Naturwissenschaften *nur* in der Biologie) neben die Frage nach den bestimmenden Ursachen («Warum?») fast gleichberechtigt die Frage nach Funktionen und Zwecken tritt («Wozu?»). Augen sind *zum* Sehen da, Ohren *zum* Hören, Beine *zum* Laufen – schon jedes Kind weiß es. Damit ist auch eine seriöse Beantwortung der Grundfrage der Biologie möglich geworden, nämlich wodurch sich «Leben» von all den übrigen Prozessen im Universum auszeichnet bzw. worin sich alle Lebewesen von allem Leblosen unterscheiden.

Die enormen Erfolge der Molekularbiologie haben dem *Reduktionismus* in der Biologie starken Auftrieb gegeben: Das Komplexe soll durch das Einfache erklärt werden. «Reducere» heißt zurückführen. Es wird also konsequent versucht, die Leistungen vielzelliger Organismen auf jene ihrer Zellen und deren Interaktionen zurückzuführen. Entsprechend werden die Zellfunktionen dann wieder auf die Frage zurückgeführt, wie Biomoleküle interagieren, was seinerseits auf biophysikalischen, d.h. atomaren Gesetzmäßigkeiten beruht.

Nun macht freilich gerade auch die Biologie deutlich, daß dieser Erfolgsweg keine Einbahnstraße sein kann. *Systeme* sind definitionsgemäß schon mehr als die bloße Summe ihrer Teile. Am Gesamtsystem treten Eigenschaften hervor, die sich nicht unmittelbar aus den Merkmalen der einzelnen Systemelemente ergeben, sondern nur aus deren Zusammenwirken verständlich und erklärbar werden. Solche Systemeigenschaften werden als emergent bezeichnet. Jedes Lebewesen stellt ein extrem komplexes System mit zahllosen emergenten Qualitäten dar. Um *Emergenzen* wissenschaftlich erfassen zu können, muß der Weg der Analyse – des Zerlegens in genau zu erforschende Einzelteile – verlassen und umgekehrt jener der *Zusammenschau*, der holistischen *Synthese*, gesucht werden. Konrad Lorenz: «Man kann eben die Glieder einer Systemganzheit nur in ihrer Gesamtheit oder überhaupt nicht verstehen.» Wobei zu beachten bleibt, daß Analyse und Synthese nicht in einem Verhältnis des Entweder/Oder zueinander stehen, sondern sich notwendig ergänzen. Beste Beispiele für ein entsprechendes kombiniertes Vorgehen liefern (u. a.) Ökologie, Immun-biologie und Hirnforschung.

Durch ihre atemberaubende Entwicklung in den letzten fünf Dezennien ist die Biologie als meistbeachtete Naturwissenschaft der Physik gefolgt, die in der ersten Jahrhunderthälfte dominierte. Wieder war es Hans Jonas, der es auf den Punkt gebracht hat: Auf die *Kernphysik* folgte die *Kernbiologie*. Im Zell*kern* werden ja die Gene vervielfältigt, und von dort aus wirken sie, steuern sie das Leben der Zellen und der Organismen. Und diese im Kern, im Zentrum jeder Zelle ablaufenden Prozesse können wir eben heute bis in ihre molekularen Details hinein verstehen. Es ist möglich geworden, die genetischen Botschaften zu entziffern, wir können sie buchstäblich lesen, können sie gezielt verändern, sie auch ohne Beteiligung lebender Organismen beliebig vermehren und sie sogar zwischen ganz verschiedenen Lebewesen künstlich austau-schen. Die damit möglich gewordenen Anwendungen, das ganze Szenario der modernen Biotechnologie, Medizin, Pharmazie, Züchtung, ja des gezielten Eingriffes auch in das menschliche Erbgut – das erregt die Öffentlichkeit verständlicherweise immer heftiger. Man kann heute schon fast keine Tageszeitung mehr auf-schlagen, keine Fernsehprogramme durchzappen, ohne auf Gen-debatten zu stoßen. Die Verängstigungsindustrie nützt die Chance, die Horrorschraube um drei Windungen weiterzudrehen (z. B. im Spielfilm «Gattaca»). Aber *Fiction* geht oft kaum weiter als *Fact*. Die Fakten werden selbst in seriösen Informationssendungen unter Titeln wie «Die Menschenmacher» oder «Frankensteins Kinder» feilgeboten.

Ernste Kontroversen über bereits praktizierte oder mögliche Anwendungen neuer biologischer oder medizinischer Erkennt-nisse reichen bis tief in die Politik, Justiz und Wirtschaft. Philoso-phie und Theologie können es nicht länger vermeiden, wegen der sich plötzlich auftürmenden ethischen Probleme die Fortschritte der Biologie zu beachten. Die pharmazeutische und medizinische Forschung hat sich neu orientiert. Künstlich hergestellte Gense-quenzen und Chromosomen werden zum Patent angemeldet und vermarktet, genmanipulierte Organismen spielen in der Landwirt-schaft eine rasch wachsende Rolle. Seit Jahren läuft das interna-tionale Multimilliardenprojekt zur Entzifferung des menschlichen Erbgutes. Der «gläserne Mensch», dessen schicksalbestimmender Genbestand vollständig bekannt ist, ist keine Utopie mehr.

Alle diese neu eröffneten Möglichkeiten bedeuten einen enormen Machtzuwachs und, unvermeidlicherweise damit verbunden, eine entsprechend gesteigerte *Verantwortlichkeit*. Schon 1977 hat der Genetiker Jérôme Lejeune festgestellt: «Die Wissenschaft selbst ist nicht zu fürchten; aber sie bringt, je nachdem wie man sie nutzt, das Beste und das Schlechteste hervor. Die wahre Gefahr liegt im Menschen selbst, in diesem immer beunruhigenden Mißverhältnis zwischen seiner Macht, die von Tag zu Tag wächst, und seiner Weisheit, die manchmal abzunehmen scheint.» Daß neue wissenschaftliche Erkenntnisse grundsätzlich ambivalent sind, sowohl gebraucht wie mißbraucht werden können, ist ja längst tausendfach erwiesen. Zumal im Umgang mit genetisch künstlich veränderten Lebewesen ist besondere Vorsicht geboten: Wir könnten unbeabsichtigt nicht mehr kontrollierbare Kettenreaktionen in Gang setzen. Lebewesen haben es nun einmal an sich, sich so stark wie möglich zu vermehren, und diese Vervielfältigung ist – wenn es die Umstände zulassen – exponentiell, d.h. explosiv. (Nicht zu Unrecht spricht man von einer «Bevölkerungsexplosion».) Aus einer einzigen Bakterienzelle, die nur das Tausendstel des Volumens einer unserer Körperzellen hat, entstünde bei ungehemmter Vermehrung in nur zwei Tagen eine Zellmasse, die das Volumen der Erde überträfe. Könnten wir genetisch falsch manipulierte Organismen daran hindern, andere Organismen zu überwuchern, zu verdrängen, auszurotten? Wird es möglich sein, die Gefahr von Bioterrorismus zu bannen? Wie kann eine rücksichtslose und sozial schädliche wirtschaftliche Ausbeutung biologischer Entdeckungen ausgeschlossen werden? Solche Fragen werden heute intensiv diskutiert, und nicht nur im juristischen, sondern auch im ethischen Diskurs ist immerhin schon viel geschehen, um die neuen Grenzen möglichst klar zu markieren. Bücher über Gen-Ethik haben nicht zufällig Hochkonjunktur.

1972 war die erste rekombinante DNA, d.h. künstlich zusammengebaute Erbsubstanz, erzeugt worden, die es so in der Natur noch nie gegeben hat. Im Jahr darauf wurde eine solche chimäre DNA in Colibakterien eingeschleust. Schon im Juli 1973 warnten Fachleute vor möglichen Gefahren der neuen Gentechnik. Anfang 1975 fand dann in Monterey in Californien die legendäre Konferenz von Asilomar statt, in der sich die Wissenschaftler selbst sehr strenge Sicherheitsrichtlinien für den Umgang mit transgenen Organismen auferlegten, d.h. solchen Organismen, auf die künstlich artfremdes Erbgut übertragen worden war. Diese Richtlinien dienten seither weltweit als Grundlage für Gentechnik-Gesetze. Der wesentliche Punkt ist, daß *die Wissenschaftler selbst sich ohne äußeren Druck* Grenzen gesetzt haben, bevor die Öffentlichkeit von den neuen Möglichkeiten überhaupt Kenntnis genommen hatte. Das setzt Maßstäbe, hinter die wir nie mehr zurück dürfen.

Jedenfalls ist die heutige Biologie durch die Konsequenzen ihrer Erfolge selbst massiv betroffen. Sie hat nicht nur Erwartungen geweckt, die z. T. schwer erfüllbar sein werden, und sich damit unter Erfolgszwang gesetzt. Sie muß (zumindest in Demokratien, die keine Elfenbeintürme dulden) ihren ständig steigenden Aufwand begründen und rechtfertigen. Sie muß interne Verständigungsbarrieren, die aus der ewig weiterwuchernden Spezialisierung notgedrungen erwachsen, ebenso zu meistern lernen wie die Eindämmung oder doch Kanalisierung der ständig steigenden Literaturflut. Und vor allem: Sie muß den Ängsten der breiten Öffentlichkeit wirkungsvoll begegnen durch umfassende, bedingungslos ehrliche und allgemeinverständliche Information. Nur so kann sie auch eine der wesentlichen Voraussetzungen für sachgerechte politische Entscheidungen schaffen.

Friedrich Dürrenmatt hat 1962 zu seiner als Komödie getarnten Tragödie «Die Physiker» 21 Punkte formuliert, zwei davon lauten: «*Der Inhalt der Physik geht die Physiker an, die Auswirkung alle Menschen. / Was alle angeht, können nur alle lösen.*» Alle. Aber das setzt eben voraus, daß alle auch ein Mindestmaß an Sachkenntnis besitzen. Diese braucht nicht in fachliche Details zu gehen, aber ganz fehlen darf sie nicht. Sonst fühlt man sich eben dem nicht durchschaubaren, womöglich gefährlichen Neuen hilflos ausgeliefert. Ansteckende Angst breitet sich aus, die leicht in wilde Empörung umschlagen kann. Anwendungs- und Forschungsverbote werden gefordert, Betriebe boykottiert, Versuchsfelder zertrampelt, Wissenschaftler bedroht. Aber Probleme können demokratisch weder durch intolerante Polemik noch gar durch Gewalt gelöst werden, sondern nur durch sachlichen Dialog und Mehrheits-(nicht Minderheits-)Entscheidung. Damit sind wir wieder bei Dürrenmatts Forderung. Lewis Wolpert hat das Problem jüngst so umrissen: «Gibt es für die gegenwärtige Forschung Türen, die die Aufschrift tragen sollten: ‹Nicht öffnen – zu gefährlich›? ... Ich bekenne mich zur klaren Unterscheidung zwischen Welterkenntnis und dem Gebrauch, den man von ihr macht ... Man sollte sich nicht der Möglichkeit begeben, wissenschaftliche Ideen für gute Handlungen zu nützen, nur weil diese selben Ideen auch mißbraucht werden könnten.» [Nature 398, S. 282, März 1999: *Is science dangerous?*]

Jede Übersicht über das, was vom heutigen Wissen der Biologie vor 10, 20, 40 Jahren noch nicht bekannt war und was man vor 50 Jahren noch nicht einmal ahnte, vermittelt ein Gefühl dafür, wie rasant der Fortschritt war und was bei der immer noch anhaltenden Beschleunigung für die Zukunft zu erwarten ist. Zugleich wird übrigens auch deutlich, wie lächerlich die immer wieder kolportierte Ansicht ist, die Forschung sei an ihre Grenzen gekommen (vgl. etwa J. Horgans Interviewsammlung «An den Grenzen des Wissens», München 1997). Kürzlich ist solchen Annahmen immerhin kein Geringerer als Sir John Maddox, langjähriger Herausgeber der hochangesehenen Zeitschrift «Nature», mit seinem Buch «What Remains to be Discovered» (New York 1998) entschieden entgegengetreten.

Aber wie auch immer: Gerade in solchen Katarakten der Entwicklung einer Wissenschaft erscheint es auch besonders geboten, den Überblick zu wahren oder wieder herzustellen. Das ist nicht nur für Gesellschaft und Politik, sondern auch für die Wissenschaft selbst von entscheidender Bedeutung. Denn eine ungute Seite der Spezialisierung ist eben auch die, daß die Fachleute außerhalb ihres Spezialgebietes mehr und mehr zu Laien werden – sie wissen immer mehr über immer weniger.

Überblick ermöglichen – *diesem Zweck dient dieses Buch*. Eine Reihe anerkannter Forscher unternimmt es zur Jahrtausendwende, zentrale Themen der Lebenswissenschaft zu präsentieren und damit der interessierten Öffentlichkeit eine Selbstdarstellung der heutigen Biologie und ihrer Grenzbereiche zu bieten.

Ouvertüren lassen üblicherweise jene Melodien anklingen, die in den Opern dann gesungen werden, sie präsentieren sozusagen die kompositorische Menükarte. Sollte das bei der Ouvertüre zu diesem Buch anders sein? Nein. Also folgt hier eine kurze *Inhaltsübersicht*.

Eine tragende Säule der Biologie ist seit Darwins Tagen die *Evolutionstheorie*, und sie wird es auch weiterhin bleiben. Aber natürlich entwickelt sie sich ständig weiter – *Wolfgang Wieser* berichtet darüber.

Für viele Bereiche der modernen Biologie ist die *Zellbiologie* zum tragenden Fundament geworden. Der Feinbau der Zellen in ihren tausenderlei Erscheinungsformen ist heute vielfach bis in die molekularen Details hinein aufgeklärt, wie *Werner Franke* an ausgesuchten Beispielen erläutert.

Die molekulare Zellbiologie spielt vor allem auch in der *Immunbiologie* eine dominierende Rolle. Dieses Gebiet hat sich in den letzten Jahrzehnten geradezu dramatisch entwickelt, wie aus dem Text von *Klaus Eichmann* deutlich wird, der auch frühe Ansätze nicht ausspart und zeigt, wie sich widersprüchliche Auffassungen schließlich oft in fruchtbarer Synthese vereinen lassen.

Das anschließende Kapitel von *Stefan Kaufmann* betrifft Krankheitskeime, die Seuchen auszulösen vermögen und gegen die sich unser Körper durch den Immunapparat zu schützen sucht: *Bakterien und Viren.* Damit wird einmal mehr die Grenze zur *Medizin* überschritten, deren enge Zusammenarbeit mit der biologischen Grundlagenforschung *Wolfgang Gerok* beleuchtet. Hier kommt, wie auch schon im Beitrag Eichmanns und später wieder in dem von *Widmar Tanner* über *Altern und Tod,* das *Krebsproblem* zur Sprache, das durch die stark gesteigerte Lebenserwartung des modernen Menschen besonders aktuell ist.

Für das Selbstverständnis des Menschen hat die *Ethologie (Verhaltensforschung)* eine zunehmend wichtige und provokative Rolle gespielt, wie die Stichworte *Soziobiologie* und *kulturelle Evolution* zeigen. Dieses wichtige Thema behandelt *Barbara König*, und *Hans Mohr* nimmt den Faden im folgenden Beitrag wieder auf und spannt ihn weiter bis zu Fragen der Zukunftsgestaltung.

Diesem Duo nachgeschaltet ist ein Bericht von *Wolf Singer* über die moderne Hirnforschung. Sie steuert mit neuen Methoden und Konzepten auf Einsichten zu, die das überkommene Menschenbild womöglich dramatisch verändern werden.

Auch die *Entwicklungsbiologie* hat durch die molekularen und zellulären Erkenntnisse einen neuen, steilen Höhenflug angetreten, den *Herbert Jäckle* miterleben läßt. Ihm schließt sich der bereits erwähnte Beitrag von *Widmar Tanner* an; der Abschluß jeder Individualentwicklung ist nun einmal der Tod, ein Thema, das in allen Kulturen seit jeher zu den ganz großen gehört.

Groß geworden ist durch uns Menschen, die wir durch eine wahre Bevölkerungsexplosion das Überleben des Planeten Erde in der uns bekannten Form gefährden, das nächste Gebiet, die *Ökologie. Bruno Streit* gibt eine Übersicht über die Themen, spezifischen Schwierigkeiten und Programme der wissenschaftlichen

Ökologie, zumal sie sich vom modischen Ökorummel recht deutlich abhebt.

Die belebte Natur hat durch ihre lange und insgesamt sehr erfolgreiche Evolution eine Unmenge von Problemlösungen erreicht, die oft auch in der modernen Technik weiterhelfen können. *Bionik* heißt jener neue Zweig der Biologie, der sich mit solchem Lernen von der Natur beschäftigt; und *Werner Nachtigall*, einer ihrer Pioniere, bringt sie uns in diesem Buch nahe.

Ein nicht nur großes, sondern auch besonders heißes Thema ist heutzutage die *Bio-* und *Gentechnologie*. Sie wird detailreich durch *Hans Günther Gassen* und seine beiden jungen Mitarbeiter *Thomas Hektor* und *Sabine Perl* behandelt. Dabei treten durch die Vermittlung einprägsamer Bilder auch die molekularen und zellbiologischen Grundlagen besonders klar hervor.

Oft wird den Naturwissenschaften der Vorwurf gemacht, sie vernachlässigten die geistigen Dimensionen ihrer Ergebnisse und seien blind für die darauf ausgerichteten menschlichen Bedürfnisse. Aber so muß es nicht sein: *Gerhard Vollmer* erläutert *philosophische Probleme* der Biologie. Und die *Schönheit des Lebendigen* versuche ich selbst den Leserinnen und Lesern nahezubringen.

Den Schluß bildet ein thematisches Schwergewicht: Wie steht es mit der *Ethik* der Forschung, der Wissenschaft und der durch sie möglich gewordenen Anwendungen? Das geht, wie schon die beiden vorangehenden Beiträge, über den Rahmen der Fachwissenschaft Biologie hinaus, charakterisiert aber auch noch einmal ihre Sonderstellung. Und wie schon vorhin betont, ist das ja nicht nur eine zentrale Frage der modernen Biologie, die eben längst keine Orchideenwissenschaft mehr ist, sondern auch der modernen Gesellschaft. *Sie* muß die richtungweisenden Entscheidungen treffen, und wenn die Demokratie nicht zu einer Expertokratie verkommen soll, muß die Politik durch klare und unparteiische Information durch die Wissenschaftler selbst in die Lage versetzt werden, die Weichen richtig zu stellen. *Klaus Hahlbrock* zeigt auf sehr eindrückliche Art, was dabei bedacht werden muß.

Bevor nun endlich der Vorhang aufgeht, schnell noch ein kurzer Gebrauchsvorschlag für dieses Buch. Die einzelnen Beiträge können auch einzeln gelesen werden – sie sind in sich geschlossen und bauen absichtlich nicht aufeinander auf, das Buch soll schließlich kein Lehrbuch sein. Durch abweichend gedruckte, kurze Zwischentexte des Herausgebers soll der Einstieg erleichtert und auf Aspekte hingewiesen werden, deren eingehendere Behandlung den Rahmen des Buches gesprengt, den Preis erhöht und seine Handlichkeit gemindert hätte. Um den Darstellungen die Anonymität gedruckter Texte möglichst zu nehmen, werden schließlich noch die einzelnen Verfasser in Bild und Wort vorgestellt (S. 447 ff.).

Der Stoff des Buches verbietet es, seinen Benützern eine leichte, genüßlich-ergötzliche Lektüre zu versprechen, für solches bieten nun einmal die großen Themen einer Jahrhundertwissenschaft nicht die geeignete Grundlage. Aber wer sich anhand der Texte ausgewiesener Wissenschaftler ernstlich mit diesen Themen auseinandersetzt, wird Anregung und Gewinn ernten: sein Horizont wird weiter, er wird klarer sehen und besser verstehen, sich selbst ein begründbares Urteil bilden und damit dann gegebenenfalls auch kompetenter mitreden können.

Dieses wünschen allen Leserinnen und Lesern Herausgeber und Verlag. Und nun also: Vorhang auf – bitte weiterblättern!

P. S.

[Hinweise auf *weiterführende Literatur* werden zu den einzelnen Kapiteln gegeben. Hier sei lediglich auf ein Lehrbuch hingewiesen, das für Studierende der Biologie gedacht ist und auf 1440 Seiten bzw. in 3 kg verpackt einen umfassenden, zugleich detailreichen Überblick über alle Bereiche der Biologie gibt: Neil A. Campbells «Biologie». Die deutsche Ausgabe, herausgegeben von Jürgen Markl, ist bei Spektrum, Heidelberg, 1997 erschienen und kostet 128,– DM. Das klassische, große Nachschlagewerk zur gesamten Biologie ist z. Z. ebenfalls im Spektrum-Verlag als Neubearbeitung im Erscheinen begriffen: Lexikon der Biologie, 15bändig, auch als CD-ROM erhältlich.]

Vergegenwärtigung des Längstvergangenen

Die Evolutionstheorie ist die große, zentrale Säule der Biologie. Seit ihrer Veröffentlichung vor 140 Jahren sind die Grundgedanken Darwins immer wieder bestätigt worden: Im Verlauf der Erdgeschichte ist es zu einer steten Veränderung der Lebewesenwelt gekommen, die auf zufälligen und ungerichteten erblichen Veränderungen (Mutationen) und einer richtunggebenden Selektion der Mutanten beruht. Dabei gab es eine ständig weitergehende Herausbildung neuer Arten, deren hierarchische Ordnung in Systematik und Taxonomie die stammesgeschichtliche Entwicklung (Phylogenese) widerspiegelt. Letztlich sind alle heute lebenden Organismen Abkömmlinge einiger weniger Urlebewesen, vermutlich sogar eines einzigen. Die dadurch gegebene grundsätzliche Verwandtschaft aller rezenten und fossilen Organismenarten ist in den letzten Jahren durch Sequenzvergleiche von Nucleinsäuren und Proteinen eindrucksvoll bestätigt worden. Wichtige Erkennungssequenzen für die Steuerung elementarer Stoffwechsel- und Entwicklungsprozesse haben sich in ganz verschiedenen Provinzen des Organismenreiches als (fast) identisch erwiesen. Auch die kühne Hypothese, wonach die Mitochondrien, auf denen die Zellatmung beruht, und die Chloroplasten der grünen Pflanzen von zellkernlosen (prokaryotischen) Bakterien abstammen, die in Urzeiten in die größeren und komplexeren, kernhaltigen Zellen von Eukaryoten als intrazelluläre Symbionten eingebaut worden sein sollen, hat sich durch DNA-Sequenzvergleiche voll bestätigt. Ja selbst der Hominiden-Stammbaum, der durch Fossilfunde immer detailreicher rekonstruierbar wird (vgl. z. B. D. Johanson und B. Edgar: «Lucy und ihre Kinder», Spektrum, Heidelberg 1998; F. Schrenk: «Die Frühzeit des Menschen», Beck, München 1997), erhält durch Sequenzuntersuchungen neue Facetten. Wissenschaftliche Diskussionen um die «Urmutter Eva», um die «Out of Africa-Hypothese» oder unsere (nicht so nahe) Verwandtschaft mit den Neandertalern fanden und finden selbst in der Tagespresse ihren Niederschlag.

Die Abstammungslehre hat seit fast eineinhalb Jahrhunderten die Öffentlichkeit deshalb so besonders erregt, weil sie uns Menschen unmittelbar mit betrifft. Sigmund Freud sprach von der «biologischen Kränkung» als der zweiten Kränkung nach der ersten, der kopernikanischen: In beiden Fällen wurde eine vermeintliche Zentralstellung des Menschen in der Natur durch naturwissenschaftliche Erkenntnisse relativiert. Freilich zeigt gerade auch die Evolution der Hominiden, daß es dabei einen Quantensprung der Evolution gegeben hat. Vor allem durch eine enorme Vergrößerung des Gehirns war die Voraussetzung geschaffen für Ichbewußtsein, Rationalität, Sprache und Schrift, Technik und Kunst – kurz: für eine soziokulturelle Evolution der Menschheit, die viel rascher und nach ganz anderen Regeln abläuft als die biologische und die uns Menschen turmhoch herausgehoben hat aus dem Tierreich.

Wie die Evolutionstheorie die verschiedenen biologischen Disziplinen beeinflußt, so ist sie selbst durch neue Befunde in anderen Biobereichen immer wieder weiterentwickelt worden. Diesem Aspekt, der für die moderne Biologie ebenso wichtig ist wie für die Wissenschaftsgeschichte und -theorie, gilt das erste Kapitel.

Die Evolution der Evolutionstheorie

Von Wolfgang Wieser

Im Konzert der biologischen Wissenschaften spielt die Evolutionsbiologie eine ganz besondere Rolle. Auf ihre Ausnahmestellung deutet etwa das Diktum des bekannten Evolutionsbiologen Theodosius Dobzhansky: «Nothing in biology makes sense except in the light of evolution.» Auch gibt es keinen Zweifel darüber, an welchem Punkt in der Geschichte wir die Leine zu befestigen hätten, wollten wir den Fortschritt in diesem Bereich der biologischen Wissenschaften messen: Es ist der Erscheinungstag (24. November 1859) von Charles Darwins Hauptwerk «On the Origin of Species by means of Natural Selection». In keinem anderen Bereich, nicht einmal in der Genetik, ist die historische Zuordnung so eindeutig.

Die Evolutionstheorie hat selbst eine Evolution durchgemacht (Wieser 1994). Darwin hatte seine Theorie auf dem Fundament sorgfältiger Analysen von Naturphänomenen errichtet, wie sie einem aufmerksamen Beobachter in der Mitte des vorigen Jahrhunderts zugänglich waren. Wie seine Zeitgenossen war auch Darwin ahnungslos, was die mechanistischen Grundlagen seiner Theorie betraf. Er wußte nicht, wie es zur Entstehung jener Merkmalsvarianten kommt, aus denen durch natürliche Selektion die jeweils tauglichste – die am besten «angepaßte» – ausgewählt wird, und er wußte ebensowenig, auf welche Weise individuelle Merkmale von Generation an Generation weitergegeben werden. Dennoch hat Darwin für die Evolutionstheorie ein derart solides begriffliches Fundament geschaffen, daß an ihrer grundsätzlichen Gültigkeit auch nach 150 Jahren und in einem enorm veränderten wissenschaftlichen Umfeld nicht zu zweifeln ist. Die Solidität des von Darwin geschaffenen Fundaments beruht darauf, daß er es, *erstens*, wagte, die Merkmale und Äußerungen rezenter Lebewesen als Indizien zu bewerten, die Aufschluß über die Entstehung der biologischen Mannigfaltigkeit in vergangenen Perioden der Erdgeschichte geben können, und daß er, *zweitens*, erkannte, daß sich das Rezept zur Erzeugung von Mannigfaltigkeit auf einige wenige axiomatische Sätze reduzieren läßt:

1. Biologische Einheiten vermehren sich, indem sie mehr oder minder genaue Kopien von sich selbst herzustellen vermögen.
2. In jeder Population biologischer Einheiten sind erbliche Varianten vorhanden.

3. Von diesen Varianten werden unterschiedlich viele Kopien hergestellt, und zwar in Abhängigkeit vom Erfolg ihrer Auseinandersetzungen mit der Umwelt.

Aus heutiger Sicht enthalten diese Sätze eine generelle Anweisung für eine Evolution: *Wo immer es Einheiten gibt, die sich vermehren, die variieren und Merkmale in Abhängigkeit vom Grad ihres Erfolges in der Umwelt vererben können, wird Evolution stattfinden.* Daß dieser Prozeß unabhängig vom Medium ist, in dem er stattfindet, beweisen Computersimulationen wie «Life» oder «Tierra», in denen Programmelemente tatsächlich eine virtuelle Evolution mit einigen erstaunlichen Parallelen zur biologischen Evolution durchlaufen. Der amerikanische Philosoph Daniel Dennett (1997) spricht daher auch von der Selektionstheorie als einem *Algorithmus*, also einem abstrakten Regelwerk, das für sämtliche Evolutionen gilt, die nach dem Muster der oben erwähnten axiomatischen Sätze funktionieren. In diesem Sinne läßt sich die Evolution der Evolutionstheorie auch als ein Prozeß verstehen, in dessen Verlauf die *allgemeine* Theorie der Evolution Schritt um Schritt in eine *spezielle* Theorie der *biologischen* Evolution transformiert wurde.

In den 150 Jahren nach dem Erscheinen von Darwins Hauptwerk wurde das systematische, phänologische und morphologische Wissen, auf das sich der Darwinsche Formalismus im wesentlichen stützt, durch neue Erkenntnisse aus sämtlichen anderen Disziplinen der biologischen Wissenschaften ergänzt und erweitert. So hatte die Wiederentdeckung der Mendelschen Erbgesetze um 1900 zur Folge, daß die Wissenschaft von den Mechanismen der Vererbung, die *Genetik*, in das Gedankengebäude der Evolutionstheorie integriert wurde. Die von den Architekten dieser Synthese zwischen 1930 und 1940 formulierte *synthetische Theorie der Evolution* ist eine um die genetische Dimension erweiterte – meist als «Neodarwinismus» bezeichnete –Variante des klassischen Darwinismus. Ebenfalls in dieser Zeit wurde deutlich, daß sich auch die *vergleichende Verhaltensforschung* in den Rahmen der klassischen Theorie einfügt (Lorenz 1935). Die Integration der vergleichenden Verhaltensforschung in den begrifflichen Rahmen der synthetischen Theorie wurde aber erst 40 Jahre später, in Auseinandersetzungen zwischen Anhängern und Gegnern der *Soziobiologie* (E. O. Wilson 1975), erstritten. Weit geöffnet wurde die «black box» der biologischen Evolution aber vor allem durch die in den

50er Jahren einsetzende Revolution der *Molekularbiologie* und *molekularen Genetik*. Mit der Entdeckung des molekularen Fundaments biologischer Prozesse wurden die von Darwin nur indirekt umschriebenen Phänomene «Vererbung», «Variabilität», «Anpassung» und «Entwicklung» einer mechanistisch-reduktionistischen Analyse zugänglich. Mit zunehmender Kenntnis der molekularen Wurzeln biologischer Vorgänge wurden neue Regeln und Randbedingungen (Zwänge, *constraints*, Kontrollfunktionen) aufgedeckt. Erst die Auseinandersetzung mit den Konsequenzen dieser neuen Regeln und Randbedingungen machte es möglich, die ontologische *Aktualität* der biologischen Evolution aus einem unbegrenzt großen Repertoire evolutionärer *Möglichkeiten* abzuleiten.

Im Titel seines Hauptwerks verspricht Darwin, dem Problem des Ursprungs der Arten nachzugehen. Dieses zentrale Anliegen kann jedoch von mehreren Seiten betrachtet werden, seine Behandlung erfordert die Auseinandersetzung mit sehr unterschiedlichen Aspekten des biologischen Geschehens. Von diesen haben die folgenden drei das Bild der Evolutionsbiologie in den 150 Jahren nach Darwin geprägt:

1. Abstammung und Verwandtschaft der Lebewesen;
2. Anpassung der Lebewesen an die Umwelt;
3. Komplexe Systeme und Emergenz.

Über den Stellenwert der ersten beiden Aspekte war sich Darwin weitgehend im klaren, und er meinte, die entscheidenden Fragen mit Hilfe der Begriffe Vererbung, Variabilität und Selektion im Prinzip beantworten zu können. Der dritte Aspekt bereitete ihm jedoch großes Kopfzerbrechen. Daß er ihn in sein Konzept nicht wirklich einzuordnen vermochte, darauf deutet der Vorwurf, der ihm schon sehr bald gemacht wurde, er habe die Rolle der *Kooperation* im Spiel der Evolution im Vergleich zu der Rolle der *Konkurrenz* unterschätzt und mißverstanden.

Im folgenden möchte ich skizzieren, wie sich unsere Vorstellungen von den oben genannten Aspekten des biologischen Geschehens im Lichte der neuen Einsichten in die molekulare Dimension seiner Organisation gewandelt haben.

Abstammung und Verwandtschaft

Die Erkenntnis, daß sämtliche Lebewesen miteinander verwandt sind, daß sich der Grad der Verwandtschaft im Ausmaß der Ähnlichkeiten von Individuen spiegelt und daß sich aus solchen Ähnlichkeiten Stammbäume konstruieren lassen – diese Erkenntnis ist nicht die einzige, die wir dem Weitblick von Charles Darwin verdanken; aber es ist jene, die die Öffentlichkeit am stärksten bewegt hat. Die entscheidenden Prozesse zur Erklärung von Verwandtschaftsbeziehungen in der biologischen Welt sind *Variabilität* und *Vererbung*: Merkmale variieren, und der genetisch bedingte Anteil der Variabilität wird von Generation an Generation vererbt. Das wichtigste Instrument zur Beurteilung der evolutionären Konsequenzen dieser Prozesse ist der *Vergleich*, dessen Ergebnisse in abgestuften Serien von *Ähnlichkeiten* zum Ausdruck kommen. Der Begriff der Ähnlichkeit ist somit der Schlüssel für die Konstruktion von Verwandtschaftsnetzen und Stammbäumen. Zur Zeit Darwins konnte bloß jene Form von Ähnlichkeit diskutiert werden, die wir heute als *phänotypisch* bezeichnen, d. h. Ähnlichkeiten der sichtbaren Formen von Lebewesen. Die *Morphologie*, deren Geschäft das Kategorisieren solcher Ähnlichkeiten ist, bezeichnete Darwin als die «wahre Seele der Naturgeschichte», und deren Quintessenz ist die Unterscheidung von *Homologie* und *Analogie*. Homologe Ähnlichkeiten von Lebewesen beruhen auf Übereinstimmungen in den Lagebeziehungen struktureller Merkmale. Je größer diese Übereinstimmung ist, desto näher dürften die verglichenen Lebewesen miteinander verwandt sein. Demgegenüber bezeichnet der Begriff *Analogie* strukturelle Ähnlichkeiten von Lebewesen und ihren Organen, die sich durch Ähnlichkeiten der *Funktion* und nicht durch gemeinsame Abstammung erklären lassen.

In den 100 Jahren zwischen dem Erscheinen von Darwins Hauptwerk und dem Beginn der molekularen Revolution war es gelungen, mit Hilfe dieser funktionsmorphologischen Begriffe die Grundlagen für ein natürliches System der lebenden und ausgestorbenen Bewohner der Biosphäre zu schaffen. Die unübersehbaren Mängel der ersten Systementwürfe waren vor allem methodisch bedingt, denn:

1. Die Klärung von Verwandtschaftsverhältnissen setzt die Unterscheidung einer ausreichend großen Zahl von Merkmalen voraus. Was die phänotypischen Merkmale betrifft, ist dies bei einfachen wirbellosen Tieren und Mikroorganismen nicht immer

der Fall. Des weiteren schließt dieser Umstand die Klärung der Abstammung jener Organismen aus, von deren Vorfahren keine oder nur unzureichende fossile Spuren vorliegen. Dementsprechend war vor allem über die Evolution des Reiches der Mikroorganismen bis in die letzten Jahrzehnte dieses Jahrhunderts so gut wie nichts bekannt.

2. Aufgrund der dreidimensionalen Komplexität morphologischer Merkmale ist es nicht möglich, die evolutionäre Distanz zwischen homologen Merkmalen oder das Tempo, mit dem im Laufe der Evolution ein Merkmal in ein anderes transformiert wurde, zu quantifizieren. Die Erfassung der zeitlichen Dimension der Evolution hing also ausschließlich von der Datierung geologischer Ereignisse und der Zuordnung von Fossilfunden ab.

Mit der Entdeckung des genotypischen Substrats der phänotypischen Merkmale von Lebewesen haben sich die Bedingungen zur Erstellung eines natürlichen Systems der biologischen Mannigfaltigkeit grundlegend gewandelt. Die Erweiterung unseres Blickfeldes beruht darauf, daß das genetische Rezept zur Konstruktion eines Lebewesens in einem durch den genetischen Code definierten *digitalen* Informationssystem abgefaßt ist. Dies macht es im Prinzip möglich, das Ausmaß der Ähnlichkeit zweier Lebewesen zu quantifizieren, indem man die Basensequenzen ihrer Gene (oder die von diesen abhängigen Aminosäuresequenzen ihrer Proteine) ermittelt und die gefundenen Sequenzunterschiede in objektiven Maßeinheiten ausdrückt. Die zeitliche Dimension der Evolution eröffnete sich der digitalen Analyse, als man herausfand, daß Veränderungen in den Genen von Lebewesen durch Mutationen (im weitesten Sinne) zustande kommen und daß deren Frequenz unter gewissen Bedingungen und innerhalb eines gewissen Rahmens als mehr oder minder konstant angesehen werden kann. Das Konzept einer *molekularen Uhr* wurde entwickelt (Sarich und Wilson 1967), deren Takt die Zeitstruktur der biologischen Evolution bestimmen soll. Die Hypothese, eine derartige Uhr schlage zumindest innerhalb begrenzter Gruppen von Lebewesen und begrenzter Sequenzabschnitte im konstanten Takt, eröffnete die Möglichkeit, Aussagen über den Verlauf der Evolution auch in jenen Epochen zu machen, aus denen es keinerlei phänotypische Dokumente gibt. Ein Beispiel bietet die Diskussion über den Zeitpunkt des ersten Auftretens vielzelliger Tiere. Aufgrund paläontologischer Indizien war gefolgert worden, daß fast alle Stämme des Tierreichs innerhalb von ein paar Dutzend Millionen Jahren vor etwa 550 bis 520 Millionen Jahren entstanden waren («kambrische Explosion»). Demgegenüber hatten molekulargenetische Untersuchungen an rezenten Vertretern wirbelloser Tiere nahegelegt, daß deren gemeinsame Vorfahren vor sehr viel längerer Zeit gelebt haben mußten: Wray et al. (1996) konnten wahrscheinlich machen, daß die ältesten Metazoen schon im Proterozoikum vor zumindest einer Milliarde Jahren die schlammigen Böden der damaligen Meere besiedelt haben mußten.

Nachdem sich die Methode der molekularen Genetik etabliert hatte, wurde somit deutlich, daß die Verwandtschaftsverhältnisse von Lebewesen auf zweierlei Weise hinterfragt werden können: *entweder* durch den Vergleich und die Deutung von Unterschieden zwischen morphologischen Merkmalen *oder* durch die statistische Auswertung von Unterschieden in den Basensequenzen des genetischen Materials. Die Frage, in welcher Beziehung die Ergebnisse dieser beiden analytischen Verfahren zueinander stehen, hat sich zu einem faszinierenden Thema der neueren Evolutionsbiologie entwickelt. Zwei wichtige Variationen dieses Themas sind die folgenden:

1. In jenen Gruppen von Lebewesen, die mit einer ausreichenden Zahl morphologischer Merkmale ausgestattet sind, haben die beiden analytischen Verfahren zu weitgehend ähnlichen Aussagen über *Verwandtschaftsverhältnisse* geführt. Demgegenüber resultieren die beiden Verfahren oft in sehr unterschiedlichen Vorstellungen über das *Tempo* der Evolution. Trotz des gleichmäßigen Taktes der molekularen Uhr hat sich zum Beispiel der Stamm der Amphibien in den letzten hundert Millionen Jahren kaum verändert, während sich der Stamm der Säugetiere im selben Zeitabschnitt in so unterschiedliche Linien wie die der Wale, Fledermäuse und Nagetiere aufgespalten hat.

2. Molekulargenetische Untersuchungen an Mikroorganismen, vor allem an Cyanobakterien, haben in Kombination mit der Entdeckung von Mikrofossilien aus präkambrischer Zeit die Vorstellung reifen lassen, die Geschichte des Lebens auf der Erde werde gewissermaßen auf zwei Bühnen gespielt: unter dem Einsatz unterschiedlicher Strategien und mit unterschiedlichen Lebensformen als Hauptdarstellern. Im Präkambrium regierten *prokaryote* Einzeller mit folgenden Merkmalen: Die Entwicklung erfolgt asexuell; genetische Diversität entsteht durch Mutationen sowie durch den weitverbreiteten Austausch von genetischem Material

zwischen nichtverwandten Zellinien; der Stoffwechsel ist meist anaerob; Zellinien passen sich durch biochemische Innovationen auch an die extremsten Lebensbedingungen an und sterben nur selten aus. Es ist wahrscheinlich, daß die meisten dieser Zellinien sämtliche Katastrophen der Erdgeschichte überdauert haben, somit genetische Kontinuität vom Beginn des Lebens auf der Erde vor über 3,5 Milliarden Jahren bis in die Gegenwart dokumentieren. Demgegenüber entstand vor etwa einer Milliarde Jahren durch Symbiose der Typus der *eukaryoten* Zelle, die den Erfolg einer ganz anderen Strategie der Evolution demonstriert: Der Zellstoffwechsel ist überwiegend aerob; genetische Diversität entsteht vor allem durch den Austausch und das Kombinieren von genetischem Material zwischen verwandten Zellinien; aus einzelnen Zellen entwickeln sich vielzellige Organismen, die nach dem Prinzip der Arbeitsteilung funktionieren und deren Stammeslinien sich als spezialisiert und eher kurzlebig erweisen. Dementsprechend wird die Periode des Phanerozoikums (vom Ende des Kambriums bis in die Gegenwart) mehrmals durch Massenaussterben unterbrochen und die biologische Mannigfaltigkeit immer wieder aus dem Reservoir der zufällig übriggebliebenen Lebensformen durch adaptive Radiationen wiederhergestellt (Schopf 1994).

Anpassung

Der Begriff der «Anpassung» in seiner Anwendung auf Lebewesen hat sich seit Darwin drastisch gewandelt, man könnte sogar sagen, er hat sich innerhalb von 150 Jahren im Gestrüpp definitorischer Scheingefechte aufgelöst. Für Darwin bedeutete dieser Begriff, daß die beobachtbare Übereinstimmung zwischen der jeweiligen Struktur und Funktion eines Organs dadurch zustande kommt, daß durch den Angriff der Selektion an Merkmalsvarianten Organismen von einem imperfekten in einen perfekten Zustand überführt werden. Diese Deutung scheint zu implizieren, daß der gegenwärtige Zustand der belebten Welt aufgrund ihrer langen Geschichte dem Zustand der perfekten Angepaßtheit nahekommt, daß sich die Evolution also auch als ein kontinuierlicher und gradueller Prozeß der *Vervollkommnung* verstehen läßt. Hinter dieser Deutung werden, Vexierbildern gleich, einige der einflußreichsten Welt- und Gesellschaftsmodelle der Aufklärung sichtbar: Leibniz'

Idee von der «besten aller möglichen Welten», in der wir leben sowie die Idee vom unaufhaltsamen gesellschaftlichen Fortschritt der Menschheit, die die wirtschaftliche und industrielle Entwicklung seit dem 18. Jahrhundert begleitet und angetrieben hat. Die Auflösung des Begriffs der «Anpassung» im Postdarwinismus korreliert mit dem Zusammenbruch dieser ideologischen Großkonzepte im 20. Jahrhundert. Folgende wissenschaftliche Fakten und Einsichten haben bei diesem Wertewandel wesentliche Rollen gespielt.

Alle Arten sind angepaßt, nur wenige schreiten voran

Die Feststellung, eine Art sei an die in ihrer Umwelt herrschenden Lebensbedingungen «angepaßt», sagt nichts anderes aus, als daß Vertreter der Art unter diesen Bedingungen eine hinreichend große Zahl von Nachkommen produzieren können, um den Fortbestand der Generationenfolge zu sichern. Diese inhaltsleere Definition gab Anlaß zum oft erhobenen Vorwurf, die Selektionstheorie basiere auf einem Zirkelschluß (zum Beispiel «survival of the survivor»). Aber selbst wenn die Gleichsetzung von Angepaßtheit und Überlebenswahrscheinlichkeit ein logischer Blindgänger ist, so bringt sie doch zum Ausdruck, daß sämtliche Vorfahren sämtlicher heute die Erde bevölkernden Lebewesen in ihren jeweiligen Umwelten überlebensfähig und daher wohl auch ausreichend «angepaßt» gewesen sein mußten. An dieser trivialen Feststellung scheitert das Konzept von der biologischen Evolution als einem sich ständig perfektionierenden, «voranschreitenden» Großereignis. Bedenken wir zum Beispiel, daß es etwa 50000 verschiedene Käferarten gibt, die alle nach dem gleichen Bauplan gebaut sind, sich in morphologischen und physiologischen Details jedoch deutlich voneinander unterscheiden. Jede dieser Arten ist an eine bestimmte ökologische Nische auf exquisite Weise angepaßt, aber es fällt schwer, in der Evolution dieser Mannigfaltigkeit das Prinzip des «Fortschritts» zu entdecken. Heißt das nun, daß wir uns von diesem Prinzip ganz allgemein verabschieden müssen oder sollen, wenn wir über Evolution sprechen? Unter dem Diktat einer herbeigeredeten *political correctness* haben vor allem amerikanische Evolutionsforscher (unter anderem S.J. Gould 1998) diesen Schluß tatsächlich gezogen. Richten wir jedoch unsere Aufmerksamkeit nicht auf *Arten*, sondern auf spezifische *Funktionen*, dann läßt sich jeweils ein *Optimum* definieren, und wir können uns die Frage stellen, bis zu welchem Punkt sich Stammesreihen von Lebewesen im Laufe ihrer Evolution einem derartigen Optimum angenähert haben. Die Evolution der Flugfähigkeit von Insekten liefert ein schönes Beispiel. Nach heutiger Auffassung haben sich die Flügel von Insekten aus Hautfalten entwickelt, die ursprünglich der Regulation der Körpertemperatur dienten. Mit zunehmender Größe erwiesen sich die Ausstülpungen der Haut aber auch als geeignet, den Insekten kurze Gleitflüge zu gestatten. Der Selektionswert dieser neuen Funktion nahm in dem Maße zu, in dem der Selektionswert der alten Funktion abnahm. Das hat zur Evolution jener perfekten Strukturen geführt, die sowohl die Dauerleistungen wie den energieaufwendigen Schwirrflug bestimmter Insekten möglich machen. Es erscheint logisch, ja unvermeidlich, eine derartige Sequenz evolutionärer Lösungsversuche mit dem Begriff des *Fortschritts* zu verknüpfen. Zu berücksichtigen ist dabei bloß, daß es *erstens* eine spezifische Funktion mit einem definierbaren Optimum ist, die «voranschreitet», und daß *zweitens* der Fortschritt nicht Ausdruck eines inneren Lebensprinzips ist, sondern das Resultat einer das biologische Substrat formenden, richtunggebenden Selektion. So gibt es biochemische Wege, entlang denen es gewissen Gruppen von Mikroorganismen gelungen ist, bei den Temperaturen von kochendem oder gefrorenem Wasser zu überleben; aero- und hydrodynamische Wege, entlang denen einige Tiergruppen die Reiche der Luft und des offenen Wassers erobert haben, sowie Wege der Informationsverarbeitung, die zu intelligenten Lebewesen geführt haben.

Mutationsfrequenz und Selektionsdruck

Im Weltbild des klassischen Darwinismus galt die Selektion als der Hauptkonstrukteur der Evolution. Die *modifications* von Individuen wurden als geringfügig angesehen, die natürliche Auslese demgegenüber als derart stark, daß jede Verschlechterung des angepaßten Zustands schnell ausgemerzt, jede bessere Variante schnell zur Dominanz gebracht würde. Von den Populationen rezenter Organismen wurde angenommen, sie befänden sich in einer Art von Anpassungsgleichgewicht, in dem sämtliche erbliche Modifikationen von der Selektion «gesehen» und sortiert würden. Die Berücksichtigung der molekularen Dimension des Geschehens hat dieses Bild jedoch gründlich verändert. Ab 1960 wurde es möglich, mittels elektrophoretischer Methoden die Proteinspektren von Zellen sichtbar zu machen. Mit einem Male stellte sich heraus, daß das Ausmaß der genetisch bestimmten Variabilität von Populationen und Arten um vieles größer ist als von der klassischen Theorie angenommen, ja, zu groß, um von der natürlichen Selektion unter normalen Bedingungen sortiert werden zu können. Im nachhinein ist es leicht zu sagen, daß dieses Ergebnis eigentlich zu erwarten war, denn die Umwelten von Lebewesen sind nicht konstant, sondern wechselhaft, ja sogar chaotisch. Die adäquate evolutionäre Strategie der Anpassung sollte also wohl unter allen Umständen die sein, Vorräte an nicht festgelegten («neutralen») Varianten anzulegen, aus denen dann, in Abhängigkeit von den jeweils herrschenden Bedingungen, die geeignetsten selektiert und in einer Population erblich fixiert werden. Diese Einsicht hat die bereits 1930 von R. A. Fisher in ihren wesentlichen Zügen konzipierte *Populationsgenetik* beflügelt, als deren extremste Variante die *Neutralitätstheorie der molekularen Evolution* von M. Kimura anzusehen ist. Diese definiert als «Hauptursache der evolutionären Veränderungen auf molekularer Ebene... die Zufallsfixierung von selektiv neutralen oder beinahe neutralen mutanten Allelen... und nicht die positive Darwinsche Selektion» (Kimura 1987, S. 5). In dieser Betrachtungsweise ist es also die *Mutationsfrequenz*, die die Rolle des Motors der biologischen Evolution spielt, und nicht der *Selektionsdruck*. Allerdings hat Kimura ausdrücklich darauf hingewiesen, daß seine Überlegungen nur für die molekulargenetische, nicht für die phänotypische Evolution gelten. Nimmt man diese Unterscheidung ernst, dann muß nach einer Brücke gesucht werden, die die beiden Blöcke der Evolutionstheorie miteinander verbindet, denn im phänotypischen Orchester ist es ganz augenscheinlich die «positive Darwinsche Selektion», die den Takt bestimmt. In dieser Diskrepanz zwischen dem genotypischen und dem phänotypischen Aspekt der Evolutionstheorie wurzelt die bisher letzte Phase der «Evolution der Evolutionstheorie», nämlich die Integration der *Entwicklungsbiologie* in das Gedankengebäude der Evolutionsbiologie.

Die ontogenetische Dimension: Zähmung des Zufalls

Die individuelle Entwicklung (die Ontogenese) von Pflanzen und Tieren wird seit mehr als 200 Jahren wissenschaftlich erforscht. Hundert Jahre vor Darwins Hauptwerk erkannte Caspar Friedrich Wolff, daß die verschiedenen Organe von Tieren aus undifferenzierten Geweben entstehen, und legte damit den Grundstein für die Wissenschaft der Entwicklungsbiologie, deren Ergebnisse von Evolutionsbiologen jedoch zunächst nicht wahrgenommen wurden. Noch 1978 konnte der führende Verfechter einer rein genorientierten Evolutionstheorie die Meinung vertreten, daß «die Einzelheiten des embryonalen Entwicklungsvorganges, so interessant sie auch sein mögen, für evolutionäre Überlegungen nicht relevant» seien (Dawkins 1978). Diese Position läßt sich heute, 20 Jahre später, nicht mehr aufrechterhalten. Es ist vielmehr unausweichlich geworden, den Entwicklungsprozeß als die Bühne anzusehen, auf der sich nicht nur die Transformation des Genotyps in den Phänotyp, sondern auch die Transformation der molekulargenetischen in die morphologische Evolution vollzieht. Durch den ontogenetischen Prozeß wird festgelegt, wie die im genetischen «Programm» enthaltenen Möglichkeiten verwirklicht werden. Diese Idee war bereits 1962 von Conrad Waddington, einem der Pioniere der Entwicklungsbiologie, angedeutet worden, der sinngemäß meinte, im ontogenetischen Prozeß würde der Fluß der genetischen Information in Richtung auf ein ganz bestimmtes Endprodukt, das phänotypische Individuum «kanalisiert» werden. Die weitere Entwicklung dieser Idee hat den Verlauf der Evolution der Evolutionstheorie durch wichtige Konzepte und Modellvorstellungen bereichert, von denen folgende genannt seien:

1. Die Erbanlagen eines Individuums repräsentieren ein Rezept, das in Abhängigkeit von den herrschenden Bedingungen auf sehr unterschiedliche Weise verwirklicht (*exprimiert*) werden kann. Die Gesamtheit der im Genom schlummernden phänotypischen Expressionsmöglichkeiten wird als die *Reaktionsnorm* des Individuums bezeichnet. Die Unzahl von Möglichkeiten, die eine Reaktionsnorm enthält, wird im Laufe der Entwicklung des Individuums gewissermaßen auf einen ontologischen Punkt gebracht, wobei die Reduktion der Möglichkeiten auf eine spezifische Realität sowohl für die Morphologie wie auch für das Verhalten des Individuums gilt. Als Beispiel für ersteren Weg sei eine kürzlich gemachte Entdeckung erwähnt, wonach bei lebendgebärenden Eidechsen die Körperform der Jungen davon beeinflußt wird, ob im Lebensraum der trächtigen Mutter Schlangen vorkommen oder nicht. Diese sind die prominentesten Räuber der jungen Eidechsen, deren Anwesenheit über Geruchs- und Hormonsignale von den Embryonen im Mutterleib wahrgenommen zu werden scheint. Das hat zur Folge, daß

die Eidechslein in einem schlangenverseuchten Biotop längere Schwänze haben – und dadurch vor dem Gefressenwerden besser geschützt sind – als die in einer gefahrloseren Welt geborenen Jungen. Die Einschränkungen, die dem *Verhalten* eines Individuums aufgezwungen werden, lassen sich wohl am deutlichsten am Beispiel der *Prägung* demonstrieren. Bei allen Arten mit ausgedehnter Brutpflege, also vor allem bei Vögeln und Säugetieren, durchlaufen die Neugeborenen eine sensible Entwicklungsphase, die dadurch gekennzeichnet ist, daß die in ihr gemachten Erfahrungen dauerhafter gespeichert werden und das Verhalten des heranwachsenden Individuums auf nachhaltigere Weise beeinflussen als die nach dem Abschluß der sensiblen Phase gemachten Erfahrungen (Bischof 1998).

2. Der individuelle Phänotyp repräsentiert also eine der vielen möglichen Expressionen des Genotyps. Aber je komplexer dieser Phänotyp ist, aus je mehr voneinander abhängigen Bauteilen er sich zusammensetzt, desto größer ist auch der Einfluß, den er selbst auf den Prozeß der Expression ausübt. Es ist leicht einzusehen, daß neue Varianten nur dann in eine komplexe Konstruktion Eingang finden können, wenn sie sich in den bereits bestehenden Bauplan einfügen. Insofern schränkt der Phänotyp die Realisierung neuer genotypischer Entwürfe ein. Zahllose Varianten der Keimbahn gelangen in hochdifferenzierten, vielzelligen Organismen gar nicht erst zur Expression, sondern werden bereits in frühen Entwicklungsstadien ausgeschieden. Mit anderen Worten: Der sich entwickelnde Phänotyp schafft eine *innere Umwelt*, in der Keime und Embryonen einem Prozeß der *inneren Selektion* unterworfen werden. In diesem Sinne ist die Bemerkung zu verstehen, daß die Ontogenese eines Individuums die Bühne ist, auf der sich die Transformation der molekulargenetischen in die morphologische Evolution vollzieht. Im Jargon der Zeit wird das Instrument dieser Transformation unter dem Begriff *Entwicklungszwänge* (*developmental constraints*) zusammengefaßt. Die Wirksamkeit dieser Art von Selektion läßt sich zum Beispiel an der Merkmalskonstanz von morphologischen Bauplänen erkennen, die sehr oft der Ausdruck für suboptimale, ja eindeutig fehlerhafte Lösungen ist. Man denke an die ziemlich absurde Lösung für den Geburtskanal beim Menschen oder an die bereits von Darwin kommentierte Tatsache, daß sämtliche Säugetierarten, von der Spitzmaus bis zur Giraffe, durch den Besitz von exakt sieben Halswirbeln ausgezeichnet sind – eine im Hinblick auf die unterschiedlichen

Aufgaben und Belastungen der Halsregion verschieden großer Tiere funktionell fragwürdige Konstruktion.

3. Die in den beiden letzten Abschnitten beschriebenen Phänomene stützen die Ansicht, daß die Beziehungen zwischen Genotyp und Phänotyp flexibel sind und nicht den Charakter von Einbahnstraßen haben. Es wird meist übersehen, daß die vom Konzept der inneren Selektion geforderte Einschränkung der Expression genetischer Varianten durch ontogenetische Zwänge ebenso den Austausch von Information zwischen Phänotyp und Genotyp impliziert, wie dies bei der von Lamarck ins Spiel gebrachten Vererbung erworbener Eigenschaften der Fall wäre. Da letztere auch weiterhin als eine «verbotene» Strategie gilt, ist die Frage zu stellen, auf welche Weise der durch Umwelteinflüsse und Entwicklungsprozesse individuell geprägte Phänotyp denn den Genotyp seiner Nachkommen und damit die Evolution der Population oder Art beeinflussen könnte. Diese Frage hat bereits vor mehr als hundert Jahren den englischen Biologen J. M. Baldwin bewegt, der unglücklich darüber war, daß Darwins Theorie keinen Weg anzubieten schien, auf dem das Individuum (Baldwin dachte dabei vor allem an das *intelligente* Individuum) die Evolution der Art beeinflussen könne. Aus heutiger Sicht ist es nicht schwierig, sich einen derartigen Weg vorzustellen. Wir brauchen nur in Betracht zu ziehen, daß der Phänotyp aufgrund seiner spezifischen Entwicklung zu einem Faktor werden kann, der die Wahl der geeignetsten Lebensbedingungen einer Gruppe von Individuen mitbestimmt und damit Weichen für die weitere Evolution von deren Nachkommen stellt. Vor allem muß dies für Tiere mit differenziertem Verhalten gelten, und es ist wohl kein Zufall, daß – wie weiter oben bereits angemerkt – gerade bei höheren Wirbeltieren die Diskrepanz zwischen dem Tempo der molekularen und dem der morphologischen Evolution besonders groß ist (A. C. Wilson 1985). Daß Verhaltensforscher mit der Existenz von Rückkopplungsschleifen zwischen dem Verhalten von Individuen und der Evolution der Art kein Problem haben, dafür mag folgendes Zitat als Beleg dienen: «Vogelgesänge beeinflussen als tradierte Kommunikationsmittel die Partnerwahl und die Fortpflanzungs-Chancen ihrer Besitzer, d. h., sie haben einen Einfluß auf die genetische Evolution. Wir können abschätzen, daß mit zunehmender Bedeutung tradierten Verhaltens schließlich die Gene ins Schlepptau von Traditionen kommen werden.» (Wickler 1990, S. 184)

Komplexe Systeme: Konkurrenz und Kontrolle

In dem mit diesem Titel angesprochenen Bereich der Biologie wird besonders deutlich, daß der Algorithmus der Selektionstheorie nur die *notwendigen*, nicht aber die *hinreichenden* Bedingungen definiert, die zum Verständnis der biologischen Evolution erforderlich sind. Am grünen Tisch oder – zeitgemäßer – am Monitor des geduldigen PCs läßt sich im Rahmen des selektionstheoretischen Algorithmus jede Menge von Stammbäumen und evolutionären Reihen entwerfen. Als Beispiel sei eine berühmt gewordene Computersimulation erwähnt, mit der Nilsson und Pelger (1994) zu beweisen versuchten, daß sich unter gewissen Annahmen über Geometrie und optische Eigenschaften sowie über Mutationsfrequenz, Erblichkeit, Selektionskoeffizienten und Generationendauer die Evolution der Augen von Tieren vom einfachen Pigmentfleck zum hochkomplexen Linsenauge in rund 400 000 Generationen, also innerhalb von bloß ein paar Millionen Jahren, vollzogen haben könnte. Das ist eine überraschende Antwort auf Darwins von Zweifeln gepeinigtem Ausruf: «... that the eye could have been formed by natural selection seems, I freely confess, absurd in the highest possible degree.» Die schwedischen Forscher wollten den Begründer der Selektionstheorie posthum von seinem Alptraum befreien, indem sie eine lineare Sequenz präsentierten, an deren Anfang ein paar lichtempfindliche Zellen, eine flache Schicht von Pigmentzellen und eine ebensolche Schicht lichtdurchlässiger Epithelzellen steht und die in einem Sehorgan mit optimaler Lichtstärke und Bildgenauigkeit endet. Dabei wird angenommen, daß in einer Reihe von Konstruktionsentwürfen jeder Entwurf im Vergleich zum vorhergehenden um ein Prozent verbessert ist und daß folgende Merkmale variieren können: die Tiefe des Augenbechers und der Durchmesser seiner Öffnung, der Krümmungsradius der Pigment- sowie der lichtempfindlichen Schicht und der Brechungsindex der Epithelschicht. Unter der Annahme eines 1 %igen Selektionsvorteils des jeweils besten Entwurfs ergibt sich rechnerisch, daß ein optimiertes Abbildungsorgan in genau 1829 Schritten zu erreichen wäre. Die Evolution der gesamten Sequenz wird von der natürlichen Selektion gesteuert, die jeden verbesserten Entwurf mit erhöhtem Reproduktionserfolg belohnt. Die Computersimulation demonstriert eindrucksvoll die Möglichkeiten des selektionstheoretischen Algorithmus, sie sagt jedoch nichts aus über den tatsächlichen Weg, den die Evolution des Linsenauges der Wirbeltiere in der biologischen Wirklichkeit eingeschlagen hat. Diese Diskrepanz zwischen Modell und Wirklichkeit steckt zum Teil in den Randbedingungen, die eingeführt werden mußten, um die Simulation überhaupt durchführen zu können. So wurde zum Beispiel auf die Darstellung der Evolution der Bildverarbeitung im Gehirn völlig verzichtet.

Darüber hinaus gibt es aber eine Dimension, deren Berücksichtigung zu völlig anderen Modellvorstellungen zwingt, als sie von Nilsson und Pelger bei ihrer Simulation der Vervollkommnung eines Organs durch die natürliche Selektion verwendet wurden.

Diese andere Dimension der Evolution läßt sich aus der Beobachtung entwickeln, daß individuelle Lebewesen nicht bloß miteinander *konkurrieren*, sondern sich auch mit anderen individuellen Lebewesen *auseinandersetzen* müssen: als Räuber und Beutetier, Blume und Bestäuber, Wirt und Parasit, Sozial- und Geschlechtspartner und so weiter. Im ersten Fall konkurrieren Individuen gewissermaßen um einen von der Umwelt gestifteten Preis, wobei es letztlich um Sieg oder Niederlage geht. Für die Serie der Augenentwicklung würde dies heißen, daß die mit einem etwas besseren Sehorgan ausgestatteten Individuen die schlechter sehenden allmählich aus dem gemeinsamen Lebensraum verdrängen. Die verdrängten Erblinien sterben aus, oder sie besiedeln andere Lebensräume, in denen das Verdrängungsspiel von neuem beginnen kann. Demgegenüber können Auseinandersetzungen zwischen Individuen zwar auch mit Sieg oder Niederlage enden, aber es eröffnen sich auch andere strategische Möglichkeiten. Immer dann, wenn zwischen rivalisierenden Partnern oder zwischen Feinden gemeinsame Interessen sichtbar werden, mag Kooperation eine erfolgreichere Strategie sein als die Hoffnung auf einen Sieg. Dies ist etwa der Fall, wenn die Partner einer Wirt-Parasit-Beziehung gewissermaßen entdecken, daß ihre konfliktreiche Beziehung auch Varianten enthält, die für *beide* vorteilhaft sein können; oder wenn Rivalen entdecken, daß sie gegenüber anderen Rivalen gemeinsam erfolgreicher sein könnten denn als autonom agierende Individuen. Die vielfältigen Auseinandersetzungen zwischen Individuen, die für die biologische Evolution so charakteristisch sind, enthalten also die Elemente von Spielen, in denen je nach den herrschenden Bedingungen entweder egoistisch-aggressive oder altruistisch-kooperative Strategien gewinnbringend sein können. Der englische Evolutionsbiologe John Maynard Smith hat erkannt (Maynard Smith 1974), daß sich das Repertoire solcher Auseinandersetzungen mit den Begriffen der von John Neumann und Oskar Morgenstern für die Wirtschaftswissenschaften entwickelten Spieltheorie beschreiben läßt. Angeregt durch ein neues Begriffssystem entdecken Biologen immer wieder neue evolutionäre Konstellationen, die den Charakter von Entscheidungen zwischen alternativen Lösungsvarianten haben, zum Beispiel:

1. Äußere Bedingungen können bestimmen, ob Konflikte zwischen biologischen Einheiten (Genen, Zellen, Individuen) eher in Richtung auf autonome oder in Richtung auf kooperative Lösungen evolvieren werden. Letztere mögen zur Bildung komplexerer Systeme Anlaß geben, indem Einheiten ihre Autonomie partiell aufgeben und sich einem gemeinsamen Regelwerk unterordnen. Eines der dramatischsten Beispiele für diese Strategie ist die Evolution der kernhaltigen eukaryoten Zelle aus der Symbiose zwischen zwei Typen einfacherer Zellen vor 1,5 bis 2 Milliarden Jahren. Es ist möglich, daß dieser «Quantensprung» in der zellulären Evolution unter dem Druck einer langanhaltenden Periode des Nährstoffmangels in den präkambrischen Weltmeeren zustande gekommen ist, denn das Ergebnis der Beziehung war die Transformation der bakteriellen Symbionten in spezielle Organellen, *Mitochondrien*, die es in weiterer Folge der eukaryoten Zelle möglich machten, die chemische Energie von organischem Material durch dessen vollständige Oxidation mit wesentlich höherer Effizienz zu nützen, als es pro- und urkaryoten Zellen mit Hilfe des anaeroben Energiestoffwechsels möglich war und ist.

2. Kommt es zwischen Konfliktpartnern zu keiner stabil-kooperativen Lösung, dann ist die Alternative oft ein endloses Wechselspiel von Angriff und Verteidigung: Basis für die in der Natur vorkommenden Fälle von Koevolution und Rüstungswettläufen, die uns das Prinzip einer Evolution mit grenzenloser Dynamik, aber ohne Fortschritt vor Augen führen.

3. Komplexe Systeme, die daraus resultieren, daß sich autonome Einheiten einem gemeinsamen Regelwerk unterordnen, bewahren grundsätzlich einen Zustand der Dynamik und Labilität. Unter wechselnden äußeren Bedingungen bietet einmal der autonome Zustand, ein andermal der Zustand der systemaren Integration größere Selektionsvorteile. Um die autonomen Tendenzen der Elemente des Systems erfolgreich zu zähmen, dazu bedarf es allerdings massiver Kontrollen. So hat in der eukaryoten Zelle der symbiontische Partner, das zu einem Organell

degradierte Bakterium, die Kontrolle über seine eigene Vermehrung so gut wie vollständig an das Steuerorgan des ursprünglichen Wirtes, den Zellkern, abgegeben.

Es ist wichtig zu sehen, daß im Verlauf der biologischen Evolution die wirklich großen Veränderungen nicht entlang der konventionellen Stammes- und Bauplanlinien stattgefunden haben, sondern an jenen Punkten, an denen sich autonome Einheiten zu komplexeren Systemen zusammengeschlossen haben. In diesem Sinne läßt sich der Zusammenschluß von Genen zu Chromosomen verstehen, der Übergang von prokaryoten zu eukaryoten Zellen, die Entstehung von Vielzellern aus Einzellern sowie die Entstehung von Sozietäten aus solitären Individuen. Jeder dieser Übergänge ist – wie Tabelle 1 andeutet – durch das Auftreten radikal neuer Merkmale gekennzeichnet, ein Vorgang, der gerne durch den Begriff der *Emergenz* beleuchtet wird (Mayr 1998). Das für die Menschheit folgenreichste emergente Ereignis, die Entstehung der Sprache, ist das entscheidende Merkmal des Übergangs von der prähominiden zur hominiden Lebensform, der sich von anderen Übergängen grundsätzlich dadurch unterscheidet, daß er nicht durch eine *Verei-*

Tabelle 1: Einige Beispiele für phänomenologische Innovationen (emergente Eigenschaften), die für die vier großen Systemübergänge im Verlauf der biologischen Evolution charakteristisch sind (aus Wieser 1998).

Systemübergang		Innovationen
von	zu	
Prokaryota	Eukaryota	Reduktionsteilung und genetische Kombinatorik; *inter*zelluläre Signal- und Erkennungssysteme
Einzeller	Vielzeller	Arbeitsteilung; Trennung von Soma und Keimbahn; Tod als konstitutives Merkmal des Organismus
solitäre Vielzeller	soziale Vielzeller	Prägung; Verwandtschaftsselektion; soziales Verhalten
prähominid	hominid	Sprache

nigung (von autonomen Einheiten zu einem integrierten System), sondern durch eine *Trennung* zustande gekommen ist, nämlich durch die Etablierung des *Gehirns* neben dem *Genom* als einem zweiten, mehr oder minder gleichberechtigten Zentrum zur Steuerung des Phänotyps.

Maynard Smith und Eörs Szathmáry (1995) haben das Phänomen der Systemübergänge (der *major transitions*) in der Evolution erstmals zusammenfassend beschrieben – allerdings nicht unter dem Titel einer eigenständigen Theorie. Meiner Ansicht nach ist es durchaus berechtigt, von einer «Theorie der Systemübergänge» zu sprechen, die in einer reduktionistischen Analyse der Beziehungen zwischen dem Teil und dem Ganzen in biologischen Systemen wurzelt (Wieser 1998). Diese Theorie wird durch das Begriffssystem des Darwinismus mit seiner Betonung von Vererbung, Variabilität und Selektion nicht gedeckt. Sie bedarf vielmehr der Ergänzung durch Begriffe, wie sie einerseits für die Spieltheorie, andererseits für Systemtheorien charakeristisch sind. So kann die Entstehung der in Tabelle 1 beispielhaft aufgelisteten Innovationen ohne Verwendung von Begriffen wie Steuerung, Regelung, Rückkopplung, Kooperativität, Kompromiß, Komplexität, stabile Lösung, Vernetzung, Schichtenbau nicht ausreichend analysiert werden. Solche Begriffe gehören zum Rüstzeug der Entwicklungsbiologie und Physiologie, und so sehe ich in der Assimilation dieser klassischen biologischen Disziplinen in das Gedankengebäude der Evolutionstheorie ebenso eine Stufe in der Evolution der Evolutionstheorie, wie es die Erweiterung des Darwinismus zum Neodarwinismus durch die Assimilation der Genetik gewesen ist. Man könnte es auch so formulieren, daß die Theorie der biologischen Evolution erst jetzt dort angekommen ist, wo sie im Sinne des zu Beginn dieses Kapitels zitierten Diktums von Theodosius Dobzhansky hingehört: Sie ist eine Systemtheorie, die die Entstehung, Evolution und Erhaltung komplexer dynamischer Systeme in der spezifischen Umwelt des Planeten *Gaia* zu erklären versucht.

Literatur

Bischof, H.-J., 1998. Die Besonderheiten frühkindlichen Lernens bei Vögeln. Biol. i. u. Zeit 28, 214–222.

Dawkins, R., 1978. Das egoistische Gen. Springer-Verlag, Berlin.

Dennett, D., 1997. Darwins gefährliches Erbe. Die Evolution und der Sinn des Lebens. Hoffmann und Campe, Hamburg.

Fisher, R. A., 1930. The genetical theory of natural selection. Oxford Univ. Press, Oxford.

Gould, S. J., 1998. Illusion Fortschritt. Die vielfältigen Wege der Evolution. S. Fischer, Frankfurt.

Kimura, M., 1987. Die Neutralitätstheorie der molekularen Evolution. Paul Parey, Berlin und Hamburg.

Lorenz, K., 1935. Der Kumpan in der Umwelt des Vogels. J. Ornith. 83, 137–413.

Maynard-Smith, J., and E. Szathmáry 1995. The major transitions in evolution. W. H. Freeman – Spektrum, Oxford–Heidelberg.

Maynard Smith, J., 1974. The theory of games and the evolution of animal conflicts. J. Theor. Biol. 47, 209–221.

Mayr, E., 1998. This is biology: the science of the living world. The Belknap Press of Harvard Univ. Press, Cambridge, Mass.

Nilsson, D. E., and S. Pelger 1994. A pessimistic estimate of the time required for an eye to evolve. Proc. Roy. Soc. London, Ser. B 256, 53–58.

Sarich, V., and A. C. Wilson 1967. Immunological time scale for human evolution. Science 158, 1200–1203.

Schopf, J.W., 1994. Disparate rates, differing fates: tempo and mode of evolution changed from the precambrian to the phanerozoic. Proc. Nat. Acad. Sci. 91, 6735–6742.

Wickler, W., 1990. Von der Ethologie zur Soziobiologie. In: Die zweite Schöpfung (J. Herbig und R. Hohlfeld, Hrsg.), 173–186. Carl Hanser Verlag, München.

Wieser, W., (Hrsg.) 1994. Die Evolution der Evolutionstheorie. Spektrum Akademischer Verlag, Heidelberg.

Wieser, W., 1998. Die Erfindung der Individualität oder die zwei Gesichter der Evolution. Spektrum Akademischer Verlag, Heidelberg.

Wilson, A. C., 1985. Die molekulare Grundlage der Evolution. Spektrum der Wissenschaft, Dez. 1985, 160–170.

Wilson, E. O., 1975. Sociobiology. The new synthesis. The Belknap Press of Harvard Univ. Press, Cambridge, Mass.

Wray, G. A., J. S. Levinton and L. H. Shapiro 1996. Molecular evidence for deep Precambrian divergences among metazoan phyla. Science 274, 568–573.

Im Mikrokosmos des Lebens

Bald nach der Erfindung des Mikroskops wurde im 17. Jahrhundert das universelle Bauelement aller Lebewesen erstmals beschrieben: die Zelle. Freilich dauerte es dann noch fast zweihundert Jahre, bis die grundsätzliche Homologie der tausenderlei unterschiedlichen Zellen der Ein- und Vielzeller durchschaut werden konnte. Diese Einsicht, die Theodor Schwann vor genau 160 Jahren in seinem Classic «Mikroskopische Untersuchungen über die Übereinstimmung in der Struktur und dem Wachstum der Thiere und Pflanzen» formulierte, legte noch vor der Abstammungslehre den Grundstein für eine allgemeine Biologie. Mit der Zellenlehre, der «Cytologie», war jedenfalls ein neues Paradigma entstanden, das die Forschung bis heute ständig weiter angestachelt hat. Auch die Medizin wurde schon früh einbezogen. Rudolf Virchow war es, der 1855 die Zelle als eigene Vermehrungseinheit postulierte und drei Jahre später in seiner berühmten «Cellular-Pathologie» das Wesen von Krankheiten auf der Ebene der Zellen zu entschlüsseln suchte.

Als an der Wende vom 19. zum 20. Jahrhundert die Mendelschen Vererbungsregeln wiederentdeckt und damit überhaupt erst bekannt geworden waren, zeigte sich bald, daß sich bei den Zellteilungen, die der Keimzellbildung vorangehen, und bei der Gametenverschmelzung im Zuge der Befruchtung die Chromosomen der Zellkerne genau so verhalten, wie es Mendel für die Erbfaktoren (Gene) postuliert hatte. Rasch entwickelte sich nun die Cytogenetik, in der sich die junge Vererbungslehre mit der Cytologie verband. Noch bevor die chemische Natur der Erbsubstanz bekannt war, konnte man bestimmte Gene auf den entsprechenden Chromosomen erstaunlich genau lokalisieren.

Schließlich war jedoch die Erforschung des Mikrokosmos der Zelle an eine Grenze gekommen: Das Lichtmikroskop vermag Strukturdetails, die kleiner sind als zwei Zehntausendstel eines Millimeters nicht sichtbar zu machen. So brachte erst der Einsatz des Elektronenmikroskops seit der Mitte unseres Jahrhunderts einen weiteren Entwicklungsschub in der Zellforschung. Dieser war geradezu explosiv. Denn jetzt vermochte man auch solche Strukturen noch zu sehen, die im Bereich von millionstel Millimetern liegen. Dadurch verfeinerte und komplizierte sich das Bild von der Zelle in einem vorher ungeahnten

Ausmaß. Da es bald auch immer besser gelang, die spezifischen Leistungen all der neuentdeckten Zellstrukturen zu entschlüsseln, stand nun die Zelle als eine ungemein komplizierte funktionelle Einheit da mit zahlreichen, ganz verschiedenen Reaktionsräumen in ihrem Inneren. Zugleich zeigte es sich mit aller Klarheit, daß es in der heutigen Lebewesenwelt zwei Zelltypen gibt, die sich nach Komplexität, in der Art ihrer Teilung und in vielen anderen Eigenschaften grundsätzlich unterscheiden: die kleineren und einfacher gebauten Zellen der Bakterien («Protocyten») und die mit einem durch intrazelluläre Membranen klar abgegrenzten Zellkern ausgestatteten «Eucyten» aller übrigen Organismen («Eukaryoten»), zu denen auch der Mensch zählt.

Durch die molekulare Biologie konnte das Bild von der Zelle noch einmal stark verfeinert, die zahllosen Einzelprozesse im Mikrokosmos des Lebens noch besser verstanden werden. Die dramatischen Erfolge der Zellbiologie wirken sich in fast allen Zweigen der Biologie aus, und auch die Medizin profitiert entscheidend davon. Heute geht es vor allem darum, aus den tausenderlei spezifischen Detailreaktionen wieder das größere, umfassendere Bild der Grundprozesse alles Lebens in ihren Vernetzungen und gegenseitigen Bedingtheiten zu entwickeln – nach der molekularbiologischen Ära ist die Zellbiologie erneut gefordert.

Einheit des Lebens – Bau und Bild der Zelle

Von Werner W. Franke

> «Ein interdisziplinäres Forum, das neue Horizonte erschließt und neues Wissen integriert. Die Zellbiologie ist ein Forschungsgebiet in rasantem Aufschwung, mit ausgelöst durch die Tatsache, daß diese Wissenschaft sowohl Grundlage des Erkennens normaler biologischer Funktionen ist als auch – dadurch und darüber hinaus – Ausgangspunkt für ein Verständnis jener Abnormitäten, die mit krankhaften Prozessen einhergehen.»

Mit diesen Worten hat im Mai 1999 die Redaktion des wissenschaftspublizistischen Imperiums «Nature» eine eigene Tochterzeitschrift mit dem Namen «Nature Cell Biology» aus der Taufe gehoben. Sie soll einen Teil der immer noch zunehmenden Informationsflut und des Erkenntnisgewinns auf diesem Forschungsgebiet im Form attraktiver wissenschaftlicher Veröffentlichungen gewinnbringend aufnehmen und transportieren; und das auf einem Zeitschriftenmarkt, der nicht nur bereits dicht besetzt ist, sondern auch durch andere publizistische Neugründungen und Erweiterungen umworben wird. So trifft «Nature Cell Biology» auf die Konkurrenz Dutzender etablierter und neugegründeter Zeitschriften wie «Experimental Cell Research», «Journal of Cell Biology», «Cell», «Molecular Cell», «Molecular and Cellular Biology», «Molecular Biology of the Cell», «European Journal of Cell Biology», «Cell and Tissue Research», und wie sie alle heißen; ganz zu schweigen von den vielen spezialisierten Fachjournalen, die sich mit jeweils einer bestimmten Art von Zellen befassen. Aber die Zeitschriftenmarktforscher all dieser Verlagshäuser sind da immer noch ungebrochen zuversichtlich: Zellbiologie ist ein Forschungsbereich in kräftigem Wachstum und mit Zukunft. Investitionen in die Zellbiologie sind daher nicht nur sinnvoll, sondern geradezu geboten angesichts der Bedeutung, die sie im kommenden Jahrhundert erlangen wird, ja als integrative Wissenschaft und Helferin der Medizin unbedingt erlangen muß.

Dank der methodologischen Durchbrüche der Molekularbiologie sind in den letzten beiden Dekaden mehr Proteine und Gene entdeckt und in ihrer Struktur aufgeklärt worden als in der gesamten Wissenschaftsgeschichte zuvor. Und schon bald – irgendwann im Jahre 2000 und X – werden auch die letzten menschlichen Gene kloniert und sequenziert sein, zahllose andere Genome entziffert, die wissenschaftliche Fronarbeit der Bestandsaufnahme wird getan sein. Aber das wird dann nicht das Ende, sondern ein neuer Anfang der biologischen Forschung sein: Die Spieler sind vorgestellt, das Spiel der eigentlichen Erforschung des Lebendigen in molekularer Sprache kann endlich beginnen. Damit kann vor allem die Suche nach einem echten Verständnis der Funktionen von Genprodukten und der Regulationsweisen einsetzen, nach deren Wechselwirkungen und der Kommunikation verschiedener Zellen, aber eben auch die Suche nach Fehlfunktionen von Zellen und Geweben, die wir gemeinhin als Krankheit erleben.

Eine der historischen Hauptwurzeln der Wissenschaft von der Zelle und den Zellen liegt zweifellos in den deutschen Landen, in denen die Zelle und der Zellkern als Einheiten des Lebens der Pflanzen und Tiere vor mehr als 160 Jahren erkannt wurden. Es war daher zwar unerwartet, aber noch durch die Weltkriegsgeschichte erklärbar, daß sich die moderne Zellbiologie als integrative Wissenschaft, die mikroskopische, biophysikalische, biochemische, genetische, immunologische und molekularbiologische Methoden und Ergebnisse in ihrer ganzen Bandbreite nutzt, in den 1950er und 1960er Jahren vornehmlich auf der Eastside Manhattans oder im amerikanischen wie im englischen Cambridge entwickelte. Wenn allerdings diese Wissenschaft heute, an der Jahrhundertwende, ausgerechnet in Deutschland noch immer eine Art Aschenputteldasein im Schatten der klassischen akademischen Fächer fristet, ist das befremdlich und erscheint als bedenkliches Zeichen. Nur an wenigen deutschen Universitäten wird Zellbiologie als Curriculum und Prüfungsfach angeboten, der deutschen Medizin dient sie nur als vorklinische Spielwiese, und nur vergleichsweise wenige zellbiologische Projekte im eigentlichen Sinn werden gefördert, ganz im Gegensatz zu den staatlich proklamierten Mega-Großforschungen. So ist denn auch die *Deutsche Gesellschaft für Zellbiologie* erst sehr spät (1975) auf sanften Druck der europäischen Nachbarn hin gegründet worden; und sie ist mit ihren 1200 Mitgliedern auch ein Vierteljahrhundert später immer noch eine recht kleine Gemeinschaft im internationalen Vergleich: Die *American Society for Cell Biology* hat fast 10 000 Mitglieder!

Zellen und Gewebe als architektonisch gegliederte Gebäude

In der Zelle spielt das Leben, und nur Zellen können durch Teilung das Leben weitergeben. Sie sind die *Baueinheiten aller lebenden Organismen* – vom Coli-Bakterium bis zum Elefanten, von der Alge bis zum Riesenwal, von der Brauerhefe bis zum Hefebrauer. Die Zelle ist aber nicht nur die Baueinheit des Lebens, sondern sie stellt auch das einheitliche Prinzip des Lebens selbst dar, das, was allem Belebten gemein ist, mag es auch noch so verschieden erscheinen.

Die Vorstellungen vom Bau «der» Zelle und den verschiedenartigen Zellen unterlagen dabei in der Geschichte erstaunlichen Schwankungen, das Bild von der Zelle wandelte sich je nach den gerade dominanten *Methoden*. War etwa den Mikroskopikern des vorigen Jahrhunderts schon die Vielfalt der Zellorganellen und der größeren subzellulären wie interzellulären Strukturen aufgefallen, so führte der Erfolg der klassischen Ära der Biochemie zur (zwar unzulässig vereinfachten, aber heuristisch durchaus erfolgreichen) Vorstellung von der Zelle als einheitlichem Reaktionsgefäß, als eine Art Blase, gefüllt mit einer feinpassierten Lebenssuppe: Nach der damals eingeführten Zertrümmerung und Homogenisation der Zellen und Gewebe erhielt man eine Suspension von gelösten Molekülen und darin verteilten Partikeln, die man «Cytosol» nannte und dabei nur zu leicht vergaß, daß es sich um ein Artefakt im besten Sinne des Wortes handelte. Manche Biochemiker glauben übrigens anscheinend immer noch, daß es so etwas wie ein «Cytosol» in der lebenden Zelle wirklich gibt. Tatsächlich dauerte es bis in die späten 1970er Jahre, bis man zunehmend erkannte, daß die Zelle viele verschiedene Reaktionsräume (*Kompartimente*) enthält, darunter membranumgebene (sog. Zisternen, Vesikel, Vakuolen) oder durch bestimmte Proteinstrukturen begrenzte und kontrollierte Reaktionsräume (Zellkern, Cytoplasma, Zellausläufer), aber auch das komplexe Maschenwerk innerer Zellstrukturen, die man unter dem Begriff «Cytoskelett» zusammenfaßt.

Das neue Bild von der Zelle, wie es heute in der gymnasialen Oberstufe und in den Einführungsvorlesungen an den Universitäten vorgestellt wird, ist in Abbildung 1 schematisch wiedergegeben und zusammenfassend erläutert. Es ist im Rahmen dieses Kapitels leider nicht möglich, auch nur alle wichtigeren Zellkomponenten mit ihren spezifischen Funktionen zu behandeln – dazu muß auf die weiterführende, entsprechend umfangreiche Literatur verwie-

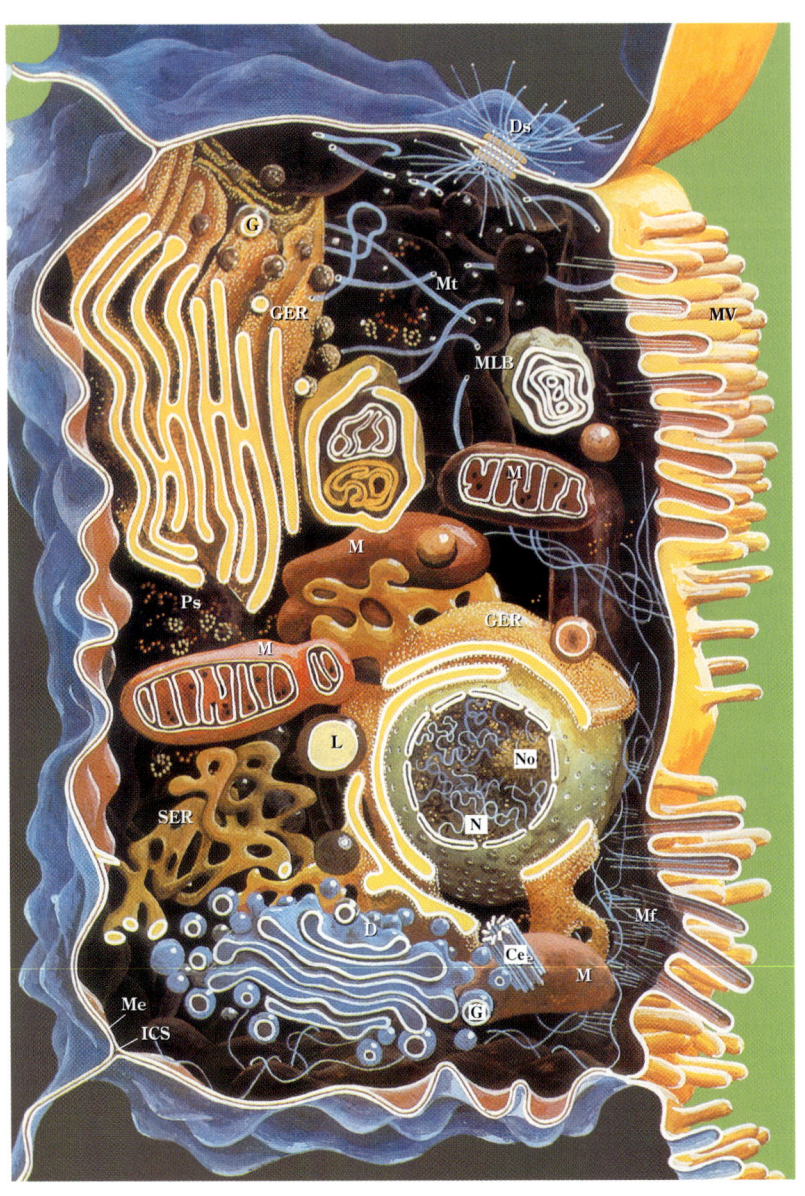

◁ Abb. 1: Reliefschema einer tierischen bzw. menschlichen Epithelzelle. Der Zellkörper ist lückenlos umhüllt von der Zellmembran (Me, in Aufsicht gelb bzw. blau) und birgt in seinem Inneren eine große Zahl verschiedenartiger Kompartimente – membranumhüllte Räume mit unterschiedlichen Inhalten. Diese stehen z.T. über feine Kanäle oder (häufiger) dadurch miteinander in Verbindung, daß kleinste Vesikel (Bläschen) von einem Kompartiment abgeschnürt werden, zu einem anderen wandern und mit ihm verschmelzen («Membranfluß»). Die meisten Kompartimente sind – im Gegensatz zu den Vesikeln – nicht kugelförmig, sondern flach ausgebreitet; sie werden dann als «Zisternen» bezeichnet. Unter diesen fällt besonders das reichverzweigte «Endoplasmatische Reticulum» (innerplasmatisches Netzwerk, abgek. ER, gelb bzw. braun) auf, das verschiedene Funktionen erfüllen kann. Während das netzartig ausgeformte SER (von englisch «smooth», wegen seiner glatten Außenfläche) vor allem mit der Synthese von fettartigen Substanzen und Steroidhormonen befaßt ist, werden am «rauhen» ER (GER, G von «granulär») Proteine für den Export aus der Zelle synthetisiert. Das GER bildet auch die poröse Hülle des Zellkerns N (mit Kernkörperchen = Nucleolus, No), der die DNA-haltigen Chromosomen enthält und im Zentrum der Zelle sitzt. Andere, räumlich begrenzte Stapel von Zisternen (blau) bilden die Dictyosomen (D) und gehören zum sog. Golgi-Apparat der Zelle. Die von den Dictyosomen gebildeten Golgi-Vesikel (G) wandern zur Zellmembran und ergießen ihren Inhalt nach außen in den Interzellularspalt ICS – der Golgi-Apparat ist die «Zelldrüse». Neben verschiedenen weiteren Einschlüssen (Lipidtropfen L; Multilamellar Bodies MLB) fallen vor allem die Mitochondrien (M) auf, von doppelten Membranhüllen umgebene Zellorgane («Organellen»), welche die Zellatmung besorgen und die Zelle mit Energie versorgen: Sie sind die Kraftwerke der Zelle. Alle diese Membranstrukturen bzw. Organellen sind eingebettet in eine Grundmasse, das Zellplasma (Cytoplasma). Es enthält neben Ribosomen, den «Protein-Nähmaschinen» der Zelle (meist zu kleinen Gruppen, den Polysomen Ps, vereint), zahllose verschiedene Proteine. Die meisten von diesen wirken als Enzyme, d.h. als Biokatalysatoren für den Zellstoffwechsel. Andere Proteine bilden fadenförmige Strukturen (Mikrofilamente Mf, Mikrotubuli Mt), die in ihrer Gesamtheit das Zellskelett (Cytoskelett) formen. Besonders die zahlreichen Ausstülpungen der Epithelzelle («Mikrovilli» MV) sind von bestimmten Mikrofilamenten ausgesteift, und auch an besonderen Haftstellen zwischen benachbarten Zellen, den Desmosomen Ds, sind Mikrofilamente inseriert. Mikrotubuli bilden in der Nähe des Zellkerns eine hochsymmetrische Struktur, das Centriol Ce, das bei Kern- und Zellteilungen die beiden Pole der Teilungsspindel besetzt. Die Teilungsspindel selbst, die für die präzise Verteilung der Tochterchromosomen auf die Tochterzellen sorgt, wird ebenfalls vor allem von Mikrotubuli gebildet. Vergrößerung ca. 10000:1. (Aus J. Ude u. M. Koch: Die Zelle. G. Fischer Verlag, Jena 1994; mit freundlicher Genehmigung von M. Koch) sen werden. Hier soll für den weiteren Text ein lange Zeit weniger beachtetes Teilgebiet der modernen Zellbiologie herausgegriffen werden, das allerdings gerade jetzt auch für die medizinische Forschung und die praktische Diagnostik immer wichtiger wird: das *Cytoskelett*.

Es sind gerade diese Strukturelemente, die als architektonisches Prinzip die allgemeine wie besondere Morphologie der Zellen – ihre Gestalt und ihre funktionelle Ordnung – bestimmen, und die oft auch als mechanischer Verbund von Zelle zu Zelle, als eine Art integrales Bewehrungs-(Verstärkungs-)system des betreffenden Gewebes, ja ganzer Organe in Erscheinung treten. Erst im letzten Jahrzehnt ist die funktionelle Bedeutung solcher Cytoskelett-Elemente als architektonisches Stabilisierungs- und Ordnungsprinzip erkannt und demonstriert worden. Das gelang (wie fast immer in der Biologie) besonders überzeugend durch Sonderfälle, in denen das Cytoskelett durch Mutationen defekt war. Sowohl in gezielten Experimenten, in denen das Gen für ein bestimmtes Cytoskelettprotein mit gentechnologischen Methoden ausgeschaltet oder verändert wurde, als auch bei der Genanalyse erblicher Krankheiten mit strukturellen Gewebeschäden (vorwiegend Gewebezerfall, etwa Abschilferung von Deckgeweben [Epithelien], am auffälligsten natürlich der Haut), ließen sich die Fehlfunktionen eindeutig auf einzelne defekte Proteine und Strukturen des Cytoskeletts zurückführen.

So erscheint uns heute die Zelle als Gebäude mit einerseits allgemeinen, andererseits für die jeweilige Zellart besonderen architektonischen Strukturen, die sich vornehmlich nach dem Prinzip der Zusammenlagerung bestimmter hochaffiner Proteine (*Self-Assembly*) bilden. Das Innere der Zelle, das Cytoplasma wie auch das Karyoplasma (Kernplasma), sind durch ganz bestimmte und zumeist auch häufige Proteinstrukturen erfüllt, gegliedert und geordnet: Das, was als charakteristische Zellgestalt sichtbar wird und was der Pathologe im mikroskopischen Bild als Erscheinung normaler oder krankhaft veränderter Zellen und Gewebe bewertet, geht vornehmlich auf eben dieses zell- und gewebetypische Gerüstwerk zurück, das übrigens großenteils auch dann noch übrigbleibt, wenn alles andere tot, extrahiert oder zerfallen ist. So ist die Beurteilung von Pathologiegut in etwa vergleichbar mit der archäologischen Ansprache und Bewertung vergangener Kulturen anhand ihrer noch erhaltenen Bauwerke und Ruinen.

Jedenfalls steht heute fest, daß das Cytoplasma keine Flüssig-

Abb. 2: Architektonisches Gefüge von faserartigen Gerüstwerken (Cyto-skelett) im Inneren der Zelle. Dieses elektronenmikroskopische Bild des Ultradünnschnitts durch das Cytoplasma einer in Zellkultur gewachsenen Zelle veranschaulicht die dichte – hier weitgehend parallele – Anordnung röhrenartiger Mikrotubuli (Außendurchmesser 25 nm; Pfeile am oberen Bildrand), ca. 5 nm dicker Actin-Filamente (Klammer am rechten Bildrand) und locker gefügter Intermediärfilamente, hier des Vimentin-Typs (Durch-messer ca. 12 nm; im unteren Bildteil). Vergrößerung: 100000:1. – 1 nm (= 1 Nanometer) ist 1 millionstel Millimeter.

phase ist, auch kein homogenes Gel, in dem einige Membran-strukturen schwimmen, sondern ein sowohl hochgeordnetes als auch dynamisch veränderbares Gefüge. Seine innere Architektur ist vor allem von vielerlei proteinischen Filamentstrukturen be-stimmt, die – oft zu Bündeln geordnet – die Zelle als ausgedehntes Stangenwerk durchziehen. Abbildung 2 gibt einen Eindruck da-von, wie dicht und zugleich geordnet diese Strukturen im Cyto-plasma einer normalen Zelle vorliegen: Mikrotubuli aus Tubuli-nen, Mikrofilamente aus Actin und Intermediärfilamente – hier aus Vimentin (lat. *vimenta* = Rutengeflecht) – durchziehen das Innere der Zelle. Wie extensiv und funktionsspezifisch diese Cytoskelett-

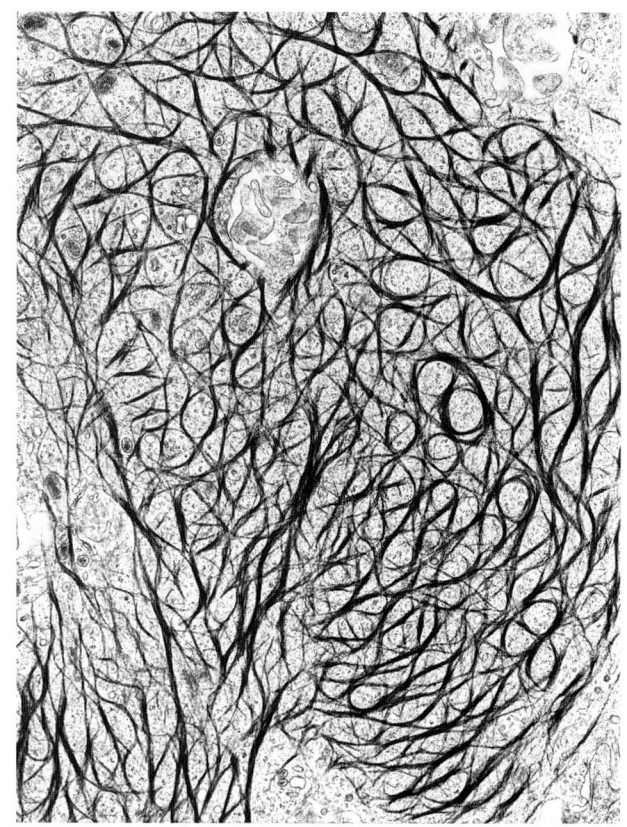

Abb. 3: Ornamentik des spezifischen Gerüstwerks im Cytoplasma einer
Hautzelle des Menschen (Keratinocyte der Epidermis, in Zellkultur) mit
Bündeln dicht gepackter Intermediärfilamente (elektronenmikroskopische
Darstellung eines Ultradünnschnitts parallel zur Zelloberfläche). Die dunkel
erscheinenden Bündel bestehen aus dem für Deckgewebe (Epithelien) charakteristischen Intermediärfilament-Typ und sind aus einem der zahlreichen
Cytokeratine aufgebaut. Dieses Gerüstwerk macht bis zur Hälfte der gesamten Zelltrockenmasse aus und erstreckt sich über seine Verankerungsstruktu-
ren an bestimmten Zellverbindungen, den Desmosomen der Zellmembran,
als stabilisierendes Bewehrungssystem von Zelle zu Zelle gewissermaßen
durch die ganze Zellschicht hindurch. Vergrößerung 11500:1.

Innenarchitektur in bestimmten Zelltypen ausgebildet sein kann,
ist an zwei Beispielen in den Abbildungen 3 und 4 dargestellt. Das
Cytoplasma der Epidermiszellen der menschlichen Haut (Abb. 3)
wird durch ornamentale Anordnungen zahlreicher, in Bündeln
dicht gepackter Intermediärfilamente aus Cytokeratinen, den

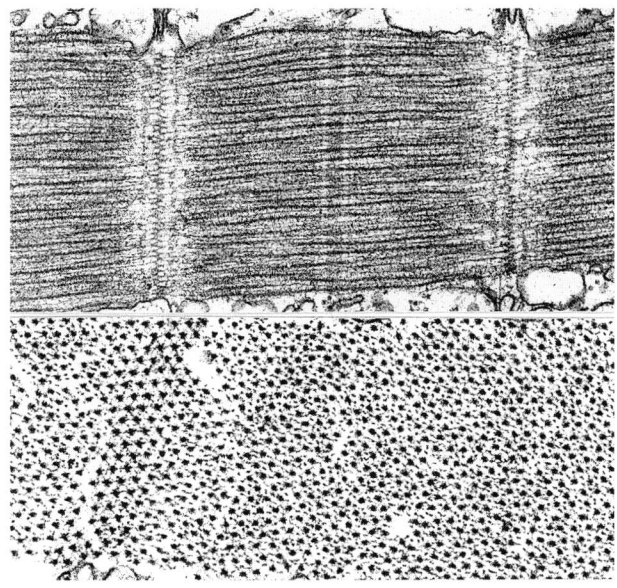

Abb. 4: Elektronenmikroskopische Ansichten der regelmäßigen Anordnung der Filamente aus Actin (dünn, 5 nm Querdurchmesser) und Myosin (dicker, ca. 20 nm) im sog. quergestreiften Skelettmuskel (hier des Zebrafisches) im Längs- (oben) und im Querschnitt (unten). Die periodische Anordnung der beiden Filamenttypen in der Muskelfaser ermöglicht die geordnete Kontraktion und stellt die bei weitem überwiegende Masse dieses Gewebes dar. Vergrößerung: oben 35 000 : 1, unten 57 000 : 1.

Hauptproteinen dieser Zellen, bestimmt. Diese Fibrillenbündel sind an der Zellmembran, und zwar den Zell-Zell-Verbindungen der sog. *Desmosomen* (griech. *desmós* = Band), verankert und durchziehen so als kontinuierliches *Gerüstwerk* die gesamte Zellschicht, ja das ganze Gewebe, und bedingen damit dessen mechanische Stabilität.

Ganz anders die streng parallele und parakristallin-periodische Anordnung der Actinfilamente und der dazwischenliegenden dickeren Myosinfilamente im Muskel (Abb. 4). Diese Filamente liefern das eindrucksvolle Beispiel einer Cytoskelettstruktur, die nicht der Verfestigung dient, sondern im Gegenteil der *Bewegung* als der wesentlichen Funktion dieses Zell- und Gewebetyps, d.h. der abwechselnden Folge von Kontraktionen und Erschlaffungen. Im erschlafften Muskel sind die Myosinfilamente in ihrer Längsrichtung jeweils ein Stück weit voneinander entfernt. Bei der Kon-

51

traktion ziehen sie sich unter Energieverbrauch und entsprechenden Veränderungen der Molekülstruktur unmittelbar aneinander
heran. Dadurch verkürzt sich die Muskelfaser – eine vielkernige
Riesenzelle – sehr schnell um eine begrenzte Strecke. Die Steuerung von Kontraktion und Erschlaffung erfolgt übrigens über Cal-
ziumionen, die entweder in den Zisternen des Endoplasmatischen
Reticulums dieser Faserzellen konzentriert sind (entspannter
Zustand) oder in den Bereich der Actin- und Myosinfilamente
übertreten (Kontraktion).

Die meisten Cytoskelettfilamente liegen nicht einfach im Cytoplasma, sondern sind an bestimmten Stellen der Zellmembran verankert. Dafür werden in der Zellmembran besondere Haftstellen
ausgebildet in Form dichter Platten (*Plaques*), die zusammen mit
den sich durch die Membran hindurch erstreckenden Zelladhä-
sionsproteinen feste, wenn auch dynamisch regulierbare Verbin-
dungsstrukturen (*Junctions*) bilden. Auch deren molekulare Zusammensetzung ist in jüngster Zeit weitgehend aufgeklärt worden: Die
verschiedenen Arten von Junctions werden von ganz unterschiedlichen Protein-Ensembles gebildet, und verschiedene Filament-
bündel-Typen inserieren an den Plaques verschiedener Junctions.
Als ein Beispiel dafür – und auch für die Aussagekraft der *modernen*
mikroskopischen Methoden der Sichtbarmachung und der genauen
Lokalisierung solcher Proteine – ist in Abbildung 5 ein dichtge-
wachsener Zellrasen aus einer Zellkultur vorgestellt. Die Zellen
sind durch verschiedene Zellverbindungstypen gekoppelt, am eng-
sten durch «Tight Junctions»; sie steppen diese Zellen in einer

Abb. 5: Fluoreszenzmikroskopische Lokalisierung zweier Proteinarten in ▷
Brustkrebs-(Mammakarzinom-)Zellen des Menschen (Linie MCF7, in Kultur gewachsen). Die Zellkerne sind mit einem spezifisch an das Erbgut
(DNA) bindenden Fluoreszenzfarbstoff sichtbar gemacht (blau), die Proteine
durch einen spezifischen Antikörper, der seinerseits wieder von einem Anti-
Antikörper erkannt wird, an den ein Fluoreszenzfarbstoff gekoppelt wurde.
Ein solcher Farbstoff leuchtet im Fluoreszenzmikroskop bei Bestrahlung mit
kürzerwelligem Licht in einer charakteristischen Farbe auf. Die eng anein-
anderliegenden Zellen werden durch Anheftungsstrukturen («Junctions»)
miteinander verbunden. Die hier sichtbar gemachten «Tight Junctions» enthalten sowohl das Protein Symplekin (oben: rot fluoreszierend) als auch das
Protein ZO-1 (Mitte: grün fluoreszierend). Daß bei gleichzeitiger Darstellung mit beiden Antikörpern eine gelblich-orange Mischfarbe auftritt
(unten), beweist die Colokalisation beider Proteine in den Tight Junctions.

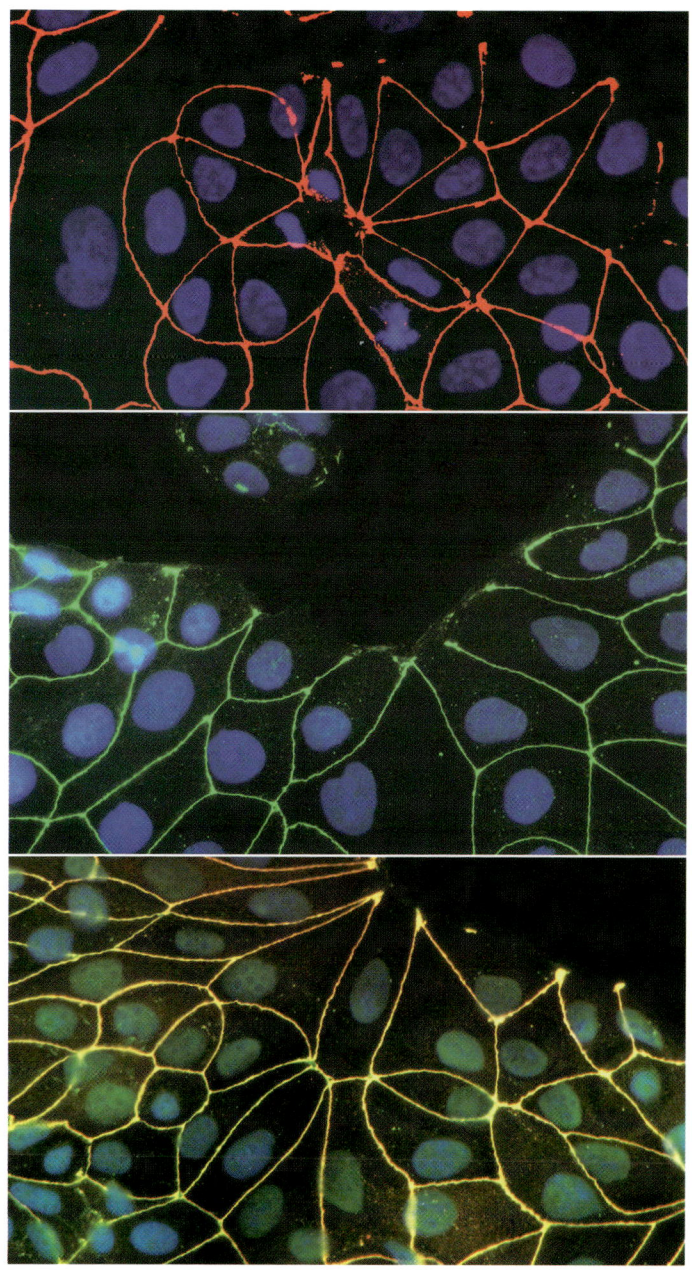

53

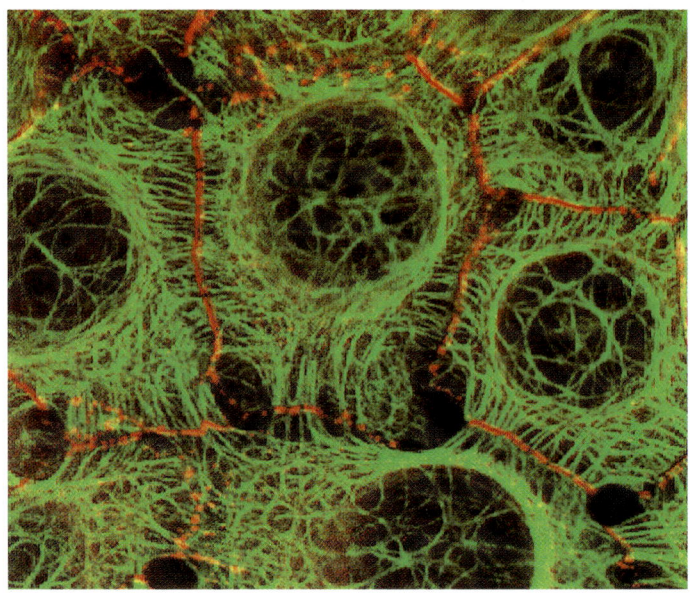

Abb. 6: Immunfluoreszenzmikroskopische Darstellung des Cytoskeletts eines Zellrasens von in Kultur gewachsenen Keratinocyten. Die vielen direkten, oft spiegelsymmetrisch erscheinenden Anheftungen der Bündel von Intermediärfilamenten des Cytokeratin-Typs (grün, Antikörper gegen Cytokeratin) an eine bestimmte Art von Junctionen, die Desmosomen (rot, Antikörper gegen das Protein Desmoplakin), bilden ein mechanisches Kontinuum.

Weise ab, daß wassergelöste Moleküle und Ionen kaum mehr zwischen ihnen hindurchschlüpfen können. Mit ganz spezifischen, d.h. nur ein einziges Protein erkennenden *Immunreagenzien* kann man so direkt beweisen, daß hier zwei Proteine ausschließlich in den Plaques der Tight Junctions vorkommen, und zwar gemeinsam: «Colokalisation» zweier Molekülarten. (Bei diesen Immunreagenzien handelt es sich um Antikörper, wie sie das Immunsystem bildet, um in den Körper eingedrungene Fremdsubstanzen oder -organismen spezifisch zu erkennen und zu neutralisieren; vgl. dazu den folgenden Beitrag von Klaus Eichmann.)

Auch die Verankerung einer bestimmten Filamentart an einer – und nur einer – Art von Junctions läßt sich in ähnlicher Weise nachweisen und direkt darstellen. So sind in der Abbildung 6 die vielen Cytokeratinfilament-Bündel eines ähnlichen Zellrasens

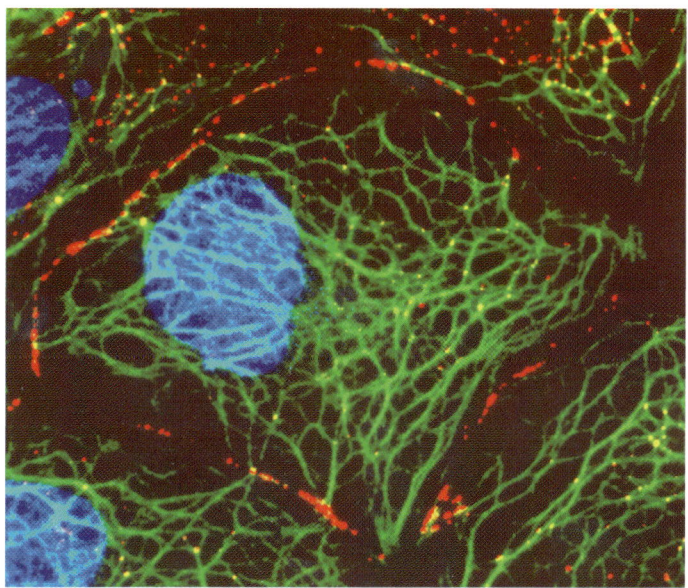

Abb. 7: Dreifarbige Darstellung der Anordnung von drei Molekülarten in einer Leberkrebs-(Karzinom-)Zelle des Menschen (Linie PLC) in einem Zellkulturrasen: Die DNA der Chromsomen des Zellkerns fluoresziert blau, das Fibrillen-Gerüstwerk aus Intermediärfilamenten grün nach Reaktion mit Antikörpern gegen die hier vorhandenen Cytokeratine, während die Desmosomen nach Reaktion mit Desmoplakin-Antikörpern in roter Immunfluoreszenz aufleuchten. Der mechanische Zusammenhang der Zellen über Cytokeratinfilamente und Desmosomen kann auf diese Weise direkt sichtbar gemacht werden.

durch spezifische Antikörper in grüner Fluoreszenz sichtbar gemacht, und man erkennt bereits im Lichtmikroskop, daß und wie das einzelne Bündel an einer bestimmten Art von Zellverbindungen, den bereits vorhin erwähnten Desmosomen, verankert ist. Der charakteristische Proteinbestandteil der entsprechenden Plaques, das Desmoplakin, ist ebenfalls molekularspezifisch in roter Fluoreszenz dargestellt. In den in der Abbildung 7 vorgestellten Zellen ist zusätzlich – wiederum durch eine andere Fluoreszenzfarbe – der Zellkern bzw. dessen Erbsubstanz (DNA) sichtbar gemacht. So kann man also in der Zellbiologie den Sitz und die Bewegungen bestimmter (für sich völlig unsichtbarer) Moleküle in einer gleichermaßen empfindlichen und spezifischen Weise darstellen und auch physiologische wie krankhafte Veränderungen verläßlich erkennen.

Die Renaissance der Lichtmikroskopie

Diese hochspezifischen, nur auf ein ganz bestimmtes Protein, eine bestimmte Struktur oder einen bestimmten Zelltyp ansprechenden zellbiologischen Reagenzien erlauben die Lokalisierung des jeweiligen Proteins nicht nur auf der Auflösungsebene des Lichtmikroskops, sondern auch im Elektronenmikroskop. Das wird am Beispiel der Cytokeratin-Intermediärfilamente in Abbildung 8

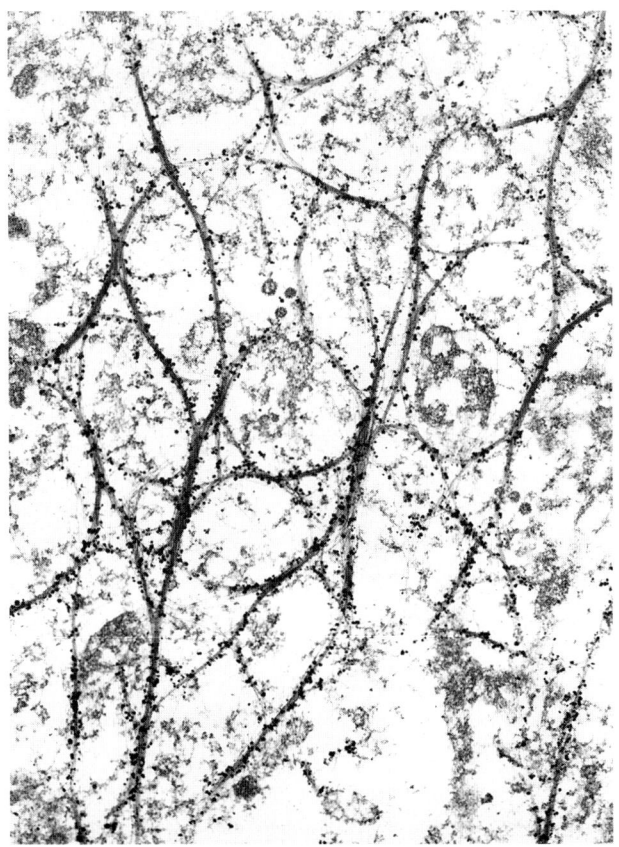

Abb. 8: Immunelektronenmikroskopischer Beweis des Vorkommens bestimmter Cytokeratine in den Intermediärfilament-Bündeln einer menschlichen Hautzelle (vgl. Abb. 3). Die spezifische Reaktion der Antikörper gegen das hier vorliegende Cytokeratin wird durch eine weitere («sekundäre») Reaktion mit an kolloidale Goldpartikel gebundenen Anti-Antikörpern sichtbar gemacht: Die Cytokeratine liegen in den mit Goldkörnern kontrastreich dekorierten Bündeln. Vergrößerung 16000:1.

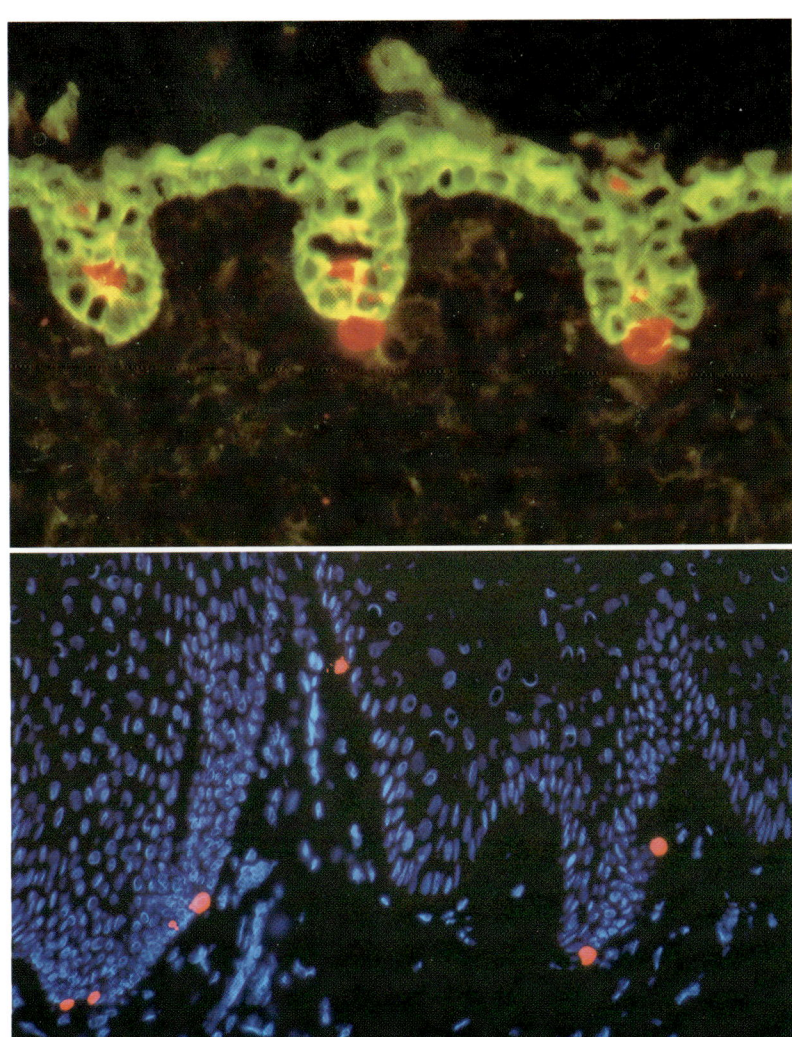

Abb. 9: Molekulare Zellerkennung mit Hilfe der Immunfluoreszenz-mikroskopie am Beispiel von Schnitten durch menschliche Haut (oben fötal, unten erwachsen). Die recht seltenen, aber an bestimmten Stellen der Epi-dermis bevorzugt vorkommenden, einzelnen neuro-endokrinen «Merkel-Zellen» werden hier mit Antikörpern gegen ein für diesen Zelltyp spezifi-sches Cytokeratin erkannt (rot fluoreszierende Zellen), während die weit zahlreicheren «normalen» Keratinocyten andere Cytokeratine enthalten, die mit besonderen Antikörpern durch Grünfluoreszenz dargestellt werden (oben). Im unteren Bild sind alle Zellen dieses Gewebes durch die Fluores-zenz ihrer Zellkerne sichtbar gemacht, um die Spezifität des Nachweises der wenigen Merkel-Zellen zu demonstrieren.

gezeigt. Jedenfalls kann man mit einer gewissen methodologischen Genugtuung feststellen, daß heute die meisten an sich nur im Elektronenmikroskop erkennbaren Strukturen doch auch im Fluoreszenzmikroskop, also einem entsprechend ausgebauten Lichtmikroskop, nachgewiesen werden können, wobei zugleich auch ihre molekulare Zusammensetzung «sichtbar» wird. Oft gelingen solche Nachweise sogar in der lebenden Zelle – ein unschätzbarer Vorteil gegenüber der aufwendigen Elektronenmikroskopie, die Lebendbeobachtung nicht zuläßt.

Die hochauflösende Erkennung einzelner Molekülarten ist natürlich nicht auf einzelne Zellen und Zellkulturen beschränkt. Der Einsatz molekülspezifischer Reagenzien erlaubt auch *im Gewebe* (gewöhnlich in Schnitten) den Nachweis und die Feinlokalisierung der jeweiligen Strukturen und somit auch jener Zellen, die diese Strukturen enthalten. So kann man – oft muß man das sogar – einzelne Zelltypen anhand ihrer charakteristischen Bestandteile oder Produkte auch inmitten vieler anderer Zelltypen, etwa in komplexen Geweben, identifizieren. Das ist in Abbildung 9 am Beispiel der menschlichen Haut gezeigt. Drüsenartige («neuro-endokrine») Zellen, die sog. Merkel-Zellen, sind inmitten all der anderen Hautzellen sehr selten, können aber durch ihre besondere Proteinausstattung (hier ein spezifisches Cytokeratin in den Intermediärfilamenten) sicher erkannt und lokalisiert werden. Die Gewebskunde (Histologie) ist daher heute nicht mehr auf das Aussehen der Zellen allein angewiesen, sondern kann jederzeit die Kriterien der chemischen Natur vorliegender Moleküle hinzuziehen, und das mit jedem neuentdeckten Protein immer besser.

Merkmale kranker und maligner Zellen – Zellbiologie im Dienste
der medizinischen Diagnostik

Veränderungen von Zellen und Zellfunktionen, die zu einer Krankheit führen oder infolge einer Krankheit auftreten, mögen morphologisch oder sonstwie erkennbar sein; aber oft genug sind sie das eben nicht. Natürlich werden auch in Zukunft krankheitsbezogene Veränderungen im Bau und Bild der Zellen und Gewebe diagnostisch genutzt werden. Man kennt ja bereits ganze Kataloge von pathogenen oder zumindest pathologisch aussagekräftigen Veränderungen, darunter das Auftreten ganz neuer Strukturen oder bestimmter Ablagerungen, wie z. B. die cytokeratinhaltigen «Mallory Bodies» bei der alkoholischen *Hepatitis* (fort-geschrittener Zustand einer alkoholbedingten Lebererkrankung) oder die ursprünglich als «Amyloid» bezeichneten Ablagerungen bestimmter membranassoziierter Proteine bei der *Alzheimer-Erkrankung* des Gehirns. Mit dem rasanten Fortschritt bei der Entdeckung und zellbiologischen Charakterisierung neuer Proteine und ihrer Folgeprodukte werden sich aber auch in der nahen Zukunft immer weitere Kandidaten für eine zellbiologische Diagnostik anbieten.

Dabei ist die Anwendung des zellbiologischen Wissensfortschrittes keineswegs auf die Untersuchung von Gewebeproben beschränkt. Viele der schon geraume Zeit klinisch genutzten diagnostischen Untersuchungsverfahren von *Körperflüssigkeiten*, vor allem natürlich des Blutes und des Urins, fragen letztlich nach nichts anderem als nach zellulären Bestandteilen bzw. zellbiologischen Eigenschaften. So beruhen die meisten gängigen Untersuchungen von Herzinfarkt und anderen Schäden des Herzmuskels oder von Leberentzündungen (Hepatitis) auf Zellverletzungen oder -zerstörungen, nämlich auf dem erhöhten Auftreten von Molekülen im Serum, die von gesunden Zellen nicht, von geschädigten aber massiv in die Blutbahn (und letztlich auch in den Urin) abgegeben werden. Mit zunehmender Kenntnis der normalen Zellausstattung werden sicher immer mehr (und letztlich einfach auch bessere) Kandidaten für eine zuverlässige Flüssigkeitsdiagnostik verfügbar sein.

Der Einsatz spezifischer Reagenzien wie etwa der Antikörper gegen bestimmte Cytoskelettproteine hat schon heute eine besondere Bedeutung in der *Tumordiagnostik* erlangt. Zelltypspezifische Proteine und Strukturen werden eben in den meisten Fällen auch nach bösartiger (maligner) Entartung und Vermehrung von Zellen weiter gebildet, oft auch unabhängig vom rein morphologischen Erscheinungsbild der Tumorzellen nach den konventionellen histologischen Färbungen der Pathologie.

So sind in den meisten Fällen auch Tochtertumoren (*Metastasen*), selbst die allerkleinsten, anhand zelltypspezifischer Proteine – zumal der häufigen und besonders stabilen Bestandteile des Cytoskeletts – erkennbar und klassifizierbar. Abbildung 10 stellt ein solches Beispiel des Erkennens und der Primärtumor-Zuordnung von Metastasen eines Karzinoms mit immunhistochemischen Methoden vor, wie sie in den letzten Jahren bereits Einzug in die Routinediagnostik vieler Pathologen gefunden haben.

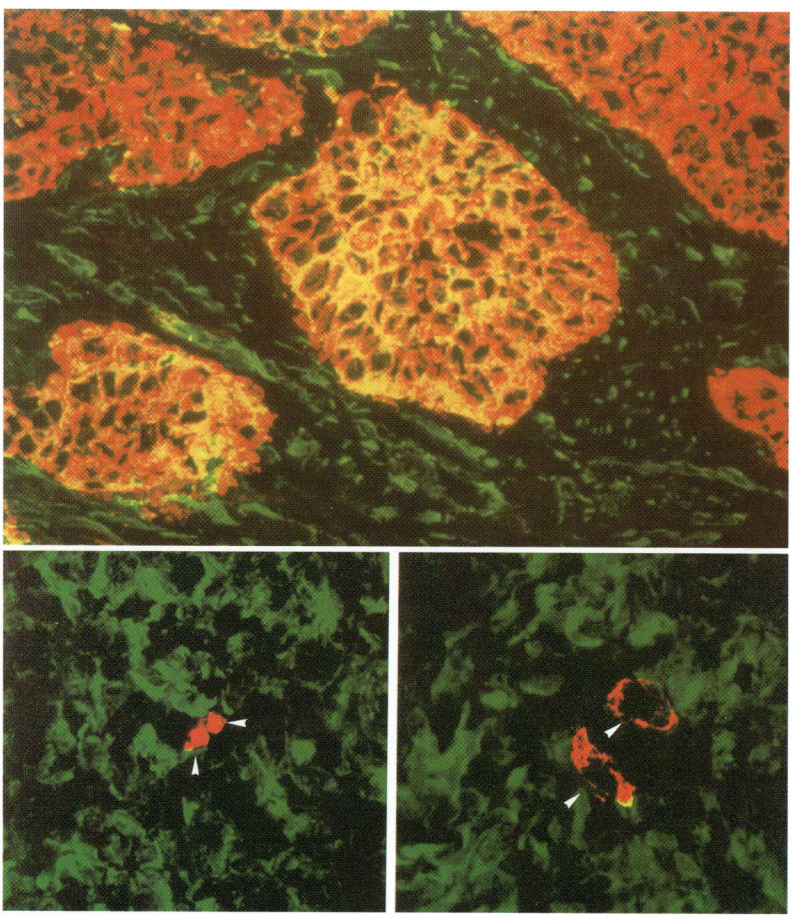

Abb. 10: Zelltyp-Ansprache (d. h. Erkennung, Identifizierung) in der Tumordiagnostik durch Doppel-Immunfluoreszenz-Mikroskopie mit Antikörpern
gegen bestimmte zelltypische Proteine. Die Zellen des kleinen, aber bösartigen Tochtertumors (Metastase) eines Karzinoms werden hier durch karzi-
nomspezifische Cytokeratin-Antikörper erkannt (rot), während die umgebenden Zellen des nicht-tumorösen Bindegewebes eine andere Art von
Intermediärfilament-Protein, nämlich Vimentin, enthalten, das durch eine
grün fluoreszierende Antikörperkombination dargestellt ist. Die beiden
unteren Abbildungen verdeutlichen, daß so selbst kleinste Metastasen aus
nur zwei (links) oder einem halben Dutzend (rechts) Karzinomzellen an der
roten Cytokeratin-Fluoreszenz sicher erkannt werden können; diese Proteine und Strukturen fehlen im umgebenden Lymphknoten-Gewebe, dessen
Zellen ihrerseits mit Antikörpern gegen das dort spezifisch vorkommende
Intermediärfilament-Protein Vimentin (grün) reagieren.

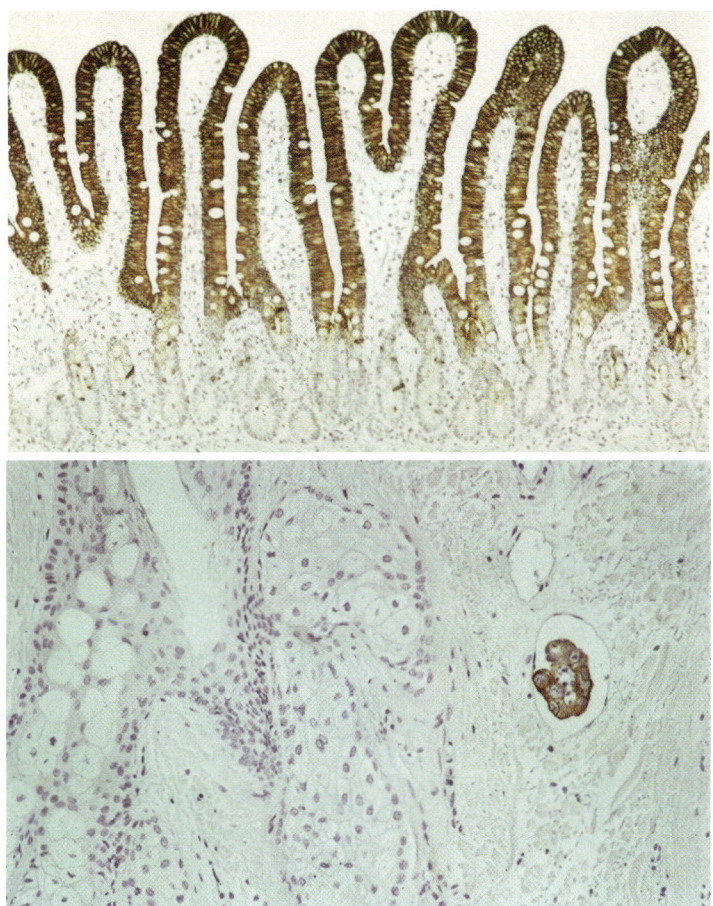

Abb. 11: Prinzip und Erfassungskraft der Zelltyp-Ansprache in der modernen, molekularbiologischen Tumordiagnostik am Beispiel der immunhistochemischen Reaktion mit Antikörpern gegen ein bestimmtes Cytokeratin (hier CK20, als braunes Reaktionsprodukt) an Schnitten durch Gewebe, deren Zellen mit konventionellen Färbungen der Histologie und Pathologie dargestellt sind. Oben: Der Schnitt durch das einzellige Deckgewebe (Epithel) des menschlichen Darms mit seinen typischen Ausfaltungen zeigt das weitverbreitete, aber spezifische Vorkommen des CK20 in diesen Darmepithelzellen (braun), während die darunterliegenden Zelltypen negativ für dieses Protein sind. CK20 kommt besonders und spezifisch in den Zellen des Magen-Darm-Traktes vor. – Unten: Der Schnitt durch das Bindegewebe einer anderen Person zeigt nach der immunhistochemischen Reaktion mit CK20-Antikörpern überraschenderweise eine positive Reaktion einer kleinen Zellgruppe in einem Lymphgefäß (rechts, Mitte), was diese als metastasierende Zellen eines Magen-Darm-Trakt-Karzinoms identifiziert. Der somit zu postulierende Primärtumor wurde nach entsprechender Suche tatsächlich aufgefunden.

Das große Potential des Einsatzes zellbiologischer Kenntnisse und Reagenzien in der Tumordiagnostik wird an Beispielen, wie dem in Abbildung 11 vorgestellten, gut erkennbar: Nachdem ein bestimmtes Cytokeratin in den Intermediärfilamenten nur weniger Epithelzelltypen des Magen-Darm-Traktes gefunden wurde und man erkannte, daß dieses Cytoskelettprotein auch (und zwar recht spezifisch) in den davon ausgehenden Karzinomen des Magens und des Darms gebildet wird, konnten Antikörper, die dieses Protein erkennen, bei schwierigen diagnostischen Fragen erfolgreich eingesetzt werden. Heute können damit einzelne metastasierende Karzinomzellen oder kleine Gruppen solcher Zellen in allen möglichen anderen Geweben verläßlich erkannt und zelltypisch zugeordnet werden, auch wenn sie nur sehr verstreut vorkommen und daher mit konventionellen Methoden überhaupt nicht dargestellt werden könnten. Im Umkehrschluß läßt sich bei dem gar nicht so selten vorliegenden Problem eines unbekannten Primärtumors (Frage: Wo entstand jener Tumor, von dem die Metastasen ausgingen?) herausbekommen, wo der Primärtumor sitzt und von welcher Art er sein muß.

Abb. 12: Zwei weitere Beispiele zur immuncytochemischen Tumordiagno- ▷
stik. Oben: Zwei Schnitte einer Schnittserie durch ein bestimmtes nicht-
epitheliales Gewebe des Bauchraums («Großes Netz») eines Patienten, dargestellt nach konventioneller Schnittfärbung mit einer immunhistochemischen Reaktion auf CK20 (rechts) bzw. ohne eine solche (links) (vgl.
Abb. 11). Die deutliche Reaktion vieler, aber verstreut liegender Zellen
(rechts) beweist eine besonders ausgebreitete Metastasen-Form. Es stellte
sich heraus, daß es sich um Metastasen eines primären Magen-Karzinoms
handelt. – Unten: Zwei Schnitte einer Schnittserie durch den Lymphknoten
eines Patienten, wiederum nach konventioneller Färbung allein (links) und
nach immuncytochemischer Reaktion auf CK20 (rechts), das in normalen
Lymphknoten niemals vorkommt. Die Erkennung kleiner Gruppen ver-
streuter CK20-positiver Zellen (rechts) zeigt das Vorliegen von Metastasen
eines Magen-Darm-Trakt-Karzinoms an, das auch bei diesem Patienten
anschließend tatsächlich gefunden wurde.

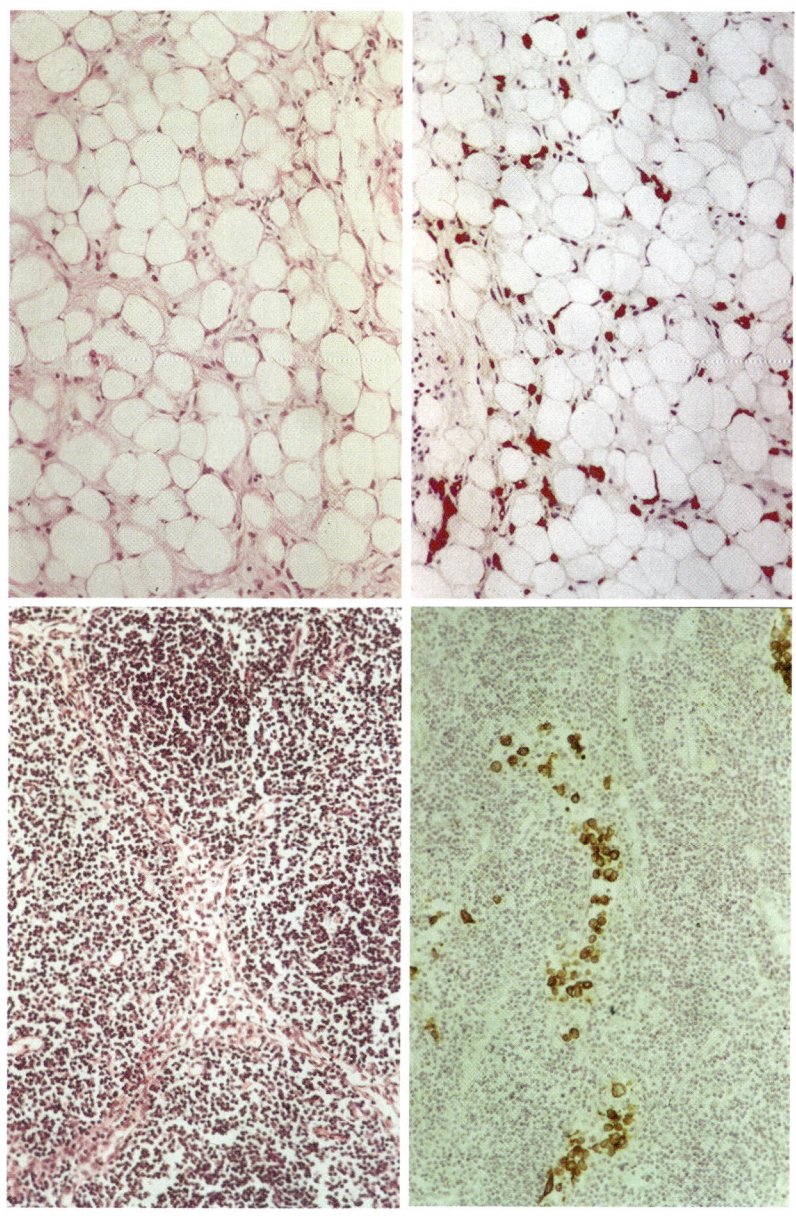

Das größere Bild der Zelle

Wie wir gesehen haben, bietet der rasante zell- und molekularbiologische Fortschritt der medizinischen Diagnostik immer neue, oft besonders nützliche Merkmale (*Marker*) und Methoden an. Sie werden ohne Zweifel eine immer größere Rolle spielen, wie auch im Beitrag von Wolfgang Gerok noch einmal deutlich wird (s. S. 144).

Zum Schluß dieses Essays muß aber daran erinnert werden, daß hier nur ein kleiner – wenn auch besonders bedeutsamer – Teil der modernen Zellbiologie zur Sprache kommen konnte. Die Möglichkeit, im Leben der einzelnen Zelle das große Geheimnis des Lebens schlechthin gespiegelt zu finden – das ist der eigentliche Impuls für die weitere Forschung. Sie muß ihre Aufmerksamkeit natürlich auf *alle* Komponenten der Zelle richten und muß versuchen, deren komplexes Zusammenspiel zu ergründen. Der Weg der Zellbiologie hat bei diesen Grundfragen der Biologie steil bergauf geführt. Aber das eigentliche Ziel liegt immer noch weit vor uns.

Literatur

Alberts, B., et al.: Molekularbiologie der Zelle. Weinheim, 1995.
Gunning, B. S. E., und M. W. Steer: Bildatlas zur Biologie der Pflanzenzelle. Stuttgart 1996.
Karp, G.: Cell and Molecular Biology. New York, 1996.
Kleinig, H., und U. Maier: Zellbiologie. Stuttgart, 1999.
Lodish, H., et al.: Molekulare Zellbiologie. Berlin, 1996.
Ude, J., und M. Koch: Die Zelle. Atlas der Ultrastruktur. Jena, 1994.

Strategien der Infektabwehr

Zu den Zweigen der Biologie, die in den letzten Jahrzehnten eine besonders steile Entwicklung erlebten, zählt die Immunbiologie. Obwohl schon im Altertum bekannt war, daß viele – aber nicht alle – Menschen gegen bestimmte Krankheiten irgendwie geschützt, «immun» sind, blieben die physiologischen Grundlagen dieser Immunität bis in die neueste Zeit rätselhaft. Dank der rapiden Fortschritte der Zell- und Molekularbiologie hat sich das in unseren Tagen total geändert. Jetzt konnten nicht nur die Antigene, die Immunreaktionen auslösen, sondern auch ihre organismeneigenen Gegenspieler, die von bestimmten Lymphzellen gebildeten Antikörper, molekular genau vermessen und dadurch in ihrer Wirkungsweise immer besser verstanden werden. Die unvorstellbare Vielfalt dieser Antikörper – sie müssen ja auf fast beliebig viele Antigene der Umwelt reagieren können – kommt, wie man jetzt weiß, durch ein genetisches Puzzlespiel, d. h. durch eine raffinierte Kombinatorik relativ weniger Gensequenzen, zustande. Heute ist es auch möglich, einheitliche Antikörper in praktisch beliebiger Menge herzustellen mit Hilfe von Hybridomen, also antikörperproduzierenden Zellen, die durch künstliche Verschmelzung mit Tumorzellen zu unbegrenzter Vermehrung in Zellkulturen gebracht, «immortalisiert» worden sind. Bei diesen Forschungen, deren Höhepunkte immer wieder mit Nobelpreisen markiert wurden, hat sich eine enorme Vielfalt beteiligter Zellen und Moleküle als relevant erwiesen. Je besser man die einzelnen Komponenten des Immunsystems charakterisieren konnte, desto komplexer wurde auch das Bild von ihren Wechselwirkungen und funktionalen Vernetzungen. Diese sind deshalb so wichtig, weil im Immunsystem ja Einzelzellen interagieren, die zunächst oft ohne jeden Bezug zueinander im Körper herumwandern bzw. von Blut oder Lymphe herumgespült werden und erst im Falle einer Infektion über spezifische Mediatoren in unmittelbare Kooperation treten.

Die Immunbiologie hat bereits zu vielen medizinischen Erfolgen geführt. Daß manche einst sehr gefürchtete Seuchen wie Pocken und Kinderlähmung praktisch zum Verschwinden gebracht werden konnten, nährt die Hoffnung auf weitere Erfolge – etwa bei der Behandlung von AIDS und bis hin zur Krebstherapie.

Wie häufig in der Wissenschaftsgeschichte ist auch in der Immunbiologie die Hypothesenbildung der eigentlichen Forschung oft weit vorausgeeilt, die ja meistens erst nach Erweiterungen des Methodenarsenals richtig durchstarten kann. Auch dieser Aspekt wird auf den folgenden Seiten deutlich werden. Die dabei zu unternehmenden Grenzgänge zwischen Biologie und Medizin werden in den beiden nachfolgenden Kapiteln dann zu regelrechten Kreuzfahrten ausgedehnt.

Immunbiologie –
Grenzgänge zwischen Naturwissenschaft und Medizin

Von Klaus Eichmann

Die Vielzahl der lebenden Organismen auf dem Planeten Erde stellt keineswegs ein friedliches Miteinander dar. Im Gegenteil, die Prinzipien der Evolution bewirken, daß jede Spezies versucht, sich auf Kosten oder mit Hilfe anderer Organismen zu vermehren sowie andere Organismen als Nahrung oder Lebensraum auszunutzen. Annähernd jede Spezies bedient sich anderer – und dient anderen – als Lebensressource in irgendeiner Form. Im allgemeinen sind diese Beziehungen nur in einer Richtung von Vorteil, reziprok produktives Miteinander wie etwa bei Symbiosen sind eher die Ausnahme. Eine spezielle Form dieser Beziehungen zwischen verschiedenen Organismen wird mit dem Ausdruck *Parasitismus* bezeichnet, eine sehr häufige Form des Miteinanders in der Natur. Dabei benutzt eine Spezies die andere als Nährboden. Parasitismus ist in vielen Fällen für die Beziehungen zwischen Mikroorganismen und vielzelligen Lebewesen bezeichnend, jedoch keineswegs auf diese beschränkt; selbst einzellige Lebewesen wie Bakterien haben ihre Plagegeister, die Phagen, eine auf Bakterien spezialisierte Art von Viren.

Die parasitischen Beziehungen zwischen Lebewesen führten dazu, daß die Wirtsorganismen Abwehrmechanismen entwickelt haben, die es ihnen erlauben, den kontinuierlichen Angriff einer Vielzahl von Parasiten zu ertragen. Die Parasiten wiederum entwickeln Gegenmechanismen, die sie in die Lage versetzen, die Abwehrmechanismen des Wirtes zum Teil zu unterlaufen. Das bei weitem häufigste Endergebnis ist ein limitierter Parasitismus, bei dem der Wirt die Parasitenpopulation quantitativ kontrolliert und auf einem Niveau hält, das mit seinem eigenen Überleben vereinbar ist. Evolutionär erfolgreiche Beziehungen zwischen Wirt und Parasit – und dies ist die große Mehrzahl – resultieren in einem Kompromiß, in dem beide Partner sozusagen zu ihrem Recht kommen.

Die Abwehrmechanismen, die für Gleichgewichte zwischen Wirt und Parasit sorgen, sind außerordentlich vielfältig und unterscheiden sich je nach Art und Entwicklungsstufe der Lebewesen. Das wohl bekannteste Abwehrsystem neben dem Immunsystem stellen die Antibiotika dar, die Pilze oder andere Mikrolebewesen produzieren, um Bakterien abzuwehren. Insekten besitzen antibakterielle Moleküle, meist in Form von Peptiden. Pflanzen verfügen über die Fähigkeit, Infektionsherde durch Zelltod in der unmittelbaren Nachbarschaft einzugrenzen und von gesundem Gewebe abzutrennen. Komplexere Lebewesen wie Schalentiere oder Würmer, die bereits ein Blutsystem besitzen, haben phagozytierende Zellen («Freßzellen»), die Mikroorganismen in sich aufnehmen und vernichten können. In der Evolution der Arten gab es jedoch einen kritischen Schritt während der Entwicklung der niederen Wirbeltiere, an dem offenbar ziemlich plötzlich alle einfacheren Abwehrsysteme versagt haben und etwas ganz Neues erforderlich wurde. Die neue Qualität bestand aus zwei Komponenten, einerseits der selektiven Induzierbarkeit von spezifischen Abwehrleistungen durch jeden einzelnen Erreger, andererseits in wesentlich effektiver ablaufenden Abwehrleistungen bei erneuter Infektion durch spezifische Erinnerung an die Erstinfektion. Im Gegensatz zu evolutionär älteren statischen Abwehrmechanismen wird die neue Immunität somit in der Auseinandersetzung mit den Mikroorganismen «erworben». Warum solch neuartige und kompliziertere Abwehrfunktionen gerade bei der Entstehung der kiefertragenden aus den urtümlicheren kieferlosen Fischen notwendig wurden, ist bisher völlig unverstanden. Jedenfalls entstand hier das adaptive Immunsystem, scheinbar aus dem Nichts und innerhalb einer evolutionär minimalen Zeitspanne, mit allen seinen komplexen molekularen und zellulären Bestandteilen und Abwehrmechanismen. Nach diesem als «Big Bang» bezeichneten evolutionären Erscheinen des Immunsystems hat sich dieses nur noch in Details verändert, so daß die Prinzipien der Immunabwehr von den Knorpelfischen (z. B. Haifisch) bis zum Menschen weitgehend die gleichen geblieben sind. Der Vorgang des «Big Bang» erscheint einzigartig in der Evolution von Organsystemen, und seine Analyse bleibt eine andauernde Herausforderung für die Immunforscher.

Das *Immunsystem der höheren Wirbeltiere* besteht aus einer Vielzahl von spezialisierten Organen, Zellen und Molekülen. Die Immunfunktionen sind für das Überleben der höheren Wirbeltiere in einer von Mikroorganismen besiedelten Umwelt unerläßlich; bei schweren Immundefizienzen verursachen selbst ansonsten harmlose Keime letale Infektionen. Weitere vitale Funktionen des Immunsystems sind nicht bekannt. Genetisch immundefiziente Mäuse überleben in der keimarmen Umgebung der Laboratorien weitgehend ungestört. Viele von diesen Mausstämmen entwickeln allerdings maligne Tumoren, ein Hinweis auf eine Zweitfunktion des Immunsystems in der Kontrolle malignen Zellwachstums. Darüber hinaus ist das Immunsystem nicht nur nützlich, sondern manchmal auch gefährlich: Die hohe Effizienz der komplexen Abwehrleistungen wird mit gelegentlichen Fehlfunktionen erkauft, die zu lebensbedrohenden Erkrankungen führen können. Die Faszination der Immunbiologie ergibt sich aus der übergreifenden Natur des Faches, das Naturwissenschaften (Genetik, Biochemie, Zellbiologie etc.) unmittelbar mit der Humanmedizin verbindet.

Ein Jahrhundert Immunforschung: Die frühen Entdeckungen

Die Erkenntnis, daß Personen, die eine Infektion überstanden haben, hierdurch Resistenz erwerben, ist wahrscheinlich Jahrhunderte alt. Auch Versuche, diese Erkenntnis für prophylaktische Maßnahmen auszunutzen, liegen in der Geschichte weit zurück. Als Beispiel wird oft der englische Landarzt Jenner angeführt, der bereits Ende des 18. Jahrhunderts aus der relativen Pockenresistenz von Melkerinnen schloß, daß Kontakt mit Kuhpocken Schutz gegen menschliche Pocken vermittelt, und der diese Erkenntnis für erfolgreiche Impfversuche am Menschen ausnutzte. So entstand der Terminus *Vakzine*, hergeleitet aus dem lateinischen *vacca* (Kuh). Jenners Erfolg führte dazu, daß in unmittelbarer Folge Pockenvakzinierungen auch anderswo durchgeführt wurden, wie z. B. Anfang des 19. Jahrhunderts durch den Freiburger Chirurgen Johann Ecker. Dennoch sind annähernd alle Erkenntnisse über Aufbau und Funktion des Immunsystems höherer Wirbeltiere in dem hinter uns liegenden Jahrhundert gewonnen worden. Dabei war der Erkenntniszuwachs in der ersten Hälfte des Jahrhunderts langsam, in der zweiten Hälfte des Jahrhunderts wurde er jedoch immer schneller. Der rasante Fortschritt in biomedizinischer Technologie führte zu einem exponentiellen Anstieg des Wissens über das Immunsystem bis hin zu seiner fast vollständigen molekularen Entschlüsselung am Ende des Jahrhunderts.

Es begann mit zwei großen deutschen Forschern, dem Mikrobiologen Emil von Behring und dem Arzt und Chemiker Paul Ehrlich. Zusammen mit seinem japanischen Kollegen Shibasaburo

Kitasato entdeckte von Behring die Existenz der *Antikörper* bereits im letzten Jahrzehnt des 19. Jahrhunderts. Beide Forscher beobachteten, daß Serum von mit Krankheitserregern behandelten Tieren Substanzen enthielt, die andere Tiere gegen den Krankheitserreger schützen konnten. Diese Substanzen, deren chemische Natur noch lange unbekannt blieb, wurden Antikörper genannt. Von Behring nutzte diese Erkenntnis für die Erfindung der *Serumtherapie* zunächst zur Behandlung der Diphterie, die zu dieser Zeit ein erhebliches Problem war. Von Behring immunisierte Pferde mit Extrakten des Diphterieerregers. Die Behandlung von Diptheriepatienten mit Seren dieser Pferde führte zuverlässig zur Heilung. Diese später als *passive Impfung* bezeichnete Maßnahme war für viele Jahrzehnte die einzige wirkungsvolle Therapie der Diphterie und rettete vielen Kindern das Leben. Ebenfalls war die Serumtherapie bei Tetanusinfektionen lebensrettend, insbesondere für Soldaten im Ersten Weltkrieg. Von Behring erhielt 1901 für seine Arbeiten den ersten Nobelpreis für Medizin. Die Serumtherapie war jedoch nicht ohne Probleme. Einerseits war die Resistenz nach passiven Impfungen nur vorübergehend. Andererseits bildeten die behandelten Patienten gegen die übertragenden Serumproteine selbst Antikörper. Eine erneute Übertragung von Serum derselben Tierart führte zum anaphylaktischen Schock, der sogenannten Serumkrankheit. Für Beiträge zur Aufklärung dieser Zusammenhänge erhielt der französische Forscher Charles Robert Richet 1913 den Nobelpreis für Medizin. Die passive Impfung wurde daher in der Folgezeit durch *aktive Impfungen* ersetzt, mit deutlich besseren Erfolgen. Bei dieser Form der Impfung wird der Erreger selbst, meist in abgeschwächter Form, verabreicht, um «aktiv» Antikörperproduktion zu stimulieren.

Während die Forschungsarbeiten von Behrings überwiegend medizinisch motiviert waren, studierte Ehrlich die Immunität aus naturwissenschaftlichem Interesse. Ehrlich stellte die molekulare Wechselwirkung zwischen Antikörpern und ihren Zielstrukturen auf eine wissenschaftliche Basis, indem er sie mit den nach ähnlichen Prinzipien funktionierenden Wechselwirkungen von spezifischen Farbstoffen mit zellulären Substrukturen verglich, wie sie in der Mikroskopie bereits seit längerer Zeit Anwendung fanden. In beiden Fällen ergibt sich die Spezifität aus komplementären molekularen Oberflächen zwischen beiden Reaktionspartnern, die den Aufbau von schwachen molekularen Wechselwirkungen begünstigen. Es ergibt sich eine relativ stabile Verbindung, die jedoch reversibel ist. Wenn Antikörper so an einen Mikroorganismus binden, führt dies in vielen Fällen zur Neutralisation der krankmachenden Eigenschaften. Ehrlich studierte auch den Prozeß der Induktion von Antikörpern nach Injektion von Fremdsubstanzen in Versuchstiere. So beobachtete er, daß Kaninchen gegen menschliche Erythrozyten Antikörper bilden können, also nicht nur gegen Mikroorganismen, sondern auch gegen harmlose und sich nicht vermehrende Strukturen. Fremdstrukturen, die Antikörper erzeugen können, wurden *Antigene* genannt. Ehrlichs Erkenntnisse führten Anfang des Jahrhunderts zur ersten zusammenfassenden Theorie über die erworbene Immunität, der Seitenkettentheorie. Sie postulierte, daß spezialisierte Körperzellen auf ihrer Oberfläche eine Vielzahl verschiedener Moleküle (von Ehrlich Seitenketten genannt) tragen, die mit Antigenen spezifische Wechselwirkungen eingehen. Als Folge der Bindung eines Antigens an eine Seitenkette sezerniert die Zelle viele Exemplare dieses Moleküls in das Blut, wo sie als Antikörper zirkulieren. Für diese Theorie, die sich in den meisten ihrer Grundelemente als korrekt erwies, erhielt Ehrlich 1908 den Nobelpreis für Medizin, den er sich mit Ilja Iljic Mecnikov teilte, der grundlegende Untersuchungen über die Freßzellen des Körpers, die *Makrophagen*, durchgeführt hatte. Die Aufnahme von Partikeln durch phagozytierende Zellen ist eine evolutionär alte Abwehrleistung, welche auch schon bei niederen Lebewesen vorhanden ist, jedoch bis zu den höheren Wirbeltieren konserviert wurde. Im Gegensatz zu den erworbenen werden diese Abwehrfunktionen als «angeboren» bezeichnet. Die Makrophagen haben allerdings in der Evolution induzierbare Funktionen dazugelernt und sind nun funktionell als unerläßlicher Bestandteil in das adaptive Immunsystem der höheren Wirbeltiere integriert (s. u.).

Die sich aus den Arbeiten von Ehrlich und von Behring ergebenden großen Fragen der Immunforschung wurden erst während der zweiten Hälfte des Jahrhunderts beantwortet: Welche Zellen produzieren die Antikörper, was ist die molekulare Natur der Antikörper, und wie kommt die Diversität und die daraus resultierende Spezifität der Antikörper zustande? Die Antworten auf diese und weitere Fragen über die Natur des Immunsystems waren oft Ergebnisse von leidenschaftlich ausgetragenen Kontroversen zwischen sich radikal widersprechenden Hypothesen, die zwischen Einzelperönlichkeiten oder Fraktionen von Immunforschern erbittert diskutiert wurden. Es ist interessant und lehrreich zu verfolgen, wie sich hier jeweils die korrekte Hypothese durchsetzte, und daher sollen hier die wichtigsten dieser Kontroversen dargestellt werden.

Die Antikörperkontroverse I: Instruktion oder klonale Selektion

Die Diversität der Antikörper, die spezifische Bindung an Millionen verschiedener Antigene ermöglicht, war viele Jahrzehnte ein Enigma für die Wissenschaft, nicht nur für die Immunologie. Der darüber geführte Diskurs betraf zunächst die Proteinebene: Die *Instruktionstheorie* postulierte die Existenz eines einzigen Proteins mit einer einzigen Primärstruktur, welches durch Kontakt mit Antigenen auf unendlich viele Arten geformt werden kann. Eine einmal eingenommene Form war sodann irreversibel, das Protein war instruiert, ein bestimmtes Antigen zu binden. Die Verfechter der *klonalen Selektion* vertraten dagegen die Hypothese, daß jedes Antikörpermolekül in seiner Primärstruktur einzigartig ist, d.h., das Immunsystem erzeugt a priori Millionen verschiedener Antikörpermoleküle. Jedes der Antikörpermoleküle wird von einer einzelnen Zelle synthetisiert, auf deren Oberfläche es die Funktion eines Antigenrezeptors ausübt. Ein Antigen wird nur von wenigen dieser Antikörper gebunden, nämlich solchen, die eine entsprechende Komplemenarität besitzen. Die ein solches Antikörpermolekül tragende Zelle wird selektiv zur Teilung angeregt und bildet einen Klon identischer Tochterzellen, die den Antikörper sodann sezernieren. Die klonale Selektion wurde durch ingeniöse experimentelle Arbeiten in mehreren Laboratorien bewiesen, in denen gezeigt werden konnte, daß nur wenige Lymphozyten ein gegebenes Antigen binden und daß alle Rezeptoren eines Lymphozyten dieselbe Spezifität besitzen. Das wachsende generelle Verständnis der Struktur von Proteinen führte zu dem Dogma, daß die Primärstruktur eines Proteins dessen Sekundärfaltung eindeutig festlegt. Die Instruktionstheorie mußte also falsch sein. Allerdings zeigen die jüngsten Erkenntnisse über die Natur der Prionen, daß Dogmen in der Naturwissenschaft selten lange ohne Ausnahmen bleiben: Proteinsekundärfaltung kann in Einzelfällen auch instruierbar sein.

Die Identität der Antikörper mit der Immunglobulinfraktion im Serum ist in der Folge von vielen Forschern nach und nach realisiert worden. Für bahnbrechende Beiträge über Struktur-Funktionsbeziehungen der Antikörper wurden Gerald M. Edelman und Rodney R. Porter 1972 mit dem Nobelpreis ausgezeichnet. Porter hatte durch proteolytische Spaltung des Antikörpermoleküls beobachtet, daß dieses aus drei Fragmenten besteht. Zwei der Fragmente sind untereinander identisch und binden an das Antigen, während das dritte unterschiedlich ist und keine antigenbindenden Eigenschaften hat. Somit wurde die divalente Natur des Antikörpermoleküls erkannt, das seitdem häufig als Y dargestellt wird, wobei die beiden Arme den antigenbindenden Fragmenten (Fab-Fragmenten) entsprechen (Abb. 13). Dem dritten Fragment, das spontan kristallisierte und daher Fc-Fragment genannt wurde, wurden später wichtige generische Funktionen zugeschrieben, die weiter unten besprochen werden sollen. Durch biochemische Verfahren spaltete Edelman das Antikörpermolekül in zwei Typen von Polypeptidketten, die schweren und leichten Ketten, und fand, daß ein Molekül aus zwei schweren und zwei leichten Ketten zusammengesetzt war. Porters antigenbindende Fragmente wurden jeweils von einer leichten Kette und der Hälfte einer schweren Kette gebildet. Edelman klärte auch erstmals die komplette Aminosäuresequenz eines Antikörpermoleküls auf. Ebenso wichtig war die von Hilschmann und Craig gewonnene Erkenntnis, daß die Polypeptidketten eines Antikörpers aus einer konstanten (C-Regi-

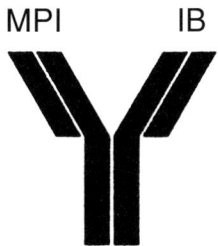

Abb. 13: Stilisierte Darstellung eines Antikörpermoleküls im Logo des Max-Planck-Instituts für Immunbiologie. Das Molekül ähnelt einem Ypsilon, wobei die beiden Arme die antigenbindenden Fab-Fragmente darstellen. Diese werden von den leichten Ketten und den «oberen» Hälften der schweren Kette gebildet. Die variablen Regionen der leichten und schweren Kette befinden sich an den oberen Enden der Fab-Fragmente und bilden die beiden Antigenbindungsstellen. Der Fuß des Moleküls, das sogenannte Fc-Fragment, wird von den «unteren» Hälften der schweren Ketten gebildet. In diesem Bereich unterscheiden sich die Antikörperklassen mit ihren verschiedenen Abwehrfunktionen. Detaillierte Darstellungen der Feinstruktur der Antikörper finden sich in den meisten Lehrbüchern.

on) und einer variablen Sequenzregion (V-Region) bestehen. Die V-Regionen der schweren und leichten Ketten sind für die hohe Diversität der Antikörperstruktur verantwortlich und bilden gemeinsam die beiden spezifischen Antigenbindungsstellen. Die erst viel später erfolgte Röntgenstrukturanalyse kristallisierter Antikörpermoleküle hat diese Vorstellungen vollauf bestätigt.

Die Antikörperkontroverse II: Somatische Mutation oder Keimbahndiversität

Die außerordentliche Vielfalt der Antikörpermoleküle warf die Frage nach deren genetischer Bestimmung auf. Das damals allgemein akzeptierte Dogma in der Biologie lautete: Ein Gen, eine Polypeptidkette. Die Aufteilung der Antikörper-Polypeptidketten in V- und C-Regionen zwang die Immunologen jedoch zu der Hypothese, daß zwei Gene eine Antikörper-Polypeptidkette kodieren, ein V- und ein C-Gen. Bezüglich der V-Gene gab es wieder zwei extreme Hypothesen: Die eine Hypothese forderte, daß für die schweren und leichten Ketten aller Antikörpermoleküle jeweils nur eine geringe Zahl von V-Genen in der Keimbahn vererbt wird. In den Zellen, die die Antikörper produzieren (den B-Lymphozyten, s. u.), kommt es mit hoher Frequenz zu somatischen Mutationen, wodurch die V-Gene stark verändert werden. Jeder B-Lymphozyt akkumuliert andere Mutationen und produziert daher letztlich einen Antikörper, der sich von denen anderer B-Lymphozyten in den variablen Regionen unterscheidet. Im Gegensatz hierzu postulierte die Keimbahntheorie ein eigenes V-Gen für jede Antikörper-Polypeptidkette, also die Vererbung vieler Tausender von V-Genen in der Keimbahn. Wesentlich für die Lösung dieser Kontroverse war die Aufklärung der *Struktur der Antikörpergene*, die uns heute nahezu vollständig vorliegt. Die entscheidende Entdeckung wurde von Suzumu Tonegawa (Nobelpreis 1987) gemacht, der fand, daß Antikörpergene in den B-Lymphozyten eine Umlagerung erfahren. In den Keimzellen und allen anderen Körperzellen sind die Antikörpergene in Gruppen von Segmenten angeordnet. Für die schwere Kette gibt es V- (*variabel*), D- (*diversity*), J- (*joining*), und C- (*constant*)-Gensegmente. Für die leichte Kette gibt es V-, J-, und C-Gensegmente. In den B-Lymphozyten wird durch Genumlagerung jeweils ein V-Segment, ein D-Segment und ein J-Segment in kontinuierliche Nachbarschaft gebracht, so daß ein funktionelles VDJ-Gen entsteht, welches die variable Region einer schweren Kette kodiert. Das Gen für die variable Region der leichten Kette wird durch Umlagerung zweier Segmente, V und J, hergestellt. Während D-, J- und C-Segmente in überschaubarer Anzahl vorliegen, gibt es je nach Kette 100 oder mehr V-Segmente. Allein durch Kombinatorik entsteht so eine große Zahl von Genen, die die variablen Regionen der schweren und leichten Ketten kodieren. So können aus ca. 100 V-, ca. 15 D- und ca. 10 J-Segmenten etwa 15 000 verschiedene VDJ-Gene für schwere Ketten kombiniert werden. Die freie Kombinierbarkeit mit einer ähnlich großen Zahl von leichten Ketten ergibt bereits eine sehr hohe Zahl verschiedener Antikörper. Die Diversität der V-Regionen wird aber noch erhöht durch das zum Teil zufällige Einfügen von Nukleotiden an den Verbindungsstellen sowie durch Verlust von Nukleotiden an den Enden der jeweiligen Gensegmente während der Umlagerung. Die Umlagerung erfolgt nach Zufallsregeln und erzeugt in der Regel nur je ein funktionelles Gen für die schwere und leichte Kette pro B-Lymphozyt, so daß jeder B-Lymphozyt einen einzigartigen Antikörper erzeugt. Tatsächlich ist die abschätzbare Vielfalt der Antikörper größer als die Anzahl von Lymphozyten im Körper (10^{11}–10^{12}, also 100–1000 Milliarden), so daß jeder Mensch sein eigenes individuelles Repertoire an Antikörpern besitzt.

Während die V(D)J-Rekombination auf DNA-Ebene geschieht, werden die V(D)J- und C-Gene erst auf mRNA-Ebene durch Spleissen zusammengeführt. Ebenfalls durch Spleissen der mRNA, und zwar an den Enden der C-Gene für die H-Kette, werden die meisten Antikörper darüber hinaus in zwei Formen produziert, als membranständiges Molekül auf der Oberfläche der Lymphozyten sowie als sezerniertes, lösliches Molekül. So besitzen die zellständigen Rezeptoren der Lymphozyten dieselbe Antigenbindungsstelle wie die ins Blut abgegebenen Antikörper. Vor dem Kontakt mit einem Antigen werden vom B-Lymphozyten vorwiegend zellständige Antikörper erzeugt. Antigene, die über diese Rezeptoren an einen B-Lymphozyten binden, aktivieren diesen Lymphozyten, der sich daraufhin durch Zellteilung vermehrt und zur Plasmazelle differenziert, die dann vorwiegend sezernierte Antikörper erzeugt. Jüngere Arbeiten zeigen, daß während der Zellteilung mit hoher Frequenz somatische Mutationen in den Antikörpergenen auftreten. Dies führt dazu, daß einige der mutierten Antikörper das Antigen mit höherer Affinität binden als die ursprüngliche Version des Antikörpers. Dies nennt man Affinitätsreifung, ein wichtiger Vorgang in der Optimierung einer Immunantwort. Die Lösung der Diversitäts-Kontroverse hat also Elemente von beiden Extremtheorien, d.h. sowohl multiple Gene in der Keimbahn als auch somatische Mutationen. Das Vorliegen der Gene für die variablen Regionen in multiplen Segmenten war allerdings nicht vorausgesehen worden.

Die Kontroverse um den T-Zellrezeptor: Immunglobulin oder nicht

In der ersten Hälfte des Jahrhunderts war bereits herausgefunden worden, u.a. von Karl Landsteiner (Nobelpreis 1930), daß Antikörper gegen definierte Teilstrukturen (Determinanten, Epitope) eines komplexen Antigens gerichtet sind. In den 60er Jahren machten mehrere Immunologen die Beobachtung, daß zur Auslösung einer Immunantwort solche einzelne Teilstrukturen nicht ausreichen; mindestens zwei Epitope auf einem komplexen Antigen waren nötig, um Antikörper gegen ein Epitop zu induzieren. Dies deutete auf einen kooperativen Vorgang hin, möglicherweise zwischen zwei Arten von Zellen. Dazu kam, daß Immunglobulin auf der Zelloberfläche von nur etwa der Hälfte der Lymphozyten gefunden wurde. Ein weiterer Hinweis auf eine zweite Art von Lymphozyten im Immunsystem ergab sich aus der Entdeckung des Thymus als des Entstehungsortes der Lymphozyten, die kein Immunglobulin trugen. Diese Zellen wurden in der Folge *T-Lymphozyten* genannt (thymusabhängig), während die immunglobulintragenden Zellen *B-Lymphozyten* (*bone-marrow*-abhängig, d.h. im Knochenmark gebildet) genannt wurden. Es wurde bald klar, daß die T-Zellen für die Erkennung des zweiten Epitops notwendig waren, und ihnen wurde daher eine Helferfunktion bei der Antikörperproduktion zugeschrieben. Zusätzlich wurden T-Zellen gefunden, die fremde Zellen, z.B. von Transplantaten, spezifisch erkennen und abtöten konnten. Diese wurden *Killerzellen* genannt (Abb. 14). Helfer- und Killerzellen unterschieden sich durch die Oberflächenmoleküle CD4 und CD8, so daß sie unterschiedliche Typen von T-Zellen repräsentierten. Im Unterschied zu B-Zellen trugen beide Gruppen von T-Zellen keine leicht nachweisbaren Antikörpermoleküle auf der Oberfläche. Wie also erkannten sie das zweite Epitop?

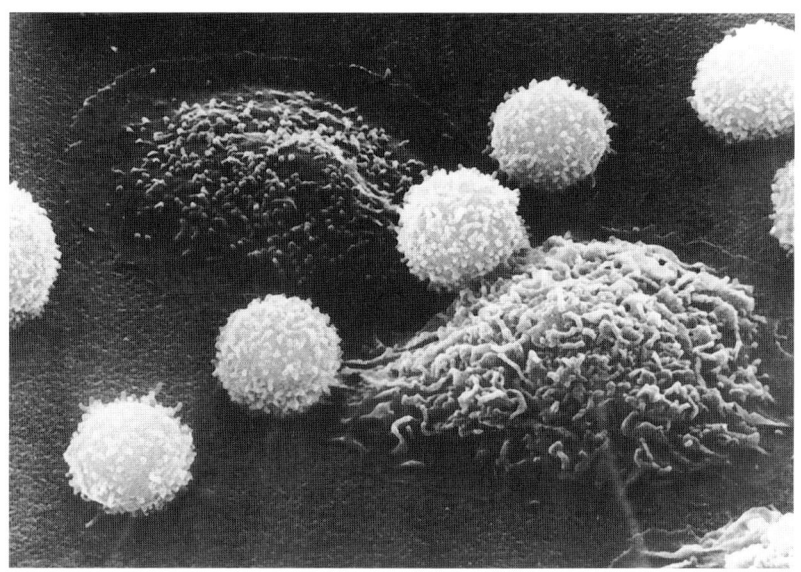

Abb. 14: Rasterelektronenmikroskospische Aufnahme von T-Killerzellen
(kugelförmige kleinere Zellen) bei der Erkennung und Lyse von Tumorzellen (abgeflachte größere Zellen). Von den beiden dargestellten Tumorzellen
ist die rechts vorn sichtbare noch lebendig, die links hinten sichtbare bereits
abgetötet, wie an dem herausfließenden Zytoplasma ersichtlich ist. Gut
sichtbar sind die Interaktionszonen der T-Killerzellen mit der Tumorzelle.
Sie werden zum einen durch die Verbindung von MHC-Peptidkomplexen
auf den Tumorzellen mit dem T-Zellrezeptor der T-Killerzellen gebildet,
zum anderen durch unspezifische Zelladhäsionsmoleküle. T-Helferzellen
sowie B-Zellen zeigen im Rasterelektronenmikroskop das gleiche Erscheinungsbild wie die hier abgebildeten T-Killerzellen. (Mit freundlicher
Genehmigung von J. Orenstein und E. Shelton)

Der Diskurs über diese Frage war erneut durch eine heftig aus-
getragene Kontroverse gekennzeichnet. Ein Teil der Immunologen fand es schwer vorstellbar, daß neben den Antikörpern ein
zweites Rezeptorsystem von ähnlicher Spezifität und Diversität
existiert. Sie suchten daher intensiv nach Immunglobulinmolekülen auf T-Zellen. Da diese nicht leicht zu entdecken waren,
wurden von dieser Gruppe entweder geringe Konzentrationen, das
Vorkommen von Teilmolekülen wie z. B. isolierten H-Ketten, oder
eine kryptische Anordnung von Immunglobulinmolekülen auf
T-Zelloberflächen postuliert. Es wurden zwar Hinweise gefunden,
diese waren jedoch nie unumstritten. Andere Immunologen suchten nach einem zweiten Rezeptorsystem, welches eine ähnliche

molekulare Vielfalt wie die der Antikörper aufwies. Schließlich wurde man fündig: ein rearrangierendes Gensystem, ähnlich dem der B-Zellen, aber nicht damit identisch, wurde in T-Zellen nachgewiesen. Die Ergebnisse wurden erstmals 1984 auf dem Immunologie-Weltkongreß in Kyoto vorgestellt und beendeten eine mehrjährige Diskussion: T-Zellen erkennen ihr Antigen nicht mittels Immunglobulin, sondern mittels eines Rezeptors aus zwei Ketten, α und β, wobei die β-Kette von V-, D-, J- und C-Segmenten und die α-Kette von V-, J- und C-Segmenten kodiert wird. Der T-Zellrezeptor wird klonal exprimiert, d.h., jede neu gebildete T-Zelle besitzt einen einzigartigen Rezeptor, den sie an ihre Tochterzellen vererbt. Die funktionelle Verantwortlichkeit des T-Zellrezeptors für die Antigenerkennung der T-Zellen war in der Folgezeit schnell erwiesen. Die Diversität ist von ähnlichem Ausmaß wie die der Antikörper, sezernierte T-Zellrezeptoren in Analogie zu den Antikörpern werden jedoch nicht produziert. Zudem schien der T-Zellrezeptor lösliche Antigene zu ignorieren. Er war auf Antigene spezialisiert, die auf Zelloberflächen vorkommen. Was unterscheidet also die Antigenerkennung der T-Zellen von der der Antikörper und B-Zellen?

Diese Frage wurde durch die Entdeckung der *MHC-Restriktion* (MHC = *Major Histocompatiblity Complex*) geklärt, für die Doherty und Zinkernagel 1996 den Nobelpreis für Medizin erhielten. Die Entdeckung basiert auf der alten Erkenntnis, daß Transplantate von Organen eines Spenders vom Empfänger derselben Spezies infolge fehlender Gewebeverträglichkeit (Histokompatibilität) abgestoßen werden. Bei eineiigen Zwillingen oder Inzuchttieren werden Transplantate akzeptiert, ein eindeutiger Beweis für die genetische Bestimmung der Histokompatibilität. Die Abstoßungsreaktionen waren immunologischer Natur, im Empfänger bildeten sich Antikörper und aktivierte T-Zellen, mit deren Hilfe Transplantationsantigene auf den Zellen des Transplantats nachgewiesen werden konnten. Es entstand ein Spezialfach, die *Transplantationsimmunologie*, dessen Ziel es war, die Grundlagen der Histokompatibilität zu verstehen und dadurch medizinische Transplantationen zuverlässig möglich zu machen. Jahrelange Vererbungsstudien, insbesondere an Inzuchtmäusen, führten schließlich zur Identifikation eines Haupt-Histokompatibilitäts-Genlocus, eben des MHC. Er enthält mehrere Gene, die für die wichtigsten Transplantationsantigene kodieren und deren Identität eine Voraussetzung für die Geweberverträglichkeit ist. Ein ungewöhnlich ausgeprägter Polymorphismus der Gene dieses Komplexes hat allerdings zur Folge, daß die statistische Wahrscheinlichkeit der MHC-Identität zwischen Individuen außerordentlich gering ist. Dazu kommt eine Reihe von Neben-Histokompatibilitätloci. Diese Befunde erklärten das weitgehende Mißlingen von Transplantationen. Pioniere auf dem Gebiet der MHC-Forschung waren B. Benaceraff, J. Dausset und G. Snell, die 1980 für diese Arbeiten gemeinsam den Nobelpreis für Medizin erhielten. Auch heute gelingen Transplantationen nur, wenn gleichzeitig immunsuppressive Medikamente verabreicht werden.

Die Existenz von Transplantationsantigenen war bis zur Entdeckung der MHC-Restriktion ein biologisches Rätsel. Warum hat sich ein solches System entwickelt, kommen doch Transplantationen in der Natur nicht vor? Doherty und Zinkernagel studierten Immunantworten von Mäusen gegen Virusinfektionen, von denen man wußte, daß T-Killerzellen eine entscheidende Rolle spielen, indem sie die virusinfizierten Zellen des Körpers spezifisch erkennen und durch Zytolyse vernichten. Die Maus war inzwischen zum Hauptstudienobjekt der Immunologen avanciert, und viele Inzuchtstämme mit sehr gut charakterisierten MHC-Komplexen standen zur Verfügung. Die wesentliche Entdeckung der beiden Forscher war, daß T-Killerzellen eine virusinfizierte Zelle nur dann erkennen und lysieren können, wenn diese den gleichen MHC-Komplex trägt wie die Maus, in der die Virusinfektion stattgefunden hat und die Killerzelle induziert wurde. Dieses Phänomen wurde MHC-Restriktion genannt. T-Killerzellen erkennen also nicht nur Virusepitope, sondern gleichzeitig Strukturen, die vom MHC-Komplex kodiert werden. Die Identität dieser Strukturen mit den Transplantationsantigenen war bald erwiesen. Der biologische Sinn der Transplantationsantigene war also keineswegs das Verhindern von Transplantationen. Vielmehr sind sie die Zielstrukturen für die T-Zellen, durch die gewährleistet wird, daß diese sich auf zellgebundene Antigene konzentrieren und lösliche Antigene ignorieren. Diese Erkenntnisse lagen zeitlich vor der molekularen Identifizierung des T-Zellrezeptors und resultierten in einer weiteren Kontroverse: Zwei Rezeptoren, jeweils für MHC und Virus, oder ein Rezeptor, der durch Virusepitope veränderte MHC-Genprodukte erkennt? Die spätere Charakterisierung des T-Zellrezeptors bestätigte die Ein-Rezeptor-Hypothese, d. h. die kombinierte Erkennung von Selbst-MHC-Strukturen in Verbindung mit Virusepitopen.

Andere Forscher fanden, daß T-Helferzellen einen analogen Mechanismus zur Antigenerkennung benutzen. Die von Killer- und Helferzellen als Restriktionselemente erkannten MHC-Moleküle gehören zwei verschiedenen Klassen an: Klasse I für Killerzellen und Klasse II für Helferzellen. Hieraus ergab sich die Frage nach der Natur der Epitope, die die körpereigenen MHC-Moleküle so verändern, daß sie von den T-Helferzellen und T-Killerzellen als fremd erkannt werden können. Hier stellte sich heraus, daß es sich um kurze Peptide handelt, also um Bruchstücke von Proteinen, die in speziell dafür vorgesehene Gruben auf den MHC-Molekülen passen. Die Herkunft der Peptide, die an MHC-Klasse-I- und MHC-Klasse-II-Moleküle binden und von T-Helfer- und T-Killerzellen erkannt werden, ist dabei unterschiedlich und sinnvoll an die Funktionen der beiden T-Zellen angepaßt. Sie wird weiter unten näher erläutert.

Die Kontroverse um die Immunregulation: Idiotypisches Netzwerk oder Zytokine

Eine Immunreaktion auf ein Fremdantigen setzt mit einer geringen zeitlichen Verzögerung nach Antigengabe ein, steigt bis zu einem sinnvollen Maximum an und fällt wieder auf ein inaktives Ausgangsniveau zurück. Wie wird ein solches Verhalten quantitativ reguliert? Lange war bekannt, daß es möglich ist, Antikörper gegen die variablen Regionen eines anderen Antikörpers zu erzeugen. Antikörper dieser Art sind in der Lage, die einzigartige Struktur (den Idiotyp, von griechisch *idios* = einzigartig) eines Antikörpers zu definieren, und werden daher als Anti-Idiotypen bezeichnet. Niels Jerne, einer der großen Theoretiker der Immunologie, erweiterte diese experimentelle Erfahrung zu der Netzwerktheorie, die postulierte, daß im Immunsystem jede B-Zelle durch Idiotyp-Anti-Idiotyp-Wechselwirkungen ihrer Antikörperrezeptoren mit anderen B-Zellen funktionell vernetzt ist und daß daher die Immunantwort gegen ein einzelnes Antigen Rückwirkungen auf weite Teile des Immunsystems hat. Aus den idiotypischen Wechselwirkungen ergeben sich Rückkoppelungsmechanismen, die Immunantworten quantitativ regulieren. Viele Immunologen waren in den 70er Jahren fasziniert von der Netzwerktheorie, die in einer Serie von interessanten mathematischen Modellen genauer formuliert wurde. Andererseits gab sie Anlaß zu weitreichenden Überlegungen und experimentellen Programmen, das Immunsystem durch anti-idiotypische Antikörper zu manipulieren, um die Behandlung immunologischer Erkrankungen, Impfungen, Transplantationen usw. zu verbessern.

Ebenfalls Anfang der 70er Jahre wurde die Entdeckung gemacht, daß es experimentell möglich ist, manche Funktionen von T-Zellen durch deren sezernierte Faktoren zu ersetzen. Diese sezernierten T-Zellprodukte konnten andere T-Zellen, B-Zellen oder andere Zelltypen aktivieren, zur Teilung anregen, ihre Differenzierung herbeiführen oder sie sogar abtöten. Es handelte sich nicht um antigenspezifische Moleküle, sondern um Faktoren mit generischen Funktionen. In der Folgezeit wurden viele solcher Faktoren isoliert, ihre Gen- und Proteinsequenzen aufgeklärt und ihre funktionellen Eigenschaften charakterisiert. Es stellte sich heraus, daß annähernd alle Immunfunktionen durch solche Faktoren gesteuert werden. Etwa zwei bis drei Dutzend solcher Faktoren, die seither *Zytokine* genannt werden, sind heute bekannt. In der Regel stammen sie von T-Zellen, ihre Produktion und Sekretion wird nach Antigenstimulierung ausgelöst, und sie werden über zytokinspezifische Rezeptoren von anderen Zellen wahrgenommen, deren Funktion sie steuern. Inzwischen gibt es nur noch wenige Immunologen, die glauben, daß das idiotypische Netzwerk eine wesentliche Rolle in der Regulation des Immunsystems spielt. Wenn überhaupt, spielt es eine untergeordnete Rolle, während die wichtigen Immunfunktionen über das Zytokin-Netzwerk reguliert sind. Zytokine werden z.Z. intensiv daraufhin untersucht, ob sie sich zur Behandlung immunologischer Erkrankungen eignen. Wegen der sich gegenseitig beeinflussenden und überlappenden Funktionen der Zytokine sind die Wirkungen einzelner Zytokine auf den Organismus allerdings schwer zu berechnen. Zytokin-Therapien sind daher weiterhin im Versuchsstadium.

Die Abwehrleistungen des Immunsystems

In der Regel betritt ein Erreger den Körper durch eine der Oberflächen, die äußeren oder inneren Epithelschichten, entweder nach Verletzung oder durch aktive Penetration. Im darunterliegenden Gewebe befinden sich phagozytierende Zellen, u.a. Makrophagen, die Erregerpartikel aufnehmen. Diese gelangen dadurch in intrazelluläre Vesikel, die Endosomen. Falls es sich um ein nur extrazellulär lebensfähiges Bakterium handelt, wird es spätestens nach Fusion der Endosomen mit den Lysosomen abgetötet, da letztere voller aggressiver Proteasen sind. Häufig gelingt es allerdings nicht, auf diese Weise den Erreger komplett zu vernichten, und viele Mikroorganismen sind zudem darauf spezialisiert, innerhalb von Makrophagen zu überleben und sich in ihnen zu vermehren. In diesen Fällen muß das adaptive Immunsystem aktiviert werden. Ein spezieller Typ von Makrophagen in der Haut, nach ihrem Entdecker Langerhans-Zellen genannt, zeichnet sich durch die Fähigkeit besonders effizienter Phagozytose aus. Die Langerhans-Zelle wird durch die Aufnahme von Fremdpartikeln aktiviert, löst sich aus ihrem Gewebeverband und beginnt mit der Lymphflüssigkeit in den nächstgelegenen Lymphknoten zu wandern. Gleichzeitig macht sie eine Differenzierung durch, wobei sie die Fähigkeit zur Phagozytose weitgehend einbüßt, dafür aber ihre Produktion von MHC-Klasse-II-Molekülen verstärkt und ihre Oberfläche durch Ausbildung langer Fortsätze stark vergrößert. Durch diese Veränderungen erwirbt sie die Funktion der *Antigen-Präsentation* und wird fortan dendritische Zelle genannt. Die lysosomalen Proteasen haben inzwischen viele der Erregerproteine in Bruchstücke, sogenannte Peptide, zerlegt. Diese heften sich an MHC-Klasse-II-Moleküle, die in den Membranen spezialisierter Vesikel sitzen. Die Vesikel wandern dann zur Zelloberfläche und verschmelzen dort mit der äußeren Zellmembran, so daß die mit Erregerpeptiden beladenen MHC-Klasse-II-Moleküle jetzt auf der Zelloberfläche nach außen präsentiert werden. Hier werden sie von T-Helferzellen erkannt, die einen passenden T-Zellrezeptor besitzen.

Durch Interaktion mit antigenpräsentierenden Zellen werden nun die T-Helferzellen aktiviert und differenzieren zu zytokinproduzierenden Zellen. Hierbei haben die T-Helferzellen zwei Alternativen: Entweder sie produzieren das Zytokin Interferon-γ (IFN-γ) oder das Zytokin Interleukin-4 (IL-4, sowie einige weitere dem IL-4 funktionell ähnliche Zytokine). IFN-γ-produzierende T-Helferzellen, auch TH-1-Zellen genannt, spielen die Schlüsselrolle in der Abwehr intrazellulärer Erreger, in dem das sezernierte IFN-γ die Zellen aktiviert, in denen sich diese Erreger niedergelassen haben. Dabei ist die Helferfunktion von TH-1-Zellen vorwiegend auf Makrophagen gerichtet, in denen eine Reihe von Abwehrmechanismen aktiviert werden, u.a. die Produktion von aktivem Sauerstoff und Stickoxid. So werden in mit IFN-γ aktivierten Makrophagen Mycobakterien (z. B. der Erreger der Lepra oder der Tuberkulose) abgetötet, die in nicht aktivierten Makrophagen ungestört leben und sich vermehren können. Darüber hinaus induziert IFN-γ in Makrophagen eine Kaskade weiterer Zytokine, die unter Anlockung von Granulozyten einen Entzündungsherd hervorrufen. In chronisch verlaufenden Fällen bilden sich Gewebeknoten, sogenannte Granulome. In akuten Fällen kann es zur Eiterbildung kommen. Beides dient der Abgrenzung des Entzündungsherdes gegenüber dem gesunden Gewebe.

Die andere Alternative, die T-Helferzellen einschlagen können, ist die Produktion von IL-4. Solche Zellen werden TH-2-Zellen genannt, sie sind die eigentlichen Helferzellen bei der Produktion von Antikörpern, die zur Abwehr von extrazellulär lebenden Bakterien oder Viren benötigt werden. Die von TH-2-Zellen sezernierten Zytokine wirken direkt auf B-Zellen, die durch die Bindung desselben Erregers über ihre Antikörperrezeptoren voraktiviert sind. Die Voraktivierung der B-Zelle in Verbindung mit der Wirkung der TH-2-Zytokine bewirkt die volle Aktivierung der B-Zelle, d. h. Zellteilung und Differenzierung zur Plasmazelle, die sodann die zuvor nur als Rezeptoren vorhandenen Antikörper als sezernierte Moleküle in die Körperflüssigkeit abgibt. Die sezernierten Antikörper heften sich an die Erregerpartikel, wodurch diese zum Teil inaktiviert werden. Z. B. können mit neutralisierenden Antikörpern beladene Viren nicht mehr in ihre Wirtszellen eindringen. Andere mit Antikörpern beladenen Erreger werden besonders effizient von Makrophagen aufgenommen und in diesen vernichtet. Wieder andere aktivieren ein Enzymsystem des Blutes, das Komplementsystem, welches ebenfalls Mikroorganismen zerstören kann. Um diese Leistungen zu optimieren, besitzt das Immunsystem verschiedene Klassen von Antikörpern, die jeweils für einzelne dieser Abwehrleistungen spezialisiert sind. Die klassentypischen Funktionen von Antikörpern werden durch die C-Regionen der schweren Ketten, die Fc-Fragmente, bestimmt. Die wichtigsten Klassen sind Immunglobulin (Ig)M, IgG mit 4 Unterklassen, IgA und IgE.

Für die Abwehr mancher Virusinfektionen besitzt das Immunsystem, zusätzlich zur Produktion neutralisierender Antikörper, einen weiteren Mechanismus. Gering zytopathische Viren sind relativ geschützt vor Antikörpern, da sie zumeist innerhalb von Zellen existieren und nur selten als freie Partikel zirkulieren. Innerhalb der Zelle werden Virusproteine synthetisiert, die im Zytoplasma darauf warten, in Viruspartikel eingebaut zu werden.

Als zytoplasmatische Proteine sind diese Virusproteine dem Abbau durch *Proteasomen* unterworfen, komplexen Proteasen, die den großen Teil der zytoplasmatischen Proteine abbauen und dadurch im Stoffwechsel der Zelle eine wichtige Rolle spielen. Die Proteasomen zerlegen die Proteine in Peptide von der Art und Länge wie sie von MHC-Klasse-I-Molekülen gebunden werden. Diese Peptide werden über spezielle Transporter in das endoplasmatische Retikulum der befallenen Zellen eingeschleust, wo sie sich an MHC-Klasse-I-Moleküle anheften. Über das vesikuläre System der Zelle werden diese Komplexe dann zur Zelloberfläche befördert und nach außen präsentiert. Hier werden sie von T-Killerzellen erkannt, die dadurch aktiviert werden und die virusinfizierten Zellen lysieren können. Durch diesen Abwehrmechanismus wird die Virusvermehrung effizient unterbrochen.

Das immunologische Gedächtnis

Eine besondere Eigenschaft des Immunsystems ist die Fähigkeit, sich an zuvor durchgemachte Immunantworten zu erinnern, das sogenannte *Memory*. Erst hierdurch wird das Immunsystem wirklich effizient, ein zweites Mal hat ein Erreger in der Regel keine krankmachende Wirkung. Diese Tatsache wird auch bei Impfungen ausgenutzt, indem die Erstinfektion durch einen künstlich abgeschwächten oder abgetöteten Erreger vorgetäuscht wird. Die Erzeugung von Memory besteht aus mehreren Veränderungen der für das Antigen spezifischen Zellpopulationen. Zunächst vermehren sich die während der Erstinfektion aktivierten Lymphozyten durch Zellteilung, so daß nach Abwehr der Infektion eine größere Zahl von Lymphozyten, die den Erreger erkennen können, zurückbleibt. Dies gilt sowohl für T- wie auch für B-Zellen. Zusätzlich machen die B-Zellen durch somatische Mutationen in ihren Antikörpergenen eine Affinitätsreifung durch, so daß das Antikörperspektrum bei Zweitinfektionen meist eine höhere durchschnittliche Affinität besitzt. Solche Antikörper heften sich fester an den Erreger und besitzen bessere neutralisierende Eigenschaften. Darüber hinaus verändern sich auch die Aktivierungsanforderungen; sie werden geringer, so daß Memory-Lymphozyten leichter aktivierbar sind, z. B. durch geringere Konzentrationen des Antigens. Eine zur Zeit geführte Diskussion, ob zur Aufrechterhaltung von Memory über längere Zeiträume Spuren des Antigens im Körper verbleiben müssen, ist noch nicht beendet. Es gibt allerdings Beobachtungen, daß Antigene in Form von Antigen-Antikörperkomplexen für lange Zeit in Lymphknoten erhalten bleiben können.

Die Klonierungstechniken und was sie bewirkten:
Beispiel Selbst-Toleranz

Letztlich ist das Immunsystem eine Ansammlung von vielen Millionen Klonen von Lymphozyten. Normale Antikörper stellen ein unentwirrbares Gemisch verschiedener Moleküle dar. Diese Vielfalt hat die Immunforschung erheblich behindert, und es ist daher nicht verwunderlich, daß Immunologen bereits seit langer Zeit versucht haben, einzelne Lymphozyten als Klone zu isolieren. Für B-Zellen gelang dies Mitte der 70er Jahre Georges Köhler und Cesar Milstein, die für diese Leistung zusammen mit Niels Jerne 1984 den Nobelpreis erhielten. Köhler und Milstein gelang es, normale B-Zellen einer immunisierten Maus mit Zellen einer maligne transformierten B-Zellinie, die spontan in Gewebekultur wächst, zu fusionieren. Einige wenige der fusionierten Zellen behalten die gewünschten Eigenschaften beider Elternzellen, die Fähigkeit der spezifischen Antikörperproduktion der normalen B-Zelle sowie die Fähigkeit der transformierten B-Zelle, in Kultur zu wachsen. Durch ausgeklügelte Selektionsstrategien gelang es, diese wenigen nützlichen Fusionszellen aus der großen Anzahl unnützer Zellen zu isolieren und in Kultur anzuzüchten. Die *Hybridomtechnik* war geboren, die für die Biologie und Medizin eine Revolution bedeuten sollte, da mit einem Mal zuverlässige Antikörper in unbegrenzter Menge als Reagenzien für Forschung und Diagnostik zur Verfügung standen. Darüber hinaus gab es jetzt homogene Antikörperpräparationen zur Sequenzierung und Kristallisation sowie homogene Zellinien zur Isolierung und Charakterisierung der Antikörpergene. Für die Klonierung von T-Zellen war die Entdeckung des Zytokins Interleukin-2 besonders wichtig. Es war das erste entdeckte Zytokin, welches T-Zellen in Kultur zur Teilung anregt, in dessen Gegenwart sogar einzelne T-Zellen zur Zellteilung gebracht und somit als Klone für lange Zeit in Kultur vermehrt werden können. Später wurde auch die Hybridomtechnik für die T-Zelle entwickelt. Dieses waren wichtige Schritte bei der Suche nach dem T-Zellrezeptor und der ihn kodierenden Gene. Natürlich gehört die Klonierung von Säugetier-Genen, insbesondere ihre Vermehrung in Bakterien, auch zum Arsenal der Methoden der Immunforschung. Seit den 70er Jahren ist fast jedes neue Molekül im Immunsystem über die Klonierung der kodierenden Nukleinsäure identifiziert worden.

Ein weiterer bedeutender Fortschritt für die Immunforschung war die *transgene Maustechnik.* Heute stehen Methoden zur Verfügung, mit denen Mausstämme erzeugt werden können, die entweder ein fremdes Gen tragen oder in denen eigene Gene gezielt inaktiviert wurden. Diese Technologie hat zur Beantwortung vieler immunologischer Fragestellungen beigetragen, ganz besonders jedoch zum Verständnis der Toleranz, einem Problem besonderer Dimension für die Immunologen. Wie gelingt es einem Immunsystem, aus vielen Millionen verschiedener Rezeptoren viele Millionen verschiedener Fremdstrukturen als solche zu erkennen, die Erkennung von Selbststrukturen aber zu vermeiden, liegen letztere doch ebenfalls in einer sehr großen Vielfalt vor? Theorien zur Erklärung der Toleranz gab es zuhauf, wobei die zentrale Frage war, ob selbst-reaktive Lymphozytenklone deletiert oder nur funktionell inaktiviert wurden. Die experimentelle Überprüfung von Hypothesen blieb jedoch unbefriedigend, da der Nachweis von selbst-reaktiven Exemplaren in der unübersichtlichen Vielfalt der Antikörper und T-Zellrezeptoren schwer zu erbringen war. Die entscheidenden Erkenntnisse über die Toleranz wurden erst mit genetisch manipulierten Mäusen gewonnen, die ein monoklonales Immunsystem besitzen. Zunächst wurden von klonierten B-Zellhybridomen oder T-Zellklonen die Gene für den entsprechenden Antikörper oder T-Zellrezeptor isoliert. Diese Gene wurden dann Mäusen übertragen, in denen durch gezielte Mutation die Fähigkeit zur Umlagerung der eigenen Antikörper- und T-Zellrezeptorgene zerstört war. Solche Mäuse besitzen somit nur die Gene für einen einzigen Antikörper oder einen einzigen T-Zellrezeptor, also ein monoklonales Immunsystem. Durch die Wahl geeigneter Kombinationen von Rezeptorgenen und Inzuchtmäusen konnte nun studiert werden, wie das Immunsystem mit selbst-reaktiven Lymphozyten umgeht. Es zeigte sich, daß selbst-reaktive T-Zellen im Thymus zwar entstehen, die meisten jedoch vor Vollendung des Differenzierungsprozesses deletiert werden. Dies geschieht durch induzierten Zelltod als Folge von hochaffiner Erkennung von mit Selbst-Peptiden beladenen MHC-Molekülen, die sogenannte negative Selektion. Die wenigen selbst-reaktiven T-Zellen, die der negativen Selektion entgehen, werden in der Regel in den peri-

pheren lymphoiden Organen durch andere Mechanismen inaktiviert. Durch Experimente dieser Art wurde darüber hinaus gefunden, daß im Thymus auch eine positive Selektion stattfindet. Zur
kompletten Reifung kommen nur solche T-Zellen, deren Rezeptoren mit Selbst-MHC-Molekülen schwachaffin wechselwirken.
So entsteht die MHC-Restriktion der reifen T-Zellen. Auf der
Ebene der B-Zellen ist Selbsttoleranz weniger stringent kontrolliert. B-Zellen mit selbst-reaktiven Antikörper-Rezeptoren können
im Knochenmark durchaus heranreifen, werden allerdings in der
Peripherie durch die strikte Toleranz auf seiten der T-Helferzellen
selten aktiviert. Insgesamt ist die Kontrolle der Selbsttoleranz
durchaus lückenhaft, das Immunsystem kann gelegentlich gegen
den eigenen Körper aktiv werden.

Fehlsteuerungen des Immunsystems: Immunologische Erkrankungen

Eine umfassende Abhandlung immunologischer Erkrankungen
würde Lehrbücher füllen, an dieser Stelle sollen nur die Prinzipien
in aller Kürze angesprochen werden. Sowohl Überfunktionen wie
auch Unterfunktionen des Immunsystems führen zu Erkrankungen. *Autoimmunerkrankungen* kommen dadurch zustande, daß die
Toleranzmechanismen versagen und sich Antikörper oder T-Zellen
bilden, die körpereigene Antigene binden und durch diese aktiviert
werden. Wichtige Beispiele sind der jugendliche Diabetes, die
Multiple Sklerose, der Lupus erythematosus, die rheumatoide Ar-
thritis und andere mehr. Interessant ist, daß in keinem Fall die Pathogenese einer Autoimmunkrankheit bisher lückenlos aufgeklärt
werden konnte. Wahrscheinlich ist, daß einige dieser Erkrankungen als Folge von Infektionen entstehen, wobei der Infektions-
erreger T- oder B-Lymphozyten aktiviert, deren Rezeptoren mit
schwacher Affinität auch mit körpereigenen Strukturen reagieren.
Durch ihre herabgesetzte Stimulierungsempfindlichkeit werden
die nach der Infektion zurückbleibenden Memoryzellen dann
durch die schwachaffin erkannten Selbststrukturen aktiviert. Autoimmunerkrankungen sind zumeist mit T-Helferzell-Aktivierung
vom TH-1-Typ verbunden und resultieren daher in entzündlichen
und degenerativen Veränderungen an den betroffenen Geweben.
   Eine weitverbreitete Fehlfunktion des Immunsystems äußert
sich als *Allergie*. Hier wird eine besondere Klasse von Antikörpern

(IgE) gebildet, die im Normalfall zur Abwehr von vielzelligen Parasiten (z. B. Würmern) vorgesehen ist. Ähnlich wie solche Parasiten heften sich allergieauslösende Antigene (Allergene, z. B. Pollen) zunächst an Schleimhäute, dringen aktiv durch diese in den Körper ein und führen zur Antikörperbildung mit hohem IgE-Anteil. IgE hat die Fähigkeit, sich an spezialisierte Abwehrzellen anzuheften, die damit auf den Parasiten konzentriert werden. Bei einigen dieser Zellen (z. B. Mastzellen) führt die Anheftung von IgE zudem zur Freisetzung von Substanzen (Histamin, Serotonin), die die Durchlässigkeit von Gefässwänden steigern. Hierdurch kommt es zur erhöhten Flüssigkeitssekretion und den bekannten Allergie-Symptomen. Antikörperbildung im Allergiegeschehen ist meist mit T-Helferzell-Aktivierung vom TH-2-Typ verbunden. Warum dies allerdings geschieht und wie Allergene einen Parasitenabwehrmechanismus überaktivieren, ist bisher noch weitgehend unverstanden.

An Unterfunktionen des Immunsystems, den sogenannten *Immundefizienzen*, unterscheidet man angeborene und erworbene. In der Literatur ist eine breite Palette von Gendefekten beschrieben, die zu mehr oder minder schweren Unterfunktionen von Teilen oder des gesamten Immunsystems führen. Mit den Methoden der Genklonierung ließen sich bisher viele der verantwortlichen Gene identifizieren, wodurch sich die Kenntnis über molekulare Zusammenhänge im Immunsystem substantiell erweitert hat. Die zur Zeit bekannteste erworbene Immundefizienz ist die durch HIV-Infektion hervorgerufene *Immunschwächekrankheit* AIDS (*acquired immune deficiency syndrome*). Dieses Virus befällt und zerstört gezielt zwei der für alle Immunantworten essentiellen Zelltypen, die T-Helferzellen sowie die Makrophagen. Bisher ist kein anderer Erreger bekannt, der die Immunabwehr derart effizient unterwandert. Hiermit hängt es zusammen, daß eine konventionelle Impfung gegen HIV bisher nicht entwickelt werden konnte. Von Interesse sind auch diejenigen Immundefizienzen, die durch ärztliche Maßnahmen hervorgerufen werden, z. B. nach Ganzkörperbestrahlung im Zusammenhang mit der Behandlung von Leukämien oder nach immunsuppressiver Therapie im Zusammenhang mit Transplantationen. Diese Immundefizienzen werden normalerweise durch eine relativ keimarme Umgebung in Verbindung mit Antibiotikagaben kontrolliert.

Tumoren und Immunsystem

Die Beziehungen zwischen Tumoren und dem Immunsystem sind zweifach: Einerseits kontrolliert das Immunsystem die Entstehung von Tumoren im Körper, ein Vorgang, der als *Immunüberwachung (immune surveillance)* bezeichnet wird und durch den wahrscheinlich sichergestellt wird, daß viele der spontan auftretenden maligne entarteten Zellen niemals zu klinisch relevanten Tumoren heranwachsen. Wie effizient dieser Vorgang ist, ist nicht genau zu beziffern. Jedoch weiß man aus Beobachtungen an immundefizienten Mäusen wie auch an immunsupprimierten Patienten, daß bei mangelnder Funktion des Immunsystems eine erhöhte Krebsgefahr besteht.

Zum anderen können die Zellen des Immunsystems selbst maligne entarten. Während jede Zelle des blutbildenden Systems entarten und zu einer *Leukämie* Anlaß geben kann, sind die B-Zellen ganz besonders zur Tumorbildung prädestiniert. Je nach Stadium der malignen B-Zelle unterscheidet man Lymphome oder Plasmozytome. Man nimmt an, daß die besondere Instabilität des genetischen Materials in der B-Zelle mit der erhöhten Anfälligkeit zur Tumorentstehung in Zusammenhang steht. Im Gegensatz zur T-Zelle, deren Entartung weitaus seltener ist, lagert die B-Zelle ihre Rezeptorgene nicht nur um, sondern besitzt auch eine exzeptionell hohe Mutationshäufigkeit. Wir wissen, daß malignes Zellwachstum als Summe von mehreren Mutationen auftritt, die letztlich zur Deregulation eines oder mehrerer Gene führt, welche das Zellwachstum steuern. Die Wahrscheinlichkeit hierzu ist naturgemäß in Zellen mit hoher Mutationshäufigkeit besonders hoch.

Im zurückliegenden Jahrhundert hat die Immunforschung die molekulare Natur des Immunsystems zwar weitgehend qualitativ entschlüsselt. Viele der funktionellen Aspekte des komplizierten multifaktoriellen Systems sind jedoch noch unverstanden, und unser Verständnis immunologischer Erkrankungen ist daher immer noch sehr lückenhaft. Neue Ansätze zur quantitativen Analyse multifaktorieller Systeme müssen entwickelt werden, um die Früchte eines Jahrhunderts der Immunforschung in der Medizin sinnvoll zur Anwendung zu bringen.

Literatur

Abbas, A. K., A. H. Lichtmann, J. S. Pober: Immunologie. Verlag Hans Huber, Bern, 1996.

Brostoff, J., G. K. Scadding, D. Male, I. M. Roitt (Hrsg.): Klinische Immunologie. Verlag Chemie, Weinheim, 1993.

Gemsa, D., J. R. Kalden, K. Resch (Hrsg.): Immunologie, Grundlagen – Klinik – Praxis. Georg Thieme Verl., Stuttgart, 1997.

Janeway, C. A. Jr., and P. Travers: Immunology. Spektrum Akad. Verl., Heidelberg, 1995.

Köhler, G., und K. Eichmann (Hrsg.): Immunsystem. Spektrum der Wissenschaft, Heidelberg, 1987.

van den Twiel, J. G.: Immunologie; das menschliche Abwehrsystem. Spektrum der Wissenschaft, Heidelberg, 1991.

Lebensbedrohendes Leben

Von der Immunbiologie kommt man unweigerlich zu jenen Krankheits-erregern, gegen die sich der Körper durch seinen Immunapparat zu wehren sucht. In der Mehrzahl der Fälle handelt es sich dabei um Bakterien oder Viren, die darauf spezialisiert sind, im Körper des Menschen oder seiner Haus- und Nutztiere zu leben und schädigend aktiv zu werden.

Die enorme, unter entsprechenden Umständen explosive Vermehrung solcher «Keime» kann zu Seuchen (lateinisch *pestes*) führen. Besonders dramatisch war die Große Pest, die von 1347–1352 in Europa wütete. Ihr fiel in manchen Städten jeder zweite Bewohner zum Opfer. Zwar gab es die Pest schon längst, vor allem in China und Indien. (Ob die «Pest» in Athen, die im zweiten Jahr des Peloponnesischen Krieges ausgebrochen war und der 429 v. Chr. auch Perikles zum Opfer fiel, wirklich Pest war, ist zweifelhaft.) Aber 1347 brach der Schwarze Tod ins Abendland ein und löste massive soziale und kulturelle Umbrüche aus; so massiv, daß hier eigentlich der Beginn der Neuzeit anzusetzen ist: Damals versank das selbstverständliche kollektive Vertrauen auf gütige Himmelsmächte in den Kalkgruben der Massengräber. Schon fünf Jahre nach dem großen Pestjahr schilderte Boccaccio im Decameron den Schrecken, aber auch die bezeichnenden Reaktionen derer, die sich dem Grauen zu entziehen vermochten. Seither war die Pest immer wieder Thema von Werken der Weltliteratur, über Daniel Defoes überaus eindrucksvolle Schilderung der großen Pest in London 1665 und Hermann Hesses «Narziß und Goldmund» bis zu Albert Camus' «Die Pest». Barbara Tuchman hat in ihrem historischen Werk «Der ferne Spiegel» ausführlich über die Große Pest von 1348 berichtet, auch über die dadurch ausgelösten kulturellen und sozialen Umwälzungen wie die umherziehenden Flagellanten, die sich bald zum sozialen Problem auswuchsen, oder die durch die Suche nach «Schuldigen» ausgelösten Judenverfolgungen mit ihren grauenvollen Exzessen. Klemens VI. hatte jedenfalls Anlaß genug, in zwei päpstlichen Bullen 1348 der mörderischen antisemitischen Hysterie entgegenzutreten. Auch sonst wirkte die Pest, die 1720 noch einmal in einer letzten Epidemie auf europäischem Boden in Südfrankreich aufflackerte, vielfältig nach. An die Stelle triumphaler Christusdarstellungen – Christus als

Pantokrat – traten jetzt die «Schmerzensmänner»: der leidende Christus am Kreuz. Die zahllosen «Totentänze» sollten verdeutlichen, daß im Feuer der Seuche alle sozialen Unterschiede dahinschmelzen. Pestsäulen und Passionsspiele erinnern noch heute an Gelübde verschonter Gemeinden.

Andere Seuchen waren weniger dramatisch, immerhin arg genug – auch Typhus und Cholera haben immer wieder Hekatomben von Opfern gefordert; andere sind – wie Tuberkulose und Lepra – überhaupt nicht als datierbare Epidemien aufgetreten, haben aber dennoch zahllose Opfer gefordert. Allein in der Opferliste der Syphilis finden sich Ulrich von Hutten, Heinrich Heine und Friedrich Nietzsche, Franz Schubert, Hugo Wolf, Gaetano Donizetti, Friedrich Smetana und Paul Gauguin. Heute leben wir in Mitteleuropa, was die bekannten Seuchen betrifft, relativ sicher. Relativ – man denke an AIDS!

Bakterien, Viren, Seuchen

Von Stefan H. E. Kaufmann

Einleitung

1962 stellte der weltberühmte Infektionsforscher und Nobelpreisträger Sir Frank MacFarlane Burnet fest, daß mit der Ausrottung der Infektionskrankheiten vor Ende des 20sten Jahrhunderts
eine der wichtigsten sozialen Revolutionen der Menschheitsgeschichte abgeschlossen sei. Daß dies nicht nur die Überzeugung
eines einzelnen Wissenschaftlers war, sondern eine Meinung wie-
dergab, die in den 60er und 70er Jahren in der Öffentlichkeit weit-
verbreitet war, zeigt die Aussage des US-amerikanischen Chefme-
diziners William H. Stuart, der 1967 verkündete, daß die Zeit reif
dafür sei, das Buch der Infektionskrankheiten zu schließen. Heute
wissen wir, daß dieser Optimismus überzogen war. In diesem Jahr
sterben mehr als 17 Millionen Menschen an Infektionskrankheiten. Das entspricht in etwa der Einwohnerzahl der neuen Bundes-
länder und der Hauptstadt Berlin zusammen. Mit mehr als einem
Drittel aller Todesfälle führen Infektionskrankheiten vor Herz-
Kreislauf-Erkrankungen und Krebs die Liste der Todesursachen
an. Dabei wird noch nicht einmal berücksichtigt, daß in einigen
dieser Fälle Krankheitserreger ursächlich oder als Kofaktoren mit
beteiligt sein können. So sind allein 20% aller Krebsfälle direkt mit
Infektionen assoziiert.

Alte Seuchen wie Tuberkulose sind in vielen Teilen der Erde
wieder auf dem Vormarsch, und neue Krankheiten, wie die
Immunschwäche-Krankheit AIDS, stellen eine neue Bedrohung
dar (siehe Kasten auf S. 94f. und S. 95ff.). Allein die drei «großen»
Seuchen, Malaria, Tuberkulose und AIDS, werden in diesem Jahr
6 Millionen Menschenleben fordern, etwa die Einwohnerzahl von
Hessen. Auch wenn Infektionskrankheiten für die Länder der
Europäischen Union eine geringere Bedrohung darstellen als für
die Entwicklungsländer und viele Staaten Osteuropas, so gilt doch
auch, daß Krankheitserreger Ländergrenzen nicht kennen. Bei
jährlich 500 Millionen Grenzüberschreitungen allein im internationalen Luftverkehr können Seuchen jederzeit und an jedem Ort
ausbrechen.

Tuberkulose

Die Tuberkulose begleitet den Menschen seit Jahrtausenden. Sie tritt heute typischerweise als Lungenschwindsucht auf und wird durch Tropfeninfektion übertragen. In früheren Jahrhunderten war die durch kontaminierte Nahrungsmittel übertragene Skrofulose gefürchtet, die durch Lymphknotenschwellungen im Halsbereich auffiel. Im Mittelalter galt die Heilung der Skrofulose durch Handauflegung als Privileg der Könige von Frankreich und England. Gegen Ende des letzten Jahrhunderts breitete sich die Tuberkulose im Zuge der Industrialisierung dramatisch aus, und 20% der Gesamtbevölkerung und 30% aller Erwachsenen in den Großstädten Europas starben an der «Weißen Pest». Da ist es kein Wunder, daß die Entdeckung des Tuberkulose-Erregers durch Robert Koch am 24. März 1882 nicht nur von wissenschaftlichen Kreisen, sondern auch von der Öffentlichkeit mit Erleichterung aufgenommen wurde und große Hoffnungen auf eine Bekämpfung dieser Seuche weckte.

Die Krankheit wird von dem Bakterium *Mycobacterium tuberculosis* hervorgerufen, das in Makrophagen lange Zeit überleben kann. Bei guter Abwehrlage wird der Erreger über Jahre hinweg in Schach gehalten, ohne daß die Krankheit ausbricht. Dies ist bei fast 2 Milliarden Menschen (ein Drittel der Weltbevölkerung) der Fall. Kommt es jedoch zu einer Schwächung der Immunabwehr, dann kann sich der Erreger vermehren, und die Krankheit bricht aus. Weltweit sterben heute noch immer 3 Millionen Menschen pro Jahr an Tuberkulose, mehr als an irgendeinem anderen Krankheitserreger. Derzeit sind ca. 28 Millionen Menschen an Tuberkulose erkrankt, und jedes Jahr kommen 8 bis 10 Millionen Neuerkrankungen hinzu. Besonders gefährdet sind HIV-Infizierte, bei denen die Krankheit innerhalb weniger Monate ausbricht. Ein Drittel aller HIV-positiven Menschen sind mit *M. tuberculosis* koinfiziert, und die Tuberkulose ist bei einem Drittel der AIDS-Patienten Todesursache. Obwohl die Tuberkulose heute chemotherapeutisch behandelbar ist, wird eine Kombination aus drei Medikamenten benötigt, und die Behandlung ist sehr langwierig. Insbesondere durch unvollständige Behandlung hat in letzter Zeit der Anteil an multiresistenten Stämmen in zahlreichen Entwicklungsländern, aber auch in vielen Ländern

Osteuropas deutlich zugenommen. Es wird geschätzt, daß weltweit bereits 50 Millionen Menschen mit multiresistenten Tuberkulose-Erregern infiziert sind. Da die Patienten dann häufig nicht mehr behandelbar sind, stellt die Multiresistenz der Tuberkulose, gepaart mit der zunehmenden AIDS-Pandemie, ein Gefahrenpotential von weltweiter Bedeutung dar. Aus diesen Gründen sah sich die Weltgesundheitsbehörde 1993 gezwungen, den globalen Tuberkulose-Notstand auszurufen.

Infektionskrankheiten: Der Kampf unter dem Mikroskop

Infektionskrankheiten sind Erkrankungen, die von anderen Organismen – meist Mikroorganismen – hervorgerufen werden. Der Mensch dient diesen Organismen gewissermaßen als Lebensraum. Die Besiedlung erfolgt nicht unbemerkt, und der Wirt mobilisiert unterschiedliche Abwehrmaßnahmen. Die intensive Auseinandersetzung zwischen eingenisteten Krankheitserregern und Wirtsorganismus bezeichnen wir als Infektion. Die Infektion wiederum kann – muß aber nicht – schädliche Konsequenzen für den Menschen haben. Erst wenn die Schädigungen klinisch auffällig werden, sprechen wir von einer Infektionskrankheit. Häufig verlaufen Infektionen aber klinisch unauffällig und der Erreger wird eliminiert, ohne daß eine Erkrankung zutage tritt. Das Spektrum der Krankheitserreger ist breit und umfaßt Prionen, Viren, Bakterien, Pilze, Protozoen und Würmer. Wir beschränken uns hier auf Bakterien und Viren – die häufigsten Krankheiterreger. Als Überbegriff für Bakterien und Viren, aber auch Pilze und Protozoen soll der Ausdruck Mikroben verwendet werden.

AIDS

1981 fielen in Los Angeles mehrere Homosexuelle auf, die unter einem schwerwiegenden Krankheitsbild litten. Bei allen wurde der Pilz *Pneumocystis carinii* nachgewiesen, ein bislang kaum bekannter Krankheitserreger. Einige Monate später waren bereits über hundert Patienten gemeldet, die an diesem oder einem anderen seltenen, fakultativ pathogenen Keim schwer erkrankt waren. Man mußte annehmen, daß sich die Erkrankungen nur deshalb manifestierten, weil die Patienten

an einer Immunschwäche litten. Bald wurde der Begriff
«Acquired Immune Deficiency Syndrome» (erworbene Im-
mundefizienz-Erkrankung, kurz AIDS) geprägt, und 1983 war
klar, daß hierfür ein Retrovirus verantwortlich war, das den
Namen humanes Immundefizienz-Virus (HIV) erhielt. Daß
sich hier eine Katastrophe ankündigte, war zu dieser Zeit noch
nicht abzusehen. Ende 1998 aber waren knapp 35 Millionen
Menschen HIV-infiziert, etwa 12 Millionen an AIDS erkrankt
und knapp 9 Millionen gestorben. Bis zum Jahr 2000 werden
40 Millionen HIV-Infizierte, 15 Millionen AIDS-Erkrankte
und 10 Millionen Todesfälle angenommen. Zu 90% sind Entwicklungsländer betroffen, besonders in Afrika südlich der
Sahara und in Südostasien.

Da das Virus durch Kontakt mit Blut und Körpersekreten
übertragen wird, ist der ungeschützte Geschlechtsverkehr der
mit Abstand häufigste Übertragungsweg. An sich steht diese
Übertragung einer raschen Erregerausbreitung eher entgegen.
Da jedoch die Inkubationszeit (d.h. die Zeit von Infektionsbe-
ginn bis zum Ausbruch des klinischen Krankheitsbildes) mit
bis zu zehn Jahren recht lang ist und da in den meisten Teilen
der Erde die Promiskuität deutlich zugenommen hat, konnte
sich das HIV im letzten Vierteljahrhundert über die ganze
Welt ausbreiten, so daß wir mit Fug und Recht von einer Pandemie sprechen können.

Ihren Ursprung nahm die Seuche im westlichen Zentral-
afrika, wo das Virus vereinzelt von Schimpansen auf Menschen
übertragen wurde. Dies dürfte schon einige Zeit zurückliegen.
Solange die Infizierten aber isoliert lebten, waren Seuchenausbrüche nicht möglich. Erst als in den 60er bis 70er Jahren eine
Landflucht in die rasch wachsenden Städte einsetzte, konnte
sich das Virus in einigen Großstädten Afrikas ausbreiten. Von
dort tat die Prostitution entlang der wichtigsten Landverkehrs-
wege das Ihre. Das HIV breitete sich über zahlreiche afrikani-
sche Staaten aus, von wo es in den 70er Jahren in die USA und
nach Europa verschleppt wurde. Ob, wie manchmal behauptet,
wirklich ein einziger Flugzeug-Steward für die Virusverschlep-
pung in die USA verantwortlich war, sei dahingestellt. Die
Rolle des Flugverkehrs sowie der hohen Promiskuität steht
aber außer Zweifel. Ursprünglich war die Erkrankung auf
Hochrisiko-Gruppen beschränkt, sehr bald aber breitete sie
sich in der breiten Bevölkerung aus. Die erschreckendsten

Wachstumsraten sind wiederum in Afrika zu verzeichnen, aber auch in Südostasien, wo das Virus seit Ende der 80er Jahre wütet. In Europa und Nordamerika ist die Lage heute eher stabil, d.h., die Zahlen der HIV-Neuinfektionen sind nicht höher als die Zahlen der AIDS-Todesfälle.

HIV ist ein Retrovirus, das sich durch eine außerordentlich hohe Variabilität auszeichnet. Dies erschwert die an sich schon schwierige antivirale Chemotherapie der HIV-Infektion. Derzeit werden mehrere Medikamente zur Therapie eingesetzt. Durch massiven Einsatz der Kombinationstherapie kann das Viruswachstum deutlich gedrosselt werden, und die Hoffnung ist nicht ganz unberechtigt, daß das HIV bei einzelnen Patienten vollständig eliminiert werden kann. Ein 100%ig wirksames Therapieschema steht derzeit aber nicht zur Verfügung. Weiterhin ist die eingesetzte Kombinationstherapie so kostenintensiv, daß sie den weitaus meisten AIDS-Patienten in den Entwicklungsländern vorenthalten bleibt.

Die Auseinandersetzung zwischen Krankheitserregern und Wirtsabwehrkräften führt uns in die Welt der mikroskopisch kleinen Organismen. Bakterien und Viren haben eine Größe von 10 bis 0,1 μm, also dem hunderttausendsten bis zehnmillionsten Teil eines Meters. Für einen solch mikroskopisch kleinen Organismus ist der menschliche Körper ein Universum. Man schätzt, daß im Darm eines einzigen Menschen 10^{13} (= zehntausend Milliarden) Mikroorganismen leben. Somit finden wir in jedem Individuum 1000mal mehr Mikroorganismen als Menschen auf der Erde leben.

Die Angreifer

Bakterien

Bakterien haben die Form einer Kugel, eines Stäbchens, einer Schraube oder eines Fadens. Wie bei den höheren Organismen, also auch beim Menschen, ist die Erbinformation im DNA-Molekül festgelegt. Bakterien besitzen jedoch keine echten Chromosomen und keinen echten Zellkern. Vielmehr findet man als Chromosomenäquivalent einen DNA-Ring. In diesem sind einzelne Gene und ihre Regulatoren wie Perlen auf einer Kette aneinandergereiht. Während jedes Gen die Information für ein Protein trägt, reagieren die Regulatoren auf äußere Einflüsse. Auf diese Weise wird ein Gen nur bei Bedarf in ein Protein übersetzt. Dies ermöglicht es den Bakterien, einen sparsamen Energiehaushalt zu führen. Die Vermischung eines väterlichen und mütterlichen Erbguts, also die sexuelle Vermehrung, ist diesen Mikroorganismen fremd. Vielmehr teilen sich Bakterien durch Spaltung, so daß die Nachkommen erst einmal mit der Mutterzelle identisch sind: es liegen Klone vor. Häufig vermehren sich Bakterien sehr rasch, und eine Verdopplungszeit von einer halben Stunde ist nichts Außergewöhnliches. Nur einige Erreger sind langsamer, wie z. B. der Erreger der Tuberkulose, welcher zur Vermehrung 12 Stunden, und der Erreger der Lepra, der sogar 12 Tage zur Verdopplung benötigt. Wofür der Mensch mit seiner langsamen Generationszeit tausend Jahre benötigt, brauchen Bakterien wenige Tage. In der raschen Vermehrung, die die hohe Variationsfähigkeit ermöglicht, liegt der Schlüssel zum Erfolg der Bakterien: die Eroberung auch der letzten Nische dieser Erde. Ungerichtete Veränderungen im Erbgut, sog. Mutationen, können zu unterschiedlichen Ausprägungsmerkmalen führen. Die meisten Mutationen dürften für den neu entstandenen Keim zwar schädlich oder sogar tödlich sein. Die wenigen vorteilhaften Mutationen setzen sich aber rasch durch, da sie sich bevorzugt ausbreiten können.

Obwohl Mutationen bereits eine riesige Vielfalt hervorbringen, besitzen Mikroorganismen noch zahlreiche weitere Möglichkeiten. Insbesondere können DNA-Abschnitte zwischen einem Spender- und einem Empfängerkeim ausgetauscht werden. Eine gewisse Form der Sexualität gibt es im Bakterienreich also doch! Da dabei aber nur kleinere Abschnitte ausgetauscht werden, sprechen wir besser von *parasexuellen Vorgängen*. Viele dieser Ereignisse beruhen im Prinzip darauf, daß auch Bakterien von Viren befallen werden, den sog. Bakteriophagen. Diese Bakteriophagen können zeitweise in das bakterielle Erbgut eingebaut werden, aber auch wieder als eigenständige Viren auftreten. Dabei werden häufig bakterielle DNA-Abschnitte mitgeschleppt, die nun von den Bakteriophagen in das Genom eines anderen Bakteriums eingeschleust werden. Bakteriophagen übertragen z. B. Gene für wichtige Bakterientoxine wie das Diphtherie-, Scharlach-, Botulinus- und Tetanus-Toxin.

Auch *Plasmide* sind zum DNA-Austausch befähigt. Dies sind

kleine, ringförmige DNA-Moleküle, die außerhalb des eigentlichen Bakteriengenoms vorkommen und sich selbst vermehren können. Plasmide enthalten eine kleine Anzahl von Genen. Zum einen tragen sie die Information zur Konjugation, wie die Übertragung eines Plasmids von einem auf einen anderen Keim bezeichnet wird. Des weiteren enthalten Plasmide Informationen für selbständige Eigenschaften. Einige Plasmide tragen die Information für krankmachende Fähigkeiten von Bakterien, besonders für bestimmte Enterotoxine, also Toxine, die Darmerkrankungen hervorrufen. Auf diese Weise wird der ansonsten harmlose Darmbewohner *Escherichia coli* zu einem ebenso gefährlichen Durchfallerreger wie Shigellen, die Erreger der Bakterienruhr. Für die Chemotherapie von Infektionskrankheiten ist das häufige Vorkommen von Informationen für Antibiotikaresistenzen auf Plasmiden von besonderer Bedeutung. Auf einem Plasmid können Resistenzgene gegen die unterschiedlichsten Antibiotika versammelt sein. Auch ist der Plasmidaustausch zwischen verschiedenen Bakterienarten möglich, z. B. zwischen normalen und nützlichen Bewohnern unseres Darmes, wie *Escherichia coli*, und Krankheitserregern, wie den Typhus oder Ruhr hervorrufenden Salmonellen bzw. Shigellen. Die Chemotherapie mit einem Antibiotikum, das gegen den Krankheitserreger auch die gewünschte Wirkung zeigt, wird einem Keim, der zur Normalflora des Darmes gehört und gegen dieses Medikament resistent ist, einen Überlebensvorteil bieten. Da das Plasmid nicht nur für das verabreichte Antibiotikum, sondern gegen zahlreiche andere Medikamente Resistenz vermittelt, breitet sich nun rasch ein multiresistenter Stamm aus. Da der Plasmidtransfer nicht artgebunden ist, kann die Resistenz später wieder auf andere Bakterienstämme – also auch auf einen neuen Krankheitserreger – übertragen werden.

Viren

Viren, der zweiten großen Gruppe pathogener Mikroben, fehlt die Fähigkeit zur eigenständigen Vermehrung. Sie werden von der befallenen Wirtszelle vermehrt und produziert. Entsprechend einfach ist der Aufbau der Viren. Viren besitzen entweder DNA oder RNA und werden entsprechend DNA- oder RNA-Viren genannt. Ihnen fehlt die Maschinerie für die Proteinsynthese und die Energiegewinnung. In einfachster Form bestehen sie lediglich aus der Erbinformation und einer schützenden Hülle. Einige Strukturen

dienen als Anker, mit dem das Virus die zur Vermehrung auser-
korene Wirtszelle spezifisch erkennt. Ein bekanntes Beispiel hierfür ist die hohe Spezifität des Humanen-Immundefizienz-Virus
HIV für CD4-T-Lymphozyten (s. unten und Kasten auf S. 95 ff.).
Daneben können Viren noch ein paar andere Proteine besitzen, die
sie für ihr Überleben im Wirt benötigen. Einige verändern ihren
Bedürfnissen entsprechend die Wirtszelle. Andere bewirken die
rasche Mutation des eigenen Erbguts oder auch den Genaustausch
zwischen unterschiedlichen Virusstämmen. Dies bewirkt eine hohe
Variationsfähigkeit, die z.B. für das Auftreten immer neuer Grippeviren verantwortlich ist. Da die RNA-Replikation eine außerordentlich hohe Fehlerquote aufweist, zeigen RNA-Viren, insbesondere Retroviren, zu denen auch das HIV gehört, eine besonders
hohe Mutationsrate und somit auch eine hohe Variabilität. In
einem Patienten findet man nur wenige Viren, die völlig identisch
sind. Dies hat natürlich Auswirkungen auf den Krankheitsverlauf
und das Entstehen von chemotherapieresistenten Stämmen.

Die Abwehrtruppe

Den Krankheitserregern gegenüber stehen zahlreiche unspezifische und spezifische Abwehrmechanismen unseres Körpers. Als
erste Barriere müssen Krankheitserreger mechanische und chemische Abwehrfaktoren in Haut und Schleimhaut überwinden.
Wichtige mechanische Faktoren sind die Darmperistaltik und die
Auskleidung des Respirationstraktes mit einem Flimmerepithel.
Auch chemische Faktoren, insbesondere der Säuremantel der Haut
und die Magensäure, tragen zur Erregerabwehr bei. Selbst einige
Mikroorganismen stehen uns bei: Die Besiedlung des Darmes mit
der natürlichen Keimflora behindert erst einmal das Festsetzen
jedes Neuankömmlings.
 Einmal in den Körper eingedrungen, werden die Keime in erster
Linie vom Immunsystem angegriffen, das auf zwei Standbeinen
steht (vgl. dazu den Beitrag von K. Eichmann, bes. S. 81–85). Die
erworbene Immunantwort ist durch hohe Spezifität und ein lang
anhaltendes Gedächtnis ausgezeichnet. Dafür wird eine langsa-
me Reaktion in Kauf genommen, die aber gegen Keime, die sich
rasch ausbreiten, viel zu spät wirksam wird. Die frühe Abwehr obliegt daher in erster Linie dem unspezifischen oder angeborenen
Immunsystem, das Erreger zwar von körpereigenen Zellen unter-

scheiden kann, aber innerhalb der Welt der Mikroben nicht differenziert. Die beiden Immunreaktionen wirken nicht unabhängig voneinander, sondern stehen in enger Wechselbeziehung. Das angeborene Immunsystem wird einerseits durch die erworbene Immunreaktion gezielt verstärkt. Andererseits bestimmt das angeborene Immunsystem den Typ der erworbenen Immunantwort.

Das angeborene Immunsystem

Entscheidende Träger der angeborenen Immunreaktion sind die Freßzellen oder Phagozyten, die dazu ausgebildet sind, eingedrungene Krankheitserreger zu fressen und abzutöten. Diese Zellen sind für die Abwehr bakterieller Krankheitserreger von größter Bedeutung. Ihnen zur Seite stehen die Natural-Killer-Zellen, kurz NK-Zellen. Diese erkennen virusinfizierte Körperzellen, die sie abtöten und so die Virusvermehrung unterbinden. Auch lösliche Faktoren tragen zur angeborenen Immunabwehr bei. Hier ist erstens das Komplementsystem zu nennen, welches Bakterien direkt abtöten kann, die Bakterienphagozytose verstärkt und als Lockstoff für Phagozyten dient. Als zweites seien die Interferone erwähnt, die die Virusvermehrung hemmen. Der rege Informationsaustausch zwischen den Zellen des angeborenen und des erworbenen Immunsystems wird von löslichen Botenstoffen vermittelt, die Zytokine genannt werden. Diese Botenstoffe mobilisieren nicht nur Effektormechanismen der antimikrobiellen Abwehr. Sie regulieren auch die erworbene Immunantwort, die sich gegen einen Krankheitserreger entwickelt.

Das erworbene Immunsystem

Die Träger der erworbenen Immunantwort sind die Lymphozyten, weiße Blutkörperchen, die auf ihrer Oberfläche Rezeptoren mit einzigartiger Spezifität tragen. Auf diese Weise kann jeder Lymphozyt «seinen» Krankheitserreger spezifisch erkennen. Genaugenommen erkennt der einzelne Lymphozyt nicht den gesamten Krankheitserreger, sondern nur einen molekularen Bestandteil davon, der als Antigen bezeichnet wird. Die spezifische Erkennung eines Antigens bewirkt, daß sich die «passenden» Lymphozyten vermehren und ein «Gedächtnis» entwickeln (Abb. 15). Dieses Gedächtnis ermöglicht es den Lymphozyten, beim Zweitkontakt mit dem Erreger rascher und effektiver zu reagieren. Der Zeitraum

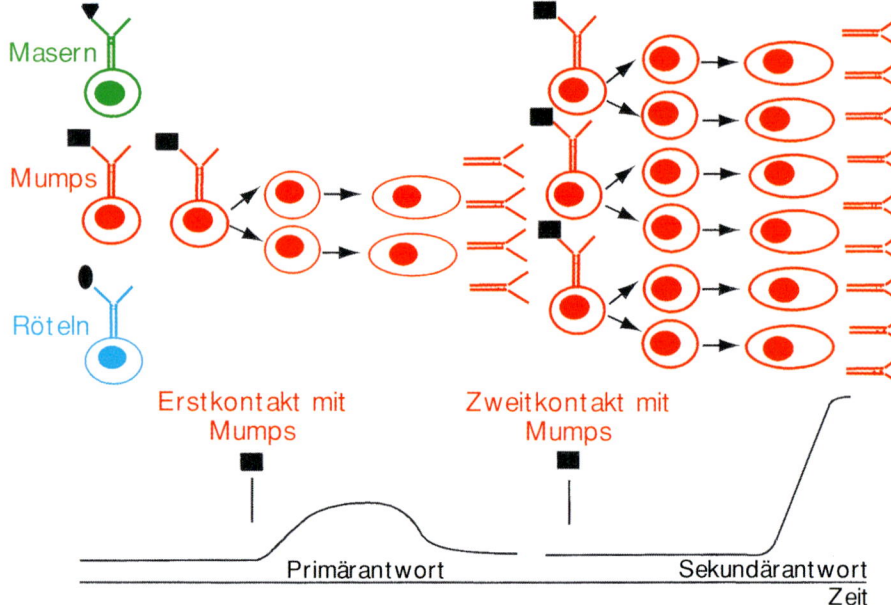

Abb. 15: Schematische Darstellung der Entwicklung einer spezifischen Immunantwort. Jeder Lymphozyt trägt einen Rezeptor von einzigartiger Spezifität. Mit dessen Hilfe erkennt er spezifisch einen Krankheitserreger. Für jeden Krankheitserreger (z. B. die viralen Erreger von Masern (grün), Mumps (rot), Röteln (blau)) existieren spezifische Lymphozytenpopulationen. Die Erstinfektion mit dem Mumps-Erreger bewirkt die Vermehrung der entsprechenden Lymphozytenpopulation. Die Primärantwort setzt zwar relativ spät ein; es entwickelt sich aber ein spezifisches Gedächtnis. Beim Zweitkontakt mit dem Mumps-Erreger wird die Immunantwort rascher und effektiver mobilisiert. Dagegen werden die Lymphozyten mit Spezifität für Masern- oder Röteln-Viren durch die Infektion mit Mumps-Viren nicht stimuliert. Die Erstinfektion kann durch eine Impfung ersetzt werden. Die Impfung löst die Primärantwort aus, ohne eine Erkrankung hervorzurufen. Auf den Erstkontakt mit dem Mumps-Erreger setzt nun eine sekundäre Immunantwort ein, die den Erreger eliminiert, bevor er ein Krankheitsbild hervorrufen kann.

zwischen Erregereintritt und Einsetzen der spezifischen Immunantwort wird dadurch deutlich verkürzt. Dies ist auch das Prinzip aller *Impfungen*. Impfstoffe sind ungefährliche Bilder des Erregers, und das Immunsystem kann zwischen Abbild und Original, also zwischen Impfstoff und Krankheitserreger, nicht unterscheiden.

Die Lymphozytenpopulation wiederum gliedert sich in T-Lymphozyten und B-Lymphozyten. *B-Lymphozyten* erkennen ihre Antigene mit Hilfe von Antikörpern. Antigenstimulierte B-Lymphozyten reifen zu Plasmazellen heran, die lösliche Antikörper produzieren und ins Blut abgeben. *Antikörper* greifen die Erreger spezifisch an und verhindern zum Beispiel die Erregeranheftung an Wirtszellen: Der Erreger kann nicht mehr in die Wirtszelle eindringen und sie deshalb nicht mehr schädigen. Auch können Antikörper Toxine und Virulenzfaktoren neutralisieren, d.h. deren Bindung an körpereigene Zellen blockieren und die dadurch bedingten Schäden verhindern. Schließlich sind Antikörper in der Lage, das Komplementsystem zu aktivieren und die Keimaufnahme durch Phagozyten zu verbessern.

Im Gegensatz zu B-Lymphozyten erkennen *T-Lymphozyten* ihr Antigen nicht direkt. Vielmehr reagieren sie spezifisch mit infizierten Wirtszellen. Diese präsentieren mit Hilfe bestimmter Referenzstrukturen Erregerbausteine auf ihrer Oberfläche. Ihre spezifische Erkennung aktiviert den entsprechenden T-Lymphozyten. Einige T-Lymphozyten zerstören darauf die infizierte Wirtszelle. Diese zytolytischen T-Lymphozyten sind für die Virusabwehr von besonderer Bedeutung, da sie die Virusvermehrung und Ausbreitung unterbinden. Das typische Oberflächenmerkmal dieser T-Lymphozyten wird CD8 genannt. Andere T-Lymphozyten produzieren Zytokine, mit deren Hilfe sie das gesamte Immunsystem steuern. Diese T-Zellen, die charakteristischerweise das Merkmal CD4 tragen, dienen somit als zentrale Regulatoren der Immunantwort. Sie produzieren Zytokine, welche B-Lymphozyten, Phagozyten, zytolytische CD8-T-Lymphozyten und andere Immunzellen aktivieren.

Infektionskrankheiten: Ein mögliches, aber nicht notwendiges
Ergebnis der Auseinandersetzung zwischen Mikroben und
Mensch

Wir setzen uns nicht nur mit krankmachenden Mikroben auseinander. Vielmehr leben wir mit zahlreichen Mikroorganismen in einem friedlichen Miteinander, ja von einigen hängen wir sogar ab. Diese Mikroorganismen bezeichnen wir als Kommensalen. Mikroorganismen, die einerseits vom Makroorganismus abhängen, ihm andererseits aber auch nützen, heißen *Symbionten*. Die höchste Stufe der Symbiose wurde zwischen den Mitochondrien und den eukaryonten Zellen – also auch unseren eigenen Zellen – erreicht.

Mitochondrien, die Energielieferanten unserer Zellen, stammen von Bakterien ab, die vor einigen Milliarden Jahren höhere Zellen besiedelten. Heute hängt unser gesamter Stoffwechsel von der Energiebereitstellung durch Mitochondrien ab. Schädliche Wirkungen dieser Organellen auf unsere Zellen sind nicht bekannt. Umgekehrt erhalten die Mitochondrien aber sämtliche Brennstoffe von unseren Zellen und hängen somit gleichermaßen von uns ab.

Mikroben mit der Fähigkeit, im ansonsten Gesunden eine Infektionskrankheit hervorzurufen, werden als *pathogene Keime* bezeichnet oder eben als Krankheitserreger. Selbst hier müssen wir unterscheiden zwischen solchen Keimen, die fast regelmäßig eine Krankheit hervorrufen und daher als obligat pathogen bezeichnet werden, und solchen, die dies nur unter bestimmten, für sie besonders günstigen Voraussetzungen tun und daher fakultativ pathogen heißen. Zur Beschreibung des krankmachenden Potentials verwenden wir häufig den Begriff Virulenz. Virulenzfaktoren sind für Infektion und Krankheit verantwortlich. Der Verlust von Virulenzfaktoren schwächt einen Krankheitserreger so sehr, daß er schließlich keine Krankheiten hervorrufen kann. Dies ist das Prinzip der Lebendimpfstoffe. Durch Virulenzdrosselung oder Attenuierung werden Vakzinen geschaffen, die vom körpereigenen Immunsystem noch erkannt werden und es deshalb mobilisieren, aber keine Erkrankung mehr hervorrufen.

Pest
Die Pest wird durch das Bakterium *Yersinia pestis* hervorgerufen und von Rattenflöhen auf den Menschen übertragen. Während der Kreuzzüge kam es zu schwerwiegenden Pestausbrüchen, die das Heer der Kreuzfahrer auf weniger als die Hälfte zusammenschmelzen ließ. Eine zweite Pestwelle stürzte 1347 von Asien auf Europa herein, als die Genueser Handelsniederlassung Caffa von Tataren belagert wurde. Das Tatarenheer, das bereits von der Pest befallen war, führte möglicherweise den ersten biologischen Krieg, als es Pestleichen in die Festung katapultierte. Die Rechnung ging auf. Die Belagerten steckten sich an und verschleppten auf ihrer Flucht die Seuche über ganz Europa. Im gleichen Jahr landeten Schiffe mit den Flüchtenden in Italien und Südfrankreich, von wo sich die Pest ungezügelt ausbreitete. In den folgenden Jahren dürften 25 Millionen Menschen, ein Viertel der damaligen Bevölke-

---

rung Europas, der Pest zum Opfer gefallen sein. Obgleich man die Ursachen der Seuche nicht verstand, wurden erste hygienische Konsequenzen gezogen. Hierzu gehörten die Isolierung von Kranken, die Absonderung pestverdächtiger Reisender, die chemische Entseuchung von Räumen, Kleidern und Pestleichen mit gelöschtem Kalk sowie die Hände- und Gesichtsdesinfektion mit Essigwasser.

Die Menschheit lebte mit Mikroorganismen von Anfang an eng zusammen. Erst vor 10000 bis 20000 Jahren dürfte sich aber das menschliche Zusammenleben so weit entwickelt haben, daß Krankheitserreger sichere Bedingungen für ihre Übertragung vorfanden und seuchenartige Ausbrüche möglich wurden. In den Augen der Evolution ist dies ein außerordentlich kurzer Augenblick. Das Zusammenrücken der Menschen in Siedlungen und die Nutztierhaltung sorgten dafür, daß Mensch und Krankheitserreger Strategien und Taktiken entwickelten, die das Überleben beider Seiten ermöglichten. So trivial es klingt, es soll nicht unerwähnt bleiben, daß es bislang keinem Krankheitserreger gelungen ist, die Spezies Mensch auszurotten, obwohl die Pest im Mittelalter schon recht weit gekommen war (siehe Kasten auf S. 104 f.). Umgekehrt hat der Mensch bislang nur ganz wenige Krankheitserreger – wie z.B. die Pocken – vernichtet (siehe Kasten auf S. 107). Nur aus diesem Wechselspiel heraus sind Infektionskrankheiten zu verstehen. Die Auseinandersetzung zwischen Erreger und Mensch kann im Einzelfall sehr aggressiv verlaufen. Häufig läuft sie aber auf eine friedliche Koexistenz hinaus. Meist nimmt das Gefahrenpotential des Erregers im Laufe der Koevolution zwischen Mikroorganismen und Mensch eher ab. Seine Virulenz wird schwächer. Dies läßt sich am besten damit erklären, daß Mikroorganismen nicht das Ziel haben, den Menschen zu schädigen oder zu töten. Vielmehr sind sie darauf angelegt, sich zu vermehren, d.h., den Lebensraum bestmöglich zu nutzen. Erreger, deren Vermehrung und Ausbreitung ausschließlich vom Menschen abhängt, tun gut daran, diesen nicht zu töten. Es ist der lebende Mensch und nicht der Leichnam, der den fruchtbarsten Nährboden bietet und der auch aufgrund seiner Mobilität und der Nähe zu anderen Menschen für die Ausbreitung sorgt. Diese Maxime gilt ganz besonders für Viren, deren Vermehrung ja von lebenden Zellen abhängt. Einige Bakterien können dagegen gleichermaßen gut im Menschen und in der Umgebung leben. Die

Erreger von Durchfallerkrankungen vermehren sich z. B. recht gut in Abwässern, über die sie sich auch ausbreiten. Diese Keime benötigen den Menschen ab und zu, aber nicht durchgängig. In diesem Fall ist nicht zwingend davon auszugehen, daß die Attenuierung, also die Virulenzschwächung, für den Keim erstrebenswert ist. Vielmehr kann hier die Evolution in beide Richtungen fortschreiten: Sowohl höher als auch geringer virulente Formen sind denkbar.

Tabelle 2: Unterschiedliche Überlebensstrategien von Krankheitserregern und Gegenmaßnahmen der körpereigenen Abwehr

Strategie	Infektion/ Erkrankung	Beispiel	Körpereigene Abwehr
Gemein: Vergiftung	Toxinproduzenten (Erkrankung durch definierte Toxine)	Diphtherie, Tetanus	Toxinneutralisation (Antikörper)
Borniert: Direkter Angriff	Akute Erkrankung (definierte Virulenzfaktoren)	Bakterielle Diarrhoen, Rhinoviren	Blockierung von Kolonisation oder Invasion (Antikörper)
Langwierig: Grabenkampf	Chronische Infektion (intrazellulärer Lebensstil)	Tuberkulose, Hepatitis B, Herpes	Eradikation einer etablierten Infektion (T-Zellen)
Trickreich: Guerilla-kampf	Polare Erkrankung (Manipulation der Immunantwort) Antigenvariation	Lepra, Leishmaniose, Schlafkrankheit, AIDS, Grippe	Fehlgelenkte Wirtsabwehr (T-Zellen, Zytokine) Immunantwort gegen unwirksame Antigene
Bösartig: Bürgerkrieg	Mißbrauch wichtiger Immunzellen	AIDS	Elimination infizierter Zellen (vergeblich oder schädlich)
	Autoimmunität	Chagas-Krankheit	Angriff körpereigener Zellen

Pocken

Pockenviren rufen auffällige Hautläsionen – eben Pocken oder Blattern – hervor. Aufgrund dieser Entstellungen und der Tatsache, daß die Erkrankung bei bis zur Hälfte aller Fälle tödlich verläuft, wurden die Pocken bereits sehr früh erwähnt. Von Indien, wo schon 500 v. Chr. über Blatternausbrüche berichtet wurde, breiteten sich die Pocken nach Europa, Asien und Nordafrika aus, wo sie endemisch waren. So groß war die Angst vor Pocken, daß man im Ottomanenreich häufig die Variolation durchführte. Hierbei handelte es sich um die gezielte Verabreichung von Pockenmaterial. Diese radikale Behandlung führte immerhin noch bei 1–2% der Variolisierten zum Tode. Da eine gelungene Variolation aber vollständigen Schutz gegen Pocken bewirkte, konnte bei der hohen Todesrate nach natürlicher Infektion durchaus von Erfolg gesprochen werden. 1721 führte Lady Montague, die von Istanbul nach London gezogen war, die Variolation in Europa ein. Der englische Landarzt Edward Jenner (1749–1823) war es dann, der 1796 gezielt die Impfung mit den nahe verwandten, für Menschen aber harmlosen Kuhpocken-Viren (Vaccinia) entwickelte. In der Gegend, in der Jenner als Landarzt tätig war, wußte man schon lange, daß Personen, die sich mit Kuhpocken infiziert hatten, gegen die Blattern gefeit waren. Hierauf aufbauend impfte Jenner den 8 jährigen James Phipps mit Kuhpockenmaterial und sechs Wochen später mit den Pocken. James Phipps war durch die Impfung völlig geschützt, so daß keinerlei Krankheitserscheinungen auftraten. An 22 weiteren Probanden wiederholte Jenner das Experiment, bevor er seine Arbeiten zur Veröffentlichung einreichte. Sehr rasch griff man die Vaccinia-Impfung auf, und bereits im 19. Jahrhundert war sie in vielen europäischen Staaten Pflicht. Dennoch starben selbst im 20. Jahrhundert noch 200–300 Millionen Menschen an Pocken, mehr als durch alle Kriegsereignisse dieses Jahrhunderts zusammen. Eine internationale Vakzinierungskampagne unter Leitung der Weltgesundheitsbehörde führte dann zur vollständigen Ausrottung der Erkrankung – einer der größten Erfolge der Medizin.

Krankheitserreger haben äußerst unterschiedliche Strategien entwickelt, um im Menschen zu überleben (Tab. 2). Hierbei mag die Erkrankung auftreten; Hauptziel ist sie aber nicht. Einige Erreger mißbrauchen den Menschen lediglich kurzfristig zur raschen Vermehrung und Ausbreitung, gewissermaßen als kurzzeitige Inkubationsgefäße. Diese Keime müssen entweder sehr rasch von Mensch zu Mensch übertragen werden oder die Fähigkeit besitzen, auch in der Umgebung zu überleben. Hierzu zählen einmal die toxinbildenden Bakterien, bei denen ein Gift die Krankheit hervorruft. Auch zahlreiche Erreger von Durchfallerkrankungen gehören dazu, die mit Fäkalien in den Nahrungskreislauf gelangen, von wo sie wieder andere Menschen befallen. Werden derartige Keime vom Menschen aufgenommen, so gehen sie sofort zum Angriff über. Das erste Ziel ist die rasche Vermehrung und das zweite die schnelle Verbreitung. Der Tod des Befallenen kann durchaus in Kauf genommen werden. So gemein oder borniert diese Erregerstrategien erscheinen, so beruhigend ist, daß das Immunsystem gegen diese einfachen Strategien auch bestens gewappnet ist, wenn ihm nur genug Zeit gelassen wird. Häufig reicht bereits die Neutralisation der Erregertoxine oder die Blockierung der Erregeradhärenz an Wirtszellen aus.

Andere Keime handeln dagegen trickreicher. Sie verstecken sich in körpereigenen Zellen, wo sie sich auf eine scheinbar friedliche Koexistenz mit ihrem Wirt einstellen. Varizellen-Viren verstecken sich in Nervenzellen, wo sie vom Immunsystem völlig unerkannt überdauern. Das Erbgut dieser Viren wird in die körpereigene DNA eingebaut und erst einmal nicht übersetzt. Erst unter Streßbedingungen wird die Virusvermehrung angestoßen: Ein Herpes entsteht. Auch der Tuberkuloseerreger versteckt sich in Wirtszellen, wo er über Jahre hinweg weitgehend unbemerkt persistiert. Wenn sich die Erreger in ihrer Nische eingerichtet haben, sind sie kaum angreifbar. Das Wechselspiel zwischen diesen Keimen und den körpereigenen Abwehrkräften ist vielleicht am besten mit einem Grabenkampf zwischen zwei gleich starken Gegnern zu vergleichen. Erst wenn einer der Gegner – häufig aus ganz anderen Gründen – geschwächt wird, verschiebt sich das Gleichgewicht. Eine Schädigung der Wirtsabwehr leitet den Ausbruch der Erkrankung ein.

Andere Erreger haben noch «gemeinere» Strategien entwickelt. Sie agieren wie Guerilleros, indem sie entweder die Abwehrkräfte manipulieren oder aber indem sie laufend ihr äußeres Erscheinungsbild wechseln. Die Erreger der *Lepra* z. B. locken das Immunsystem in die falsche Richtung, so daß es nicht mehr in der Lage ist, die geeigneten Abwehrkräfte zu mobilisieren. Die Erreger der *Schlafkrankheit* wiederum tauschen sukzessiv ihre Antigene aus. Wann immer sich die Immunantwort auf die Antigene des Erregers eingestellt hat, werden neue Antigenstrukturen gebildet, die das Immunsystem noch nicht kennt. Diese raffinierte Tarnung erlaubt es den Erregern, die immunologischen Abwehrkräfte zu unterwandern und im Wirt zu persistieren. Auch die *AIDS-Erreger* haben sich hinterhältige Guerillastrategien zugelegt (siehe Kasten auf S. 95 ff.). Einmal verändern sie sich außerordentlich rasch, so daß in einem Patienten verschiedene Varianten zu finden sind, die auf die Immunabwehr unterschiedlich reagieren können. Zum anderen besetzen HIV die wichtigste Schaltstelle des Immunsystems, die CD4-T-Lymphozyten, und schalten sie längerfristig aus. Dadurch wird letztendlich die gesamte Immunantwort lahmgelegt. Eine letzte Gruppe von Erregern zettelt einen Bürgerkrieg in unserem Körper an. Sie hetzen das Immunsystem regelrecht gegen die körpereigenen Zellen auf. Die Krankheit ist letztendlich eine Autoimmunerkrankung, wie dies z. B. bei der Chagas-Krankheit der Fall ist.

Kurze Geschichte der Seuchen und Infektionskrankheiten*

Seit den frühesten Zeiten hat sich die Menschheit vor Seuchen gefürchtet. Die Geschwindigkeit, mit der Seuchen wie die Pest ganze Bevölkerungsgruppen überfielen sowie die furchterregenden Entstellungen, die einige Seuchen wie z. B. der Aussatz oder die Pocken bewirken, haben die Menschheit so beeindruckt, daß schon sehr früh darüber Zeugnis abgelegt wurde. Mit dem Begriff Seuche wird die Ausbreitung einer Infektionskrankheit beschrieben. Die Fachausdrücke hierzu lauten:
- *Epidemie* für den zeitlich und räumlich begrenzten Ausbruch einer Krankheit, wie z. B. die Pest im Mittelalter;
- *Endemie* als eine räumlich begrenzte, über einen langen Zeitraum vorkommende Seuche, wie z. B. die Pocken, die jahrhundertelang in Europa, Asien und Nordafrika wüteten;
- *Pandemie* als eine zeitlich begrenzte, aber global auftretende Seuche, wie z. B. AIDS.

* siehe dazu Abbildung 16 auf Seite 111.

Noch vor 150 Jahren glaubte man, daß für Seuchenausbrüche *Miasmen* verantwortlich seien. Hierunter verstand man Luftverunreinigungen, die durch Fäulnis und Verwesung entstanden. Obwohl die Miasmentheorie mehr als 2000 Jahre lang Lehrmeinung war, wurde vereinzelt immer wieder die Vermutung geäußert, daß Seuchen ansteckend, also von Mensch zu Mensch übertragbar seien. Einer der ersten Vertreter der Kontagiosität, also der Übertragbarkeit von Infektionskrankheiten, war Hieronymus Fracastoro (1483–1553), der in seiner 1546 erschienenen Schrift «Von den Kontagien, den kontagiösen Krankheiten und deren Behandlung» zahlreiche Erkrankungen wie Pest, Pocken, Masern, Tollwut, Tuberkulose, Syphilis und Lepra zu den ansteckenden Krankheiten zählte. Es dauerte aber noch 300 Jahre, bis der Anatom Jakob Henle (1809–1885) 1840 in seinem Werk «Von den Miasmen und den Kontagien» parasitische Organismen als Ursache der Ansteckung verantwortlich machte. Henle stellte auch das Postulat auf, daß ein bestimmtes *Kontagium*, also ein bestimmter Erreger, eine spezifische Krankheit hervorrufe. Hierauf aufbauend schuf Robert Koch (1843–1910) 1876 die nach ihm und Henle benannten Postulate, die im Prinzip heute noch gültig sind:
• Ein Erreger muß im Material des Erkrankten nachweisbar sein.
• Der Erreger muß in Reinkultur anzüchtbar sein.
• Die Krankheit muß durch Übertragung der Reinkultur im Versuchstier hervorrufbar sein.

Als erster hatte wohl der Delfter Handelsmann Antony van Leeuwenhoek (1632–1723) Mikroorganismen unter selbstgeschliffenen Linsen gesehen. Einen Zusammenhang zwischen diesen Mikroben und Infektionskrankheiten erkannte er jedoch nicht. Die Erkenntnis, daß Mikroorganismen lebende Materie befallen können, für Fäulnis und Gärung verantwortlich sind und auch Infektionskrankheiten hervorrufen, geht auf den französischen Chemiker Louis Pasteur (1822–1895) zurück. Er bewies, daß die Weingärung das Werk von Mikroorganismen ist und daß Konta-

Abb. 16: Kurze Geschichte der Seuchen und Infektionskrankheiten. Die ▷
Abbildung zeigt in der Form eines Aktienkurses die Erwartungshaltung gegenüber dem Erkenntnisgewinn über Infektionskrankheiten in rot und die Einschätzung des Problems in der Öffentlichkeit in grün. Angezeigt werden weiterhin wichtige Durchbrüche in der Infektionsforschung.

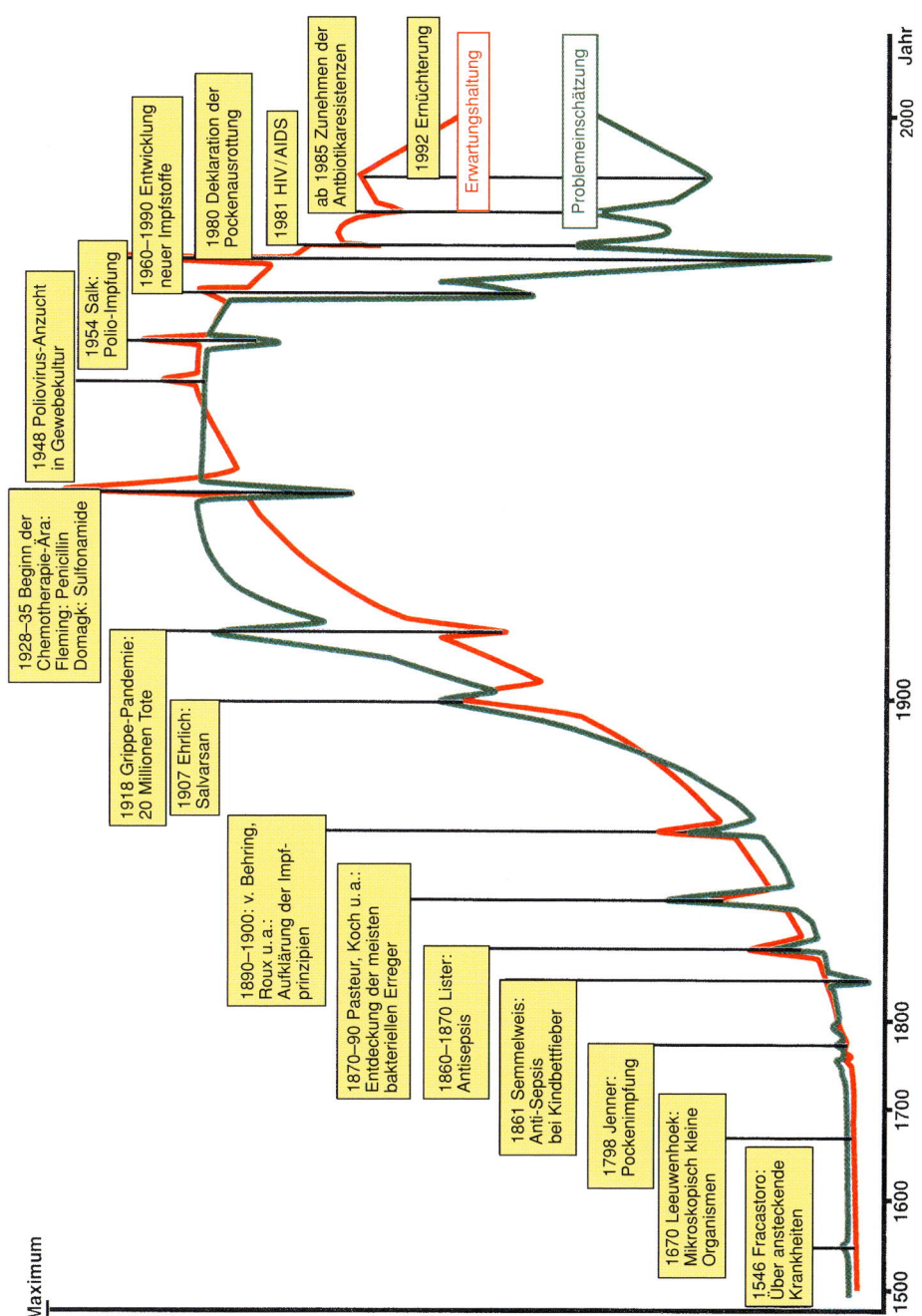

Maximum

1546 Fracastoro:
Über ansteckende
Krankheiten

1670 Leeuwenhoek:
Mikroskopisch kleine
Organismen

1798 Jenner:
Pockenimpfung

1861 Semmelweis:
Anti-Sepsis
bei Kindbettfieber

1860–1870 Lister:
Antisepsis

1870–90 Pasteur, Koch u. a.:
Entdeckung der meisten
bakteriellen Erreger

1890–1900: v. Behring,
Roux u. a.:
Aufklärung der Impf-
prinzipien

1907 Ehrlich:
Salvarsan

1918 Grippe-Pandemie:
20 Millionen Tote

1928–35 Beginn der
Chemotherapie-Ära:
Fleming: Penicillin
Domagk: Sulfonamide

1948 Poliovirus-Anzucht
in Gewebekultur

1954 Salk:
Polio-Impfung

1960–1990 Entwicklung
neuer Impfstoffe

1980 Deklaration der
Pockenausrottung

1981 HIV/AIDS

ab 1985 Zunehmen der
Antibiotikaresistenzen

1992 Ernüchterung

Erwartungshaltung

Problemeinschätzung

1500   1600   1700   1800   1900   2000   Jahr

mination mit Umweltkeimen den Wein verdirbt. Pasteur benutzte kleine Flaschen, deren schmaler Hals nach unten gebogen war, um zu zeigen, daß erhitzte Flüssigkeiten «sauber» blieben, solange die Kontamination mit Keimen verhindert wurde. In einer für ihn typischen Weise wandte sich der anwendungsorientierte Pasteur dann der Seidengewinnung zu. Die Seidenraupenzuchten Frankreichs befanden sich in einer Krise, da die Tiere massenweise starben. Pasteur stellte fest, daß auch hierfür mikrobielle Erreger verantwortlich waren. Der Aufbau sauberer Zuchten ließ die Seidenindustrie wieder aufblühen. Erst hiernach wandte sich Pasteur mit ebenso großem Erfolg veterinärmedizinisch und humanmedizinisch bedeutenden Infektionskrankheiten zu.

Mit den Arbeiten von Robert Koch und Louis Pasteur begann das goldene Zeitalter der Mikrobiologie, in dem die wichtigsten bakteriellen Krankheitserreger entdeckt wurden und die wissenschaftlichen Grundlagen der Infektabwehr aufgeklärt wurden. In diese Periode fallen auch wichtige Entdeckungen zur Verhütung von Infektionskrankheiten. In Berlin entwickelten Emil von Behring (1854–1917) und Shibasaburo Kitasato (1852–1931) die passive Impfung gegen Diphtherie und Wundstarrkrampf. In Paris erarbeitete Emile Roux (1853–1933) gemeinsam mit Pasteur Impfstoffe gegen Milzbrand und Tollwut. Dennoch setzte sich das Konzept der Infektionskrankheiten in der Medizin nur langsam durch. Mit der Entdeckung des Cholera-Erregers hatte Koch 1883 die infektiöse Ätiologie der *Cholera* aufgeklärt. Als in Hamburg 1892 eine Cholera-Epidemie ausbrach, an der Tausende von Menschen starben, konnte Koch den Nutzen der neuen Wissenschaft beweisen. Seine Untersuchungen machten verseuchtes Wasser als Ursache der Cholera aus, die dann durch rigorose Sanierungsmaßnahmen bei der Trinkwasserversorgung erfolgreich bekämpft wurde. Am schlimmsten hatte Ignaz Semmelweis (1818–1865) unter der Ignoranz seiner Zeitgenossen zu leiden. Als Assistenzarzt an einer großen Gebärklinik hatte er festgestellt, daß die hohen Todesraten an *Kindbettfieber* durch gründliche Händedesinfektion drastisch gesenkt werden konnten. Trotz der sorgfältigen Untersuchungen setzte sich Semmelweis aber bei seinen Vorgesetzten und Kollegen nicht durch und nahm sich 1865 verzweifelt das Leben. Zwei Jahre nach seinem Tod verhalf Joseph Lister (1827–1912) der aseptischen Behandlung, also der Hände- und Wunddesinfektion, zum Durchbruch.

Noch um die Jahrhundertwende starben in den Großstädten

Europas ein Drittel aller Erwachsenen an Tuberkulose und ein Drittel aller Kinder an Diphtherie. Zum Ende des Ersten Weltkriegs wütete eine weltweite Grippe-Pandemie, die 20–30 Millionen Menschenleben forderte, mehr als die kurz zuvor beendeten Kriegsereignisse. 700 Millionen Menschen waren damals an Grippe erkrankt. Nach dem Zweiten Weltkrieg kündigte sich aber der Umschwung an. Mit der Entdeckung des Penicillins im Jahre 1928 hatte der englische Wissenschaftler Sir Alexander Fleming (1881–1955) den Grundstein für die Bekämpfung bakterieller Infektionen gelegt. Schon bald danach, nämlich im Jahr 1935, berichtete Gerhard Domagk (1895–1964) über die antibakterielle Wirkung des Prontosil, eines *Sulfonamid-Chemotherapeutikums*. Damit glaubte man die Wunschvorstellung von Paul Ehrlich (1854–1915) erfüllt, mit Hilfe spezifischer Substanzen Mikroorganismen selektiv zu bekämpfen. In den 60er Jahren war mit 25 000 chemotherapeutischen Stoffklassen ein ausreichendes Arsenal zur erfolgreichen Bekämpfung von Bakterien verfügbar. Gegen einige Infektionskrankheiten, wie Diphtherie, Tetanus und Pocken, waren effektive Impfstoffe bereits verfügbar, und in den 50er bis 60er Jahren wurden Vakzinen gegen zahlreiche Virusinfektionen entwickelt. Die weltweite Ausrottung dieser Krankheiten durch breite Impfkampagnen schien kurz vor dem Abschluß zu stehen. In der Tat konnte am 8. Mai 1980 die Weltgesundheitsbehörde die Ausrottung der Pocken ausrufen. Immer stärker breitete sich die Ansicht aus, daß das Problem der Infektionskrankheiten gelöst sei.

Wie zu Beginn dieses Kapitels geschildert, war dies eine grobe Fehleinschätzung. Der Hauptfehler hierbei war die Unterschätzung der raschen Vermehrung und somit der hohen Variationsfähigkeit, die es den Mikroorganismen ermöglicht, sich rasch auf veränderte Bedingungen einzustellen und neue Überlebensstrategien zu entwickeln. Auf diese Weise gelingt es ihnen, von einem tierischen Wirt auf den Menschen überzuspringen und dort Fuß zu fassen. Dies erlebten wir beim AIDS-Erreger (Kasten auf S. 95 ff.), der von Primaten auf den Menschen überwechselte, und es passiert laufend bei den Grippeviren, die sich aus Geflügel- und Schweineviren in humanpathogene Influenzaviren verwandeln. Die hohe Variationsfähigkeit ist aber auch für die rasche Entwicklung der *Chemoresistenz* verantwortlich, die dazu geführt hat, daß einige bakterielle Krankheitserreger chemotherapeutisch nicht mehr behandelbar sind. So wurden in den USA und Japan Staphylokokken-Stämme beschrieben, die gegen alle verfügbaren Medikamente resistent sind. Auch Tuberkulosestämme, die mit den Chemotherapeutika der ersten Wahl nicht mehr behandelt werden können, nehmen in zahlreichen Ländern, z. B. in den Staaten der früheren Sowjetunion, mit furchterregender Geschwindigkeit zu (Kasten auf S. 94 f.). Derzeit kommt es zwar nur selten vor, daß eine bakterielle Krankheit überhaupt nicht mehr therapiert werden kann. Die Kostenexplosion durch den Einsatz von immer mehr und immer teureren Chemotherapeutika ist aber bereits heute erschreckend.

Ausblick

Wie wird es weitergehen? 1992 setzte sich eine Gruppe international renommierter Wissenschaftler zusammen, um die Öffentlichkeit auf das unveränderte Gefahrenpotential der Seuchen und Infektionskrankheiten aufmerksam zu machen. Wie die Gruppe betonte, werden lange bekannte Infektionskrankheiten – besonders Tuberkulose und Malaria – weltweit auch weiterhin zu den größten Gesundheitsproblemen zählen. Hinzu kommen aber, wie AIDS-Pandemie und Ebola-Ausbrüche gezeigt haben, neue Erreger. Die Gefahr, daß bislang unbekannte Infektionskrankheiten ausbrechen, ist heute größer denn je. Zwar kam es auch in der Vergangenheit vereinzelt zu engen Kontakten zwischen Mensch und Tier. Auf diese Weise konnten neue Erreger immer wieder im Menschen Fuß fassen. Früher riß die Infektionskette aber meist sehr rasch ab. Aufgrund zunehmender Urbanisation und Migration können solche Fälle jetzt viel leichter zu einer Seuche anschwellen. Des weiteren entstehen unter Antibiotikabeschuß laufend neue chemotherapieresistente Keime. Dies ist auch eine Art Virulenzentwicklung, weil diese Keime erst unter der Behandlung gegen eben diese Behandlung unempfindlich werden.

Welche Möglichkeiten stehen uns in dieser Situation zur Verfügung? Sicherlich werden wir die Verhaltensweisen der Menschen weder ändern können, noch wollen wir das in allen Fällen. Flugreisen werden weiter zunehmen und damit auch die Gefahr der Verschleppung von Krankheitserregern über früher unüberwindbare Barrieren. Sicherlich werden verbesserter Lebensstandard und Hygienebedingungen einen wesentlichen Beitrag zur Bekämpfung der Infektionskrankheiten leisten. Daneben aber müssen wir auch weiterhin auf die zwei wichtigsten Abwehrwaffen setzen: *Chemotherapie* zur Behandlung und *Impfung* zur Verhinderung von

Infektionskrankheiten. Bereits jetzt gehören Impfung und Chemotherapie zu den kosteneffizientesten Maßnahmen der Medizin. Allein durch Impfung werden jährlich mindestens 8 Millionen Menschenleben gerettet – dies entspricht etwa der Einwohnerzahl Österreichs. Die Grundlagenforschung hat in den letzten Jahren entscheidende Durchbrüche erlebt, die berechtigten Grund zur Hoffnung geben, daß eine neue Generation von Medikamenten und Impfstoffen verfügbar werden. Insbesondere die Aufklärung des vollständigen Erbguts zahlreicher Krankheitserreger bietet den Bauplan für die gezielte Aufdeckung neuer Angriffspunkte für Chemotherapeutika und Impfstoffe. Die Entwicklung neuer Substanzklassen, die an bislang unbekannten Achillesfersen der Erreger angreifen, ist daher in greifbare Nähe gerückt. Hinzu kommt die Entwicklung von Antiinfektiva, die auf Abwehrstrategien von Mensch und Tier aufbauen. Bakterizide Substanzen, die den Defensinen, Abwehrsubstanzen der Wirbeltiere, nachempfunden sind, werden bald das Arsenal der Chemotherapie erweitern. Die Entwicklung im Bereich der Impfstoffe ist vielleicht noch vielversprechender. In den letzten Jahren wurden bereits zahlreiche neue Impfstoffe entwickelt, und die Erkenntnisse aus der Immunologie, Infektionsbiologie und Genomforschung rücken die Entwicklung einer *neuen Impfstoffgeneration* in greifbare Nähe. Gegenüber den Möglichkeiten, die die Mikroben aufgrund ihrer hohen Vielfalt haben, muß der Mensch auf ein anderes Prinzip setzen, auf das der höheren Komplexität. Mit zunehmender Kenntnis der Erreger-Wirt-Beziehung können wir mit unserem Intellekt neue Präventions- und Therapiestrategien entwickeln, die es ermöglichen, zukünftige Seuchen, wenn nicht zu verhindern, so doch wenigstens schnellstmöglich zu bekämpfen. Das Beispiel der AIDS-Pandemie hat bei aller Tragik auch gezeigt, wie schnell wir Einsichten in die spezifischen Verhaltensweisen der Krankheitserreger und der körpereigenen Abwehr erzielen können. Ein Fehler darf allerdings nicht wiederholt werden: Die Hybris, Krankheitserreger seien eine nicht ernstzunehmende Angelegenheit, müssen wir ablegen.

Inzwischen ist der Weltgesundheitsreport 1999 erschienen. Er stellt fest, daß 1998 ca. 2,3 Millionen Menschen an AIDS und ca. 2 Millionen an Tuberkulose verstarben. Davon waren ca. 500 000 Menschen mit beiden Erregern koinfiziert. An Malaria starben 1998 1,2 Millionen Menschen. Auch wenn die Zahl der Todesfälle durch Infektionskrankheiten 1998 zurückging, besteht kein Grund zur Entwarnung.

Literatur

Anonymous (1992): Emerging Infections. Institute of Medicine. Washington, National Academy Press, 1992

Anonymous (1996): Ad-hoc Comittee on Health Research Relating to Future Intervention Options. Investing in Health Research and Development (Document TDR-Gen-96.1). Geneva, World Health Organization, 1996

Anonymous (1996): The NIAID Research Agenda for Emerging Infectious Diseases. Bethesda, National Institute of Allergy and Infectious Diseases, National Institutes of Health, 1996

Anonymous (1998): The World Health Report 1998. Life in the 21st century. A vision for all. Geneva, World Health Organization, 1998

Anonymous (1999): The World Health Report 1999. Making a difference. Geneva, World Health Organisation, 1999

Ewald, P., (1993): Evolution of Infectious Disease. Oxford, 1993

Garrett, L., (1996): Die kommenden Plagen. Frankfurt/Main, 1996

Hahn, H., D. Falke, S. H. E. Kaufmann, U. Ullmann (Hrsg.) (1999): Medizinische Mikrobiologie und Infektiologie. Springer-Verlag, Heidelberg, 1999

Kaufmann, S. H. E., (Hrsg.) (1996): Concepts in Vaccine Development. Walter de Gruyter & Co., Berlin/New York, 1996

Winkle, S., (1997): Geiseln der Menschheit. Düsseldorf/Zürich, 1997

Hilfe für die Helfer

Gesundheit wird seit jeher als ein besonders hohes Gut angesehen. In der Bibel findet sich bei Jesus Sirach (30, 16) der Satz: «Es ist kein Reichtum zu vergleichen einem gesunden Leibe», und Arthur Schopenhauer konstatiert in seinen Aphorismen zur Lebensweisheit, daß «neun Zehntel unseres Glückes allein auf Gesundheit» beruhen. Immer schon haben daher erfolgreiche Ärzte hohes Ansehen genossen, die Medizin galt und gilt als «Königin der angewandten Wissenschaften». Aus Medizin und Pharmazie hat sich denn auch die Biologie als Wissenschaft entwickelt. So begann etwa die Botanik als Heilkräuterkunde. Freilich kam es bald zu eigenständiger Entwicklung, die sich schon im Altertum – etwa bei Aristoteles – angekündigt hatte. Heute dominiert in vielen Bereichen die Biologie, die medizinische Grundlagenforschung ist mit der biologischen weithin identisch. Freilich bleibt ein wesensmäßiger Unterschied: Die medizinische Forschung behält immer die praktische Anwendung im Auge, sie sucht die Kunst des Arztes zu mehren. So bleibt sie auch in der Grundlagenforschung nicht zweckfrei, sie ist (im Sinne von Jürgen Mittelstraß) «anwendungsorientiert».

Sehr viele Bereiche der Biologie haben daher auch direkten oder wenigstens indirekten Bezug zu medizinischen Problemen. Rudolf Virchow hatte schon 1858 die damals noch ganz junge, unreife Zellbiologie in seiner berühmten «Cellularpathologie» zur Grundlage der wissenschaftlichen Krankheitslehre zu machen gesucht. So wird es nicht überraschen, im folgenden Beitrag eine Reihe von Themen angeschnitten zu finden, die auch an anderer Stelle in diesem Buch behandelt werden. Dadurch wird die Partnerschaft zwischen Medizin und Biologie, zwischen Biologie und Medizin gut dokumentiert: Zell-, Molekular- und Entwicklungsbiologie, Mikrobiologie und Immunbiologie, in zunehmendem Maße auch die Gentechnik sind heute tatsächlich aus der medizinischen Forschung und der ärztlichen Praxis nicht mehr wegzudenken.

Ein großes Thema der Medizin war seit jeher Krebs. Es hat in unseren Tagen durch die stark gesteigerte Lebenserwartung an Aktualität gewonnen, weil mit zunehmendem Alter die Krebsinzidenz rapide ansteigt. Krebs: Genetisch veränderte Zellen reagieren nicht mehr auf die in jedem Vielzeller besonders wichtigen Stoppsignale gegen weitere Teilungen und beginnen mit ungehemmter Vermehrung. Sie bilden einen Tumor und bald auch Tochtergeschwülste, die gefürchteten Metastasen, die eine totale operative Entfernung schließlich unmöglich machen. Trotz aller Fortschritte bei Tumorbehandlung und -vermeidung sind wir von einer sicheren Therapie (zumal auch ohne die Nebenwirkungen von Chemo- oder Strahlentherapie) in den meisten Fällen immer noch weit entfernt. Immerhin ist aber das Wissen darüber, was Krebs ist und wie er zustande kommt, dramatisch gewachsen. Zur Zeit richten sich viele Hoffnungen auf neuentwickelte gentechnische Methoden. Beispielsweise könnte es damit gelingen, Krebszellen überall im Körper eines Patienten, also auch in Metastasen, zur Selbstzerstörung zu zwingen. Im Beitrag von Gassen, Hektor und Perl (s. S. 337 ff.) wird diese Thematik erneut aufgegriffen und weiter ausgeführt.

Medizin und Biologie – eine fruchtbare Partnerschaft

Von Wolfgang Gerok

Erkenntnisse der Biologie beeinflussen das Verständnis von Gesundheit und Krankheit des Menschen und damit das ärztliche Handeln. Andererseits haben ärztliche Beobachtungen und die Erforschung von Krankheiten grundlegende Fragen an die Biologie aufgeworfen. Es ist zu erwarten, daß diese Interaktionen in den kommenden Jahrzehnten intensiver werden. Eine Darstellung der Biologie um die Jahrtausendwende muß deshalb Aspekte der Medizin einbeziehen.

Basisphänomene von Gesundheit und Krankheit als Gegenstand biologischer und medizinischer Forschung

Regeneration

Am Beginn vieler Krankheiten steht, unabhängig von deren Ursache, eine Schädigung von einzelnen Körperzellen oder Zellverbänden. Ob aus einer solchen Schädigung von Zellen und Geweben eine Krankheit entsteht und wie sie verläuft, wird entscheidend durch das Ausmaß der Schädigung und der Regeneration neuer «gesunder» Zellen bestimmt.

Diese Regenerationsfähigkeit ist für verschiedene Zelltypen außerordentlich verschieden. Zellen des Nervensystems sind nicht regenerierbar; ein Ausfall einer Nervenzelle kann nicht durch Regeneration, sondern nur dadurch kompensiert werden, daß eine andere Zelle in der Nachbarschaft der geschädigten Zelle deren Aufgaben übernimmt. Andere Zellen haben eine erstaunlich hohe Regenerationsfähigkeit, so z. B. die Leberzellen. Wenn bei einem jungen Menschen die rechte Leberhälfte, z. B. wegen eines dort lokalisierten Tumors, operativ entfernt wird, so hat die Leber nach 2–3 Wochen weitgehend, nach 6 Monaten vollständig ihre ursprüngliche Größe und Struktur wieder erreicht. Ist die normale Organgröße innerhalb einer Schwankungsbreite von 5–10% wieder erreicht, werden die regenerativen Vorgänge beendet. Die Vorgänge der Regeneration sind somit nicht nur sehr wirksam, sondern auch exakt koordiniert. Die Prometheus-Sage läßt vermu-

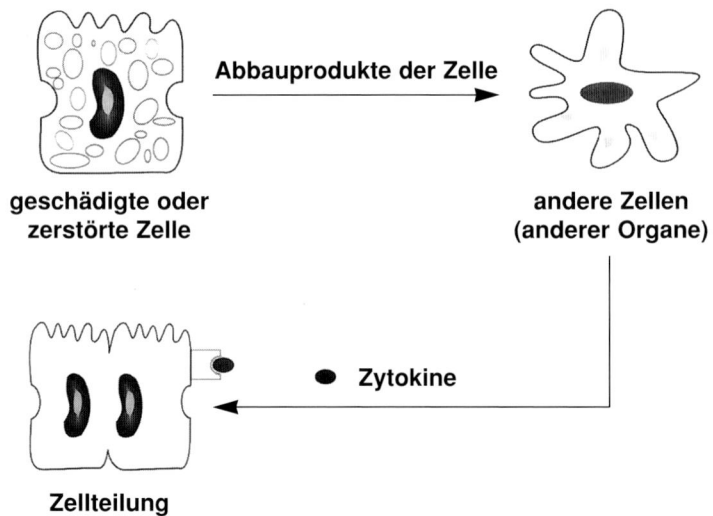

Abbauprodukte der Zelle

geschädigte oder
zerstörte Zelle

andere Zellen
(anderer Organe)

● Zytokine

Zellteilung

Abb. 17: Schematische Darstellung der Auslösung der Regeneration durch Zytokine. Von der geschädigten oder nicht mehr vitalen Zelle werden Stoffe abgegeben, die in intakten Zellen anderer Organe die Bildung von Zytokinen bewirken. Diese «Botenstoffe» gelangen über das Blut oder die Gewebsflüssigkeit (Lymphe) zu spezifischen Empfängermolekülen (Rezeptoren) auf der Oberfläche von Zellen des geschädigten Gewebes und bewirken die Regeneration durch Zellteilung.

ten, daß schon in der Antike die hohe Regenerationsfähigkeit der Leber bekannt war.

Die Medizin ist bestrebt, die Vorgänge der Regeneration und ihre Steuerung zu verstehen, um sie therapeutisch beeinflussen zu können. Auf diesem Gebiet hat in den letzten Dezennien sowohl die biologische als auch die medizinische Forschung zu wichtigen neuen Erkenntnissen geführt. Auf dem Gebiet der Biologie sind die Vorgänge der Zellteilung und ihre Regulationsmechanismen aufgeklärt worden. Eine gesteigerte Zellteilung, bei der in einem Kreisprozeß (*Zellzyklus*) je zwei Tochterzellen aus einer Mutterzelle hervorgehen, ist eine Grundbedingung der Regeneration. Der Zellzyklus wird von mehreren Proteinen in seiner Geschwindigkeit reguliert.

Auf dem Gebiet der Medizin wurde entdeckt, daß der Vorgang der Regeneration von Signalstoffen, sog. *Zytokinen*, initiiert und gesteuert wird. Das Prinzip zeigt Abbildung 17. Von der geschädigten Zelle werden Stoffe, vor allem Abbauprodukte ihrer

Bestandteile, abgegeben, die andere, oft weit entfernt vom Ort der ursprünglichen Läsion lokalisierte Zellen zur Bildung (Synthese) und Abgabe (Sekretion) von Zytokinen stimulieren. Es handelt sich dabei um kleine Proteine, die am Ort der Läsion einen beschleunigten Zellzyklus nicht geschädigter Zellen bewirken.

Mehrere derartige Zytokine sind inzwischen charakterisiert worden. Ihre Bezeichnung leitet sich meist vom Organ oder Zellsystem ab, bei dessen Regeneration sie erstmals nachgewiesen wurden. So wird das Zytokin, das bei der Regeneration der Epidermis der Haut entdeckt wurde, als EGF (*epidermal growth factor*) bezeichnet, ein Zytokin, das die Leber zur Regeneration stimuliert, als HSF (*hepatocyte stimulating factor*). Die weitere Forschung hat gezeigt, daß die einzelnen Zytokine nicht streng organspezifisch wirken, sondern lediglich eine quantitative Dominanz der Wirkung bei der Regeneration von Zellen bestimmter Organe besteht. Zytokine dringen nicht in die «Zielzelle» ein, sondern reagieren an deren Oberfläche mit einem «Rezeptorprotein». Als Folge dieser Bindung des Zytokins an den Rezeptor wird der Zellzyklus und damit die Zellteilung stimuliert. Die Übertragung des Signals vom Rezeptor bis in den Zellkern vollzieht sich über eine komplexe Kaskade von Reaktionen, in die mehrere Proteine involviert sind. Das materielle Korrelat der Signalübertragung sind Konformationsänderungen oder chemische Modifikationen (Phosphorylierung/Dephosphorylierung) der betreffenden Proteine.

Diese Erkenntnisse eröffnen neue therapeutische Möglichkeiten zur Beeinflussung regenerativer Prozesse, z. B. durch Entwicklung von Stimulatoren der Zytokinsynthese und von Zytokinanalogen mit organspezifischer Wirkung, durch Beeinflussung der Affinität von Zytokin und Rezeptor oder durch Eingriffe in die Kaskade der Signalübertragung in der Zelle. Die Erkenntnisse sind auch für das Verständnis der Tumorentstehung und für die Entwicklung neuer Formen der Tumortherapie von Bedeutung. Die gezielte Lenkung regenerativer Prozesse wird deshalb ein wichtiges Arbeitsfeld künftiger biomedizinischer Forschung sein.

Nekrose und Apoptose

Beim Zelltod, dem biologischen Gegenpol der Zellregeneration, muß zwischen dem artifiziellen Zelltod als Folge einer Zellschädigung und dem natürlichen Zelltod als Auswirkung eines zelleigenen Programms unterschieden werden. Der artifizielle Zelltod wird als Nekrose, der von der Zelle selbst programmierte Zelltod als Apoptose bezeichnet (vgl. den Beitrag von Tanner, S. 257 ff.).

Die Ursachen und Vorgänge bei der *Nekrose* sind bereits in der ersten Hälfte des ausgehenden Jahrhunderts eingehend untersucht worden. Es gibt zahlreiche Ursachen, die über verschiedene strukturelle und funktionelle Veränderungen den Tod der Zelle herbeiführen. Der Nekrose geht meist ein Austritt von Zellbestandteilen, z. B. von Enzymen, voraus, der diagnostisch verwertet werden kann.

Die Vorgänge bei der *Apoptose* sind erst in der zweiten Hälfte des Jahrhunderts und vor allem in den letzten beiden Dezennien eingehend erforscht worden. Ebenso wie der Gesamtorganismus unterliegt auch jede Einzelzelle einem Lebenszyklus, der mit der Neubildung der Zelle bei der Zellteilung beginnt und mit einem natürlichen, genetisch programmierten Zelltod endet. An ihm sind mehrere Gene beteiligt, unter deren Einfluß die Synthese von Enzymen gesteigert wird, die Proteine spalten. Signalstoffe, die nach ihrer Entdeckung an Tumoren als *Tumornekrosefaktoren* bezeichnet werden, können durch Bindung an verschiedene Rezeptoren die Apoptose auslösen. Die Rezeptorproteine durchdringen die Membran. An der Außenseite der Zelle besitzt das Rezeptorprotein die Bindungs- und Aktivierungsstelle für den Signalstoff, an der Innenseite der Membran die Bindungsstelle für Proteasen. Von dieser inneren Domäne des Rezeptorproteines (*death domain*) werden nach Bindung und Aktivierung der Proteasen die Vorgänge der Apoptose induziert. Gegenspieler sind Proteine, die das Programm der Apoptose hemmen oder völlig blockieren. Bei der Realisierung des Programms werden aus intrazellulären Speichern Calciumionen freigesetzt, die verschiedene Enzyme aktivieren, z. B. Endonukleasen zum Abbau der DNA im Zellkern, von Proteasen zum Abbau des Cytoskeletts und von Transglutaminasen, die zu einer Quervernetzung von Proteinen und dadurch zu deren Funktionsstörung führen. Bei der Apoptose werden im Gegensatz zur Nekrose keine Stoffe aus der absterbenden Zelle freigegeben. Die apoptotische Zelle wird von großen Freßzellen, den sog. Makrophagen aufgenommen und intrazellulär abgebaut.

Die Apoptose ist für den Gesamtorganismus für die Erhaltung der Balance zwischen Zellneubildung und Zellabbau wichtig. Sie dient ferner der Beseitigung von Zellen, deren Existenz für den Organismus schädlich ist, z. B. von Immunzellen, die eine Autoimmunität bewirken können (s. S. 87) oder von Tumorzellen. Eine abnorm gesteigerte Apoptose spielt eine Rolle bei der Entstehung degenerativer Nervenkrankheiten oder bei der pathologischen Ausschaltung von Immunzellen mit der Folge einer verminderten Infektabwehr (s. S. 88).

Es wird ein Ziel künftiger biomedizinischer Forschung sein, Verfahren zur gezielten Lenkung der Apoptose zu entwickeln. Ansätze dazu geben Beobachtungen, daß Sauerstoffradikale und eine Zunahme der intrazellulären Calciumkonzentration an der Apoptose der Zelle beteiligt sind, so daß die Ausschaltung dieser Faktoren die Apoptose hemmend beeinflußt. Andere Möglichkeiten zur Steuerung der Apoptose sind die Blockierung der Rezeptor-Signalbindung oder die Hemmung der intrazellulär wirksamen Proteasen.

Fibrosierung

Die Zellen, aus denen ein Organ aufgebaut ist, grenzen entweder unmittelbar aneinander an oder bilden zwischen sich einen Spalt, der durch ein sehr komplexes Gemisch von «Bindegewebssubstanzen», der sog. *extrazellulären Matrix*, ausgefüllt ist. In den letzten Dezennien wurde der Aufbau dieser extrazellulären Matrix und ihre Funktion eingehend untersucht. Hinsichtlich des Aufbaus zeigte sich, daß diese «Kittsubstanz» zwischen den Zellen aus verschiedenen Komponenten besteht. Der Hauptanteil entfällt auf faserförmige Proteine, die Kollagene, und auf Makromoleküle, die aus einem Proteinanteil und aus einem Kohlenhydratanteil bestehen. Diese so komplex aufgebaute extrazelluläre Matrix hat funktionell nicht nur die Aufgabe, die Zellen mechanisch zu verbinden und dadurch die Ausbildung und Erhaltung einer Gewebs- und Organstruktur zu ermöglichen. Sie vermittelt auch die Kommunikation zwischen den Zellen eines Gewebes, sie beeinflußt auf diesem Wege Wachstum und Differenzierung der anhaftenden Zellen, und sie kann Stoffe speichern, die von der Zelle benötigt oder abgegeben werden.

Die extrazelluläre Matrix spielt bei vielen Krankheitsprozessen eine wichtige Rolle. Bei Schädigung von Zellen eines Organs werden Stoffe freigesetzt, die eine verstärkte Synthese von Komponenten der extrazellulären Matrix bewirken. Entgegen der ursprünglichen Ansicht, daß zu dieser Synthese nur spezifische Bindegewebszellen, sog. Fibroblasten, befähigt sind, hat sich gezeigt, daß unter den Bedingungen einer Krankheit auch hochdifferenzierte Zellen auf diese Funktion «umgeschaltet» werden können. Die Signalstoffe, von denen diese Genexpression für die Bildung von Bindegewebskomponenten in den Fibroblasten und anderen Zellen induziert wird, wurden identifiziert. Die gleichen Zellen, von denen die Komponenten der extrazellulären Matrix synthetisiert werden, besitzen auch die Fähigkeit zur Bildung und Sekretion von Enzymen zum Abbau der extrazellulären Matrix. Diese Enzyme unterliegen der Regulation durch spezifische Inhibitoren und Aktivatoren. Die Vorstellung vom Bindegewebe als einer wenig reaktionsfähigen Zwischenzellsubstanz mit geringem Stoffwechsel hat sich somit gewandelt: Die extrazelluläre Matrix ist eine für die Funktion der Zelle wichtige Basis und unterliegt einem intensiven und regulierten Stoffwechsel.

Bei verschiedenen chronischen Krankheiten nehmen die Komponenten der extrazellulären Matrix im Gewebe zu. Ein klassisches Beispiel ist die *Leberzirrhose* (Abb. 18), die als Folge einer Zellschädigung durch eine Virusinfektion, chronischen Alkoholabusus oder andere Noxen entstehen kann. Während in der normalen Leber die einzelnen Komponenten der extrazellulären Matrix in sehr geringer Menge vorliegen, steigt der Anteil bei der Erkrankung auf das 8–10fache an. Der Vorgang wird als Fibrosierung oder Fibrogenese, wegen der harten Konsistenz des Organs durch die Zunahme des Bindegewebes auch als Organsklerose bezeichnet. Die gesteigerte Fibrogenese ist ein wichtiges pathogenetisches Prinzip bei vielen chronischen Organkrankheiten. Es tritt z. B. bei chronischen Nieren-, Herz- und Lungenkrankheiten auf. Diese Zunahme der extrazellulären Matrix hat gravierende Folgen für die Funktion des betroffenen Organs. Wenn ein dichter Saum von Bindegewebe die Zellen oder Zellverbände umgibt, werden Aufnahme und Abgabe von Stoffen durch die Zellen beeinträchtigt. Die Folge ist eine degenerative Veränderung der Zellen oder Zelltod. Auch die Regulation der Zellfunktion ist gestört, weil Signalstoffe infolge des Bindegewebswalles nicht mehr zu den Rezeptoren der Zelloberfläche gelangen können. Hinzu kommt eine Störung der Blutversorgung des Organs, besonders der Mikrozirkulation, infolge Verödung von Blutgefäßen innerhalb der vermehrten extrazellulären Matrix. Die als Antwort auf Zelldegeneration und Zelltod gebildeten Zytokine können die Fibrogenese verstärken, so daß ein Circulus vitiosus resultiert, der den Verlauf vieler Krankheiten ungünstig beeinflußt.

Es wird eine Aufgabe der biomedizinischen Forschung der kom-

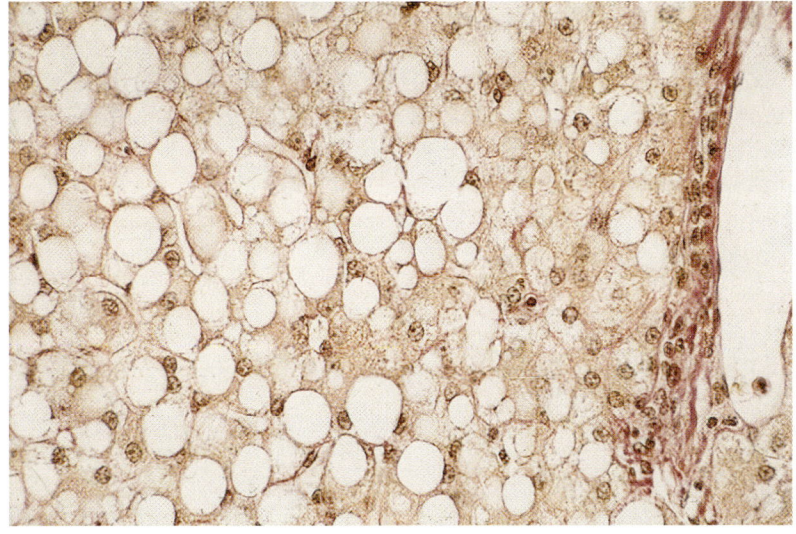

a

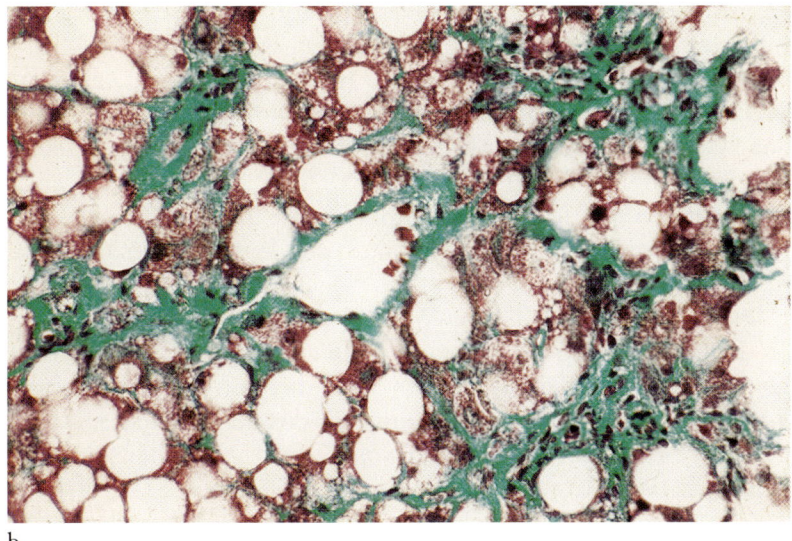

b

Abb. 18: Fibrogenese. Verschiedene Formen der Zellschädigung werden durch eine gesteigerte Bildung von Bestandteilen des Bindegewebes zwischen den Zellen (extrazelluläre Matrix) beantwortet. Ein hoher Anteil entfällt auf faserförmige Proteine, daher die Bezeichnung «Fibrogenese». Der Vorgang ist gezeigt am Beispiel einer Leberzirrhose im Vergleich zum Bild einer normalen Leber a) normale Leber; b) Leberzirrhose. Extrazelluläre Matrix grün gefärbt. (Aufnahme: Prof. Dr. H. E. Schaefer, Freiburg).

menden Jahrzehnte sein, die Bilanz im Stoffwechsel der extrazellulären Matrix, die bei chronischen Krankheiten durch überwiegende Synthese verändert ist, im Sinne einer Synthesehemmung und Abbausteigerung zu verändern, um dadurch die Funktion der Zellen des Organs zu normalisieren und den Circulus vitiosus zu durchbrechen. Der Erfolg solcher Maßnahmen würde den Ablauf besonders der chronischen Krankheiten und deren Prognose entscheidend verbessern können.

Krankheiten als Gegenstand biologischer und medizinischer Forschung

Infektionskrankheiten

Als Infektion bezeichnet man die Vorgänge von Ansiedelung, Wachstum und Vermehrung von Bakterien, Viren, Pilzen oder Parasiten in einem Wirtsorganismus, z. B. im Menschen. Die Infektion kann unbemerkt, ohne nachweisbare Symptome ablaufen. Treten subjektiv vom Kranken oder objektiv vom Arzt feststellbare Symptome auf, die auf die Infektion zurückgeführt werden können, liegt eine Infektionskrankheit vor. Auf dem Gebiet der Infektionen und Infektionskrankheiten bestehen sehr enge Berührungen und starke Überschneidungen der Forschungsgebiete von Biologie und Medizin (vgl. dazu den Beitrag von Kaufmann, S. 93 ff.).

Die medizinische Mikrobiologie mit Erforschung von *Bakterien* als Krankheitserregern hat sich zu Beginn des 20. Jahrhunderts rasch entwickelt. Bei zahlreichen Krankheiten, wie Tuberkulose, Thyphus, Diphterie, Tetanus, konnten Bakterien als Ursache identifiziert werden. Die Erforschung von *Viren* als Krankheitserregern begann in den 30er Jahren. In der zweiten Hälfte des 20. Jahrhunderts wurden dann zahlreiche Viren in rascher Folge entdeckt und ihre Bedeutung als Ursache von Infektionskrankheiten aufgeklärt. Nach der Entwicklung von Impfstoffen zur Prophylaxe bakterieller und viraler Infektionskrankheiten und mit Entdeckung der Sulfonamide und Antibiotika als hochwirksame Therapeutika bei bakteriellen Krankheiten war man in weiten Bereichen der Gesellschaft und der Ärzteschaft der Auffassung, daß die Gefahr von Infektionskrankheiten weitgehend überwunden sei.

Die letzten Dezennien des ausgehenden Jahrhunderts haben

Tabelle 3: Gründe für die Zunahme der Infektionskrankheiten

1. Gesteuerte, weltweite Mobilität des Menschen
  – der Mensch kommt zum Erreger, z. B. Hepatitis-E-Virus, Malaria
  – der Erreger kommt zum Menschen, z. B. Einschleppung von Ebola-Virus

2. Erhöhte Infektionsrate durch Zunahme der Bevölkerungsverdichtung in Megastädten

3. Geringere Resistenz des Menschen gegenüber Erregern durch
  – zunehmendes Alter
  – eingreifende medizinische Maßnahmen (Chemotherapie, Radiotherapie, Immunsuppressiva, Cytostatika, Organtransplantationen, Endoprothese, intravasale Sonden)
  – zunehmendes Risikoverhalten (Drogen, Promiskuität, Alkohol)
  – nachlassenden Impfschutz wegen Versäumnis der Wiederholung

4. Erhöhte Resistenz der Erreger
  – durch unkontrollierte, unkritische Anwendung von Antibiotika
  – Konzentration der Erreger an bestimmten Orten mit Genaustausch (Krankenhaus)
  – Antibiotikaanwendung bei der Tierzucht

jedoch gezeigt, daß Häufigkeit und Bedeutung von Infektionskrankheiten im Krankheitsspektrum auch in den westlichen, industrialisierten Ländern mit hohem Hygienestandard wieder zugenommen haben. Die Gründe dieser Entwicklung sind in Tabelle 3 aufgeführt. Im Vordergrund steht die verstärkte Mobilität der Weltbevölkerung durch beruflichen und privaten Ferntourismus. Hinzu kommt die räumliche Verdichtung der Weltbevölkerung in Großstädten. Während im Jahr 1900 weniger als 15 % der Weltbevölkerung in Städten lebten, schätzt man deren Anteil im Jahr 2010 auf 50 %. Man rechnet dann mit 25 Megastädten in der Welt mit jeweils über 10 Millionen Einwohnern. Tokio und Bombay haben bereits heute etwa 30 Millionen Einwohner. Weltweit stehen Infektionskrankheiten vor den Herzkreislaufkrankheiten und den Tumorkrankheiten an erster Stelle der Todesursachen. Allein an infektiösen Durchfallerkrankungen, Tuberkulose und Malaria stirbt jede Sekunde ein Mensch, pro Tag sterben fast 100 000 Menschen, im Jahr über 30 Millionen.

Neue Krankheitserreger und neue Infektionskrankheiten: Durch molekularbiologische Methoden zum Nachweis der Gene der Krankheitserreger konnten in letzter Zeit verschiedene Bakterien und Viren als Ursache von seit langem bekannten oder bisher unbekannten Krankheiten entdeckt werden. Beispiele für die erste Gruppe sind die Identifizierung des Bakteriums *Helicobacter pylori* als Ursache von Magengeschwüren, die Auslösung der Zuckerkrankheit (Typ I) durch Viren der Coxsackie-Echogruppe und der Nachweis, daß Papillomaviren an der Entstehung des Cervixkarzinoms der Frau ursächlich beteiligt sind. In der zweiten Gruppe, in der Erreger bisher unbekannter Infektionskrankheiten erkannt wurden, ist das bekannteste Beispiel die Identifizierung der Viren HIV 1 und 2 als Erreger der erworbenen Immunschwäche (AIDS), andere Beispiele sind der Nachweis von Bakterien der Gattung *Legionella* als Verursacher von Pneumonien und in jüngster Zeit die Entdeckung der *Prionen* als einer ganz neuen Gruppe von Krankheitserregern, die wahrscheinlich bei der Creutzfeldt-Jakob-Krankheit des Menschen und beim sog. Rinderwahnsinn (bovine spongioforme Enzephalopathie = BSE) eine ursächliche Rolle spielen. Es ist zu erwarten, daß auch in den kommenden Dezennien mit den modernen molekularbiologischen Methoden weitere Erreger identifiziert werden. Man schätzt, daß zur Zeit nur etwa 10 % der vorkommenden Bakterien bekannt sind und davon nur etwa 10 % angezüchtet werden können. Es gibt ferner gute Gründe für die Annahme, daß bislang nicht identifizierte pathogene Bakterien oder Viren bei Erkrankungen, die noch nicht als Infektionskrankheiten gelten, eine wichtige Rolle spielen. So gibt es Hinweise, daß bei chronisch entzündlichen Darmerkrankungen (Morbus Crohn, Colitis ulcerosa) und Arteriosklerose bakterielle Infektionen als Ursache oder als Teilursache wirksam sind.

Pathogenitätsmechanismen: Die Vorgänge, durch die eine bakterielle Infektion zur Infektionskrankheit führt, sind nur teilweise aufgeklärt. Als wichtiger Pathogenitätsfaktor bei Bakterien wurden die Adhäsine erkannt, mit deren Hilfe das Bakterium an den Zielzellen des Wirtsorganismus haftet. Es handelt sich um haarförmige Proteine auf der Bakterienoberfläche, die den engen Kontakt des Bakteriums mit der Wirtszelle vermitteln. Die Schädigung der Wirtszellen erfolgt durch bakterielle Giftstoffe, die entweder von den Bakterien als Exotoxine aktiv sezerniert oder als Endotoxine aus zerstörten Bakterien freigesetzt werden. Für einzelne Toxine wurden Struktur und Wirkungsweise aufgeklärt. So führt ein Endotoxin durch seine Lipidkomponente (Lipoid A) zu einer Überstimulierung der Immunreaktion und zu einem programmierten Zelltod durch Freisetzung bestimmter Cytokine, vor allem des Tumornekrosefaktors α. Die bisher erforschten Exotoxine sind meist Enzyme, die als Proteasen wichtige Strukturen der Wirtszelle oder Antikörper abbauen können.

Die Entstehung einer Infektionskrankheit ist aber nicht nur von Zahl und Eigenschaften des eingedrungenen Erregers, sondern in hohem Maße von Reaktionen des Wirtsorganismus auf die Infektion abhängig. Der spezifischen Abwehr von eingedrungenen Infektionserregern dient das *Immunsystem*, dem ein eigenes Kapitel gewidmet ist (vgl. S. 67 ff.). Das Immunsystem kann Zellen, die durch einen Krankheitserreger, z. B. einen Virus, infiziert sind und in denen sich der Erreger vermehrt, erkennen und zerstören. Die dabei freigesetzten Viren werden bei adäquater Immunreaktion durch spezifische Antikörper oder Zellen des Immunsystems beseitigt. Bei fehlender oder schwacher Immunreaktion kann sich die Infektion auf weitere Zellen ausdehnen und einen chronischen Verlauf der Krankheit verursachen. Aber auch eine überschießende Immunreaktion kann ungünstige Folgen haben, wenn dadurch rasch sehr viele infizierte Zellen zerstört werden oder fälschlich auch normale Zellen vom Immunsystem attackiert werden. Die Balance zwischen Massivität der Infektion und Ausprägung der Immunreaktion ist somit von großer Bedeutung für den Verlauf einer Infektionskrankheit.

An den unspezifischen Abwehrreaktionen sind gleichfalls Zellen und im Blut kreisende Stoffe wie beim spezifischen Immunsystem beteiligt. Weiße Blutzellen werden an die Eintrittstelle des Erregers angelockt und geben Stoffe ab, die auf dem Blutweg zu verschiedenen Organen gelangen und dort Reaktionen auf die Infektion auslösen; z. B. bewirken Reaktionen in bestimmten Arealen des Gehirnes das Auftreten von Fieber, Reaktionen in der Hypophyse die Ausschüttung von Cortison mit Streßreaktionen. Durch Wirkung im Knochenmark wird die Bildung weißer Blutzellen stimuliert. Die Leber gibt unter Einwirkung dieser Signalstoffe Proteine ab, die als Antiproteasen den proteolytischen Abbau an der Entzündungsstelle hemmen und dadurch die Gewebsschädigung begrenzen. Diese vielfältigen Organreaktionen bestimmen das breite Spektrum der Symptome bei einer Infektionskrankheit durch einen definierten Erreger.

Die Erforschung der Pathogenitätsfaktoren von bakteriellen und viralen Krankheitserregern und der spezifischen unspezifischen Abwehrreaktionen ist von großer Bedeutung für das Verständnis der Infektionskrankheiten. Es ist zu erwarten, daß dadurch auch neue Wege für eine rationale und gezielte Therapie eröffnet werden, z. B. durch Ausschaltung oder Neutralisierung von Toxinen oder durch Modifikation der unspezifischen und spezifischen Abwehr. Die Erforschung der Pathogenitätsmechanismen wird deshalb auch in den kommenden Dezennien ein Forschungsschwerpunkt auf dem Gebiet der Infektionskrankheiten sein.

Therapie und Prophylaxe: Bei der Therapie bakterieller Infektionskrankheiten haben unverändert *Antibiotika* eine zentrale Bedeutung. Keine andere Pharmakagruppe hat seit ihrer Einführung in der Mitte des 20. Jahrhunderts so viele Menschenleben gerettet. Doch haben sich auch die Grenzen der Antibiotikatherapie durch Entwicklung von Antibiotikaresistenzen gezeigt. Verschiedene Bakterienstämme haben während der letzten Dezennien Resistenzen gegen mehrere Antibiotika entwickelt, z. B. die Erreger der Tuberkulose oder von Wundinfektionen (Staphylokokken). Eine solche «Multiresistenz» wird durch den Einsatz der Antibiotika geradezu «gezüchtet», weil dabei nur Bakterien überleben können, die durch entsprechende Mutationen resistent sind. Es werden deshalb umfangreiche Forschungen notwendig sein, um neue Antibiotika zu entwickeln, deren Wirkung durch solche Resistenzen nicht beeinträchtigt ist.

Für die Therapie virusbedingter Infektionskrankheiten wurden in der zweiten Hälfte des ausgehenden Jahrhunderts Pharmaka eingeführt, deren Wirkung meist auf einer Blockierung der DNA- oder RNA-Replikation beruht. Ihr Nachteil ist die geringe Spezifität bei der Unterscheidung von Virus und Wirtszellen. Dadurch werden ungünstige Nebenwirkungen verursacht, die die Anwendung dieser Medikamente beeinträchtigen. Neuere Entwicklungen auf dem Gebiet der Therapie, vor allem von Viruskrankheiten, haben deshalb das Ziel, die Genexpression der Viren spezifisch zu blockieren und dadurch deren Vermehrung (Replikation) zu verhindern. Diese Verfahren werden im letzten Abschnitt dieses Beitrages diskutiert, da sie nicht nur bei der Behandlung von Infektionskrankheiten von Bedeutung sind.

Für die Prophylaxe und Prävention viraler und bakterieller Infektionskrankheiten sind die klassischen *Impfverfahren* unverändert von zentraler Bedeutung. Ein neuer therapeutischer Ansatz wurde durch die DNA-Vaccinierung eröffnet (s. letzer Abschnitt dieses Beitrages).

Es ist zu erwarten, daß die Entwicklung gentechnischer Verfahren zur Therapie von bakteriellen und viralen Infektionskrankheiten und neue Impfverfahren zu deren Prophylaxe Schwerpunkte bei der künftigen Erforschung der Infektionskrankheiten sein werden.

Immunkrankheiten

Die ärztliche Beobachtung, daß nach Überstehen bestimmter Infektionskrankheiten bei erneuter Infektion mit dem gleichen Erreger keine oder eine abgeschwächte Krankheit auftritt, führte bereits vor 200 Jahren zu der Hypothese, daß der Organismus des Menschen ein Abwehrsystem gegen Krankheitserreger besitzt und unter besonderen Bedingungen aktivieren kann. Die Pockenimpfung (E. Jenner 1798) war die Umsetzung dieser Hypothese in eine therapeutische Anwendung. Die Immunologie, die wissenschaftliche Erforschung des Immunsystems und seiner Reaktionen begann am Anfang des 20. Jahrhunderts mit der Entdeckung von spezifischen Abwehrstoffen, den Antikörpern. Sie hat sich vor allem in der zweiten Hälfte des 20. Jahrhunderts, als die Bedeutung der Lymphozyten für die Immunreaktionen erkannt wurde, rasch, ja geradezu stürmisch entwickelt. Den Ergebnissen dieser Entwicklung und ihren Perspektiven ist der Beitrag von Klaus Eichmann gewidmet (vgl. S. 67 ff.).

Mit der Erforschung des Immunsystems wurde sehr bald erkannt, daß Störungen von Immunreaktionen bei der Entstehung von verschiedenen Krankheiten eine entscheidende Rolle spielen können. Einige dieser Krankheiten waren schon lange durch ihre Symptome definierbar, jedoch war unklar, wie sie entstehen und was ihre Ursachen sind. Man faßt heute diese Krankheiten durch Störungen von Immunreaktionen unter dem Begriff «Immunkrankheiten» zusammen. Unter ihnen können folgende Haupttypen unterschieden werden:

1. Krankheiten durch fehlende oder verminderte Immunreaktion («Immundefizienz»)
2. Krankheiten durch übersteigerte Immunreaktionen
3. Krankheiten durch Autoimmunreaktionen
4. Krankheiten durch Ablagerung von Immunkomplexen

Die folgende Darstellung beschränkt sich auf die Immundefizienz und auf die Autoimmunkrankheiten.

Krankheiten durch Immundefizienz: Eine fehlende oder verminderte Immunreaktion kann angeboren oder im späteren Leben erworben sein.

Drei verschiedene Formen angeborener Immundefizienzen sind in den letzten beiden Jahrzehnten entdeckt worden. Bei der ersten führt eine X-chromosomale Genmutation zur Verminderung der B-Lymphozyten und zur verminderten oder fehlenden Produktion der Antikörper. Eine zweite ist durch eine angeborene Thymusaplasie mit gestörter Bildung und Funktion der T-Lymphozyten gekennzeichnet. Beide Formen führen bei den betroffenen Kindern in den ersten Lebensmonaten oder -jahren zum Tod an Infektionen, wenn nicht durch Antikörpersubstitution bzw. durch Transplantation einer foetalen Thymusdrüse die Immundefizienz behoben werden kann. Bei der schwersten Form der angeborenen Störung der Immunreaktionen können aus den Vorläuferzellen der Lymphozyten im Knochenmark, den sog. *Stammzellen*, weder B- noch T-Lymphozyten gebildet werden, so daß sowohl die Bildung von Antikörpern als auch die zellulären Immunreaktionen blockiert sind. Die betroffenen Kinder können Infektionen nur überleben, wenn eine Transplantation von Stammzellen des Knochenmarks gelingt.

Unter den erworbenen Immundefizienzen ist die durch die Immundefizienzviren (HIV 1 und 2) verursachte am wichtigsten. Die sich daraus ergebende Krankheit ist *AIDS* (*acquired immune deficiency syndrome*; vgl. dazu S. 88, 95). Das Virus wird über ein Rezeptormolekül, das ein normaler Oberflächenbestandteil der Lymphozyten und für deren Funktion wichtig ist, in die Zellen des Immunsystems, besonders in die Gruppe der T-Helferzellen aufgenommen. Es führt zu einer Verminderung der Zahl dieser Zellen und zur Beeinträchtigung ihrer Funktion bei der Infektabwehr. Auch in Zellen des Gehirns kann das Virus eindringen. Als Folge der eingeschränkten und später völlig fehlenden Abwehr kommt es zu sekundären Infektionen mit weit verbreiteten oder ungewöhnlichen Bakterien, Viren, Pilzen und Parasiten. Dadurch entsteht das sehr variable Bild, unter dem sich die Immundefizienz manifestiert. Eine intensive Behandlung der Sekundärinfektionen durch Bakterien (Antibiotika), Viren (Virostatika) oder Pilzen (Antimykotika) ist erforderlich. Durch neuere Hemmstoffe der Virusreplikation und durch Hemmstoffe von viruseigenen Enzymen (Proteaseinhibitoren) konnte die Lebenserwartung der Betroffenen verlängert werden, jedoch ist derzeit noch keine Heilung der Krankheit möglich.

Autoimmunkrankheiten: Das Immunsystem hat die Fähigkeit, zwischen körpereigenen und körperfremden Zellen bzw. körpereigenen und körperfremden Proteinen zu unterscheiden, also eine Unterscheidung zwischen «selbst» und «nicht-selbst» zu treffen. Es reagiert normalerweise nicht – ist «tolerant» – gegen körpereigene Zellen und Proteine. Die Durchbrechung dieser *Immuntoleranz* ist das Grundphänomen der Autoimmunkrankheiten. Sie können auf humoralen Autoimmunreaktionen mit Bildung von Autoantikörpern oder auf zellulären autoimmunen Reaktionen, die gegen körpereigene Zellen gerichtet sind, beruhen.

Die frühere Annahme, daß im gesunden Organismus niemals T- und B-Lymphozyten gebildet werden, die mit körpereigenen Zellen und Proteinen reagieren, hat sich als nicht zutreffend erwiesen. Auch beim Gesunden entstehen in geringem Umfang autoreaktive Lymphozyten. Autoimmunreaktionen, die von ihnen ausgehen und für den Organismus schädlich sein könnten, werden dadurch unterdrückt, daß die autoreaktiven Lymphozyten rasch durch programmierten Zelltod (Apoptose, s. S. 262) eliminiert werden. Andere Möglichkeiten zur Erhaltung einer Immuntoleranz sind der Verlust oder die Inaktivierung der Rezeptoren von Lymphozyten für Autoantigene oder die Verhinderung der Proliferation autoreaktiver Lymphozyten zu einem Zellklon. Die Vorgänge, die dieser Selektion oder Inaktivierung autoreaktiver Lymphozyten und dem «Veto» gegen ihre Vermehrung zugrunde liegen, sind nur teilweise bekannt. Ihre Aufklärung ist ein wesentliches Ziel derzeitiger und künftiger Forschung.

Ungeklärt ist vor allem die Frage, wodurch die Vermehrung autoreaktiver Lymphozyten verursacht wird. Als Ursache für die Proliferation autoreaktiver B-Lymphozyten kommen wahrscheinlich Produkte von bakteriellen oder viralen Begleitinfektionen, z. B. Endotoxine (s. o.) oder die Stimulation von besonderen Lymphozyten (T-Helferzellen) durch ein unspezifisches Antigen in Betracht, wobei die autoreaktiven Lymphozyten als «nicht eingeladener Gast» an der Proliferation der nicht-autoreaktiven Lymphozyten teilnehmen.

Im Hinblick auf die Ursache zellulärer Autoimmunreaktionen gibt es Hinweise auf die Bedeutung von vorausgehenden Virusinfektionen und die Aufnahme von Fremdstoffen (Pharmaka). Virusinfektionen können, wahrscheinlich über Zytokine, z. B. Interferon γ und Tumornekrosefaktor α, die Expression der MHC-Moleküle der Klasse II auf Körperzellen bewirken, so daß in Verbindung mit ihnen körpereigene Antigene auf der Oberfläche der Zellen für Lymphozyten erkennbar sind. Auch die Einnahme bestimmter Pharmaka geht einigen Autoimmunerkrankungen zeitlich voraus oder ist mit ihnen assoziiert. Am Beispiel der autoimmunen Leberentzündung (Autoimmunhepatitis) wurde gezeigt, daß die auslösenden Pharmaka mit Enzymen des Arzneimittelstoffwechsels (Zytochrome P450), die vor allem in der Leber lokalisiert sind, eine Bindung eingehen und dadurch das körpereigene Enzymprotein zum Autoantigen umwandeln können. Die Autoantikörper reagieren spezifisch gegen dieses modifizierte Enzym. Bei der gleichen Krankheit wurde auch ein Zusammenhang der Autoimmunreaktionen mit einer vorausgehenden Virusinfektion dadurch erklärbar, daß Oberflächenproteine des Virus (Herpesvirus) identische oder ähnliche Regionen der Aminosäurensequenz wie die Enzyme des Arzneimittelstoffwechsels besitzen. Die Antikörper, die primär gegen das körperfremde Virus gebildet werden, können deshalb sekundär als Autoantikörper mit dem körpereigenen Enzym reagieren.

Für fast alle Autoimmunkrankheiten ist eine genetisch bedingte Prädisposition charakteristisch. Dies zeigten Familienuntersuchungen und Tierexperimente. Nach dem derzeitigen Kenntnisstand ist diese genetische Prädisposition nicht auf ein einzelnes Gen zurückzuführen, sondern auf die Interaktion mehrerer Gene. Hierfür spricht die Häufigkeit bestimmter HLA-Typen bei bestimmten Autoimmunerkrankungen. Seit langem ist auch bekannt, daß Autoimmunkrankheiten bei Frauen wesentlich häufiger sind als bei Männern. Man vermutet, daß weibliche Sexualhormone oder geschlechtsspezifische Genprodukte die Krankheitsentstehung oder den Krankheitsverlauf beschleunigen können.

Die weitere Erforschung der Autoimmunerkrankungen wird eine wichtige Aufgabe biologischer und medizinischer Forschung sein. Dabei wird die Frage im Vordergrund stehen, durch welche Vorgänge die Immuntoleranz durchbrochen wird, so daß Autoantikörper gegen körpereigene Proteine und autoreaktive T-Lymphozyten gegen körpereigene Zellen entstehen können. Die Lösung dieser Probleme ist um so dringlicher, als sich das Spektrum der Autoimmunerkrankungen in den letzten Jahren ständig erweitert hat. Dabei können von der pathologischen Immunreaktion einzelne Organe betroffen sein, z.B. die Schilddrüse (organspezifische Autoimmunerkrankungen), oder es können sehr verschiedene Organe durch Autoimmunreaktionen gleichzeitig geschädigt werden (systemische Autoimmunkrankheiten). Zahlreiche chronische Krankheiten, z.B. chronischer Gelenkrheumatismus, Erkrankungen der Niere und besondere Formen der Leberzirrhose, sind pathogenetisch als Autoimmunerkrankungen identifiziert worden. Viele dieser Krankheiten verlaufen langsam schwelend, chronisch und haben in den fortgeschrittenen Stadien eine ungünstige Prognose. Die Aufklärung der Ursache und Pathogenese dieser wichtigen Krankheitsgruppe in der Zukunft wird wahrscheinlich auch Möglichkeiten für eine frühe Diagnose und wirksame Therapie eröffnen.

Tumorkrankheiten

Als Tumor (Synonym: Neoplasie, Neoplasma, Geschwulst) bezeichnet man eine abnorme Gewebsmasse, die durch eine autonome, progressive und überschießende Produktion körpereigener Zellen verursacht wird. «Autonom» bedeutet, daß die Zellen des Tumors nicht mehr der Kontrolle von Zellregeneration (s. S. 249, 251) und Apoptose (s. S. 262) unterliegen. «Progressiv» bedeutet, daß die Neubildung von Zellen andauert, auch wenn der auslösende Faktor nicht mehr vorhanden oder unwirksam geworden ist. «Überschießend» bedeutet, daß sich der Tumor strukturell nicht mehr in das normale Gewebe eingliedert.

Krankheiten durch Tumoren waren schon den Ärzten der Antike bekannt, weil größere Tumoren bei entsprechender Lokalisation den äußeren Aspekt des Kranken verändern. Auch können sie bei entsprechender Größe und Lokalisation durch Betasten ohne technische Hilfsmittel nachgewiesen werden. Tumorkrankheiten sind häufig: in den westlichen, industrialisierten Ländern stirbt jeder fünfte an einem Tumor.

Vielfalt der Tumoren und Tumorkrankheiten: Untersuchungen der Struktur von Tumoren und Beobachtungen bei Kranken haben seit langem gezeigt, daß es sehr verschiedene Tumoren und dementsprechend auch sehr verschiedene Tumorkrankheiten gibt. Strukturell zeigen die Tumoren mehr oder weniger starke Ähnlichkeiten mit dem Organ, in dem sie primär entstanden sind. Man unterscheidet deshalb z. B. Leber-, Nieren- und Lungentumoren, Tumoren des blutbildenden Systems und des Nervensystems.

Nach den Auswirkungen auf den Gesamtorganismus wird zwischen gutartigen (benignen) und bösartigen (malignen) Tumoren unterschieden.

– *Gutartige Tumoren* wachsen expansiv: Sie verdrängen das umgebende Gewebe, aber sie zerstören es nicht. Sie führen zu keiner

Absiedelung von Tumorzellen und zu keiner Ausbildung von Tochtergeschwülsten (Metastasen) in anderen Organen. Für den betroffenen Kranken ist der Tumor meist symptomlos. Beschwerden treten nur auf, wenn Komplikationen, z. B. Blutungen in den Tumor, auftreten oder wenn Nachbarorgane durch den expandierenden Tumor räumlich eingeengt und dadurch in ihrer Funktion beeinträchtigt werden. Die Krankheit durch einen gutartigen Tumor verläuft in der Regel nicht tödlich.

– *Bösartige Tumoren* wachsen dagegen infiltrativ und destruierend: Sie sind gegenüber dem umgebenden normalen Gewebe nicht scharf abgegrenzt. Die Tumorzellen wachsen bei ihrer Vermehrung in die Spalten zwischen den Organzellen ein und zerstören sie. Ein wichtiger Unterschied bösartiger Tumoren im Vergleich zu gutartigen ist die Fähigkeit der Tumorzellen, in die Blutgefäße und Lymphbahnen einzudringen und auf diesem Weg in anderen Organen außerhalb ihres Entstehungsortes Tochtertumoren (Metastasen) zu bilden. Gewebsdestruktionen und Metastasenbildung sind die Ursache des schweren, ohne Therapie immer tödlichen Verlaufs der Krankheit bei bösartigen Tumoren. Sie werden im angloamerikanischen Schrifttum häufig unter dem Begriff «Cancer» zusammengefaßt.

Durch neue Methoden der Strukturforschung in Verbindung mit ärztlichen Beobachtungen der Krankheitssymptome und -verläufe sind im 20. Jahrhundert Kriterien erarbeitet worden, um die für den Kranken so wichtige Unterscheidung zwischen gut- und bösartigen Tumoren möglichst früh und exakt zu treffen. Dabei zeigte sich, daß gutartige Tumoren in bösartige Tumoren übergehen können und oft deren Vorstadien sind.

Tumorentstehung: Viele Probleme der Tumorentstehung sind auch am Ende des 20. Jahrhunderts noch ungelöst, doch sind wichtige neue Erkenntnisse gewonnen worden, deren weitere Verfolgung in den kommenden Dezennien eine Lösung dieser Probleme erhoffen läßt. Im folgenden werden diese Erkenntnisse thesenartig vorgestellt und kurz erläutert.

1. Es gibt nicht *eine*, sondern zahlreiche Ursachen für die Entstehung eines Tumors.

Bereits zu Beginn des Jahrhunderts war bekannt, daß unter Einwirkung ionisierender Strahlen, z. B. von Röntgenstrahlen, oder nach UV-Bestrahlung Tumoren entstehen können. Später wurde die kanzerogene (krebsauslösende) Wirkung bestimmter chemischer Substanzen erkannt, z. B. die Auslösung von Lebertumoren durch Azofarbstoffe (Buttergelb) oder von Hauttumoren durch im Teer enthaltene Kohlenwasserstoffe. Ein Sonderfall ist die Umwandlung eines unschädlichen Stoffes durch körpereigene Enzyme in ein Kanzerogen. So wird z. B. Aflatoxin, das Produkt eines Schimmelpilzes (*Aspergillus flavus oryzae*), durch körpereigene Enzyme so umgewandelt, daß das Produkt mit der DNA eine feste (kovalente) Bindung eingeht und Tumoren erzeugen kann. Bereits 1911 wurde das erste Tumorvirus entdeckt, das nach Übertragung auf Hühner die Entstehung eines Sarkoms verursacht. Die Gemeinsamkeit aller dieser Krebsursachen – Röntgenstrahlen, UV-Bestrahlung, chemischer Kanzerogene, Viren – ist ihre Fähigkeit, Mutationen in Genen von Körperzellen zu induzieren.

2. Ein Tumor nimmt seinen Ausgang von einer modifizierten Einzelzelle.

Auch bei weit fortgeschrittenen Tumoren und ihren Metastasen ist als Ausgangspunkt für die Millionen der Tumorzellen eine einzelne Zelle identifizierbar. Den Beweis, daß Tumoren von Zellklonen gebildet werden, die sich von einer einzelnen, eine bestimmte *Mutation* aufweisenden Zelle ableiten, erbrachten Untersuchungen zur Inaktivierung des paternalen oder maternalen X-Chromosoms in Tumorzellen. Während im normalen Gewebe diese Inaktivierung zufallsmäßig verteilt ist, sind im Tumorgewebe ausschließlich nur die paternalen oder nur die maternalen X-Chromosomen inaktiviert. Dies läßt auf die Entstehung des Tumors aus einer einzelnen Zelle mit einem der beiden Karyotypen schließen. Ein weiterer Beweis war der Nachweis einer identischen Chromosomentranslokation bei bestimmten Leukämien, wobei die Schnittstelle der Translokation in allen Tumorzellen an der gleichen Basensequenz nachweisbar ist. In der Folge ist bei zahlreichen Tumoren, z. B. beim virusinduzierten Leberkarzinom, die monoklonale Expansion des Tumors, also seine Abstammung von einer modifizierten Einzelzelle, eindeutig durch Analysen des Genoms gezeigt worden.

3. Die Entwicklung eines Tumors aus der veränderten Einzelzelle ist ein mehrstufiger Prozeß.

Die somatische Mutation einer einzelnen Zelle ist ein notwendiger, aber nicht hinreichender Vorgang für die Entstehung eines Tumors. In der Regel ist eine einzelne Mutation nicht ausreichend, sondern mehrere Mutationen müssen zusammentreffen. Mit zunehmendem Alter kumulieren die spontanen, im Lebensablauf auftretenden Mutationen, auch nimmt die Ausschaltung von spontanen Mutationen durch DNA-Reparaturmechanismen mit dem Alter ab. Dies sind einige Gründe für die mit steigendem Lebensalter zunehmende Häufigkeit von Tumoren.

Aber auch mehrere Mutationen der Einzelzelle sind nicht ausreichend für die Entstehung eines Tumors. An die Initiationsphase, in der sog. *Tumorinitiatoren* Mutationen induzieren, muß sich eine Progressionsphase anschließen, in der sog. *Tumorpromotoren* auf die mutierte Zelle einwirken. Als solche Promotoren wurden verschiedene Substanzen identifiziert, z. B. Sexualhormone bei Entstehung bestimmter Tumoren. Diese Promotoren wirken nicht mutagen, stimulieren aber die Vermehrung der mutierten Zelle und die Expression mutierter Gene. Die Folge ist ein meist gutartiger Tumor, der sich nach Wegfall der Promotoren durch Apoptose zurückbilden kann. Alternativ kann sich aber aus dem gutartigen Tumor nach Wegfall der Promotoren ein bösartiger Tumor entwickeln, meist in Verbindung mit neuen Mutationen im Genom der Tumorzellen. Die Entwicklung eines Tumors aus einer abnormen Zelle ist somit ein langfristiger, mehrstufiger Prozeß.

Diese Entwicklung zum bösartigen Tumor ist auch mit strukturellen Veränderungen der Zellen und Gewebe verknüpft. Zunächst sind einzelne Zellen im normalen Gewebe strukturell gering verändert (*Dysplasie*), später nehmen die in Teilung befindlichen Zellen zu und zeigen deutliche *Atypien* hinsichtlich ihrer Größe und Kernstruktur, jedoch wird von ihnen die Grenze zu den Blutgefäßen noch nicht überschritten. Man bezeichnet dessen Zustand als «Carcinoma in situ». Wenn die Tumorzellen die Grenze zu Blut- und Lymphgefäßen durchbrechen, ist das Stadium des manifesten malignen Tumors erreicht. Vorkrankheiten, die als Promotoren wirken, z. B. eine Leberzirrhose beim virusinduzierten Leberkarzinom, werden als Präcancerosen aufgefaßt. Diese Erkenntnisse der mehrstufigen Tumorentwicklung haben für die Früherkennung des Krebses große Bedeutung. Nur die Früherkennung ermöglicht in vielen Fällen derzeit eine heilende Behandlung durch operative Entfernung des Tumors.

4. Die Entwicklung eines Tumors ist mit einer Störung der Zelldifferenzierung verbunden und wahrscheinlich mit vermindertem programmiertem Zelltod der Tumorzellen durch Apoptose.

Die Zellen rasch regenerierenden Gewebes, z.B. Blutzellen,
Leberzellen, Zellen der Darmschleimhaut und der äußeren Haut,
werden aus sog. Stammzellen gebildet. Diese sind undifferenziert,
d.h., sie haben keine Ausstattung für spezifische Funktionen, sondern dienen der Neuproduktion von Zellen zum Ersatz der Zellen,
die durch Apoptose oder Abstoßung verlorengehen. Bei der Teilung einer Stammzelle entsteht jeweils eine gleichartige Stammzelle und eine Tochterzelle, die dann einen Entwicklungsprozeß
durchläuft, um spezielle Funktionen erfüllen zu können, z.B. die
Funktion von Leberzellen im Stoffwechsel oder die Funktion der
Resorption von Nahrungsbestandteilen durch Zellen der Darmschleimhaut. Dieser Prozeß der Entwicklung bestimmter Funktionen einer Zelle, durch die sie sich von anderen Zellen unterscheidet (Differenzierung), ist mit einer abnehmenden Fähigkeit der
Zellen zur Zellteilung verbunden. Hochdifferenzierte Zellen teilen
sich nicht mehr, sondern werden letztlich abgestoßen (z.B. im
Darm) oder durch Apoptose beseitigt (z.B. in der Leber).

Bei Tumoren sind zwei Formen von Störungen der Differenzierung beobachtet worden. Bei der einen, die als Ent- oder Retro-
differenzierung bezeichnet wird, handelt es sich um eine Umkehr
des Differenzierungsprozesses. Sie ist dadurch erkennbar, daß von
den Tumorzellen Proteine gebildet werden, die normalerweise nur
Produkte undifferenzierter Zellen sind. Diese «onkofoetalen Proteine» sind in der Tumordiagnostik, vor allem bei der Verlaufsbe-
obachtung von Tumoren, von Bedeutung. Bei der anderen Störung
der Differenzierung entstehen aus den Stammzellen nur undifferenzierte Stammzellen, jedoch keine differenzierbaren Tochterzellen. Diese Form der Differenzierungsstörung wurde vor allem bei
Tumoren der blutbildenden Gewebe beobachtet.

Differenzierte Zellen besitzen auf ihrer Oberfläche Rezeptoren,
über die sie Signale zum programmierten Zelltod aufnehmen können. Undifferenzierte Zellen besitzen diese Rezeptoren nicht, in
verminderter Zahl oder mit reduzierter Affinität zu den Signalstoffen. Die Beseitigung dieser Zellen durch Apoptose ist deshalb
eingeschränkt und die Balance von Zellbildung und Zellabbau
gestört.

5. Onkogene und Tumorsuppressorgene spielen eine zentrale Rolle bei der Entstehung von Tumoren.

Wenn somatische Mutationen einer Einzelzelle die notwendige, wenn auch nicht hinreichende Bedingung für die Entstehung eines Tumors sind, ergibt sich die Frage, welche Gene und welche ihrer Mutationen die Tumorentstehung begünstigen. Zur Beantwortung dieser Frage haben entscheidend die Erkenntnisse beigetragen, die an virusinduzierten Tumoren erhoben wurden. Bereits 1911 hatte Peyton Rous nachgewiesen, daß ein nicht-bakterielles, übertragbares Agens beim Hühnchen Tumoren verursachen kann. Die Bedeutung dieser Entdeckung wurde jedoch erst in der zweiten Hälfte des Jahrhunderts erkannt und erst 1966, mehr als 50 Jahre nach der entscheidenden Entdeckung, wurde Rous dafür mit dem Nobelpreis ausgezeichnet. In den letzten drei Jahrzehnten wurden in rascher Folge in beiden Hauptvirusklassen, den RNA- und DNA-Viren, tumorinduzierende Spezies erkannt.

RNA-Tumorviren wirken durch Aktivierung von zellulären Protoonkogenen.

RNA-Tumorviren sind Retroviren. Sie besitzen ein Enzym, die sog. reverse Transkriptase, mit deren Hilfe die RNA des Virus in eine komplementäre DNA (cDNA) transkribiert werden kann. Die cDNA oder ihre Teilstücke sind in das Genom der Wirtszelle integrierbar. Während ihrer Replikation in der Wirtszelle können von RNA-Retroviren aber auch Teilstücke der RNA der Wirtszelle aufgenommen, in die komplementäre cDNA transkribiert und dann in das Genom der Wirtszelle integriert werden. Mutationen, die bei diesem Prozeß auftreten können, werden auf die Tochterzellen übertragen. Man bezeichnet das normale Gen der Wirtszelle, das der integrierten cDNA entspricht, als *Protoonkogen*, das mutierte, integrierte und tumorinduzierende Gen als *Onkogen*. In den vergangenen drei Jahrzehnten sind zahlreiche Onkogene entdeckt worden. Sie können auf verschiedenen Wegen die Tumorentstehung begünstigen, so durch Bildung eines Proteins mit stimulierender Wirkung auf die Zellproliferation, durch Verstärkung der Expression bestimmter Gene in der Wirtszelle, durch Aktivierung von Onkogenen oder Inaktivierung von Tumorsuppressorgenen (s. u.) der Wirtszelle, die der Insertionsstelle der cDNA im Genom der Wirtszelle benachbart sind. Bei der Identifizierung der Protoonkogene zeigte sich, daß von diesen Genen in der normalen

Zelle Proteine exprimiert werden, die bei der Funktion von Wachstumsfaktoren eine Rolle spielen, z. B. als Rezeptorproteine, als Proteine der Signalübertragung, Enzyme der Aktivierung und Inaktivierung von Signalmolekülen oder als Proteine, die an der Transkription im Zellkern beteiligt sind. So kann z. B. die Mutation eines Protoonkogens, von dem in der normalen Zelle ein Rezeptorprotein für einen Wachstumsfaktor exprimiert wird, zu einem Onkogen führen, dessen exprimiertes Protein auch bei fehlender Bindung eines Wachstumsfaktors Signale zur Zellteilung an den Zellkern übermittelt.

DNA-Tumorviren wirken über die Inaktivierung von Suppressorgenen.

Bei der Tumorinduktion durch DNA-Viren wird deren Genom in das Genom der Wirtszelle integriert. Die Wirkung der Onkogene von DNA-Viren beruht vor allem auf der Ausschaltung der Produkte von *Tumorsuppressorgenen.* Unter diesen die Tumorentstehung unterdrückenden Genen sind vor allem zwei Gene sehr eingehend untersucht worden: das Rb-Gen und das p53-Gen.

Der Name Rb-Gen leitet sich daraus ab, daß das Gen beim Retinoblastom, einem seltenen Tumor im Kindesalter, erstmals identifiziert wurde. Das vom Rb-Gen exprimierte Protein kann eine Bindung an Proteine des Zellkerns eingehen und dadurch die DNA-Replikation hemmen. Einige DNA-Tumorviren bilden Proteine, die an das Rb-Protein binden und damit dessen Wirkung aufheben. Der Zellzyklus und damit Zellteilung werden enthemmt.

Für das p53-Gen leitet sich die Bezeichnung vom Molekulargewicht des exprimierten Proteins (53 kD) ab. Auch das von diesem Gen exprimierte Protein hemmt in einer sehr komplexen Kaskade von Reaktionen die DNA-Replikation. Es hat wahrscheinlich die physiologische Funktion, den Zellzyklus zu verlangsamen oder zu blockieren, wenn Veränderungen der DNA auftreten, bis die Prozesse der DNA-Reparatur abgeschlossen sind. Durch onkogene DNA-Viren (z. B. Papillomaviren) wird die Wirkung von p53 aufgehoben. Dies hat in zweifacher Hinsicht eine ungünstige Wirkung: Die DNA-Replikation und die Zellteilung verlaufen beschleunigt, mit der Folge einer raschen Zellvermehrung, und die DNA-Reparaturprozesse können nicht stattfinden, mit der Folge einer Zunahme spontaner Mutationen.

Das Zusammenwirken von Onkogenen und Tumorsuppressor-

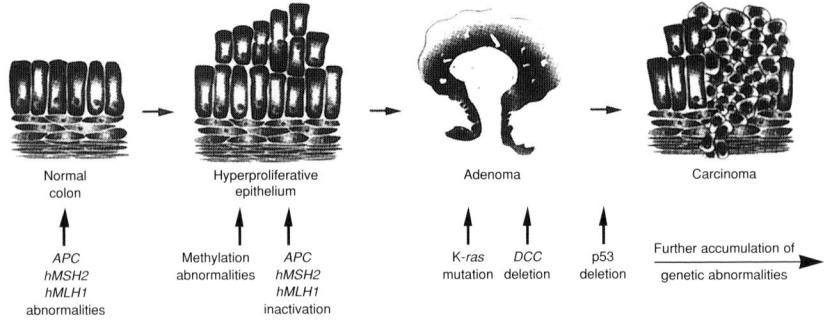

Normal colon	Hyperproliferative epithelium	Adenoma	Carcinoma
↑	↑ ↑	↑ ↑ ↑	
APC hMSH2 hMLH1 abnormalities (hereditary syndromes)	Methylation abnormalities / APC hMSH2 hMLH1 inactivation	K-ras DCC p53 mutation deletion deletion	Further accumulation of genetic abnormalities →

Abb. 19: Mehrstufiger Prozeß der Entwicklung eines bösartigen Tumors am Beispiel des Dickdarmkrebses (Colonkarzinom). Die normale Dickdarmschleimhaut zeigt als erste Stufe eine Vermehrung der Schleimhautzellen (Hyperproliferation des Epithels). Als zweite Stufe folgt die Bildung eines gutartigen Tumors in Form eines Adenoms. Daraus kann sich als dritte Stufe das Karzinom entwickeln. Charakteristisch hierfür ist die unkontrollierte Zellvermehrung, die Bildung abnormer Zellen und die Durchbrechung der angrenzenden Gewebsschicht durch die Tumorzellen. Jede Stufe ist mit spezifischen Genmutationen verbunden. Sie werden durch die Abkürzungen in der unteren Zeile gekennzeichnet. Es handelt sich um die Aktivierung von Onkogenen (z. B. K-ras) und die Inaktivierung von Tumorsuppressorgenen (z. B. p 53). (Nach Vogelstein et al. 1988 und Bodmer et al. 1994)

genen ist an der Entwicklung des Dickdarmkrebses (kolorektales Karzinom) eindrucksvoll gezeigt worden. Durch endoskopische Untersuchungen war bekannt, daß dem Dickdarmkrebs charakteristische Veränderungen vorausgehen. Als erste Veränderung ist eine Vermehrung der Zellen (Hyperproliferation) der Darmschleimhaut nachweisbar, dann entwickeln sich kleine gutartige Tumoren (Adenome) in Form von Polypen, die in der Folge größer werden und Dysplasien (s. S.138) aufweisen. Werden die Polypen nicht entfernt, kann sich ein bösartiger Tumor, das Dickdarmkarzinom, entwickeln. Es konnte gezeigt werden, daß die Entwicklungsstufen mit der Inaktivierung von Suppressorgenen und Aktivierung von Onkogenen korreliert sind (Abb. 19). Die Ausscheidung von Proteinen, die von Onkogenen exprimiert werden, kann zur Frühdiagnose des Colonkarzinoms verwendet werden.

Auswirkungen biologischer Erkenntnisse auf ärztliches Handeln

In den vorausgehenden Abschnitten wurde gezeigt, wie neue biologische Erkenntnisse das Verständnis von Krankheitsprozessen verändert und vertieft haben. Diese Entwicklung wird sicher auch in übersehbaren Zeiträumen des kommenden Jahrhunderts anhalten. Der letzte Abschnitt dieses Beitrages soll einige allgemeine Aspekte dieser Entwicklung und ihre Auswirkungen auf die Medizin darstellen. Der ärztliche Auftrag schließt die Suche nach Erkenntnissen über die Biologie von Krankheiten ein, jedoch ist Erkenntnis nicht Selbstzweck, sondern soll dem Arzt dazu dienen, Kranke zu heilen, Beschwerden durch Krankheiten zu beseitigen oder zu lindern und den Kranken einfühlend und verantwortungsbewußt zu beraten.

Genetische Faktoren und Einflüsse der Umwelt als Ursache von Krankheiten

Zu Beginn des ausgehenden Jahrhunderts, als auf der einen Seite Mikroorganismen als Krankheitserreger entdeckt und auf der anderen Seite die Vererbbarkeit verschiedener Krankheiten eindeutig nachgewiesen wurde, entbrannte eine heftige Diskussion, ob Krankheiten vorwiegend durch «Erbgut» oder durch die «Umwelt» verursacht und in ihrem Verlauf bestimmt werden. Dabei handelt es sich aber, wie sich seither gezeigt hat, um ein Scheinproblem. Denn im weiten Spektrum der Krankheiten des Menschen gibt es zwar an den Rändern «reine» genetisch determinierte und «reine» umweltbedingte Krankheiten. Die weit überwiegende Zahl der Krankheiten beruht aber auf Interaktionen von Genwirkungen und Einflüssen der Umwelt.

Ein Beispiel einer Krankheit, die zunächst als reine Erbkrankheit aufgefaßt wurde, bei der aber Umweltfaktoren ebenfalls von großer Bedeutung sind, ist die akute Porphyrie. Es handelt sich dabei um eine Störung bei der Synthese des Häms, das Bestandteil des roten Blutfarbstoffs (Hämoglobin) und wichtiger Enzyme (Cytochrome) ist. Die Krankheit manifestiert sich nur, wenn der oder die vom Gendefekt Betroffene bestimmten Stoffen der Umwelt ausgesetzt ist. Beispiele für Krankheiten, deren Entstehung zunächst ausschließlich auf äußere Faktoren zurückgeführt wurde, bei denen aber genetische Einflüsse eine wichtige Rolle spielen, sind Infektionskrankheiten und Krankheiten durch äußere

Schadstoffe. Die Erforschung der Infektionskrankheiten hat gezeigt, daß die Anwesenheit des Erregers einer Infektionskrankheit, z. B. des Poliomyelitisvirus, eine zwar notwendige, aber nicht hinreichende Bedingung für die Entstehung der Krankheit ist und genetisch bestimmte Reaktionen des Organismus Manifestation und Verlauf der Krankheit in hohem Maße beeinflussen. Auch bei Einwirkungen von Schadstoffen hängt die Entstehung einer Krankheit davon ab, wie rasch die Schadstoffe aufgenommen, «entgiftet» und ausgeschieden werden. Diese Vorgänge werden von genetischen Faktoren bestimmt. Ein Beispiel ist das auch dem Laien bekannte Faktum, daß hoher und anhaltender Alkoholkonsum von manchen Personen zwar mit kurzen Störungen des Bewußtseins, aber ohne Krankheitssymptome toleriert wird, während bei anderen Personen die gleiche Alkoholmenge Krankheiten, z. B. der Leber, hervorrufen kann. Diese Unterschiede beruhen auf genetisch determinierten Stoffwechselreaktionen, durch die der Alkohol abgebaut wird.

Dem Bereich des Krankheitsspektrums, in dem sich bei der Krankheitsentstehung Einflüsse von Genen und Umwelt überlagern, sind die weit verbreiteten chronischen Krankheiten zuzuordnen: Arteriosklerose mit den Folgen von Herzinfarkt und Hirnschlag, Zuckerkrankheit, Tumoren, chronische Leberkrankheiten und chronische rheumatische Krankheiten. Bei allen diesen Krankheiten handelt es sich auf der genetischen Ebene nicht um den Defekt eines einzelnen Gens, sondern um Veränderungen mehrerer Gene. Auch bei den Umwelteinflüssen handelt es sich nicht um einen einzelnen Faktor, sondern um einen Komplex von Bedingungen, der die Krankheit in Verbindung mit den Gendefekten entstehen läßt.

Diese Interaktionen von genetischen Faktoren und Umwelteinflüssen bei der Entstehung von Krankheiten aufzuschlüsseln, wird eine wichtige Aufgabe der medizinischen Forschung im kommenden Jahrhundert sein.

Ärztliche Diagnostik

Krankheiten werden in der wissenschaftlichen Medizin durch eine bestimmte Kombination von Krankheitssymptomen (*Symptomenmuster*) und durch die Krankheitsursache definiert. Während die Erfüllung der ersten Bedingung, die Erfassung eines eindeutigen Symptommusters, durch neue technische und biologische Verfahren zunehmend besser erfüllt werden kann, ist die Definition der Krankheitsursache schwieriger geworden.

Auf der Seite der genetischen Krankheitsfaktoren konnten zwar durch moderne molekularbiologische Verfahren genetische Aberrationen mit großer Genauigkeit erfasst werden, jedoch ist für die Diagnose einer Krankheit der Nachweis der Genveränderung nicht ausreichend. Es muß vielmehr geprüft werden, ob und in welcher Form sich die genetische Veränderung auswirkt. Auch können verschiedene Mutationen eines bestimmten Gens verschiedene Konsequenzen für die Manifestation der Krankheit haben. Ein Beispiel soll dies verdeutlichen: Eine sehr häufige Erbkrankheit des Menschen ist die zystische Fibrose (*Mukoviszidose*). Das Protein, dessen Defekt die Krankheit verursacht, wird von einem Gen exprimiert, an dem bisher über 200 verschiedene Mutationen beschrieben wurden. Einige dieser Mutationen führen beim Betroffenen zum Vollbild der tödlichen Krankheit, andere Mutationen wirken sich nur an einzelnen Organen, z. B. an der Bauchspeicheldrüse, aus, wieder andere Mutationen führen beim Träger zu keinen Krankheitssymptomen, also zu keiner Krankheit. Das Beispiel zeigt, wie schwierig selbst bei Kenntnis des genetischen Hintergrunds die klassische Krankheitsdefinition hinsichtlich der Ursache sein kann.

Als Folgerung ergibt sich für die praktische Medizin, in der Diagnosen mit weitreichenden Konsequenzen für den Betroffenen gestellt werden müssen, daß die stürmische Entwicklung der molekularbiologischen Diagnostik *(Gendiagnostik)* eine Ergänzung durch eine Untersuchung der Funktion übergeordneter Systeme von Organen und des Gesamtorganismus erfordert. Auf dieser Ebene muß geklärt werden, welche Folgen bei bestimmten Veränderungen des Genoms im Hinblick auf Gesundheit und Krankheit des Trägers auftreten. Nur aus der Vereinigung von Kenntnissen über die genetischen Bedingungen einer Krankheit einerseits und Auswirkungen auf den Gesamtorganismus andererseits kann der Arzt die Entscheidungen für sein Handeln (oder Nichthandeln) bei der Diagnostik und Therapie treffen und, nicht zuletzt, den betroffenen Kranken sachgerecht informieren und beraten. Die molekularbiologische Diagnostik bedarf ferner der Ergänzung durch epidemiologische Untersuchungen. Sie haben zwei Ziele: Sie sollen Umweltfaktoren als Krankheitsursache identifizieren, und sie sollen klären, welche Kombinationen von Genveränderungen und Umweltfaktoren einen Krankheitstyp oder dessen Subtypen definieren.

Therapie von Krankheiten

Ziel ärztlichen Handelns ist eine kausale Therapie, durch die nicht nur die Symptome, sondern die Ursache einer Krankheit beseitigt wird. Die Molekularbiologie hat die Möglichkeit eröffnet, genetische Veränderungen als Krankheitsursache oder -teilursache zu identifizieren. Durch die Verfahren der rekombinanten Gentechnologie können Nukleinsäuren an definierten Stellen «geschnitten» und neu kombiniert werden (vgl. S. 337 ff.). Dies hat rasch die Hoffnung geweckt, daß diese Verfahren zu therapeutischen Zwecken mit dem Ziel einer kausalen Therapie auf Genebene genutzt werden können. Die angestrebte *Gentherapie* kann definiert werden als Einführung von genetischem Material in Zellen des Menschen mit dem Ziel der Therapie oder Prophylaxe von Krankheiten.

Derzeit werden vier Strategien verfolgt:
– Gensubstitution
– Genaugmentation
– Blockierung der Genexpression
– DNA-Vaccinierung

Die *Gensubstitution* – Ersatz eines defekten Gens durch ein normales – bietet sich auf den ersten Blick als optimale Therapie für monogenetische Erbkrankheiten an. Die bisherigen experimentellen und klinischen Untersuchungen zeigen aber, daß selbst beim Gelingen der Genübertragung in die Zelle die Expression des transferierten Gens derzeit noch ungenügend und unkontrolliert ist. Die Genexpression unterliegt einer sehr komplexen Steuerung in der normalen Zelle, die bei dem artifiziell eingeführten Gen nicht wirksam ist.

Bei der *Genaugmentation* soll das zusätztlich eingeführte Gen die vermehrte Bildung von therapeutisch wirkenden Stoffen in der Zelle bewirken. Diese Strategie wurde bei der Tumortherapie erprobt, um z. B. Cytokine zur Destruktion der Tumorzellen vermehrt in Lymphozyten des Immunsystems (zytotoxische T-Lymphozyten s. S. 76) zu exprimieren. Ein anderer Ansatz bei der Tumortherapie ist die Einführung des Gens für ein Enzym, das die Umwandlung einer zugeführten nicht-toxischen in eine hochtoxische Substanz innerhalb der Zelle bewirkt, um dadurch eine Schädigung ausschließlich in den Tumorzellen zu bewirken.

Die Strategie der *Genblockade* wurde am eingehendsten untersucht. Die Blockade der Genexpression kann auf der DNA-Ebene durch Anlagerung eines DNA-Stranges an die Doppelhelix mit Bildung einer «Trippelhelix» erreicht werden. Auf der RNA-Ebene ist die Blockade durch Antisense-Nukleotide möglich. Es handelt sich dabei um kleine Oligonukleotide, die zur RNA, deren Translation blockiert werden soll, komplementär sind. Durch Anlagerung des Oligonukleotids an die «Ziel-RNA» unter Bildung eines RNA-Oligonukleotidhybrids wird die Translation verhindert. Ein weiteres Verfahren zur Genblockade auf RNA-Ebene ist der spezifische Abbau der RNA durch Ribozyme. Es handelt sich dabei um RNA-Konstrukte, die sich an eine spezifische Sequenz der RNA der Zielzellen anlagern und sie spalten. Die Wirksamkeit dieser Therapie ist in vitro und in Tierexperimenten bei Virusinfektionen gezeigt worden.

Die ungelösten Probleme technischer Art bei Anwendung dieser Verfahren betreffen vor allem die Einschleusung der Nukleinsäuren in bestimmte Zellen (Transfektion) und die gezielte Integration in das Genom der Zielzelle (vgl. dazu S. 363).

Die *DNA-Vaccinierung* ist erst in den letzten Jahren entwickelt worden. Dabei wird das Gen, dessen Expression in der Zielzelle erreicht werden soll, als «nackte» DNA direkt in den Skelettmuskel injiziert. Ein anderer Weg ist die Transfektion der DNA über einen retroviralen Vektor in isolierte, außerhalb des Organismus («ex vivo») kultivierte Muskelzellen (Myofibroblasten), die dann nach Vermehrung in den Muskel zurück injiziert werden. Die auf diesem Weg übertragene DNA kann im Muskel Proteine exprimieren, die in die Blutbahn abgegeben werden und eine Funktionsänderung in anderen Zellen, z.B. die Abwehr von körperfremden Zellen und Krankheitserregern bewirken.

Mögliche Wandlungen des ärztlichen Auftrages

Der Erfolg der Medizin im Hinblick auf die Gesellschaft wird an der Verlängerung der durchschnittlichen *Lebenserwartung* in dieser Population gemessen. Die Zunahme dieser Zeitspanne in den vergangenen 100 Jahren ist eindrucksvoll (Abb. 20). Sie ist neben der Verbesserung der hygienischen Verhältnisse und der sozialen Lebensbedingungen vor allem der Beherrschung von akuten Krankheiten durch die Medizin zuzuschreiben. Eine beträchtliche weitere Verlängerung der durchschnittlichen Lebenserwartung ist

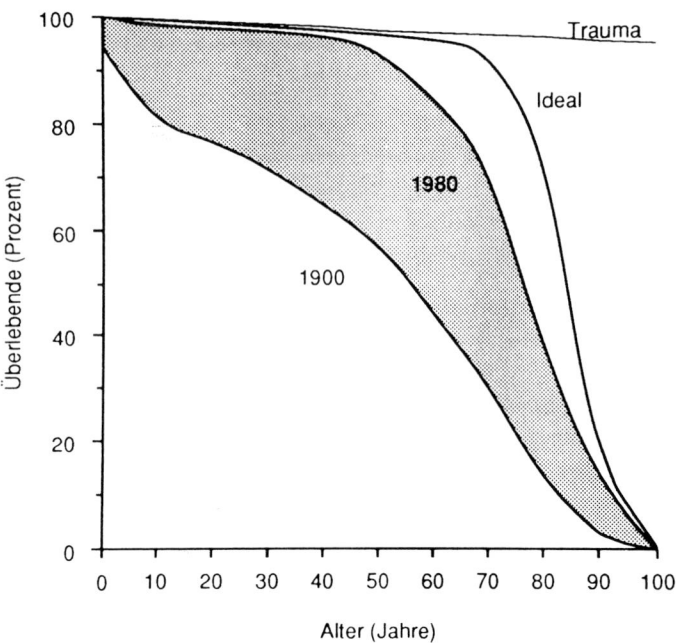

Abb. 20: Überlebenskurve der Bevölkerung in westlichen, industrialisierten Ländern für das Jahr 1900 und 1980. Die durchschnittliche Lebenserwartung nimmt für die Neugeborenen, aber auch in den mittleren Lebensabschnitten deutlich zu. Die Überlebenskurve nähert sich zunehmend der Idealkurve, bei der die Todesfälle vorwiegend in einer Altersspanne von 75–95 Jahren auftreten («Rektangularisierung» der Überlebenskurve).

aber mit hoher Wahrscheinlichkeit nicht erreichbar. Die Medizin stößt bei der Verfolgung dieses Zieles an ihre Grenzen, da die derzeit in Europa erreichte durchschnittliche Lebenserwartung wahrscheinlich sehr nahe an dem genetisch fixierten Grenzwert liegt.

Die bisher erreichte Verlängerung der durchschnittlichen Lebenserwartung durch die Medizin hat sich segensreich für viele Menschen ausgewirkt. Sie hat aber auch ihre negative Seite: Belastende Krankheiten treten mit zunehmendem Alter gehäuft auf. Es sind dies vor allem chronische Krankheiten wie die Arteriosklerose mit ihren Rückwirkungen auf Herz- und Gehirndurchblutung, rheumatische Krankheiten mit Beeinträchtigung der Bewegungsfähigkeit, Abbau der Knochensubstanz, verbunden mit schweren Schmerzen und Zwang zur Inaktivität, und bösartige Tumoren. Diese chronisch verlaufenden Krankheiten beginnen meist bereits im mittleren Lebensalter, sind aber zunächst symptomlos. Erst nach Jahren wird die Schwelle zur manifesten Krankheit überschritten. In dieser Phase ist die Krankheit nur begrenzt und nur symptomatisch therapierbar. Die Lebensspanne wird durch diese Krankheiten kaum beeinträchtigt, hingegen die «Lebensqualität» in hohem Maße reduziert.

Diese Situation stellt die Medizin vor neue Aufgaben. Eine *Früherkennung* dieser Krankheiten durch molekularbiologische Verfahren sollte eine früh einsetzende Therapie ermöglichen und dadurch das Fortschreiten der Krankheit verhindern oder verlangsamen. Dagegen ist es utopisch, die Blockierung der Vorgänge des Alterns oder gar ihre Umkehr durch gentechnologische Maßnahmen zu erhoffen. Altern ist ein Prozeß, der von vielen Faktoren, nicht nur genetischen, abhängt und der auch nicht auf ein Organ oder einen Zelltyp begrenzt ist, sondern alle Organe betrifft und in ihnen mit Veränderungen bis zu den Makromolekülen verbunden ist. Die Transplantation von Stammzellen oder die gentechnologische Augmentation von Wachstumsfaktoren kann die Regeneration einzelner Zellen stimulieren, aber nicht den Alterungsprozeß des Gesamtorganismus verlangsamen oder gar umkehren.

Eine Beeinflussung der *chronischen Krankheiten*, die erst im höheren Alter manifest werden und zu einer großen körperlichen und seelischen Belastung des Betroffenen führen können, ist dagegen ein realistisches Ziel künftiger Medizin. Dadurch würde zwar wahrscheinlich keine Verlängerung der Lebensspanne erreicht, aber die Beeinträchtigung der zweiten Lebenshälfte und der letzten Lebensspanne durch diese Krankheiten gemindert werden. Die Verlängerung der durchschnittlichen Lebenserwartung wäre dann nicht mehr der alleinige Maßstab des Erfolgs der Medizin, sondern ärztliches Handeln würde auch und vielleicht noch mehr daran gemessen werden, ob es das Leben der Menschen in der späteren Lebensspanne vor Krankheiten bewahren, also vermehrt *Lebensqualität* anstatt nur Lebenquantität vermitteln kann.

Tier und Mensch

Während die ersten entscheidenden Durchbrüche der Molekularbiologie in der Öffentlichkeit nur wenig beachtet wurden, hat die Ethologie, die Lehre vom Verhalten der Tiere, schon früh breites Interesse geweckt. Viele waren vormotiviert durch langjähriges, liebevolles Zusammenleben mit Hunden, Katzen, Hamstern oder Vögeln, deren Eigenarten sie durch ständige Beobachtung bestens kannten. Ein Besuch in einem Zoo galt seit jeher für Jung und Alt als besonderes Erlebnis. Kein Wunder also, daß die frühen Bücher von Konrad Lorenz («Er redete mit dem Vieh, den Vögeln und den Fischen», «So kam der Mensch auf den Hund») Bestseller waren.

Aber der Big Bang erfolgte erst 1963 mit dem Erscheinen eines weiteren Buches von Konrad Lorenz, jenem über «Das sogenannte Böse. Zur Naturgeschichte der Aggression». Schon zwei Jahre später hatte dieses Buch bereits 16 Auflagen erlebt. Hier wurde in sehr eingängiger Sprache dem Publikum gesagt, daß wir Menschen nicht nur die forschenden Subjekte, sondern durchaus auch Objekte einer vergleichenden Verhaltensforschung sein können, ja sollen und müssen. Das Ärgernis, das schon Charles Darwin erregt hatte, war damit auf die Spitze getrieben. Dies übrigens auch innerhalb der hehren Wissenschaft. Denn Psychologen und Soziologen waren seit langem bemüht gewesen zu zeigen, daß die Genetik (*nature*) hinsichtlich des Sozialverhaltens, der Intelligenz und besonderer Fähigkeiten oder Schwächen eines Menschen nichts zu melden habe; daß vielmehr alles auf Erziehung und soziale Umwelt, das Milieu (*nurture*) ankomme. Für die Behavioristen, die diese Ansicht verfochten, war es so etwas wie ein zentrales Dogma, daß Genetik für die Verhaltensentwicklung beim Menschen ohne Bedeutung sei. Dem nun widersprach sehr engagiert und publikumswirksam Konrad Lorenz, nachdem schon drei Jahre zuvor J. L. Fuller und W. R. Thompson in ihrem Werk «Behaviour Genetics» die Evidenzen für genetische Einflüsse auf Verhalten für die Fachwelt zusammengefaßt hatten.

Nach und nach wurde freilich immer klarer, daß der zunächst sehr hitzigen «Nature/nurture-Kontroverse» – Verhalten ist entweder ererbt oder erlernt – gar keine echte Alternative entspricht. Statt des harten Entweder-Oder gilt auch hier, einmal mehr, ein versöhnlicheres Sowohl-Als auch: Menschliches Verhalten ist teils angeboren, teils erlernt. Mit dieser Einsicht ist die Verhaltensbiologie insgesamt in ruhigeres Fahrwasser gekommen. Sie ist hierüber aber nicht etwa weniger rührig geworden. Nach wie vor fördern Studien über besondere Verhaltensweisen bei Nahrungserwerb und Feindvermeidung, über das Fortpflanzungs- und Sozialverhalten und alle Formen der Kommunikation wesentliche Einsichten, die immer wieder auch uns Menschen mit betreffen können. Daß selbst altruistisches Verhalten im Rahmen der Selektionstheorie verstanden werden kann, vermochte die vieldiskutierte Soziobiologie zu zeigen. Bei alledem hat man auch immer besser gelernt, gefährliche Biologismen, d.h. die unkritische und dann irreführende Übertragung biologischer Einsichten in die Anthropologie, zu vermeiden.

Fragen und Ziele der Verhaltensbiologie

Von Barbara König

Sehr viele Menschen empfinden es als bereichernd oder erholsam, das Verhalten von Tieren zu beobachten, sei es in freier Natur oder in Zoologischen Gärten, in Filmdokumentationen oder während des Zusammenlebens mit Haustieren. Schon unsere Vorfahren haben zweifellos vor etlichen hunderttausend, sogar Millionen Jahren ihre Mitlebewesen sehr genau beobachtet und studiert, aus ganz praktischen Gründen, da für ihr Wohlergehen und Überleben gute Kenntnisse des Verhaltens von Tieren hilfreich und wichtig waren. Zu wissen, wo sich ein bestimmtes Nahrungs- oder Beutetier aufhält und wie man es am besten finden, sammeln oder überwältigen kann oder ebenso, wie man einem bestimmten Freßfeind am besten ausweichen oder ihn abwehren kann, war sicherlich von großem Vorteil für das eigene Überleben. Ohne gute Verhaltenskenntnisse wäre auch nicht die erfolgreiche Domestikation zahlreicher Tierarten gelungen, die bereits vor vermutlich einigen 10 000 Jahren eingesetzt hat. Ebenso ziehen wir heute noch aus Verhaltensbeobachtungen zahlreichen praktischen Nutzen: Kenntnis des Verhaltens von Schädlingen, wie vielen Insekten, ermöglicht es uns, deren Populationswachstum in Grenzen zu halten, wir nutzen Verhaltensänderungen von Organismen als Indikator für Umweltbedingungen, und nicht zuletzt nutzen wir weiterhin eine Vielzahl von Organismen für unsere eigenen Bedürfnisse, als Produzenten von Nahrung, von Medizin oder Materialien wie Wolle, Leder oder Dünger.

In wissenschaftlicher Hinsicht besteht heute die besondere Herausforderung darin, übergreifende Konzepte und Erklärungsansätze für die immense Vielfalt von Verhalten zu finden, die im Tierreich beobachtet werden kann.

Verhalten im evolutionsbiologischen Kontext

Umgangssprachlich wird «Verhalten» sehr weit verwendet: Käufer verhalten sich im Sommerschlußverkauf, die Aktienkurse verhalten sich an der Börse, Planeten verhalten sich im Sonnensystem usw. In der Biologie ist «Verhalten» aber an lebendige Organismen gebunden, und ihm wird eine Eigenleistung unterstellt, eine selbstbezogene Funktionalität. Das Interesse gilt also Eigenleistungen oder Eigenbewegungen eines aktiv agierenden oder reagierenden Individuums, für das die als «Verhalten» zu bezeichnende Veränderung, Bewegung, Haltung oder Äußerung eine bestimmte Funktion, einen Zweck oder eine Bedeutung erfüllt. Für einen fallenden Stein hat dieses Herunterfallen keine selbstbezogene Funktion, sehr wohl aber für eine Zecke, die sich an einem Grashalm sitzend fallen läßt, wenn sie ein vorbeilaufendes Säugetier wahrnimmt. Rein passive Bewegungen oder Veränderungen wie das Flattern einer Pferdemähne im Wind fallen demnach nicht unter das Verhaltenskonzept.

Dies soll aber nicht bedeuten, daß Verhalten nur auf sichtbare Bewegungen oder Veränderungen eines Organismus begrenzt ist. Auch das regungslose Verharren einer Katze auf einer Wiese oder das starre Hängen einer Fledermaus im Winterquartier fällt unter die Kategorie Verhalten, da diese Tätigkeiten eine Funktion für den jeweiligen Organismus erfüllen. Die Katze lauert auf Beute, und die Fledermaus spart durch drastisches Herabsenken ihres Stoffwechsels Energie zu einer Jahreszeit, in der ihre Nahrung (hauptsächlich Insekten) nicht verfügbar ist.

Ziel der Verhaltensbiologie ist, tierisches und auch menschliches Verhalten aus biologischer Sicht und mit biologischen Methoden zu analysieren. Die Begründer oder Väter der heutigen Verhaltensforschung sind Konrad Lorenz und Niko Tinbergen, die 1973 zusammen mit Karl von Frisch den Nobelpreis für ihre Pionierarbeiten bekommen haben. In den 30er Jahren haben sie das von ihnen begründete Arbeitsgebiet *Ethologie* genannt, die Lehre vom tierischen Verhalten, wobei von Anfang an zwei grundlegende Konzepte im Zentrum des Arbeitsgebietes standen.

Das erste war und ist die auf Charles Darwin zurückgehende Grundannahme, daß Verhalten ebenso wie anatomische, morphologische oder physiologische Merkmale eines Organismus das Ergebnis des Prozesses der Evolution ist, hauptsächlich durch den Mechanismus der natürlichen Selektion. Konrad Lorenz hat aus diesem Grund den Artenvergleich – ähnlich wie in der vergleichenden Morphologie – stark betont und die Ethologie häufig als «Vergleichende Verhaltensforschung» bezeichnet. Zweitens waren diese klassischen Ethologen überzeugt, daß zum Verständnis des Verhaltens einer Tierart die umfassende Beschreibung unter möglichst natürlichen Umständen nötig sei. Lorenz hat sich dabei häufig auf handaufgezogene Tiere unter halbnatürlichen Bedingungen

konzentriert, und Tinbergen war der Pionier, der seine Beobachtungen und auch Experimente fast ausschließlich im Freiland
durchführte.

Die moderne Verhaltensbiologie geht nach wie vor davon aus,
daß ein Organismus durch sein Verhalten an die Umwelt, in der er
lebt, angepaßt ist, daß Verhalten im evolutionsbiologischen Sinne
adaptiv ist. In der Tat ist das Verhalten von Tieren nicht nur eine
Form der Anpassung unter anderen, sondern durch das Verhalten
werden alle anderen Anpassungsmerkmale überhaupt erst wirksam. In ihm erweist sich, wie gut ein Lebewesen an seine spezifische Umwelt angepaßt ist. Da sich Verhalten – anders als sonstige
körperliche Merkmale – rasch und vielseitig auf neue Gegebenheiten einstellen läßt, erlaubt es eine äußerst sensible Reaktion auf
Veränderungen der Außenbedingungen.

Die «Güte» der Anpassung wird daran gemessen, wie groß der
Überlebens- und Fortpflanzungserfolg des Trägers einer bestimmten Eigenschaft im Vergleich zu Wettbewerbern mit anderen
Eigenschaften ist. Nicht nur der Überlebenskampf eines Tieres ist
also wichtig, d. h. die Art und Weise, wie es Nahrungsquellen findet und ausnutzt, wie es Freßfeinden und Krankheitserregern ent-
geht. Maßgebend ist vielmehr, wie das Verhalten zum Fortpflanzungserfolg, zur Gesamtanzahl der im Laufe des Lebens produzierten Nachkommen beiträgt. Ist dieser Erfolg größer als der
anderer Artgenossen, die das Verhalten nicht zeigen, sonst aber
unter denselben Umweltbedingungen leben, so hat das Individuum
eine hohe *biologische Fitness*, die Anlagen für das genetisch bedingte Merkmal breiten sich in der Population aus. Durch natürliche
Selektion werden demnach im Laufe der Evolution genetische
Anlagen ausgelesen, die bestimmtes, unweltangepaßtes Verhalten
ausprägen (für eine ausführliche Diskussion dieses Konzeptes siehe
das Kapitel von Wolfgang Wieser, S. 21 ff.).

Unterschiedliche Analyseebenen von Verhalten

In der Verhaltensbiologie kommt demnach der Frage nach der
letztendlichen Funktion oder den *ultimaten Ursachen* eines Verhaltens große Bedeutung zu. Wie trägt ein bestimmtes Verhalten dazu
bei, daß der Träger dieser Eigenschaft besser überlebt oder sich
besser fortpflanzen kann in seiner derzeitigen physikalischen und
sozialen Umwelt? Wie trägt es zur Steigerung der biologischen

Fitness eines Organismus bei, oder, in anderen Worten, worin besteht der Anpassungswert eines Verhaltens?

Zum Verständnis eines Verhaltens ist es aber weiterhin nötig, seine unmittelbaren, *proximaten Mechanismen* zu klären. Wie funktioniert es? Wie rufen innere und äußere Faktoren ein bestimmtes Verhalten hervor, und wie wird es zumindest kurzfristig kontrolliert? Hier wird beispielsweise untersucht, welche Reize ein Verhalten auslösen und durch welche zugrundeliegenden neuronalen, physiologischen oder hormonellen Mechanismen es reguliert wird.

Ergänzt werden diese beiden Ansätze der Verhaltensanalyse durch Fragen nach der Entwicklung einerseits und der Evolution eines Verhaltens andererseits. Fragen nach der Entwicklung oder *Ontogenie* beziehen sich darauf, wie ein bestimmtes Verhalten im Laufe des Lebens eines Organismus entsteht, wie seine Entwicklung zustande kommt. Welche inneren und äußeren Faktoren haben einen Einfluß darauf, wie es sich im Laufe des Lebens entwickelt, und wie funktionieren diese Entwicklungsprozesse? Die Evolution oder *Phylogenie* eines Verhaltens steht im Mittelpunkt des Interesses, wenn analysiert wird, wie das Verhalten im Laufe der Entwicklung der Art entstanden ist, welche Faktoren es vermutlich über die evolutive Zeit beeinflußt haben. Die letztgestellte Frage wird häufig dadurch untersucht, daß stammesgeschichtlich nahe verwandte und/oder weiter entfernt verwandte Arten verglichen werden. Dies ist der Grund, warum Konrad Lorenz so sehr die vergleichende Verhaltensforschung betont hat, da er – zu Recht – der Meinung war, durch den Vergleich zwischen Arten etwas über die Evolution eines Verhaltens lernen zu können. Wenn beispielsweise eine bestimmte Komponente des Balzverhaltens von Entenvögeln bei vielen Entenarten vorkommt, dann ist dies ein Hinweis darauf, daß es sich um ein ursprüngliches, primitives Merkmal handelt, das schon bei dem gemeinsamen Vorfahren dieser Arten vorhanden war. Ein Verhalten, das nur bei einer Art auftritt, ist dagegen mit großer Wahrscheinlichkeit als abgeleitetes Verhalten erst bei dieser Art, vor vergleichsweise junger Zeit entstanden und stellt vermutlich eine Anpassung an spezielle Bedingungen dar.

Wenn häufig die letztendlichen Ursachen von Verhalten in den Vordergrund gestellt werden, dann nicht deshalb, weil die unmittelbaren Mechanismen unwichtig wären, sondern weil sich der Ansatz, der nach dem Anpassungswert fragt, besser eignet, Verhalten übergreifend erklären und damit verstehen zu können.

Die genetische Grundlage von Verhalten

Grundvoraussetzung für die heutige evolutive Betrachtung von Verhalten ist, daß es eine genetische Grundlage hat. Verhaltensunterschiede zwischen Individuen müssen auf unterschiedlichen genetischen Anlagen beruhen, damit natürliche Selektion angreifen kann. Historisch betrachtet wurde – und wird teilweise immer noch – diese Sicht sehr kontrovers diskutiert.

In den 20er bis 60er Jahren war hauptsächlich in Amerika die Schule des *Behaviorismus* stark vertreten, nach deren Überzeugung Genetik zur Verhaltensentwicklung irrelevant ist und Unterschiede im Verhalten ausschließlich durch Umwelteinflüsse hervorgerufen werden. Erst das durch Lorenz und Tinbergen begründete Arbeitsgebiet der Ethologie stellte eine Alternative zu diesem Konzept der Verhaltensforschung dar.

Aus heutiger Sicht ist eine Dichotomisierung zwischen Einfluß von Genen (*nature*) versus Umwelt (*nurture*) falsch und auch irreführend. Genotyp und Umwelt sind beide zur Verhaltensentwicklung wichtig, weil beide unentbehrlich sind. Es gibt kein Verhalten, für dessen Entwicklung Gene keine Rolle spielen, und umgekehrt gibt es wohl auch kaum ein Verhalten, das nicht durch Umweltfaktoren beeinflußt wird. Da Gene wohl kaum ausreichend detaillierte Instruktionen für einen Verhaltensaspekt enthalten, ist auch die Vorstellung von genetischem Determinismus in diesem Zusammenhang nicht berechtigt. Gene können den Prozeß der Entwicklung eines Verhaltens sicherlich in vielerlei Weise beeinflussen, aber gleichzeitig werden diese Prozesse auch durch die Umwelt beeinflußt.

Ein Begriffspaar, welches an diese *Gene-versus-Umwelt-Debatte* erinnert, ist «angeboren» versus «erlernt». Die frühen Ethologen haben die Begiffe «angeboren» (oder auch instinktiv) und «erlernt» tatsächlich anders verwendet bzw. verstanden, als es heute der Fall ist. Sie haben mit dieser traditionellen Kategorisierung auf die Unterschiede im unmittelbaren Mechanismus hingewiesen, den sie hinter den verschiedenen Verhaltensweisen vermuteten. Angeborene Verhaltensweisen, oder Instinkte, waren ihrer Meinung nach genetisch kontrolliert oder genetisch determiniert. Von gelerntem Verhalten (oder vom Lernen) glaubte man, daß es weitgehend auf Erfahrung beruht, also durch die Umwelt beeinflußt wird.

Die Vorstellung, daß angeborenes Verhalten gleichbedeutend

mit genetischem Determinismus sei, ist allerdings, wie bereits festgestellt, falsch. Jegliches Verhalten ergibt sich aus einer Wechselwirkung zwischen genetisch bedingten und umweltabhängigen Faktoren. Die Einflüsse von Erbe und Umwelt wirken während der Entwicklung des Nervensystems und des Hormonsystems zusammen. Es ist daher nicht gerechtfertigt, Verhalten in genetisch kontrollierte (oder determinierte) und umweltabhängige Verhaltensweisen zu unterteilen.

Zweifellos gibt es aber Verhaltensweisen, die kaum durch spezifische Erfahrungen oder Umwelteinflüsse modifiziert werden. Sie beruhen nicht auf individuellem Lernen und sind voll funktionsfähig, wenn sie zum ersten Mal ausgeführt werden. Ihre Anpassung an die Umwelt ist evolutiven Ursprungs. Ein derartiges Verhalten wird heute als angeboren oder als *Instinkt*(-handlung) bezeichnet. Es ist typisch für eine Art (es tritt bei so gut wie allen Artgenossen zumindest innerhalb einer Population auf), und ebenso typischerweise wird das Verhalten durch einen meist recht einfachen, sehr spezifischen Reiz (einen *Schlüsselreiz*) ausgelöst.

Ein Beispiel für solch ein angeborenes Verhalten beim Menschen ist das Gähnen, das ebenfalls als Auslöser fungiert. Gähnen erfolgt bei verschiedenen Personen stets sehr ähnlich, dauert etwa sechs Sekunden, kann kaum mitten in der Ausführung unterbrochen werden und ist ansteckend: es löst bei anderen, die jemanden gähnen sehen oder sogar nur hören, ebenfalls ein Gähnen aus.

Viel häufiger ist aber zu beobachten, daß ein Organismus Information aus seiner Umwelt aufnimmt, speichert und zu einem späteren Zeitpunkt wieder verwendet. Erfahrung hat sein zukünftiges Verhalten beeinflußt und modifiziert. Ein derartiges Phänomen wird in der Verhaltensforschung als *Lernen* bezeichnet. Historisch betrachtet ist es interessant, daß über viele Jahrzehnte hinweg das Verständnis von Lernen das Hauptziel von Psychologen war, die Ethologen sich statt dessen überwiegend mit instinktivem Verhalten beschäftigt haben.

Lernen als Anpassung

Lernen, das mehr oder weniger dauerhafte Verändern eines Verhaltens als Folge bestimmter Erfahrungen, spielt bei der Anpassung vieler Tiere und des Menschen an die jeweilige Umwelt eine sehr wichtige Rolle. Lernprozesse kommen schon bei sehr einfachen Organismen vor, die Lernformen werden aber mit der Höherentwicklung immer komplizierter und vielseitiger. Mit zunehmender Komplexität der Lebensformen werden auch die erforderlichen Anpassungen immer differenzierter, und es ist leicht einzusehen, daß jetzt ein Individuum einen Vorteil haben sollte, das viele Kenntnisse über seine Umwelt und seine eigenen Verhaltensmöglichkeiten im Laufe seines Lebens erwerben kann. Lernen beinhaltet den großen Vorteil gegenüber dem zuvor definierten angeborenen Verhalten, daß ein Organismus wesentlich mehr Möglichkeiten hat, sein Verhalten an sich individuell ändernde Umstände anzupassen. Bei den hochentwickelten, langlebigen, sehr häufig sozialen Organismen gewinnt individuelles Lernen bei der Bewältigung der recht komplexen ökologischen und sozialen Umweltbedingungen immer mehr an Bedeutung. Beim Menschen ermöglicht unsere ungemein stark ausgeprägte Lernfähigkeit, inklusive Nachahmungslernen und anderer kognitiver, bewußter Lernformen, die Weitergabe von individuellem Wissen oder Erfahrung an die nachfolgende Generation: eine wesentliche Voraussetzung für die Ausbildung von Traditionen und Kultur, ohne die wir nicht denkbar wären.

Demnach sollten wir erwarten, daß durch natürliche Selektion als Anpassung an die vorherrschenden Umweltbedingungen artspezifische Lerndispositionen gefördert werden. Wir stellen auch tatsächlich häufig fest, daß Tiere manche Assoziationen leicht lernen, andere kaum oder gar nicht, und am leichtesten lernen sie Reaktionen, die Teil ihres natürlichen Verhaltens auf solch einen Reiz hin sind.

Bei Ratten sind solche Lerndispositionen gut untersucht. Wilde Ratten ernähren sich unter natürlichen Umständen von einer Vielzahl unterschiedlicher Nahrungsquellen. Wenn sie in ihrem Territorium oder Lebensraum auf eine neue, bisher unbekannte Nahrung stoßen, dann fressen sie zuerst nur ein kleines Stück davon. Stellt sich die Nahrung als eßbar heraus, d.h., geht es der Ratte weiterhin gut und wird ihr nicht schlecht, dann ißt sie am nächsten Tag etwas mehr, bis sie diese Nahrung schließlich in ihr normales Eßrepertoire aufnimmt. Ist die Nahrung dagegen giftig und ungenießbar und überlebt das Tier – weil es ja zuerst nur ein sehr kleines Stück davon gegessen hat –, dann wird es in Zukunft diese Nahrung vollständig vermeiden. Ein derartiges Verhalten ist adaptiv und erklärt auch, warum es so schwierig ist, wilde Ratten in menschlichen Behausungen zu vergiften. Um dennoch irgendwelcher Rattenplagen Herr zu werden, wurde Rattengift entwickelt, das erst vergleichsweise lange Zeit nach dem Genuß seine giftige Wirkung entfaltet, so daß die Tiere keine Assoziation zwischen der Nahrung und der giftigen Wirkung lernen.

Ratten sind jedoch, wie in Laborversuchen gezeigt werden konnte, nicht in der Lage, Übelkeit mit einem Geräusch zu assoziieren, sie lernen aber sehr schnell, Geräusche mit einem Strafreiz (wie einem leichten elektrischen Schlag) zu verbinden, und zeigen auch eine adäquate Reaktion, diesen Strafreiz nach Wahrnehmung des Geräuschs zu vermeiden, sie rennen weg. Im Gegensatz dazu lernen sie jedoch leicht, Übelkeit mit einem bestimmten Geschmack zu assoziieren. Die Assoziation zwischen Geschmack und Strafreiz fällt ihnen dagegen wieder schwer. Die Art der Reize und der Folgen ist entscheidend dafür, ob eine Ratte lernen kann, ihr Freß- und Trinkverhalten zu modifizieren.

Die *Lernfähigkeit* einer Art ist demnach das Ergebnis evolutiver Anpassung, auch mit der Folge, daß Lernen keineswegs so flexibel ist, wie man sich das manchmal vorstellt. Genetische Programme disponieren eine Tierart zu bestimmten Lernprozessen, und die Umwelteinflüsse realisieren dann das Programm. Solche speziellen Lerndispositionen habe sich wohl deshalb entwickelt, weil diese Eigenschaften das Risiko vermindern, daß ein Organismus etwas Falsches oder unwichtige Information lernt. Aus evolutionsbiologischer Sicht gibt es demnach einen Zusammenhang zwischen der Ökologie einer Art und dem, was ein Tier leicht (bzw. nicht) lernt. Die eigentümlichen Regeln, nach denen Ratten im Labor lernen, machen unter Berücksichtigung ihres Verhaltens unter natürlichen Bedingungen guten Sinn. Der Anpassungswert des Lernens besteht also darin, daß durch natürliche Selektion Lernfähigkeiten gefördert werden, die geeignet sind, bestimmte ökologische Probleme zu lösen.

Motivation als richtunggebender Faktor für ein Verhalten

Kaum ein Organismus lebt in einer stabilen Umwelt, sondern er ist Änderungen oder Schwankungen der äußeren Bedingungen und auch der Verfügbarkeit von lebensnotwendigen Stoffen ausgesetzt, seien es jahres- oder tageszeitliche Schwankungen bis hin zu noch kurzfristigeren Änderungen, beispielsweise der Temperatur oder der Nahrungsverfügbarkeit. Es muß demnach über die bisher diskutierten Konzepte hinaus weitere Faktoren geben, die bestimmte Verhaltensweisen aktivieren oder die richtunggebend für ein Verhalten sind, so daß derartige Schwankungen ausgeglichen werden können.

Nehmen wir beispielsweise das Nahrungsaufnahmeverhalten. Trotz eines typischerweise nicht ständig und auch nicht in immer gleicher Verfügbarkeit und Zusammensetzung vorhandenen Nahrungsangebots, trotz unregelmäßiger Zufuhr und trotz ständigen Energieverbrauchs durch den Organismus selber muß es Faktoren geben, die es dem Individuum ermöglichen, seinen energetischen Zustand einigermaßen stabil oder konstant zu halten. Konstanz ist wichtig, um in einer variablen Umwelt einen internen Gleichgewichtszustand zu erhalten, und sie stellt auch besondere Verhaltensanforderungen an ein Tier. Der Organismus muß nämlich Information über seinen inneren Zustand haben, um dann diesem entsprechend angepaßt auf einen äußeren Umweltreiz reagieren oder sich verhalten zu können.

In vielen Situationen kann festgestellt werden, daß die Stärke einer Verhaltensreaktion nicht nur vom Schlüsselreiz abhängig ist, sondern auch vom inneren Zustand des Tieres, ein Phänomen, das als Handlungsbereitschaft oder *Motivation* bezeichnet wird. Für einen Organismus ist es kaum fitnessfördernd, bestimmte Verhaltensweisen in zufälliger Folge oder immer in Reaktion auf einen Auslöser zu zeigen, sondern es kommt darauf an, das richtige Verhalten zum richtigen Zeitpunkt zu zeigen. Ein deutlicher Hinweis auf Motivationsunterschiede sind Beobachtungen, die sicherlich schon viele Haustierbesitzer gemacht haben. Eine hungrige Katze wird kaum wählerisch sein in bezug darauf, was sie frißt, eine nicht hungrige Katze kann dagegen nur mit irgendwelchen Leckerbissen zum Fressen bewegt werden. Ohne daß sich die Umwelt geändert hat, gibt es drastische Unterschiede im inneren Zustand des Tieres, abhängig von seiner Motivation zu fressen.

Konrad Lorenz hat als erster ein Modell formuliert, um das Phänomen der Handlungsbereitschaft oder Motivation zu erklären. Dieses psychohydraulische Motivationsmodell hat sich jedoch als falsch herausgestellt, da sich lebende Tiere nicht entsprechend verhalten. In dem Lorenzschen Modell fehlt nämlich ein spezielles Merkmal, das für viele Verhaltensaspekte wichtig ist, eine Rückkopplung oder ein «Feedback» aus der Umwelt als Ergebnis der vorherigen Handlung.

Solche *Rückkopplungseffekte* wurden seit den 70er Jahren in sogenannte homöostatische Modelle eingebaut. Diese Modellvorstellung von Motivation gründet auf einem einfachen Rückkopplungsprinzip, vergleichbar einem Vorgang der Regulation der Temperatur in einer Wohnung mit Hilfe eines Thermostaten. Das Prinzip dieser kybernetischen Betrachtung ist allerdings immer noch nicht befriedigend, und es wäre falsch, sich Organismen als einfache Thermostaten vorzustellen, die ein Verhalten an- oder abschalten, wenn immer sie sich in einem bestimmten Zustand befinden.

So wurde für Ratten gezeigt, daß diese bereits in Erwartung eines Wasserdefizits trinken, trockenes Futter macht sie durstig. Sie trinken nicht als Folge von Durst, sondern bereits vorher und kommen somit der dehydrierenden Wirkung der Nahrungsaufnahme zuvor. Derartige *Vorwärtskopplung* («Feedforward») gibt es auch bei der Thermoregulation (der Regulation der Körpertemperatur), die häufig mit Wasserverlust verbunden ist. Auch hier trinken viele Tiere nicht als Reaktion auf durch Hitze induzierte Austrocknung, sondern bereits vorher und haben dann Wasser zur Thermoregulation zur Verfügung. Solche Vorwärtsregulation ist biologisch oft sinnvoll.

Ein Organismus muß sein Flüssigkeitsvolumen und die Konzentration seiner Körperflüssigkeit konstant halten, trotz ständiger Wasserverluste durch Urinabgabe oder Schweiß und auch trotz schwankender Umgebungstemperatur, Nahrungszusammensetzung und Wasserverfügbarkeit in der Umgebung. Problematisch ist hier die Zeitverzögerung zwischen dem Verhalten (Trinken) und dem schließlich angestrebten Effekt auf die Körperflüssigkeit. Würde ein Tier so lange trinken, bis seine zuvor dehydrierten Zellen wieder völlig rehydriert wären, würde es aufgrund der zeitlichen Verzögerung im Eintreten des Effektes viel zu viel trinken und müßte dann dieses Wasser auf einem anderen, energieaufwendigen Weg wieder ausscheiden. Ein einfacher Rückkopplungsmechanismus erscheint hier nicht sinnvoll. Menschen, die 24 Stunden nichts trinken durften, nehmen z. B. innerhalb von 2,5 Minuten die Wassermenge auf, die sie zum Ausgleich ihres Körperflüssigkeitsvolumens brauchen, obwohl Änderungen in der Konzentration des Blutplasmas erst nach 7,5 Minuten festgestellt werden können und ein ausgeglichener Zustand sogar erst 12,5 Minuten nach Beginn des Trinkens erreicht ist. Offensichtlich gibt es Mechanismen, die über eine einfache Homöostase-Regulation hinausgehen, die wahrnehmen können, daß Wasser aufgenommen wurde, bevor die physiologischen Folgen des Trinkens spürbar wurden.

Neben diesen Regulationsmechanismen kann noch eine viel weitergehende adaptive Kontrolle des Verhaltens beobachtet werden, bei der vermutlich keine speziellen Organe beteiligt sind. Ratten, die über längere Zeit eine Vitaminmangeldiät bekamen, sind in der Lage, unter verschiedenen Nahrungsangeboten das Futter auszuwählen, welches das zuvor fehlende Vitamin enthält, obwohl sie das Vorhandensein der Vitamine in der Nahrung nicht schmecken oder riechen können. Sie sind offensichtlich in der Lage zu lernen, nach welchem Futter es ihnen besser geht (zuvor wurde ja schon erläutert, daß sie sehr schnell lernen können, Nahrung zu vermeiden, nach deren Konsum es ihnen schlechtgeht). Tiere in einem Mangelzustand probieren auch ein größeres Nahrungsspektrum aus als Artgenossen, die adäquat ernährt wurden, und lernen dann schnell, die für sie geeignete Nahrung auszuwählen. Die Untersuchungen sprechen dafür, daß dieses Lernen nicht auf der Wahrnehmung bestimmter Mangelerscheinungen beruht, sondern auf der allgemeinen Wahrnehmung von gesund versus krank, oder Sich-gut-Fühlen versus Sich-schlecht-Fühlen (für eine ausführliche Darstellung siehe McFarland 1989).

Hier wird auch der enge *Zusammenhang zwischen Motivation und Emotion* deutlich. Persönlich können wir gut nachvollziehen, daß die Tatsache, ob ein durch einen bestimmten Motivationszustand angestrebtes Verhalten ausgeführt werden kann oder nicht, einen dramatischen Einfluß auf unsere Gefühle haben kann: Wenn ja, fühlen wir uns wohl, sind zufrieden; wenn nein, fühlen wir uns unwohl, sind frustriert. Ob Tiere subjektiv Vergleichbares empfinden, ist schwer zu entscheiden, auch wenn ihr Verhalten in einer entsprechenden Situation ohne Schwierigkeiten als Sichwohlfühlen bzw. als Frustriertsein interpretiert werden kann. Das zuletzt geschilderte Experiment mit den mangelernährten Ratten zeigt aber, daß Tiere einen Zustand des Wohlergehens oder des Gesundseins anstreben und zu halten versuchen, wobei auch situationsbezogenes Lernen bei der Etablierung dieses Zustandes eine Rolle spielt.

Um derart komplexe Aspekte der Verhaltenskontrolle quantitativ beschreiben zu können, reicht ein traditionelles kybernetisches, homöostatisches Motivationsmodell nicht aus. Aus diesem Grund haben Verhaltensforscher und Psychologen in den vergangenen 10–20 Jahren zunehmend auf die von Ingenieurwissenschaftlern verwendeten Techniken der *Kontrollsystem-Theorie* zurückgegriffen. Ingenieure verwenden diese Theorie, um sehr komplizierte Maschinen zu beschreiben und zu analysieren. Das Prinzip dieser Modelle beruht darauf, verschiedene Systemkomponenten zueinander in kontrollierende oder regulierende Beziehung zu setzen, so daß verschiedene Faktoren zu einer Verhaltensinitiierung oder -änderung beitragen, unter Beteiligung von sowohl Rück- als auch Vorwärtskopplung.

Homöostase, das Beibehalten eines inneren Zustandes, ist sehr wichtig für Organismen, die unter variablen Umweltbedingungen leben. Diese Homöostase wird über das Verhalten erreicht, wobei man die Zustandsvariable, welche die Auslösbarkeit und die Intensität eines Verhaltens modifiziert, als Motivation bezeichnet. Das Verhalten paßt das Tier an seine Umwelt an, wobei der jeweilige Sollwert, dessen Einhaltung angestrebt wird, dem Organismus unter den vorherrschenden Umweltbedingungen die bestmöglichen Überlebens- und Fortpflanzungsmöglichkeiten gewährleistet. Unter den Umweltbedingungen, unter denen ein Organismus selektiert wurde, bewirkt diese Regulation und Kontrolle ein Ausschalten von schädigenden Einflüssen und ein Suchen nach wohltuenden Stoffen oder Zuständen, welche die biologische Fitness eines Individuums fördern.

Paarungsverhalten und evolutiver Konflikt zwischen den Geschlechtern

Mit dem Anpassungskonzept lassen sich auch weitaus komplexer erscheinende Verhaltensweisen analysieren, wie beispielsweise das Paarungssystem einer Art. Sehr aufschlußreich in dieser Hinsicht ist das Verhalten eines kleinen, relativ unauffälligen Singvogels, der Heckenbraunelle *(Prunella modularis)*. Bei Heckenbraunellen treten während der Brutsaison verschiedene Paarungsstrukturen auf. Es gibt monogame Paare mit überlappenden Territorien von einem Weibchen und einem Männchen, polygyne Trios, bei denen ein Männchen alleinigen Paarungszugang zu zwei Weibchen mit benachbarten Territorien hat, polyandrische Trios, in denen zwei Männchen im Territorium eines Weibchens leben (unter den Männchen kommt es zur Ausbildung einer Rangordnung, beide kopulieren aber mit dem Weibchen), und schließlich polygynandrische Gruppen, in denen die Territorien mehrerer Männchen mit denen von mehreren Weibchen überlappen.

Der Engländer Nick Davies hat zusammen mit seinen Mitarbei-

tern im Botanischen Garten von Cambridge den Fortpflanzungserfolg individueller Vögel pro Saison in diesen unterschiedlichen
Paarungssystemen analysiert. In einer monogamen Einheit zog ein
Weibchen genau wie ein Männchen im Mittel erfolgreich 5 Junge
auf (die Männchen beteiligen sich an der Fütterung und Aufzucht
der Jungen). In einem polygynen Trio kam jedes Weibchen nur auf
einen Fortpflanzungserfolg von 3,8 Jungen, das Männchen dagegen auf 7,6. Hier wird die Fütterleistung des Männchens auf zwei
Nester verteilt. In einem polyandrischen Trio konnte das Weibchen aufgrund der Hilfe von zwei fütternden Vätern erfolgreich
6,7 Nachkommen aufziehen, das dominante Männchen 3,7 und
das untergeordnete Männchen nur 3,0.

Unter den Männchen und Weibchen sollte es demnach einen
Konflikt über das Paarungssystem geben, in dem ein Individuum
den höchsten Fortpflanzungserfolg erzielt, und das Verhalten der
Tiere spiegelt diesen evolutiven Konflikt wider. Entsprechend der
hypothetischen Erwartung, daß für ein Weibchen eine polygyne
Beziehung am schlechtesten sein sollte, versucht ein Weibchen in
solchen Gruppen das andere zu verjagen, um das Männchen für
sich allein zu haben; und monogame Weibchen versuchen mit
fremden Männchen zu kopulieren, um diese zum Bleiben und
Helfen zu veranlassen, was jedoch das dominante Männchen zu
verhindern sucht. Manchmal gelingt es einem Männchen nicht, ein
anderes Männchen aus den Territorien zweier Weibchen zu ver-
treiben, und keinem der Weibchen gelingt es, das andere zu verjagen, so daß es zur Bildung polygynandrischer Gruppen aus jeweils
zwei Männchen und Weibchen kommt.

Dieses Beispiel zeigt, daß die Paarungsstruktur keine Eigenschaft einer Art, sondern eine individuelle Eigenschaft ist. Im
Laufe seines Lebens kann sich ein Individuum in verschiedenen
Paarungsstrukturen fortpflanzen. Der sexuelle Konflikt zwischen
den Geschlechtern, der diesem variablen Paarungsverhalten zugrunde liegt, ist bei den Heckenbraunellen besonders deutlich: Für
den Fortpflanzungserfolg eines Männchens ist es zweifellos vorteilhaft, sich polygyn mit mehreren Weibchen zu verpaaren. Ein
Weibchen profitiert dagegen in bezug auf die Anzahl flügger
Nachkommen pro Saison am meisten, wenn es polyandrisch mit
mehreren Männchen zusammenlebt. Das «Ergebnis» dieses Konfliktes ist von der Fähigkeit eines Männchens abhängig, Zugang zu
fortpflanzungsbereiten Weibchen zu erlangen und diesen Zugang
gegen andere Männchen zu verteidigen. Diese Fähigkeit wiederum

ist einerseits von ökologischen Faktoren abhängig, da die Verteilung und Verfügbarkeit von Nahrung und Nistplätzen die Verteilung und die Größe der Aufenthaltsbereiche der Weibchen beeinflußt, was wiederum einen Einfluß darauf hat, inwieweit ein Männchen eines oder sogar mehrere Weibchen monopolisieren kann. Zum anderen hängt der Ausgang des Konfliktes vom Ausmaß an Konkurrenz zwischen den Männchen ab, wer aufgrund bestimmter Eigenschaften konkurrenzfähiger ist als seine Artgenossen.

Durch konsequentes Anwenden des Prinzips der individuellen Fitnessmaximierung wird nicht nur die Evolution von Paarungssystemen letztendlich verständlich, sondern prinzipiell alle anderen Eigenschaften biologischen Lebens: Merkmale des Lebenszyklus (beispielsweise Alter und Größe bei der Geschlechtsreife), Dauer und Menge an geleisteter Investition pro Nachkomme, Nahrungswahl- oder Kampfverhalten, auch unterschiedliche Fortpflanzungsstrategien inclusive Verhaltensweisen wie Kindstötung. Ein interessantes Beispiel dafür ist das Infantizidverhalten männlicher Hausmäuse *(Mus domesticus)*.

Individuelle Fitnessmaximierung durch Kindstötung

Hausmäuse leben in kleineren Fortpflanzungseinheiten, die aus einem dominanten Männchen und ein bis mehreren adulten Weibchen mit ihren Würfen bestehen. Stirbt das dominante Männchen oder wird es durch einen Herausforderer verjagt, übernimmt ein neues Männchen seine Stelle. Dieses neue dominante Männchen ist nach der Übernahme der territorialen Weibchen ungemein aggressiv gegenüber vorhandenen Nestjungen und tötet sie.

Der Amerikaner Glenn Perrigo und seine Mitarbeiter haben sich dieses Verhalten der Kindstötung durch adulte Männchen unter standardisierten Bedingungen genau angeschaut und festgestellt, daß der Auslöser für die Aggressivität gegenüber jungen Mäusen die Ejakulation bei der Kopulation mit einem adulten Weibchen ist. Anschließend tötet das Männchen knapp drei Wochen lang jegliche Nestjungen, die es in seinem Territorium antrifft. Diese Neigung zum Infantizid geht aber nach und nach in väterliches Fürsorgeverhalten über. Mehr als drei Wochen nach erfolgter Kopulation ist das Männchen dann gegenüber Nestjungen sehr fürsorglich, es wärmt die Jungen, putzt, leckt und beschützt sie. Diese Phase der väterlichen Fürsorge dauert so lange, bis 50 Tage seit der Ejakulation vergangen sind. Von diesem Zeitpunkt an neigt das Männchen wieder zum Infantizid.

Der Anpassungswert dieses Verhaltens leuchtet ein, wenn die Fortpflanzungsbiologie der Art einbezogen wird. Nachdem ein Männchen sein Sperma auf ein Weibchen übertragen hat, vergehen drei Wochen bis zur Geburt eines Wurfes (die Trächtigkeit bei Hausmäusen beträgt 21 Tage). Ein Männchen, welches bis zu diesem Zeitpunkt nach Übernahme eines neuen Territoriums Nestjunge tötet, richtet seine Aggression mit hoher Wahrscheinlichkeit gegen die Nachkommen seines Vorgängers und nicht gegen eigene Junge. Frühestens drei Wochen nach erstmaliger Kopulation mit einem adulten Weibchen kann dieses Männchen eigenen, selber gezeugten Jungen begegnen. Deshalb ist es evolutiv betrachtet sinnvoll, sich gegenüber Nestjungen ab diesem Zeitpunkt väterlich und beschützend zu verhalten. Nach 50 Tagen sind die nunmehr herangewachsenen Nachkommen längst entwöhnt, werden schon selber geschlechtsreif und wandern teilweise ab. Wenn das Männchen zwischenzeitlich nicht erneut mit seinem Weibchen kopuliert hat, sollte Infantizid gegenüber Nestjungen wieder vorteilhaft sein, da diese nicht eigene Nachkommen sind.

Als proximater Mechanismus, der bewirkt, daß Männchen erst drei Wochen nach einer Paarung mit einem Weibchen vom Infantizidverhalten zum väterlichen Fürsorgeverhalten wechseln, scheidet ein Einfluß von seiten des Weibchens aus. Das Verhalten eines Männchen ändert sich genauso, wenn es direkt nach der Kopulation vom Weibchen getrennt und isoliert gehalten wurde. Statt dessen ist ein endogener, innerer Zeitmesser bei der Regulation des Verhaltens beteiligt: Hausmausmännchen haben eine innere Uhr, die die Anzahl Tage registriert, welche seit der Kopulation vergangen sind.

Verwandtenselektion als Spezialfall von Individualselektion

Lange stellte ein schon von Charles Darwin angesprochenes Phänomen einen scheinbaren Widerspruch zu der bisher erläuterten und betonten Individualselektion dar. Die Beobachtung nämlich, daß bei etlichen sozialen Tierarten kooperatives Verhalten auftritt, welches Fitnessnachteile für das kooperierende Individuum beinhaltet (in Form von verminderten eigenen Fortpflanzungsmöglichkeiten) und dem Empfänger des Verhaltens Fitnessvorteile (in Form von verbesserter Fortpflanzung) vermittelt. Solch ein *altruistisches Verhalten* kann so weit gehen, daß sich einige Individuen zeitlebens nicht fortpflanzen und statt dessen ihren Artgenossen bei der Produktion und Aufzucht von Nachkommen helfen, wie beispielsweise die sterilen Arbeiterinnen bei Bienen und Ameisen. Dieses Thema stellt einen Untersuchungsschwerpunkt in der *Soziobiologie* dar. Innerhalb der Evolutionsbiologie beschäftigt sich die Soziobiologie mit der Beziehung zwischen Individuen, typischerweise mit der Beziehung zwischen Artgenossen, und sie versucht, den Anpassungswert solch eines Sozialverhaltens zu analysieren, wie dieses Verhalten den Fortpflanzungserfolg eines Individuums beeinflußt. Eine klare Abgrenzung gegen andere Teilgebiete der Evolutionsbiologie wie die Ökologie oder Ethologie ist oft nicht möglich und auch nicht sinnvoll.

Hier soll nun folgende Frage im Vordergrund stehen: Wie kann durch den Prozeß der natürlichen Selektion ein Verhalten evolvieren, das Fitnessnachteile für den Träger dieser Eigenschaft beinhaltet? Wie kann im Extremfall ein Verhalten als angepaßt bezeichnet werden, das zugunsten fremder auf eigene Nachkommen «verzichtet»? 1964 hat der Engländer William Hamilton genialerweise erkannt, daß dieses Phänomen nicht im Widerspruch zur Individualselektion steht. Der von ihm als Erklärungsmöglichkeit formulierte Mechanismus ist als Prinzip der Verwandtenselektion in die Literatur eingegangen. Hamilton argumentierte, daß ein Individuum seine Fitness nicht nur dadurch maximieren kann, daß es relativ viele eigene Nachkommen produziert, sondern auch dadurch, daß es Verwandten bei der zusätzlichen Produktion und Aufzucht von Nachkommen hilft. Diese Jungen tragen nämlich, mit einer vom Grad der Verwandtschaft zwischen dem Helfer und den betreuten Jungen abhängigen Wahrscheinlichkeit, abstammungsidentische Kopien der genetischen Eigenschaften des helfenden Individuums.

Ein Beispiel für solch kostenaufwendiges Verhalten ist das Helferverhalten bei Vögeln wie den Weißstirnspinten *(Merops bullockoides)*, einem afrikanischen Bienenfresser. Diese Vögel leben in größeren Verbänden, Clans, innerhalb derer sich Brutpaare bilden. Bei diesen Brutpaaren können nun auch Helfer beobachtet werden. Weißstirnspinte leben in einer relativ harschen Umwelt, in der 57% aller begonnenen Nester vor dem Schlüpfen der Jungen verlorengehen. Dies ist auf Feinddruck durch Schlangen und andere

Reptilien, auf Krankheiten, vor allem aber auf die Zerstörung der Bruthöhle zurückzuführen. Solche «gescheiterten» Brüter sind oft als Helfer bei Nestern von anderen Clanmitgliedern zu beobachten, die sich beim Füttern der Nestjungen beteiligen. Die Wahrscheinlichkeit des Helfens nimmt dabei mit der Verwandtschaft zu den Nestjungen, denen geholfen wird, zu. Mit anderen Worten: Helfer helfen bevorzugt bei der Aufzucht von nahe verwandten Jungtieren und erhöhen damit ihre *indirekte Fitness*. Durch ökologische Faktoren bedingt, ist bei diesen Vögeln die Wahrscheinlichkeit, sich direkt fortzupflanzen, sehr gering. Indem nun ein Bienenfresser – wenn er sich selber nicht fortpflanzen kann – nahen Verwandten bei der Aufzucht von Jungen hilft, kann er auf diesem indirekten Weg fast dieselbe Fitness erzielen wie über den direkten Weg als Brutvogel.

Die andere Möglichkeit, wie fitnesskostenaufwendige Kooperation entstehen kann, ist durch *Mutualismus* (jeder Partner gewinnt Fitnessvorteile dadurch, daß er sich kooperativ verhält) oder durch *Reziprozität*, also zeitlich versetztem Mutualismus (solange die Kooperation zu einem späteren Zeitpunkt vom Partner erwidert wird, profitieren beide durch Fitnessgewinne). In polygynen Gruppen lebende Hausmausweibchen ziehen beispielsweise ihre Würfe in Gemeinschaftsnestern auf und säugen anschließend sowohl eigene als auch fremde Junge. Die energetischen Kosten der dreiwöchigen Laktation sind bei diesen Kleinsäugern sehr hoch und haben Folgen für die zukünftige Fortpflanzung eines Weibchens und seiner Jungen. Junge Hausmäuse sind bei der Entwöhnung um so schwerer (was sich günstig für ihre zukünftige Fortpflanzung auswirkt), je mehr Milch ein Weibchen produziert und je länger es die Babies säugt. Für die Mutter beinhaltet diese hohe Investition aber Fortpflanzungskosten, da sie erst später den nächsten Wurf haben kann als bei relativ früher Entwöhnung der Jungen. Erstaunlich ist, wieso Hausmausweibchen dennoch bei der gemeinschaftlichen Jungenaufzucht einen Teil dieser «teuren» Milch in fremde Junge stecken, wo doch prinzipiell ein Weibchen seinen Fortpflanzungserfolg dadurch erhöhen kann, daß es bevorzugt eigene Nachkommen versorgt.

Der Anpassungswert der gemeinschaftlichen Jungenaufzucht konnte jedoch durch eine Verbesserung des individuellen Lebensfortpflanzungserfolgs nachgewiesen werden, solange Weibchen bevorzugt ihre Würfe gemeinschaftlich mit einer nahen Verwandten wie einer Schwester aufziehen. Das phänotypisch selbstlose oder altruistische Verhalten des Säugens von nicht eigenen Jungen entpuppte sich bei Hausmäusen als genetisch keineswegs selbstlos, sondern als fitnessfördernd, da diese soziale Form der Brutpflege direkte, mutualistische Fitnessvorteile bewirkt, wobei der mutualistische Effekt durch Verwandtschaft unter den Weibchen aber gesteigert wird. Letzteres läßt vermuten, daß für die Evolution dieses Verhaltens Verwandtenselektion eine Rolle gespielt hat.

Das Prinzip der Fitnesssteigerung durch den Mechanismus der Individualselektion, durch die Weitergabe von relativ vielen abstammungsidentischen Kopien eigener genetischer Anlagen, muß demnach nicht aufgegeben werden, um selbst Extremformen kooperativen oder altruistischen Verhaltens zu erklären und zu verstehen.

Der Einsatz molekulargenetischer Methoden in der Verhaltensbiologie

Für Analysen des Anpassungswertes von Verhalten sind folglich Kenntnisse des individuellen Fortpflanzungserfolges und der genetischen Verwandtschaftsbeziehungen unter den Mitgliedern einer Societät nötig. Diese Informationen können prinzipiell aus Stammbäumen erhalten werden, die mit Hilfe einer mehrere Generationen umfassenden Beobachtung von individuell markierten Tieren in ihrem natürlichen Lebensraum erstellt wurden. Allerdings sind diese Schätzungen der genetischen Verwandtschaft häufig mit Ungenauigkeiten behaftet, was die Vaterschaftswahrscheinlichkeit oder auch die Mutterschaftswahrscheinlichkeit betrifft. Aus diesem Grund werden in der Verhaltensforschung biochemische oder zunehmend molekulargenetische Methoden zur direkten Verwandtschaftsbestimmung eingesetzt, wie die gelelektrophoretische Analyse von Enzymsystemen, von individuellen DNS-Profilen (Methoden des *genetischen Fingerabdrucks*) oder von variablen Wiederholungssequenzen einer Folge von wenigen Basenpaaren der DNS eines Individuums (*Mikrosatelliten*).

Abschließend sollen noch zwei Themenbereiche erwähnt werden, die in der modernen Verhaltensbiologie intensiv diskutiert werden. Einerseits die Humanverhaltensbiologie und andererseits die Anwendung verhaltensbiologischer Erkenntnisse im Naturschutz.

Menschliches Verhalten aus evolutionsbiologischer Sicht

Biologen betrachten auch den Menschen als einen Organismus mit einer Evolutionsgeschichte, dessen Verhalten (oder andere Merkmale) sie unter Berücksichtigung seiner Stammesgeschichte als Produkt der Evolution ansehen. In dieser Sichtweise ist er ein besonderer, hochentwickelter Primat, dessen früheste Entwicklungsgeschichte schon untrennbar mit ausgeprägtem Sozialverhalten verknüpft ist. Aus diesem Grund schließt beispielsweise die Soziobiologie explizit den Menschen aus ihrem wissenschaftlichen Ziel eines übergreifenden Verständnisses von Sozialverhalten nicht aus. Auch haben in den letzten Jahren diverse Studien vor allem an nicht-menschlichen Primaten gezeigt, daß Eigenschaften wie Kulturfähigkeit, Bewußtsein, pädagogische Fähigkeiten, Sprache und vermutlich auch Moral zumindest in ihren Grundformen schon im Tierreich vorhanden sind und damit der oft betonte *Tier-Mensch-Unterschied* in dieser Hinsicht eher quantitativer als qualitativer Natur ist.

Zwar hat der Mensch vor allem aufgrund seines Kulturverhaltens viel extremer als alle anderen Organismen seine Umwelt verändert und sich dadurch von manchen Umweltbedingungen und damit Selektionsdrucken befreit, er kann dennoch aber keineswegs als aus der Evolution «entlassen» angesehen werden. Jegliches kulturelle Verhalten muß letztendlich den Filter der natürlichen Selektion überstehen, wodurch der Abkopplung vom biogenetischen Prozeß Grenzen gesetzt werden.

Eine Arbeitshypothese, von der Humansoziobiologen ausgehen, lautet, daß es trotz der immensen Vielfalt kultureller Eigenarten doch grundlegende Elemente der menschlichen Psyche und des menschlichen Verhaltens gibt, die sich evolutiv erklären lassen. Der Evolutionstheorie zufolge steuern unsere Gene die Entwicklung unseres Gehirns so, daß wir uns vorzugsweise angepaßt verhalten. Anhand dieser Theorie werden Hypothesen über Verhaltensweisen von Menschen entwickeln, die mit dem Wirken von natürlicher Selektion entweder über direkte oder indirekte Fitnesskomponenten vereinbar sind.

Als eine Art Gedankenexperiment soll kurz ein Erklärungsmodell für menschliches Verhalten vorgestellt werden, das verdeutlichen soll, wie plausible und überprüfbare Hypothesen über den Anpassungswert menschlichen Verhaltens entwickelt werden können. Alternativhypothesen aus anderen Arbeitsgebieten fehlen hier übrigens bisher weitgehend (für eine ausführliche Diskussion dieses Themas siehe Alcock 1998).

Unter der berechtigten Annahme, daß beim Menschen die väterliche Fürsorge wichtig für das Überleben von Kindern ist, sollten wir aus biologischer Sicht erwarten (im Sinne von: die Hypothese formulieren), daß Frauen vor allem solche Männer als Partner wählen, die über nützliche Ressourcen verfügen. In Übereinstimmung mit dieser Hypothese legen Frauen in westlichen Gesellschaften großen Wert auf ein gutes Einkommen des möglichen Partners, während Männer sehr viel mehr Wert auf körperliche Attraktivität (u.a. junges Alter) legen. Kritiker könnten einwenden, daß dieser Unterschied ein Artefakt in modernen westlichen Kulturen ist, eine willkürliche Tradition, die von Generation zu Generation weitergegeben wird. Diese These wurde auch überprüft und mußte abgelehnt werden. In einer Vielzahl von Gesellschaften, auch in vielen nicht-westlichen, ist dieselbe Differenz zu beobachten. Daraus schlossen Humansoziobiologen, daß Frauen mit großer Wahrscheinlichkeit einen unmittelbaren, psychischen Mechanismus haben, der sie solche Partner heiraten läßt, die gut für sie und ihre Kinder sorgen.

Die Voraussage, daß die Partnerwahl-Präferenzen von Frauen der biologischen Fitness dienen, wurde verschiedentlich geprüft, indem die Beziehung zwischen dem Reichtum von Ehemännern und dem Fortpflanzungserfolg ihrer Frauen untersucht wurde. So konnte beispielsweise gezeigt werden, daß bei dem Ache-Stamm in Paraguay die Kinder von Männern, die gute Jäger sind, tatsächlich häufiger das fortpflanzungsfähige Alter erreichten als die Kinder von Männern, die weniger Wild für ihre Familie erbeuteten. Auch bei den kenianischen Kipsigis korreliert die Anzahl überlebender Nachkommen einer Frau positiv mit der Menge an Land, die ihr Ehemann besitzt. Diese Korrelation finden wir aber nicht nur bei sogenannten «traditionellen» Kulturen, sondern auch in Gesellschaften, die mehr Ähnlichkeit mit modernen westlichen Kulturen haben. Im 15. und 16. Jahrhundert hatten portugiesische Frauen, die mit Männern aus dem Hochadel verheiratet waren, mehr Kinder als Frauen von Männern, die keinen Adelstitel hatten oder im Militär dienten. Je höher der soziale Rang eines Mannes war, desto mehr Nachkommen hatte er, desto mehr außereheliche Kinder zeugte er und desto häufiger heiratete er mehr als einmal. All das deutet darauf hin, daß Frauen reiche Männer für besonders attraktive Partner halten – zumindest im Mittel.

Die Soziobiologie formuliert demnach Hypothesen über oder Fragen nach dem Anpassungswert eines sozialen Verhaltens, wie beispielsweise einem bestimmten Muster der Paarungspartnerwahl. Auf diese Weise wird versucht, einerseits die Mechanismen des Verhaltens zu verstehen und andererseits die Konsequenzen in bezug auf die biologische Fitness eines Indivduums zu analysieren. Eine Handlungsanweisung dafür, was wir in unserem Umgang miteinander als erstrebenswert ansehen sollten, kann sich aus soziobiologischen Erkenntnissen jedoch keineswegs ergeben – wenn das jemand macht, dann verläßt er oder sie den Kompetenzbereich der Soziobiologie und betritt beispielsweise den einer Ideologie, wie im Falle des Sozialdarwinismus. Die Soziobiologie geht *nicht* davon aus, daß menschliches Verhalten, sofern es im biologischen Sinne angepaßt ist, auch unveränderbar oder gesellschaftlich wünschenswert ist; andernfalls verfiele sie einem schlimmen Biologismus. Den Einfluß genetisch bedingten Verhaltens abzulehnen würde jedoch bedeuten, einen grundlegenden Baustein zum Verständnis des Menschen zu ignorieren. Im Bestreben, die Evolution menschlichen Verhaltens analysieren zu wollen, bietet die Soziobiologie Möglichkeiten der Untersuchung, die andere Ansätze nicht leisten.

Beitrag der Verhaltensbiologie zum Naturschutz

In den letzten Jahren taucht vermehrt ein Thema in den Medien auf, das nicht mehr nur unter Biologen und engagierten Naturschützern tiefe Besorgnis erregt: der weltweit zu beobachtende Schwund an Arten. Die Tatsache, daß Arten aussterben, ist eine evolutive Alltäglichkeit. Evolution ist gekennzeichnet sowohl durch das Entstehen als auch durch das Aussterben von Arten, und eine gute Anpassung an die momentan herrschenden Umweltbedingungen kann nie das Überleben einer Art bei sich verändernden Verhältnissen garantieren. Das Artensterben, das wir jedoch momentan beobachten müssen, ist von ganz anderer, alarmierender Größenordnung, so daß es schon als «Umwelt-Apokalypse» bezeichnet wurde.

Die Ursache dieses Artensterbens ist der moderne Mensch, der immer zahlreicher wird und immer effektiver in die Natur eingreift, immer mehr Raum und Ressourcen für sich beansprucht, in jedem noch so entfernten Winkel dieser Erde zunehmend deutlicher seine Spuren hinterläßt. Vor allem die verschiedenen Formen der Habitatzerstörung durch den Menschen sind der Auslöser, Habitatzerstörung unter anderem durch Umwandlung in Nutzungssysteme, durch Raubbau, Überdüngung, Vergiftung; daneben spielen für bestimmte Arten und bestimmte Lebensräume auch die Überjagung, Überfischung und sonstige Formen der zu intensiven direkten Nutzung von Arten oder Artengruppen eine wichtige Rolle; Einschleppungen von exotischen Tieren oder Pflanzen können weiterhin ganze Lebensgemeinschaften zerstören. Da viele Arten nicht in anthropogen veränderten Lebensräumen überleben können, führt die flächenmäßige Verringerung und auch Aufteilung naturnaher Lebensräume zu einer niedrigeren Gesamtindividuenzahl und zu kleineren Populationen – und kleine Populationen sind aus genetischen Gründen und auch als Folge von Zufallsereignissen aussterbegefährdeter als große (für eine ausführliche Diskussion dieser Zusammenhänge siehe Wilson 1995, König & Linsenmair 1996).

Mit dieser Tatsache konfrontiert, beschäftigt es viele Verhaltensbiologen, inwieweit sie mit Hilfe und aufgrund ihres Fachwissens dazu beitragen können, gefährdete und bedrohte Arten zu schützen.

Im Anhang I des Washingtoner Artenschutzabkommens werden alle Arten aufgeführt, die weltweit als von der Ausrottung bedroht gelten (die höchste Gefährdungsstufe). Am Beispiel einer solchen Art, des Geparden *(Acinonyx jubatus)*, kann die Bedeutung von Verhaltensstudien für ein sinnvolles Schutzkonzept gezeigt werden.

Große, fleischfressende Räuber haben aus mehreren Gründen eine besondere Bedeutung für den biologischen Naturschutz. Erstens leben sie schon ganz prinzipiell in niedrigeren Dichten als die Beutetierarten, von denen sie sich ernähren, und sind schon deshalb eher gefährdet auszusterben. Da sie zweitens an der Spitze der Nahrungspyramide stehen, ist ihr Vorhandensein oder Überleben davon abhängig, daß die darunterliegenden trophischen Ebenen (ihrer Nahrung) intakt sind und bleiben. Drittens können sie deshalb gute Anzeiger für Störungen des Ökosystems, in dem sie leben, sein, da Änderungen im Fortpflanzungsverhalten und in der Populationsgröße eines Räubers leichter festgestellt werden können als diejenigen der Beute oder der Vegetation. Und viertens sind große Raubtiere «Flaggschiff-Arten», die vergleichsweise viel Aufmerksamkeit und auch finanzielle Unterstützung auf sich ziehen können.

Vor 20 Jahren wurde die Gesamtanzahl von Geparden in Afrika auf 7000–23 000 geschätzt. Neuere Zahlen aus den 90er Jahren liegen nicht vor, aber vermutlich gibt es heute nur noch in sieben afrikanischen Staaten Subpopulationen von 250 oder mehr Individuen. Geparden werden häufig als Paradebeispiel dafür angeführt, daß genetische Faktoren die Gefährdung dieser Art bedingen, da bei ihnen eine vergleichsweise geringe genetische Variation festgestellt wurde. Da an nicht variablen, *homozygoten Genorten* schädliche rezessive Anlagen zum Tragen kommen, schlossen verschiedene Autoren, daß die geringe Populationsgröße von Geparden eine genetische Ursache hat und daß Populationen (und die gesamte Art) aufgrund der hohen Homozygotie ihres Immunsystems außerdem anfällig für Krankheitserreger sein sollten. Wenn dies stimmt, sollte das Problem gelindert werden können, indem man Tiere aus anderen Gebieten einführt oder untereinander austauscht, um so ein größeres Maß an Genfluß zu gewährleisten.

Im Ökosystem Serengeti (Fläche von 25 000 km²) leben derzeit 300–500 adulte Geparden, im Vergleich dazu gibt es auf derselben Fläche etwa 2800 Löwen, 800–1000 Leoparden und 9000 Tüpfelhyänen. 1980 begann der Engländer Tim Caro eine verhaltensökologische Langzeitstudie an Geparden in der Serengeti und hat sich mit seinen Mitarbeitern unter anderem der Frage gewidmet, wie viele Nachkommen ein Weibchen pro Jahr und im Laufe seines Lebens aufziehen kann. Sie haben Weibchen mit Radiosendern versehen und konnten sie somit regelmäßig in ihren 800 km² großen Aufenthaltsbereichen lokalisieren und den Zeitpunkt der Geburt von Würfen sowie die Verstecke der Neugeborenen feststellen.

Nur 29 % der geborenen Jungen überlebten bis zum Alter von acht Wochen. Ein Jahr später, zum Zeitpunkt der Selbständigkeit (wenn die Jungen alleine jagen können), hatten insgesamt sogar nur 5 % der Jungen überlebt. Die meisten der verstorbenen Jungen waren überraschenderweise von anderen Räubern getötet und gefressen worden, überwiegend von Löwen, aber auch von Tüpfelhyänen. In einer vergleichenden Analyse von verschiedenen Schutzgebieten im mittleren und südlichen Afrika stellte sich weiterhin heraus, daß die Populationsdichte von Geparden immer dann gering war, wenn im selben Gebiet eine hohe Dichte an Löwen vorhanden war. Jungensterblichkeit, bedingt durch Freßfeinde wie Löwen und Hyänen, kann demnach als Erklärung dafür herangezogen werden, warum in vielen Gebieten Afrikas Geparden eine so geringe Populationsdichte haben.

Die These, Infektionskrankheiten seien eine Ursache der niedrigen Populationsdichte, scheint nicht haltbar. Vielleicht ist es prinzipiell schon richtig, daß Geparden anfälliger für bestimmte Krankheiten sind als andere katzenartige Räuber, etliche Aspekte des Verhaltens und der Ökologie von Geparden setzen sie jedoch im Freiland nur selten einem Infektionsrisiko aus. Sie leben in geringer Dichte, sind weitgehend solitär, fressen typischerweise nur Frischfleisch und leben in einem sehr trockenen Klima. Es könnte sein, daß es gerade diese Eigenschaften sind, die es der Art ermöglichen, trotz eines eventuell beeinträchtigten Immunsystems zu überleben.

Aus verhaltensbiologischer Sicht würde es wenig Sinn machen, Geparden aus anderen Gebieten einzubürgern, um die Populationsdichte zu erhöhen. Der Bau von künstlichen löwen- und hyänensicheren Verstecken wäre vielleicht möglich, wenn auch nicht einfach. Allerdings würde jede durch menschlichen Eingriff in Nationalparks vergrößerte Population sofort wieder auf den Ausgangswert runtergehen, wenn ein derartiges Programm beendet würde. Sinnvoller wäre es dagegen, die Toleranz der einheimischen Bevölkerung gegenüber Geparden außerhalb von Schutzgebieten zu wecken und zu fördern, wo andere Großkatzen eher selten sind und damit als Bedrohung der Gepardenjungen nicht so stark ins Gewicht fallen.

Dieses Beispiel sollte illustrieren, wie wichtig es ist, detaillierte Studien des Verhaltens und der Ökologie von gefährdeten Arten durchzuführen, um in der Lage zu sein, die Ursache kleiner Populationsgrößen herauszufinden. Verhaltensbiologische Projekte erfordern zwar typischerweise viel Zeit zum Sammeln der Daten und sind oft sehr arbeitsaufwendig, dennoch sind sie unerläßlich, will man das Aussterberisiko einer Art verstehen und in der Folge vermindern.

Literatur

Alcock, J., (1998): Animal Behavior: An Evolutionary Approach. 6th edition. Sinauer, Sunderland Massachusetts.

Franck, D., (1997): Verhaltensbiologie. 3. Auflage. Georg Thieme Verlag, Stuttgart.

Hamilton, W. D., (1964): The genetical evolution of social behaviour (I and II). Journal of theoretical Biology 7: 1–52.

König, B., (1997): Cooperative care of young in mammals. Naturwissenschaften 84: 95–104.

König, B. & K. E. Linsenmair (1996): Biologische Vielfalt. Spektrum Akademischer Verlag, Heidelberg.

McFarland, D. J., (1989): Biologie des Verhaltens. Evolution, Physiologie, Psychologie. VCH Verlagsgesellschaft, Weinheim.

Ridley, M., (1995): Animal Behavior: An Introduction to Behavioral Mechanisms, Development and Ecology. 2nd edition. Blackwell Scientific Publications, Oxford.

Tinbergen, N., (1963): On aims and methods of ethology. Zeitschrift für Tierpsychologie 20: 410–433.

Voland, E., (1993): Grundriß der Soziobiologie. Gustav Fischer Verlag, Stuttgart.

Wilson, E. O., (1995): Der Wert der Vielfalt. Piper Verlag.

Der Mensch und seine Gesellschaft

Der Mensch ist als einziges unter allen Lebewesen das Produkt nicht nur der biologischen, sondern auch das einer kulturellen Evolution, «ein Wesen mit ... einer Naturgeschichte und einer Kulturgeschichte» (Günther Osche). Bereits in seiner Naturgeschichte hatten sich entscheidende Voraussetzungen für die Entwicklung von Kultur ergeben. Der permanent aufrechte Gang befreite die Vorderextremitäten von der Aufgabe der Fortbewegung. Das ermöglichte die Umformung der schon bei baumbewohnenden Affen entwickelten Greifhand zur Menschenhand, die mit schier unglaublichem Geschick die verschiedensten «Handlungen» auszuführen vermag, bis hin etwa zu virtuosem Klavierspiel. Der Beginn der kulturellen Entwicklung ist markiert durch die Benutzung, bald auch Herstellung von Werkzeugen. Diese «Organe nach Bedarf» gestatteten es dem Homo sapiens, ein unspezialisierter Ökotyp und eine einzige Art zu bleiben, zwar aufgespalten in verschiedene Rassen und Bewohner unterschiedlichster Lebensräume, aber eben doch nur eine einzige imaginäre Fortpflanzungsgemeinschaft. Zugleich ergab sich ein gewaltiger Selektionsdruck auf die evolutive Vergrößerung und zunehmende Differenzierung des Gehirns. Sein Volumen stieg während des Pleistozäns innerhalb von nur knapp zwei Millionen Jahren (das sind weniger als 0,5 Promille der Gesamtdauer der biologischen Evolution) von einem halben Liter auf eineinhalb Liter. Damit waren die Voraussetzungen für zwei weitere Errungenschaften gegeben, die den Menschen als Kulturwesen auszeichnen: der Gebrauch und die Erzeugung von Feuer (heute auch vieler anderer Energieformen) und schließlich und vor allem die Entwicklung von Symbolsprache und Symbolschrift. Sie ermöglichen schnellen Informationstransfer in beliebiger Richtung und eine intellektuelle «Vererbung erworbener Eigenschaften». Damit hat die biologische Evolution sprunghaft eine neue Dimension erreicht. Der Mensch, dieses herrliche und schreckliche Wesen, kann mit seinem Großhirn nicht nur ein Ichbewußtsein, sondern auch eine alle Grenzen sprengende Vorstellungswelt entwickeln. Wir können rein geistig mögliche Zukunftsszenarien durchspielen, schnelle, gefahrlose Gedankenexperimente ausführen und dann zwischen verschiedenen Optionen wählen – unser sogenannter «freier Wille». Wir sind damit über das Niveau des Teleonomischen, auf dem sich sonst alles Belebte tummelt, hinausgewachsen in den Bereich des Teleologischen, d. h., wir handeln nicht nur zielgerichtet, sondern zugleich zielintendiert. Ein Ergebnis dieser neuen Evolutionsstufe ist die Technik. Sie hat in ständiger Beschleunigung unser Können und unsere Macht ins Gigantische gesteigert. Von Natur aus unfähig zu fliegen, können wir heute mit Flugmaschinen schneller und weiter fliegen als irgendein Lebewesen sonst – auch zum Mond und wieder zurück. Wir können uns über Tausende von Kilometern hinweg verständigen. Unsere Rechenmaschinen führen bis zu 1000 Milliarden Einzeloperationen in der Sekunde aus. Und wir machen uns daran, genetische Information zu manipulieren (vgl. S. 340 ff.).

All das hatte und hat viele sehr einschneidende Konsequenzen in ökonomischer und sozialer Hinsicht. Ihnen vor allem gilt der folgende Beitrag.

Biologie und soziokulturelle Evolution

Von Hans Mohr

Ein Rückblick auf unsere Geschichte

Der Mensch ist aus der biologischen Evolution hervorgegangen. Dies ist nicht ein Glaubenssatz, sondern eine wissenschaftliche Tatsache. Die Gesetze der Genetik gelten uneingeschränkt auch für den Menschen. Auch dies ist eine wissenschaftliche Tatsache. Aus der Sicht der Populationsgenetik zum Beispiel ist der Mensch keine außergewöhnliche Art.

Die größeren Gruppen des Menschen nennt man in der Wissenschaft Rassen: «A race is a large population of historically related persons who share a gene pool that differs significantly from the gene pool of other populations» (Vogel und Motulsky 1979).[1]

Allem Anschein nach haben sich die rezenten Rassen historisch innerhalb kurzer Zeiträume entwickelt. Nach heutiger Auffassung ist der moderne Mensch (*Homo sapiens sapiens*) vor etwa 150 000 Jahren in Afrika aus dem Hominidenstammbaum entstanden. Der Zweig der Hominiden hatte sich erst fünf Millionen Jahre vorher vom Schimpansenzweig getrennt, in den Zeitdimensionen der Evolution eine kurze Spanne. Demgemäß stimmen wir im Erbgut zu 98,8 % mit den beiden rezenten Schimpansenarten überein. Vor ungefähr 100 000 Jahren wanderten Menschengruppen aus dem Ursprungsgebiet aus, und zwar in die gesamte Alte Welt. Vor etwa 35 000 Jahren erreichten einige «Sippen» Westeuropa.

Damit es zur Rassenbildung kommen konnte, mußten auch beim Menschen Separationsmechanismen wirksam werden, die den Genfluß zwischen den Subpopulationen stark einschränkten. Geographische Isolierungen und Trennungen durch weiträumige Wanderbewegungen dürften die entscheidende Rolle gespielt haben. Unterschiede im Genbestand (Genpool) von mehr oder minder getrennten Subpopulationen resultieren aber nur dann, wenn zumindest eines der folgenden Ereignisse dazukommt:

• Genetische Drift – Zufällige Schwankungen der Allelfrequenzen in kleinen Populationen bis hin zum Verlust von Allelen.[2]
• Mutationen – Sprunghafte Änderungen von Genen. In kleinen isolierten Populationen können sich neu entstandene Mutanten bei entsprechendem Selektionsdruck relativ schnell durchsetzen.

- Unterschiedliche Selektionsbedingungen in den getrennten Sub-populationen.

Die rasche Evolution der Rassen des Homo sapiens dürfte vorrangig eine Folge hoher und unterschiedlicher Selektionsdrücke gewesen sein. Auch heute ist die Evolution des Menschen (im Sinn einer Änderung von Genfrequenzen in Populationen) nicht abgeschlossen. Aber es handelt sich, zumindest seit der Neuzeit, nicht mehr um eine darwinische («natürliche») Evolution, da die heutigen Selektionsbedingungen von denen der natürlichen Evolution abweichen. Zum Beispiel ist in aller Regel in den säkularen Industriegesellschaften die Reproduktionsrate nicht mehr mit der Fitness (Lebenstüchtigkeit) korreliert.

Agrikultur

Die entscheidende Grundlage soziokultureller Evolution war die Entwicklung der Agrikultur. Vor etwa 10 000 Jahren setzte die «Neolithische Grüne Revolution», die Entwicklung der Landwirtschaft, ein. Davor bestritten die Menschen ihren Lebensunterhalt durch verschiedene Formen des Sammelns und der Jagd. Ab 8000 v. Chr. wurde in mehreren Regionen der Erde unabhängig voneinander damit begonnen, Pflanzen und Tiere zu domestizieren, zuerst im «Fruchtbaren Halbmond» des Nahen Ostens. Die Einführung des Feldbaus geschah – gemessen an der menschlichen Vorgeschichte – in extrem kurzer Zeit. Die damit verbundene Steigerung der Tragekapazität[3] führte zu einer Art «Bevölkerungsexplosion»: Vor 10 000 Jahren lebten etwa 5 Millionen Menschen, vor 4000 Jahren bereits 100 Millionen. Die «Industrielle Revolution» im 19. Jahrhundert – flankiert von entsprechenden Entwicklungen auf dem Agrarsektor – löste eine ähnliche Entwicklung aus. Derzeit leben rund 6 Milliarden Menschen.

Die Verwandlung von Natur in produktive Umwelt gilt mit Recht als der Kulturakt schlechthin. In die *Transformation von Natur in Umwelt* investiert der Mensch Wissen, Denken und Arbeit. Daraus resultiert ein ökologischer (und häufig auch ästhetischer) Mehrwert. Der ökologische Mehrwert bildet die Existenzbasis des Menschen seit dem Neolithikum. Aus der Naturlandschaft entstand unter den Händen des Menschen die (zunächst bäuerliche) Kulturlandschaft, aus den natürlichen (mehr oder minder selbstregulierenden) Ökosystemen entstanden weltweit die vom Menschen bestimmten (die anthropogenen) Ökosysteme. Die anthropogenen Agrarökosysteme sind es, und nur sie, die das Ertragsgut liefern, das tägliche Brot für Milliarden von Menschen. Anthropogene Ökosysteme – Äcker, Wiesen, Weiden, Forste, Plantagen, Weinberge, Gärten... – bestimmen das Antlitz der Erde. Die anthropogenen Ökosysteme, von denen wir leben, sind in der Regel weit vom natürlichen ökologischen Gleichgewicht entfernt. Sie sind deshalb aus sich heraus ökologisch nicht stabil. Vielmehr bedürfen sie der steten Energiezufuhr und ständiger konstruktiver Eingriffe («Pflege»), sonst brechen sie zusammen. Nichts in der heutigen Welt reguliert sich von selbst zugunsten des Menschen.

Die moderne Ökologie befaßt sich vorrangig mit den anthropogenen Ökosystemen, zumal in Europa, wo man kaum noch natürliche oder naturnahe Ökosysteme antrifft (allenfalls im Hochgebirge und nördlich des Polarkreises). Es geht darum, die vom Menschen intuitiv (genauer, durch «Versuch und Selektion») geschaffenen *anthropogenen Ökosysteme* wissenschaftlich zu verstehen und als Lebensgrundlage zu erhalten.

Tragekapazität und Nachhaltigkeit

Die Erfindung der Landwirtschaft war die Voraussetzung für eine gesteigerte Tragekapazität. Eine gegenüber dem Naturzustand erhöhte Tragekapazität gilt andererseits als Vorbedingung höherer (urbaner) Kultur und Zivilisation.

In der ökologischen Ökonomik untersucht man die Tragekapazität als eine Funktion der Ressourcen, der menschlichen Bedürfnisse (Ansprüche), der Ressourceneffizenz, der Produktivität, des Handels, der Humanressourcen (und damit als eine Funktion des verfügbaren Wissens, des Standes von Technologie und Ökonomie und des Innovationspotentials). Es ist natürlich möglich, eine gegebene Tragekapazität mit vermindertem Ressourceneinsatz aufrechtzuerhalten, wenn die Ressourceneffizenz entsprechend ansteigt. Wenn aber die Bevölkerung rasch wächst, kann in aller Regel die gesteigerte Nachfrage nach Ressourcen nicht durch eine Verbesserung des Wirkungsgrades ausgeglichen werden.

Die Steigerung der globalen Tragekapazität in historischer Zeit illustriert die Abhängigkeit der Tragekapazität von den jeweiligen Produktionsbedingungen (Tab. 4).

Tabelle 4: Abschätzung der globalen Tragekapazität

10 000 v. Chr.	6 Mio.	Sammler und Jäger
Christi Geburt	200 Mio.	Sammeln und Jagen, einfache Landwirtschaft
≈ 1780 n. Chr.	750 Mio.	vorindustrielle Agrargesellschaft
≈ 1830 n. Chr.	1 Mrd.	Anfänge der Industriegesellschaft
≈ 2000 n. Chr.	> 6 Mrd.	moderne Industriegesellschaft

Der moderne Mensch lebt – wie gesagt – von seiner Umwelt, nicht von der Natur. *Umwelt ist ein Kulturprodukt* – vom Menschen geschaffen, nicht vorgefunden. Nur wenige Menschen, etwa 6 Millionen weltweit, konnten als Sammler und Jäger unter naturnahen Produktionsverhältnissen überleben. Die allermeisten der heutigen 6 Milliarden Menschen hätten nicht die geringste Chance eines naturnahen Lebens, selbst wenn dieses Leben im Ernst erstrebenswert wäre.

Die Erfindung von Tierzucht und Pflanzenbau hatte seinerzeit massive soziale Konsequenzen. Weltweit führte ihre Nutzung zur Bildung von Strukturen, die über Kleingruppen von Verwandten («Sippen»)[4] hinausgingen. Stämme und Völker formierten sich. Es entstanden politische und administrative Hierarchien: Herrscher, Verwalter, Bürokraten, Priester.

Die Entwicklung der menschlichen Gesellschaft vom Zustand der Sammler und Jäger bis zur modernen Industriegesellschaft ist nicht nur durch eine enorme Steigerung der Siedlungsdichte gekennzeichnet, sondern auch durch einen wachsenden Pro-Kopf-Energieverbrauch (Tab. 5).

Eine nachhaltige *Energieversorgung* ist zum Kernproblem der Ökonomik geworden. Wie läßt sich eine hohe Tragekapazität auf-

Tabelle 5: Siedlungsdichte und individueller Energieverbrauch auf verschiedenen Entwicklungsstufen der Menschheit

	Menschen/km^2	KW/Kopf
Sammler und Jäger	0,25	0,1
Agrargesellschaften	25	1,0
Industriegesellschaften	250	10

rechterhalten, wenn uns die fossilen Energieträger ausgehen oder wir ihre Nutzung aus ökologischen Gründen einschränken müssen? Eine ins Gewicht fallende Substitution der fossilen Energieträger durch regenerierbare Quellen, die im wesentlichen aus der Energie der Sonne gespeist werden, ist derzeit nicht absehbar. Zumindest auf dem Energiesektor sind wir regional und global von einer nachhaltigen Entwicklung weit entfernt. Wie immer wir die Sachverhalte drehen und wenden: Die derzeitige Tragekapazität erscheint, verglichen mit einer nachhaltigen Tragekapazität, weit überzogen. Die Erde kann nur deshalb 6 Milliarden Menschen tragen, weil uns (noch) die fossilen Energieressourcen zu Gebote stehen.

Diese Bilanz macht deutlich, daß ein nachhaltiges Wirtschaften gravierende Änderungen künftiger Lebensstile voraussetzt: Die Zahl der Menschen, ihr Konsumniveau und ihre Technologie müssen regional und global in ein vernünftiges Gleichgewicht mit der Umwelt gebracht werden. Dabei muß der «Dreiklang» von Ökologie, Ökonomie und Sozialverträglichkeit gewahrt bleiben. Das sagt sich leicht. In Wirklichkeit hatte in der ganzen Geschichte der Menschheit noch keine Generation eine vergleichbare Aufgabe zu meistern. Um so mehr sind wir auf Wissen, Technologie und intakte Rechtsstrukturen angewiesen.

Wissen

Die Bedeutung von lebensweltlicher Intuition («Versuch und Selektion») trat im Laufe der kulturellen Evolution gegenüber dem systematisierten Wissen zurück. *Erkenntnis*, d. h. sicheres Wissen über die Welt und über den Menchen, wurde allmählich zum entscheidenden Handlungs- und Produktionsfaktor. Der Erwerb und die Akkumulation von Wissen ist jedoch keine Einbahnstraße. Wissen kann wieder verlorengehen; Wissen muß aktiv erhalten werden. Dies gilt nicht nur im Computerzeitalter; dies galt auch in früheren Phasen der Kulturgeschichte. Ich erinnere mich an Erzählungen australischer Anthropologen über die alten Tasmanier (sie starben um 1870 aus). Diese Menschengruppe soll, nachdem die Kontakte zu Australien erloschen waren, nicht nur die Fähigkeit zum Fischen (mit Netzen) verloren haben; schwerwiegender war, daß die Tasmanier wieder «vergaßen», wie man Feuer macht. Für die regressive Mikroevolution, die den Darwinisten fasziniert (z. B. Verlust der Augen bei Höhlentieren, Verlust der Photosynthesekapazität bei parasitären Angiospermen), gibt es somit Analoga in der Kulturgeschichte. Strategien der Erkenntnis*gewinnung* und Erkenntnis*bewahrung* müssen sich offensichtlich in der kulturellen Evolution ergänzen.

Nach dieser Vorrede nun zur eigentlichen Frage: Ist die Fähigkeit zur Erkenntnisgewinnung natürlich entstanden und damit wissenschaftlich erklärbar? Oder sind wir auf religiöse und philosophische «Erklärungen» angewiesen, die besondere «Schöpfungsakte», zum Beispiel das Essen vom Baum der Erkenntnis, voraussetzen? Die heutige Biologie geht davon aus, daß wir nicht nur mit unseren physischen Eigenschaften fest in der darwinischen Evolution verankert sind, sondern auch mit unserem geistig-seelischen Vermögen und damit mit unserem Denken und Verhalten.[5] Die *Evolutionäre Erkenntnistheorie*[6] erhebt den Anspruch, sie könne, zumindest im Grundsätzlichen, die Genese unseres Erkenntnisvermögens wissenschaftlich erklären (vgl. S. 400).

Im Prinzip lautet die Argumentation: Unser Gehirn und unser Denken haben sich im Lauf der Evolution an die Strukturen der realen Welt angepaßt. Die Selektion hat für uns die der Natur gemäßen – und damit brauchbaren – Denkmuster ausgelesen. Diese Denkmuster, diese kategorialen Voraussetzungen möglicher Erkenntnis, brauchen wir nicht zu lernen. Sie sind in unseren Genen verankert, sie sind genetische Information.

Aber wir sitzen in einer engen kognitiven Nische. Unsere Anschauungsformen und Kategorien erfassen nur einen Ausschnitt der Welt, den *Mesokosmos*, den Bereich der mittleren Dimensionen. Der Grund für unsere kognitiven Grenzen ist leicht einzusehen: Auch unsere Vorfahren können Erfahrungen über die reale Welt nur über ihre Sinneseindrücke gemacht haben. Die kognitive Evolution der Menschen hing somit ab von der Struktur und Auflösungskraft unserer Sinnesorgane, die ihrer prinzipiellen Konstruktion nach viel früher in der tierischen Evolution angelegt waren und kaum noch verbessert werden konnten. Deshalb war die genetische Evolution der Hominiden in den letzten zwei Millionen Jahren in erster Linie eine Evolution des Gehirns, eine Evolution der *Datenverarbeitung*. Die Verbesserung der Datenverarbeitung wurde aber stets begrenzt durch die Verfügbarkeit von Daten aus der realen Welt. Die Auflösungskraft unseres Sehvermögens zum Beispiel war nie besser als ein zehntel Millimeter im Raum und eine sechzehntel Sekunde in der Zeit. Bedingt durch die Grenzen des sensorischen Apparats, hat sich somit unser kognitiver Apparat während der biologischen Evolution nur an einen Ausschnitt der realen Welt, an die Welt der mittleren Dimensionen, angepaßt. Dieser Mesokosmos wurde unsere evolutionsbewährte kognitive Nische. Noch im Mittelalter – etwa bei Thomas von Aquin – war es die vorherrschende Lehrmeinung, daß unsere Sinne die Welt im wesentlichen zutreffend und erschöpfend wiedergeben. Erst beim Vorstoß der Physik in die kleinen und großen Dimensionen von Raum, Zeit und Energie machte sich die mesokosmische Provinzialität unseres Erkenntnisvermögens bemerkbar. Verlaß war nur noch auf die Strukturen der Mathematik, die – so stellte sich heraus – überall gelten. Mit ihnen allein konnte man über den Mesokosmos nach oben und nach unten hinausgreifen. Wissenschaftliche Erkenntnis schränkte sich, außerhalb der mittleren Dimensionen, auf das ein, was man mit Hilfe mathematischer Strukturen erkennen kann. Mathematik wurde die Sprache der Physik. Unser Anschauungs- und Vorstellungsvermögen hingegen blieb mesokosmisch. Niemand ist in der Lage, sich strings, Photonen oder Lichtjahre vorzustellen. Wir können über die Dimensionen außerhalb des Mesokosmos allenfalls metaphorisch reden, aber unsere Metaphern stammen aus den mittleren Dimensionen.

Dies gilt nicht nur für die Wissenschaft. Den gleichen, prinzipiell unüberwindlichen Schwierigkeiten begegnen wir zum Beispiel in der *abstrakten Kunst*. Hier wird der Versuch gemacht, das gemeinte Abstrakte, die tieferen Schichten, den Zustand des Glücks – wie es Mondrian nannte – mit den Mitteln der mittleren Dimensionen darzustellen! Ein Zitat von Malewitsch: «In meinem verzweifelten Bemühen, die Kunst vom Ballast der gegenständlichen Welt zu befreien, floh ich zur Form des Quadrats.» (Ausgerechnet zum Quadrat, einem durch und durch mesokosmischen Konstrukt!)

Ähnliches gilt für die *Theologie*, für das Nachdenken über Gott. Der transzendente Gott der Philosophen wird dadurch zum lebendigen Gott, daß ihm die Attribute der mittleren Dimensionen verliehen werden. «Und Gott schuf den Menschen ihm zum Bilde» (1. Mose 1.27) kennzeichnet mehr als jede andere Metapher das Eingesperrtsein der menschlichen Vorstellungskraft in den mittleren Dimensionen. (Der mesokosmisch fixierte Mensch schuf sich Gottvater nach seinem Bilde.)

Die evolutionäre Erkenntnistheorie erklärt einerseits, zumindest im Grundsätzlichen, die Genese unseres Erkenntnisvermögens;

andererseits erklärt die evolutionäre Erkenntnistheorie auch unsere kognitiven Grenzen. Sie stutzt die Hybris des Menschen zurück auf seine mesokosmische Provinz.

Moral

Der Mensch ist auf das Leben in einer Gemeinschaft (Sozietät) angelegt. Er ist deshalb darauf angewiesen, daß die Grundlinien des Verhaltens seiner Mitmenschen – und seines eigenen Verhaltens – vorhersehbar sind. Dies wird von der Moral geleistet (lateinisch *mores* = Sitten, Gebräuche). Ohne ein bestimmtes Maß an Moral, an «Regelbefolgung», an Orientierungssicherheit gibt es keine Gemeinschaft, kein sozietäres Leben. Die Voraussagbarkeit des moralischen Handelns setzt Vertrauen voraus, das Menschen anderen Menschen entgegenbringen. Vertrauen beinhaltet die erfahrene Annahme, daß sich der andere in Übereinstimmung mit der moralischen Struktur verhalten wird.

Im Gegensatz zu Moral ist *Ethik* eine philosophische Disziplin. In ihrer deskriptiven Variante beschreibt Ethik die tatsächlich praktizierten Moralen; in ihrer normativen Variante beurteilt Ethik die moralischen Grundlagen des menschlichen Zusammenlebens, ob es richtig sei, was an Moral praktiziert wird. Ethik fragt also nicht nur nach der Genese von Moral, sondern darüber hinaus nach der Begründung von Moral. Sokrates hat die Bedeutung der Ethik seinerzeit auf den Punkt gebracht: «Es geht ja nicht um Belangloses, sondern darum, wie man leben soll.»

Als Biologen gehen wir von dem (in der Wissenschaft) unbestrittenen Sachverhalt aus, daß der Mensch ein Ergebnis der biologischen Evolution darstellt. Alle wissenschaftlichen Einsichten in das menschliche Sozialverhalten weisen in der Tat darauf hin, daß unser moralorientiertes Verhalten zu einem guten Teil biologisches Erbe ist. Die Erfahrungen der sozietären Evolution sind (erwartungsgemäß) in unserem Erbgut konserviert. Dieses moralische Vorwissen bildet den vorauszusetzenden inhaltlichen Kern für das, was Immanuel Kant (1778) als die eigene und dennoch allgemeine Gesetzgebung bezeichnete: «Handle so, daß die Maxime deines Willens jederzeit zugleich als Prinzip einer allgemeinen Gesetzgebung gelten könnte.»

Unser genetisch verankertes moralisches Orientierungswissen ist das Studienobjekt der *Evolutionären Ethik*. Wie jede wissenschaftliche Theorie versteht sich die Evolutionäre Ethik als eine beschreibende oder erklärende, nicht als eine begründende oder normative Theorie. Aufgabe der Evolutionären Ethik ist es demnach, die historische Genese des moralorientierten Verhaltens wissenschaftlich zu analysieren. Wie ist es im Zuge der Evolution dazu gekommen? Welche Funktion kommt der Moral «von Natur aus» zu?

Warum bildeten sich überhaupt Gemeinschaften, Sozietäten? *Sozietäten* sind in der biologischen und kulturellen Evolution wegen der Synergieeffekte, die Kooperation mit sich bringt, entstanden. Kooperation in Richtung Sozietät evolviert dann, wenn die gesteigerte Leistungsfähigkeit kooperierender Gruppen die aufaddierten Vorteile der egoistischen Nutzenmaximierung innerhalb der Gruppe übersteigt.[7]

Den Vorzügen der Synergieeffekte (und damit der sie gewährleistenden Moral) stand aber stets die Attraktivität der egoistischen Nutzenmaximierung gegenüber. Die tagtäglichen Erfahrungen mit dem *Egoismus* – unserem eigenen und dem der anderen – sind uns wohl vertraut. Trittbrettfahrer sind solche, denen es gelingt, vom Synergieeffekt der Sozietät zu profitieren, ohne den entsprechenden Tribut an die Moral (bei den Tieren an die Protomoral) zu entrichten. Im wechselnden Ausmaß sind wir alle Trittbrettfahrer. Wir folgen in unserem Verhalten der Devise: Loyalität gegenüber der Moral soweit wie nötig, egoistische Nutzenmaximierung soweit wie möglich. Dies nennt man evolutionsbiologisch eine «gemischte Strategie».

Aus vielen Beobachtungen an Tieren haben die Ethologen gelernt, daß die natürliche Selektion regelmäßig evolutionsstabile Mischstrategien des Verhaltens erzeugt. Von einer *Mischstrategie* spricht man dann, wenn Strategie A durch die Strategie B geschwächt wird, andererseits aber Strategie B nur auf der Basis von Strategie A existieren kann. Eine genetisch determinierte Strategie ist dann evolutionär stabil, wenn in einer Population keine Strategievariante sich auf die Dauer durchsetzen kann. Nimmt zum Beispiel der Egoismus überhand, bricht die Sozietät zusammen. Aber ohne Egoismus ist die Sozietät auch nicht konkurrenzfähig, da sie ihre volle Leistungskraft nicht ausspielen kann, wenn Versuche zur egoistischen Nutzenmaximierung nicht zugelassen werden.

Der Mensch ist auf gemischte Verhaltensstrategien und damit auf Interessenkonflikte hin angelegt: Altruismus und Eigennutz, Altruismusbereitschaft und Rivalität, Liebe und Haß, Verzicht und Bereicherung, Mitleid und Schadenfreude, Milde und Gewalttätigkeit, Empathie und Borniertheit – wir tragen beides in unseren Genen (wenn auch mit individuell unterschiedlicher Stärke). Was sich nach außen manifestiert, ist eine kontextabhängige Variation unseres Verhaltens.

Die Kulturgeschichte bietet viele Beispiele für die situative Expression gemischter Strategien. Betrachten wir das Paar Wahrhaftigkeit/Lüge. In der Regel gelten Wahrhaftigkeit und Ehrlichkeit als Tugenden («Lügen haben kurze Beine», «Ehrlich währt am längsten»), aber im Fall von Odysseus war das Attribut «listenreich» keineswegs ehrenrührig. Erst allmählich in der Kulturgeschichte (und Etymologie) entwickelte «List» einen negativen Nebensinn. Aus der bewundernswürdigen Täuschung («Kriegslist») wurden Arglist und Hinterlist. Derzeit beobachten wir in Deutschland den gegenläufigen Trend, besonders bei der moralischen Einstellung zu Institutionen der Solidargemeinschaft. Die moralische Bewertung von Ladendiebstahl, Versicherungsbetrug, Steuerhinterziehung oder Mißbrauch von Sozialleistungen hat sich gravierend verändert. Der Anteil der Bevölkerung, der diese Delikte strikt verurteilt, ist in den letzten Jahren steil gesunken. Der listenreiche Odysseus läßt grüßen!

Mit einer gemischten Verhaltensstrategie von großer politischer Brisanz sind wir konfrontiert, wenn wir uns fragen, warum *Gruppensolidarität* im Kleinen funktioniert, im Großen hingegen nicht. Das von Hamilton (1964) vorgeschlagene Konzept der Gesamtfitness (*inclusive fitness*) erlaubt eine präzise Antwort. Dieses Konzept besagt, daß bei sozial lebenden Arten neben der Individual-Selektion eine *Sippen-Selektion* wirksam ist. Demgemäß muß die genetische Fitness eines Individuums nicht nur am Überleben und am Reproduktionserfolg seiner selbst gemessen werden, sondern auch an der Förderung der Fitness genetisch Verwandter. Aus der Individualfitness wird *inclusive fitness*, *Gesamtfitness*. Eine vom Grad der Verwandtschaft abhängige Hilfeleistung (Sippenaltruismus) bedeutet zum Beispiel einen Selektionsvorteil für die genetisch verknüpfte Sippe (*kin*): Der Sippenaltruismus zahlt sich für die *kinship* aus.

Das von W. Hamilton am Beispiel der staatenbildenden Insekten eingeführte, inzwischen auch bei eusozialen Säugetieren bestätigte Inclusive-fitness-Konzept erweitert das darwinische Konzept der Individual-Selektion um das Konzept der Sippen-Selektion. Damit wurden die Evolution von Sozialverhalten und die Entstehung von Moral einer Erklärung zugänglich.

Inclusive fitness und Altruismus

Das Konzept der Gesamtfitness erlaubt ohne weitere Annahme die genetische Erklärung für kooperatives Handeln, für selbstloses Verhalten und Verläßlichkeit, auch dann, wenn es für ein Individuum selbstzerstörerisch ist oder zumindest seine individuelle Fitness reduziert. Ein solches Handeln nennen wir beim Menschen altruistisch. Altruismus gilt seit jeher als ein hoher Wert. Nächstenliebe, bis hin zur Zerstörung des eigenen Lebens für seine «Brüder», spielt eine wichtige Rolle in jeder menschlichen Kultur. «Niemand hat größere Liebe denn der sein Leben läßt für seine Brüder.» Die biologische Wurzel für diesen Wert ergibt sich unmittelbar und zwingend aus dem biologischen Konzept der Gesamtfitness und dem Sippenaltruismus. Die endlose Debatte der Philosophen darüber, ob «gutes» Handeln bewußtes, reflektiertes Handeln sein muß, löst sich auf.

Genetische Adoption

Sippenaltruismus ist nicht notwendigerweise auf eine Gruppe von Individuen beschränkt, die miteinander durch genetische Verwandtschaft verbunden sind. Ein «Freund» zum Beispiel ist eine Person, deren Eigenschaften (und damit Gene) ich hoch schätze, auch wenn ich mit der Person nicht verwandt bin. Ich behandle also einen «Freund» so, als ob er eine Person wäre, die zu meiner Sippe gehörte. Der «Freund» wird als «Bruder» angenommen und damit in die Sippe genetisch integriert. In den Begriffen «Bruderschaft», «Bruder im Glauben», «Bruder im Geist», «Waffenbruder», «Ordensbruder» kommt dies zum Ausdruck. Denken wir an den Rütli-Schwur: «Wir wollen sein ein einzig Volk von *Brüdern*, in keiner Not uns trennen und Gefahr…».

Reziproker Altruismus

Solidargemeinschaften, die über die genetisch verknüpfte Sippe hinausreichen, sind historisch besonders bedeutsam gewesen. Denken wir an Zweckbündnisse, Zünfte, Gilden, Gewerkschaften, deren letztes Ziel immer der gegenseitige Schutz und die gegenseitige Hilfe war. Wie läßt sich ihre Entstehung erklären?

Da die Theorie des Sippenaltruismus *genetische* Verwandtschaft oder zumindest genetische Adoption voraussetzt, geht man davon aus, daß die Neigung zu sozialen Zweckbündnissen über andere Selektionsmechnismen entstanden ist, in der Regel durch «reziproken Altruismus». Dieses Konzept macht jene Situationen verständlich, wo ein Lebewesen ohne Ansehung des Verwandtschaftsgrads des Handlungsempfängers kooperatives Verhalten zeigt, weil es entsprechende Gegenleistungen erwartet (Tit-for-Tat-Strategie). Reziproker Altruismus ist im Tierreich ähnlich populär wie unter Menschen: Wenn zum Beispiel Paviane das Fell ihrer Artgenossen säubern, erwarten sie entsprechende künftige Gegenleistungen. Werden die reziproken Altruisten enttäuscht, merken sie sich den Betrüger und verweigern ihm künftig die Fellpflege. Gibt es viele Betrüger, fällt es ihnen immer schwerer, putzwillige Artgenossen zu finden. Ihre Anzahl sinkt. Aber Betrüger behalten auch bei vorherrschendem reziproken Altruismus einen festen Platz in der Population. Dies ist darauf zurückzuführen, daß Betrüger in der biologischen und in der kulturellen Evolution auch eine positive Funktion haben. Verstöße gegen die vorherrschende Strategie erzwingen soziale Innovationen und damit evolutionären Fortschritt.

Zwischenbilanz

Die natürliche Evolution kennt nur einfache Formeln der altruistischen Moral:
Unterstütze Verwandte → Sippenaltruismus
Hilf demjenigen, der (mit hoher Wahrscheinlichkeit) später etwas für dich tun wird → reziproker Altruismus.
Was auf dieser Basis an Konstrukten dazukam, nimmt sich bescheiden aus:
– Genetische Adoption («Freund», «Bruder»)
– Begrenzte Solidargemeinschaften (Zweckbündnisse) auf der Grundlage eines mehr oder minder institutionalisierten reziproken Altruismus
– Die Institution der nachhaltig bewirtschafteten Allmende.[8]

Die Größe der kooperierenden Gruppen – und das ist für das Verständnis der kulturellen Evolution das entscheidende Argument – blieb unter diesen Umständen begrenzt. Weder die «genetische

Adoption» noch der «reziproke Altruismus» oder die «Allmende» lassen sich beliebig ausdehnen. Sie verbleiben im Bereich der persönlichen Erfahrung. Wir können in der Geschichte verfolgen, wie mühsam – und vielfach erfolglos – die Extrapolation der Sippen- und Gruppen-Solidarität auf größere menschliche Verbände war, etwa seinerzeit in der griechischen Polis oder bei den schottischen Clans. Und bis jetzt hat man noch bei keinem Lebewesen Anzeichen für einen echten Altruismus gefunden, der sich ohne Diskriminierung auf die ganze Art oder auch nur auf eine Population erstreckte. Dies entspricht der Erwartung: Die natürliche Selektion bestraft selbstloses Verhalten gegenüber Fremden. Auch beim Menschen gibt es in praxi keinen ethischen Kosmopolitismus; die potentiell friedfertige, altruistische Moral der Kleingruppe – gestützt auf das Inclusive-fitness-Prinzip und auf reziproken Altruismus – ist «von Natur aus» eine *Binnenmoral*. Sie bleibt auf übersehbare Einigungen wie «Familie», «Sippe», «Dorf», «Stamm» oder allenfalls «Volk» begrenzt. Was darüber hinausreicht, z. B. «Nation», «EU», «Menschheit», sind Konstrukte, auf die erfahrungsgemäß kein Verlaß ist, weil sie nicht mehr durch evolutionäre Verankerung stabilisiert sind.

Recht und Gesetz

Die societäre Lebensform und die daraus resultierende moralische Kompetenz sind in uns genetisch fest verankert. Die auf dieser Kompetenz basierenden konkreten Moralen stabilisierten die Kulturgeschichte aber nur bis zu einem bestimmten Niveau an Komplexität. Darüber hinaus wurden die Moralen stufenweise durch das Recht abgelöst oder ergänzt. Die Erfindung des Rechts – Gesetzgebung durch erdachte, rationale Programme (Rechtsnormen), Auslegung der Rechtsgrundsätze durch einen anerkannten Richter, angemessene Sanktionen bei Normenverstoß – war eine unabdingbare Voraussetzung kultureller Evolution. Auch der heute drohende «Kampf der Kulturen» (Huntington 1996) kann vermutlich nur über neue, *ökonomisch* unterlegte *Rechts*formen ausgeglichen werden.

Moralen, die den Synergieeffekt des societären Verhaltens zu gewährleisten trachten, «funktionieren» nur im Nahbereich, bei geringer Komplexität mit überschaubarer Zuordnung von Ursachen, Folgen und Maßnahmen (Sanktionen). Das Paradigma ist die

Stammesmoral des Alten Testaments, ausformuliert im Dekalog. Jede moralische Handlungsanweisung – so kann man zeigen – verliert mit steigender Dimension und Komplexität an Wirksamkeit. Hier tritt das Recht neben (und in der Regel über) die Moral. Regelungsbereich des Rechts ist der soziale Fernbereich, der Staat und die Staatengemeinschaft.

Politische Kultur ist ohne Recht nicht denkbar. Isonomie, Gleichheit vor dem Gesetz, war der ursprüngliche Begriff, den die Athener für eine Staatsform gebrauchten, die sie erst später als Volksherrschaft, als Demokratie, bezeichnet haben. Das für alle – ohne Ansehen ethnischer Zugehörigkeit – verbindliche Recht, nicht die (Stammes-)Moral, bildet die Grundlage einer freiheitlichen (und damit moralisch pluralistischen) Demokratie.

Die Remoralisierung des Politischen signalisiert eine Rückkehr zum Fundamentalismus und erscheint somit als kultureller Rückschritt. Auch der sogenannte «moralische Minimalkonsens» – ein Minimum an Übereinstimmung über fundamentale Werte, ohne die eine Gesellschaft nicht leben kann – wird in praxi nicht durch Moral, sondern durch das Recht abgesichert, nämlich durch eine rechtsstaatliche Verfassung und verfassungskonforme Rechtsordnungen und entsprechende Institutionen.

In die jeweilige, über Jahrtausende hinweg metaphysische Begründung des Rechts sind moralische Grundsätze eingeflossen. Insofern konserviert das Recht angeborene moralische Überzeugungen der biologischen Evolution, z.B. unser Bedürfnis nach «Gerechtigkeit», unser Streben nach Eigentum, unsere Sehnsucht nach Geborgenheit in Familie, Sippenverband oder «Bruderschaft». Aber entscheidend für die Wirksamkeit des positiven Rechts war und ist, neben Kohärenz und Konsistenz, die Adäquatheit gegenüber der jeweiligen soziokulturellen Komplexität.

Die Menschen haben das Recht nicht nur an die jeweilige soziokulturelle Komplexität, sondern auch an ihr Weltbild, an ihre jeweilige Weltsicht, angepaßt. Charakteristisch für das archaische Rechtssystem der Germanen, Kelten und Slawen war zum Beispiel das Fehlen jeglicher Abstraktion in der Begrifflichkeit. Ihr Recht war anschauungsgebunden, ausgerichtet auf die Bedürfnisse ihres bäuerlichen Alltags. Erst mit zunehmender Abstraktion der Weltsicht erfolgte auch die Abstraktion des Rechts. Das römische Recht basierte bereits auf überpositiven, abstrakten Grundsätzen.[9] «Tugenden» waren Richtschnur und Kontrollinstanzen des Rechts. Entsprechend leiten die überpositiven rechtsimmanenten

Grundsätze richtiger Ordnung die Entwicklung des modernen positiven Rechts und bestimmen den normativen Erwartungshorizont der rechtsunterworfenen Bürger.

Überpositive Grundsätze richtiger Ordnung

Rechtsgrundsätze sind in der heutigen Welt die höchste Form des Orientierungswissen, das uns eine Antwort gibt auf die Frage nach der richtigen Führung unseres Lebens. Es ist die vornehmste Aufgabe der Wissenschaft, die überpositiven Grundsätze richtiger Ordnung zu begründen und damit die Entwicklung des modernen positiven Rechts zu stabilisieren. Die Politik ist bei der Normsetzung auf den Diskurs mit der Wissenschaft angewiesen.

Die Ordnung der Welt durch Rechtsgrundsätze und Sanktionen bedeutet eine gewaltige Kulturleistung des Homo sapiens, dessen verhaltensbestimmendes Erbgut als Sippenmoral im Pleistozän (Sammler und Jäger) und im postglazialen Neolithikum (Anfänge von Viehzucht und Ackerbau) entstanden ist. Diese Integrationsleistung konnte nur gelingen, weil der Homo sapiens in seiner kulturellen Evolution seit dem Neolithikum positiv gestaltend und nicht grundsätzlich negierend an seine evolutionär geprägte Neigungsstruktur (Prädisposition) anknüpfte.

Ende der Moral? Natürlich nicht, aber nur eine durch positive Wissenschaft informierte Ethik kann in der modernen Welt die Implementation moralischer Ideen anleiten. Der Rückgriff auf die alten Mythen ist pure Illusion. Die Sehnsucht nach dem verlorenen Paradies hilft uns nicht weiter. Zu einem höheren Niveau an Wissen, Aufklärung und Gerechtigkeit gibt es keine Alternative.

«Aberglauben, Angstreligionen und sich an Absurdität wechselseitig überbietende Ideologien haben die Entwicklung des Menschen begleitet; sie bildeten die negative Seite des kulturellen Fortschritts. Heute sind sie zu einer planetarischen Lebensgefahr geworden» (Wolfgang Stegmüller 1974). Der Skepsis des Philosophen halte ich den Optimismus des Naturwissenschaftlers entgegen: Es gibt keine Defizite, die sich im Rahmen und mit dem Rüstzeug unserer wissenschaftlich-technischen Kultur nicht bewältigen ließen. Voraussetzung ist allerdings, daß uns jene geistig-moralischen Kräfte nicht verlassen, die seit dem Neolithikum den kulturellen Fortschritt angetrieben haben.

Aber es ist ein Fortschritt ohne Teleologie. Weder die biologische noch die soziokulturelle Evolution lassen ein vorgegebenes Ziel erkennen. Gewiß, es gab in der menschlichen Geschichte langfristige Trends, die teleologische Interpretationen nahelegten. Aber keine dieser «Erklärungen» kann uns heute noch überzeugen. Die Weltgeschichte ist, so müssen wir uns eingestehen, die Geschichte menschlicher Akteure, die aus einem universalen Evolutionsgeschehen stammen, das unserem mesokosmisch beengten kognitiven Vermögen nicht mehr zugänglich ist.

Statt einer Zusammenfassung: Ein Gespräch

Mit Hans Mohr sprach Sternredakteur Dr. Horst Güntherot; (Aus: *Stern* Nr. 19/1992, II/13–20, gekürzt. Abdruck mit freundlicher Genehmigung des *Stern*)

Stern: Zwei Arme und zwei Beine, kaum Haare auf dem Rumpf, ein Kopf mit drei Pfund Gehirn – über fünf Milliarden dieser Geschöpfe bevölkern inzwischen den Globus. Ist dieses Wesen das Erfolgsmodell der Natur?

Mohr: Evolutionsbiologisch ist der Mensch in der Tat ungeheuer erfolgreich gewesen. Nie zuvor in der Evolution hat es eine Säugerspezies gegeben, die auf unserem Planeten so zahlreich war wie Homo sapiens.

Stern: Wie konnte sich der Zweibeiner so durchsetzen?

Mohr: Er verhält sich wie andere erfolgreiche Arten: Seit der moderne Homo sapiens auf diesem Planeten existiert, greift er brutal in die Ordnung der Natur ein, vernichtet andere Arten, zerstört die Vielfalt und Schönheit der Schöpfung – um für sich Platz zu schaffen. Dies gehört zum rauhen Alltagsgeschehen der biologischen Evolution und ist deshalb natürlich. Aber zweifellos ginge es der Schöpfung ohne den Menschen viel besser. In diesem Sinn ist der Mensch eine Naturkatastrophe.

Stern: Die Natur hat auch jede Menge andere erfolgreiche Arten kreiert: flinke Raubkatzen, gierige Reptiliten, riesige Saurier. Wie konnte da ausgerechnet ein Affenähnlicher im Kampf ums Überleben alle Konkurrenz besiegen?

Mohr: Dadurch, daß es ihm gelungen ist, sich mit Hilfe von Kultur von dem Naturgeschehen abzukoppeln. Weil der Mensch imstande war, mit seinen geistigen Kräften sein Leben und seine Welt zu gestalten, hat er es geschafft, aus der darwinischen Evolution auszusteigen.

Stern: Heißt das, daß mit dem Rückzug des Menschen aus der freien Wildbahn die Prinzipien, die für Pflanzen und Tiere im Wald und in der Wüste, im Ozean und in der Steppe gelten, für ihn nicht mehr wirken?

Mohr: Ja, so ist es. Homo sapiens hat für sich die natürliche Selektion weitgehend außer Kraft gesetzt. Ihm ist es gelungen, fast alle Bedrohungen der Außenwelt auszuschalten, etwa Klima, Nahrungsmangel und Raubtiere. Mit Hilfe von Hygiene und Pharmakologie hat er Epidemien besiegt, die früher Millionen seiner Spezies vernichtet haben. Dank der Medizin überleben heute Artgenossen, die früher nie lebensfähig gewesen wären. Folglich funktioniert die Art und Weise, wie der Mensch sich heutzutage als Spezies entwickelt, nicht mehr nach dem Prinzip, nach dem wir ursprünglich angetreten sind. Wir haben uns tatsächlich gegenüber der Natur emanzipiert.

Stern: Nach welchem Prinzip entwickelt sich der Mensch denn heute, wenn nicht nach dem darwinischen?

Mohr: Es sind Regelmechanismen in Gang gekommen, die der Mensch durch seine Kultur geschaffen hat. Etwa durch Medizin und durch gezielte Nahrungsproduktion. Hinzu kommen Sitten und gesellschaftliche Bräuche, die Partnerwahl und Kinderzahl betreffen. Aber auch die Ausbildung von Rechtstraditionen und Staatlichkeit sind gewaltige Kräfte, die den Menschen über die Natur hinausheben. Homo sapiens unterliegt seit dem Neolithikum einer kulturellen Evolution. Bei keinem anderen Lebewesen gibt es etwas Derartiges.

Stern: Der Einstieg in die kulturelle Evolution und die Abschaffung der darwinischen – waren das die Bedingungen für den ungeheueren Vermehrungserfolg?

Mohr: Der Lebensraum Erde hat in der Steinzeit, als die Menschen als Jäger und Sammler ihr Dasein fristeten, für etwa fünf Millionen Menschen gereicht. Das war die Tragekapazität unter den damaligen naturnahen Produktionsbedingungen. Seit Homo sapiens Landwirtschaft betreibt, Natur in produktive Umwelt verwandelt, hat er die Tragekapazität seines Lebensraumes gewaltig erhöht. Der Übergang zum Ackerbau verzehnfachte, die Erfindung des von Tieren gezogenen Pfluges verhundertfachte die Tragekapazität und entsprechend die Populationsgröße. Aber erst die moderne chemisch-technische Industrieagrikultur, die mit Justus von Liebigs Erfindung der Mineraldüngung einsetzte, vertausendfachte die Tragekapazität gegenüber den naturnahen Produktionsbedingungen. Die Folge: Aus den fünf Millionen Altsteinzeitlern sind über fünf Milliarden Zeitgenossen geworden, die keinen Winkel der Natur auf unserem Planeten unberührt lassen, weil sie überleben wollen.

Stern: Wie lange wird das noch gut gehen?

Mohr: Täglich vermehrt sich die Art Homo sapiens um über 200 000 Individuen. Bis zum Jahr 2020 wird die Erdbevölkerung voraussichtlich um fast drei Milliarden auf etwa 8,5 Milliarden anwachsen – das geht über die Tragekapazität unseres Planeten. Die weltweite Umweltkrise ist eine Begrenzungskrise, daran ist nicht zu zweifeln. Es sind nicht nur die übersteigerten Ansprüche der Menschen, die eine Katastrophe heraufbeschwören, es ist vor allem deren Zahl. «Zu viele Menschen sind der Erde Tod» (ein altes chinesisches Sprichwort).

Stern: Was wird mit der Menschheit passieren?

Mohr: Je mehr die Menschenzahl über die Tragekapazität hinaus zunimmt, um so mehr müssen wir mit chaotischen und schließlich katastrophalen Ereignissen in Wirtschaft und Politik rechnen. Und mit dem Scheitern höherer Kultur.

Stern: Wie kann man sich den kulturellen Zusammenbruch konkret vorstellen?

Mohr: Visionen einer Apokalypse zu entwickeln gehört nicht zu meiner Aufgabe. Aber man muß davon ausgehen, daß durch die weltweite Umweltzerstörung die Tragekapazität zurückgeht und entsprechend Nahrung, Energie, intakte Umwelt und medizinische Versorgung ständig teurer werden. In weiten Teilen der Welt werden wieder Hunger, Krankheiten und Seuchen grassieren, und die Menschheit wird, in Teilen jedenfalls, wieder der darwinischen Selektion ausgeliefert sein. Die Welt ist ja keine Einheit. Die einzelnen Regionen werden auf die Begrenzungskrise und den Zusammenbruch der Tragekapazität unterschiedlich reagieren.

Stern: Vermutlich hat das Menschengeschlecht geringe Überlebenschancen, wenn es sich wieder in der darwinischen Evolution bewähren muß. Wird sich das Produkt von Zigtausenden von Jahren kultureller Selbstauslese in der Ellenbogengesellschaft Natur überhaupt behaupten können?

Mohr: Ich habe meine Zweifel, daß die Menschen in der Lage sein werden, die sich anbahnende Begrenzungskrise zu meistern. Homo sapiens versteht zwar verstandesmäßig, was die Stunde geschlagen hat, aber er handelt nicht danach. Es gehört zum menschlichen Verhalten, daß wir die Zukunft nicht wirklich ernst nehmen, weil wir unsere Kraft lieber für die Gegenwart nutzen. Und wer in der Gegenwart keinen annehmbaren Lebensstandard genießt, ist ohnehin wenig motiviert, sich um Langzeitprognosen zu sorgen.

Stern: Gibt es gar keine Chance für die Menschheit?

Mohr: Nur wenn wir es schaffen, unsere von Pleistozaen und Neolithikum geprägte erste Natur durch eine wertorientierte kulturelle Selbstbeherrschung zu bändigen. Wir müssen vor allem vom quantitativ-expansiven Wachstum Abschied nehmen, weil es einfach nicht mehr verträglich ist mit dem Stand der Welt. Die nächsten 20, 30 Jahre werden die entscheidenden in der Geschichte des Homo sapiens. Wenn wir mit der Begrenzungskrise nicht fertig werden, wird sie unsere Kultur umbringen.

Literatur

Alexander, R. D., (1987): The Biology of Moral Systems. Aldine de Gruyter, New York

Eibl-Eibesfeldt, I., (1995): Die Biologie des menschlichen Verhaltens. Piper, München

Holcomb, H. R., (1998): Explaining World History: Marxism, Evolutionism, and Soziobiology. Biology and Philosophy 13: 597–618

Lampe, E.-J., (1987): Genetische Rechtstheorie. Alber, Freiburg

Mohr, H., (1987): Natur und Moral. Wiss. Buchgesellschaft, Darmstadt

Mohr, H., (1999): Wissen – Prinzip und Ressource. Springer, Heidelberg

Sieferle, R. P., (1997): Rückblick auf die Natur – Eine Geschichte des Menschen und seiner Umwelt. Luchterhand, München

Anmerkungen

1 «Unter einer Rasse versteht man eine große Population von Menschen, die historisch in Beziehung stehen und einen Genbestand (Genpool) teilen, der sich erheblich vom Genbestand anderer Populationen unterscheidet.»

2 Die einander entsprechenden Gene, die an homologen Genorten (Loci) homologer Chromosomen lokalisiert sind, heißen Allele.

3 Tragekapazität ist die Eigenschaft eines Wirtschaftsraumes, eine bestimmte Bevölkerung *nachhaltig* zu tragen («nachhaltig»: auf Dauer angelegt).

4 Sippen sind (Klein-)Gruppen von Verwandten, die durch entsprechende Regeln (zum Beispiel Inzestverbot und Exogamie) die genetischen Folgen der Endogamie («Inzucht») kompensieren.

5 Es ist eine generelle Erfahrung, daß nicht nur das Instinktverhalten, sondern auch das intelligente Verhalten von seinen organischen Voraussetzungen nicht zu trennen ist. Bei Störungen des ZNS, des endokrinologischen Apparates oder

der Genstruktur sind mentale und/oder Intelligenzstörungen zu beobachten [z. B. Roth, E., Oswald, W. D., Daumenlang, K. (1972): Intelligenz. Kohlhammer, Stuttgart]. Umfassende Zwillingsstudien bestätigen die hohe Erblichkeit geistig-seelischer Eigenschaften und Leistungen [z. B. Bouchard, T. J. (1997): Whenever the Twain shall meet. The Sciences 37/5, 52–57].

6 Die Evolutionäre Erkenntnistheorie, eine folgenreiche Richtung epistemologischen Denkens in der 2. Hälfte des 20. Jahrhunderts, wurde in der philosophischen Dissertation des Physikers G. Vollmer (1975): Evolutionäre Erkenntnistheorie, Hirzel, Stuttgart, erstmals systematisch dargestellt.

7 Unter Evolutionstheoretikern gilt die zu kooperierenden Gruppen führende Gruppenselektion als ein schwieriges und umstrittenes Thema (im Gegensatz zur theoretisch einfachen Sippenselektion, s. Text). In der kulturellen Evolution hingegen spielt die Gruppenselektion zweifellos eine wesentliche, ja entscheidende Rolle, allerdings ist auch hier der Übergang zur Sippenselektion fließend («Bruderschaften», s. Text).

8 Die Allmende (engl. *commons*) ist ein von den Bauern eines Dorfes gemeinschaftlich genutztes Areal, in der Regel bestehend aus Weide- und Waldflächen. Die Institution der nachhaltig bewirtschafteten Allmende erreichte im Mittelalter ihren Höhepunkt.

9 Überpositive Rechtsgrundsätze nennt man solche, die als Richtschnur für die Ausformulierung der positiven Rechtsnormen dienen. Die Idee des Guten und das Postulat der Gerechtigkeit gelten zum Beispiel als überpositive Rechtsgrundsätze.

Der Körper, die Nerven, das Gehirn und das Ich

Schon in der Jungsteinzeit vor 7000 Jahren wurden Schädeltrepanationen ausgeführt, die operative Eingriffe am Gehirn erlaubten. Welche Bedeutung das Gehirn für Leben und Leistungen des Menschen und der höheren Tiere hat, war aber lange Zeit ganz unbekannt und entsprechend umstritten, diametral verschiedene Meinungen wurden vehement vertreten (vgl. z. B. B.-J. Illing, «4000 Jahre Gehirnforschung», Biol. in uns. Zeit 26, 1996/3, 136–148). Aristoteles etwa billigte dem Gehirn keine bedeutende Rolle zu. Galen nahm dagegen an, daß das Pneuma, der Lebensgeist, in den Hirnventrikeln seinen Sitz habe, eine Vorstellung, die im Mittelalter als «Kammerdoktrin» fortlebte. Descartes stellte sich die Nerven als feine Schläuche vor, in denen der Lebensgeist ströme. Vor 150 Jahren konnten schließlich elektrische Ströme an Nerven nachgewiesen werden, und bald darauf gelang es Camillo Golgi, einzelne reichverzweigte Nervenzellen (Neuronen) in Gewebeschnitten kontrastreich darzustellen. Santiago Ramon y Cajal begründete aufgrund ausgedehnter mikroskopischer Untersuchungen mit der Golgi-Reaktion die Neuronentheorie: Im Zentralnervensystem stehen individualisierte Neuronen über Synapsen (Kontaktstellen) miteinander in Verbindung und bilden so ein funktionales Netzwerk, ohne miteinander zu verschmelzen. Die Synapsen und die Zellkörper der Neuronen mit ihren vielen Fortsätzen sind seither bis in ihre feinsten strukturellen und funktionellen Einzelheiten aufgeklärt worden. Der Nobelpreisträger Sir Bernhard Katz hat sie in seinem Classic «Nerv, Muskel, Synapse» (Stuttgart, Thieme 1986) mustergültig zusammengefaßt. Die Grundbegriffe der Neurobiologie gehören heute zum Lehrplan der Gymnasien. Bekannte Stichworte sind Impulsleitung, Ruhe- und Aktionspotential, spannungsgesteuerte Ionenkanäle, Neurotransmitter usw. Immerhin einige konkrete Daten: Ein Kubikzentimeter des Gehirns enthält mehr als 1 Million Nervenzellen, deren jede mit mehreren hundert, oft sogar mehreren tausend Synapsen mit anderen Neuronen kommuniziert. Das gesamte Zentralnervensystem enthält beim Menschen etwa 10 Milliarden Neuronen. Die Impulsleitung in Nervensträngen erfolgt mit einer Geschwindigkeit von bis zu 100 Metern pro Sekunde.

Auf diesen Grundlagen hat die moderne Hirnforschung in unseren

Tagen so dramatische Fortschritte erzielen können, daß die 90er Jahre geradezu als «Jahrzehnt des Gehirns» proklamiert wurden. Beispielsweise ist es möglich geworden, ohne irgendwelche operativen Eingriffe («nicht-invasiv») im intakten Schädel jene Orte im Gehirn in Computertomogrammen sichtbar zu machen, die im Zusammenhang mit bestimmten mentalen Leistungen aktiv sind. Grundsätzliche Fragen der vielfältigen Gehirnfunktionen und ihrer Entwicklung im Kindesalter wurden dadurch der gefahrlosen Beobachtung zugänglich.

Der folgende Beitrag gibt eine (dem schwierigen Thema entsprechend) anspruchsvolle Übersicht über den momentanen Stand der Hirnforschung und ihre künftigen Ziele. Diese könnten eine Revolutionierung unseres Selbstverständnisses bedeuten – siehe etwa das endlos diskutierte Leib-Seele-Problem. Wie auch immer – wahrscheinlich steht das Goldene Zeitalter der Hirnforschung erst noch bevor.

Hirnforschung an der Schwelle zum nächsten Jahrhundert

Von Wolf Singer

Prolog

Naturwissenschaftliche Erkenntnis kann durch die experimentelle Überprüfung von Voraussagen einer intersubjektiven Validierung unterzogen werden, und Gesetzmäßigkeiten dürfen Gültigkeit beanspruchen, wenn die auf ihnen beruhenden Maschinen funktionieren. Gemessen an diesen funktionalen Kriterien können sich wissenschaftliche Theorien als zutreffend oder falsch erweisen. Den Anspruch, erschöpfend zu sein oder in einem absoluten Bezugssystem als wahr zu gelten, können sie jedoch nicht erfüllen, da die Prüfkriterien nur innerhalb desselben Bezugssystems definiert sind, in dem auch die zu prüfenden Erkenntnisse gewonnen wurden. Die Meßinstrumente und Algorithmen, die zur Validierung benötigt werden, verdanken sich dem gleichen methodischen Vorgehen wie die Experimente, mit denen die zu prüfenden Daten erhoben werden. Was jenseits des jeweils Bekannten noch zur Validierung herangezogen werden müßte, kann grundsätzlich nicht angegeben werden; es gibt deshalb zur Prüfung des Wahrheitsgehalts wissenschaftlicher Erkenntnis nur systemimmanente Kriterien, es fehlen verläßliche Außenkriterien. Erkenntnis- und Validierungsprozesse bilden einen Zirkel innerhalb geschlossener, sich jedoch stetig ausweitender Beschreibungssysteme.

In der Hirnforschung ist diese Zirkularität, diese Selbstreferentialität wissenschaftlichen Erkennens besonders eindrucksvoll, weil hier Explanans und Explanandum eins werden. Ein kognitives System versucht sich selbst zu ergründen, indem es sich im Spiegel naturwissenschaftlicher Beschreibungen betrachtet. Solange es nur um Erklärungsmodelle für sensorische oder motorische Leistungen geht, die sich auch an Tieren studieren lassen, gleichen die erkenntniskritischen Fragen denen der übrigen Wissensdisziplinen. Ganz anders jedoch, wenn es Ziel ist, Erklärungen für jene mentalen und psychischen Funktionen zu finden, die den Menschen ausmachen; wenn es um Erklärungsmodelle für die kognitiven Leistungen geht, die den Übergang von der biologischen zur kulturellen Evolution ermöglichten; wenn die Frage beantwortet werden soll, ob wir erklären können, wie aus dem Zusammenspiel von Nervenzellen – von materiellen Bausteinen also – mentale Phänomene wie Gefühle, Gedanken, Erinnerungen, Aufmerksamkeit und Intentionen hervorgehen, kurzum, wenn erklärt werden soll, wie Bewußtsein in die Welt kommt.

Die oft gestellte Frage rückt in den Blick, ob es denn möglich sei, daß sich ein kognitives System selbst erschöpfend ergründet. Zweifel sind allein schon deshalb angebracht, weil es unwahrscheinlich ist, daß die evolutionären Mechanismen geeignet waren, kognitive Systeme hervorzubringen, die für die Gewinnung möglichst allgemein gültiger Erkenntis optimiert sind. Die evolutionären Selektionskriterien waren vielmehr dazu angetan, informationsverarbeitende Systeme zu entwickeln, die auf möglichst ökonomische Weise nur die Merkmale der jeweiligen Biotope erkennen, bewerten und in Modelle umsetzen, die zutreffende Voraussagen erlauben und für das Überleben der Organismen wichtig sind. Entsprechend selektiv arbeiten unsere Sinnessysteme; und es darf vermutet werden, daß es die gleichen Zweckmäßigkeitskriterien waren, die zu den Regeln führten, nach denen wir die nur bruchstückhaft wahrnehmbaren Aspekte der uns umgebenden Welt zu einem kohärenten Bild verbinden, die Regeln, nach denen wir schlußfolgern und Theorien erstellen. Die zahlreichen Beispiele von eklatanten «Sinnestäuschungen» belegen, daß unserem Gehirn an anderem gelegen ist als an der möglichst «objektiven» Erfassung physikalischer Bedingungen, wie sie in den Meßergebnissen von Instrumenten aufscheinen – von Instrumenten, die wir allerdings allesamt wiederum mit unserem Gehirn ersonnen haben.

Diese epistemologischen, derzeit und vielleicht grundsätzlich nicht auflösbaren Zweifel müssen jeden Diskurs über Hirnforschung begleiten und vor allem dann bedacht sein, wenn Schlußfolgerungen gezogen werden, die über den engen Rahmen des neurobiologischen Beschreibungssystems hinausweisen und psychische und mentale Phänomene miteinbeziehen.

Die moderne Hirnforschung ist dabei, mit ihren analytischen Werkzeugen in die innersten Sphären des Menschseins vorzudringen. Das Fortschreiten auf diesem Weg bewirkt tiefgreifende Veränderungen unseres Menschenbildes, folgenreichere vielleicht als die kopernikanische Wende und die Darwinsche Evolutionstheorie. Denn diesmal werden nicht mehr nur unser Ort im Kosmos und unsere biologische Bedingtheit hinterfragt, sondern die Begründung unserer Selbstwahrnehmung als freie, geistige Wesen.

Dürfen wir diesen Weg weitergehen? Was gewinnen oder verlieren wir, wenn wir beschließen innezuhalten? Können wir überhaupt noch innehalten? Und wie sind wir überhaupt so weit gekommen, uns diesen Fragen stellen zu müssen? Um Antworten vorzubereiten, ist es nützlich, die Motive und Mechanismen zu benennen, die das Fortschreiten bewirkt haben.

Bis vor wenigen Jahrzehnten war die Hirnforschung fast ausschließlich Domäne der Medizin. Diese war es auch, die mit besonderer Eindringlichkeit auf die materielle Bedingtheit mentaler Phänomene verwies und die Gegenthese zu herrschenden, dualistischen Positionen einforderte. Die Beobachtung von Patienten lehrte, daß Verletzungen des Gehirns mit selektiven Funktionsausfällen einhergehen, welche die höchsten kognitiven Leistungen mit einschließen. Läsionen können blind, taub, vergeßlich, antriebs- oder sprachlos machen und zum Verlust der Fähigkeit führen, den emotionalen Ausdruck von Gesichtern zu erkennen, Freude und Trauer zu empfinden oder zwischen diesen Emotionen zu unterscheiden. Hirnorganische Veränderungen können sogar die Symptome psychiatrischer Krankheitsbilder hervorrufen, tiefste Depressionen oder kognitive Störungen, die zuweilen bis zum wahnhaften Verkennen der Wirklichkeit und zum Zerfall der Selbstwahrnehmung führen. Auf die organische Verursachung psychischer Phänomene verwiesen auch die Wirkung von Rauschgiften und die Vererblichkeit psychiatrischer Erkrankungen. Die Medizin war also mit den engen Bezügen zwischen Gehirn und Psyche schon seit langem aufs beste vertraut.

Die Motivation geisteswissenschaftlicher Disziplinen, sich mit diesen beunruhigenden Beobachtungen zu befassen, war jedoch bis noch vor wenigen Jahrzehnten erstaunlich gering. Die Überzeugung, daß mentale Phänomene von anderer Natur sind als biologische, hat sich unangefochten in allen abendländischen Denkmodellen behauptet. Zudem entspricht sie unserer Selbsterfahrung. Die beobachtete Abhängigkeit psychischer Phänomene von Hirnprozessen vermochte diese Position nicht zu erschüttern, da nicht erklärbar war, wie das eine das andere hervorbringen könnte. Noch 1872 prognostizierte Emil du Bois Reymond anläßlich einer Festrede auf der Tagung der Naturforscher und Ärzte: «Ich werde jetzt, wie ich glaube, in sehr zwingender Weise dartun, daß nicht allein bei dem heutigen Stand unserer Kenntnis das Bewußtsein aus seinen materiellen Bedingungen nicht erklärbar ist, was wohl jeder zugibt, sondern auch, daß es der Natur der Dinge nach aus diesen Bedingungen nie erklärbar sein wird.» Sein berühmtes «Ignorabimus»!

Erst in den letzten Dekaden dieses Jahrhunderts erscheint die Frage nach den neuronalen Korrelaten mentaler Phänomene, das Bewußtsein eingeschlossen, einer rasch wachsenden Zahl von Grenzgängern – Neurobiologen und Philosophen – als bedeutsam und behandelbar. Kongresse zu diesem Thema, die inzwischen weltweit stattfinden, ziehen bereits viele hundert Teilnehmer an: Neurobiologen, Psychologen, Anthropologen und Philosophen, vor allem die der analytischen Richtung, sind dort ebenso anzutreffen wie Informatiker, Experten der künstlichen Intelligenz und Robotik und natürlich die Physiker, die sich von Elementarteilchen ab- und komplexen Systemen zugewandt haben. Die Neurobiologie scheint dabei zu sein, die Erwartung einzulösen, es könne dieser Wissensdisziplin gelingen, die bislang hermetischen Grenzen zwischen Natur- und Geisteswissenschaften zumindest an einigen Berührungsflächen durchlässig zu machen. Eine Erwartung, die deshalb nicht von ungefähr kommt, weil es sich die Neurobiologie, ermutigt durch ihre eindrucksvolle Erkenntnisträchtigkeit, zum Ziel gesetzt hat, den reduktionistisch naturwissenschaftlichen Erklärungsansatz auf psychische und mentale Phänomene auszuweiten.

Naturgemäß ist die Hirnforschung bei diesen Vorhaben mehr als jede andere Wissensdisziplin auf die Zusammenarbeit einer Vielzahl von Fachrichtungen angewiesen. Die Klammer, die diese vielfältigen und tiefgestaffelten, in ihrem methodischen Vorgehen sehr unterschiedlichen Forschungsansätze zusammenhält, ist die Überzeugung, daß alle kognitiven, motorischen und psychischen Leistungen, einschließlich der höchsten mentalen Funktionen des Menschen, auf physiko-chemischen Funktionsabläufen in den Nervennetzen des Gehirns beruhen.

Strukturelle Rückbindung und Evolution von Hirnfunktionen

Anders als bei den oft zum Vergleich herangezogenen Computern läßt sich im Gehirn eine Trennung zwischen Hardware und Software nicht vornehmen. Das Programm für Hirnfunktionen wird durch die hochspezifische Verschaltungsarchitektur der Nervenzellen festgelegt. Die Art der Verschaltung und die Effizienz der Koppelung zwischen Nervenzellen beinhalten das Programm für sämtliche Hirnleistungen, einschließlich psychischer und mentaler

Phänomene. Von großer Bedeutung ist deshalb die Aufklärung der Faktoren, welche die funktionelle Architektur von Gehirnen bestimmen. Allen voran steht hier die im Laufe der Evolution erworbene und in den Genen gespeicherte Erbinformation. Sämtliche Struktur- und Verschaltungsmerkmale, die Gehirnen von Mitgliedern derselben Spezies gemeinsam sind, beruhen auf genetischer und somit angeborener Festlegung. Daraus folgt, daß die Funktionsabläufe im Gehirn in hohem Maße durch genetische Vorgaben festgelegt sind. Da sich diese ihrerseits der Stammesgeschichte verdanken, ergeben sich aus evolutionsbiologischer Perspektive wichtige Einblicke in die Bedingtheiten von Hirnfunktionen.

Die Evolution vielzelliger Organismen läßt die Vermutung zu, daß Arbeitsteilung der Lebenstüchtigkeit dienlich ist. Zellen, die im Prinzip auch einzeln überleben können, schlossen sich zu vielzelligen Organismen zusammen und spezialisierten sich auf unterschiedliche Aufgaben. Die Zellen büßten dabei ihre Autonomie und Unsterblichkeit ein, und ein Teil der Organismen bezahlte den potentiellen Vorteil der Vielzelligkeit mit der Preisgabe ihrer Motilität. Die von Einzellern entwickelten Systeme zur Informationsweiterleitung und -verarbeitung reichten nicht aus, um die Koordinierungsprobleme zu lösen, die vielzellige Organismen bewältigen müssen, um zielgerichtete Bewegungen auszuführen. Wie der evolutionäre Erfolg der Pflanzen beweist, können jedoch die Vorteile der arbeitsteiligen Vielzelligkeit die Nachteile der Unbeweglichkeit durchaus kompensieren. Andere Organismen vermochten die Vorteile der Vielzelligkeit mit denen der Beweglichkeit zu vereinen. Sie lösten das Koordinierungsproblem durch die Entwicklung von Nervenzellen. Es war dies der entscheidende Durchbruch zur Evolution zunehmend komplexer und autonomer Organismen. Nervenzellen erschlossen die Möglichkeit, Signale aus der Umwelt in beliebiger Weise zu rekombinieren, im Kontext der Bedürfnisse des Organismus zu bewerten und durch Verhaltensmodifikation in flexibler Weise zu beantworten. Durch die Erfindung von Nervenzellen ließen sich die Vorteile von Spezialisierung und Arbeitsteilung voll ausschöpfen, da hochdifferenzierte Teilleistungen nunmehr auf effektive Weise koordiniert werden konnten. Entsprechend ging während der nun folgenden Evolution die Differenzierung von Sensoren und Effektoren mit einer ständigen Weiterentwicklung der informationsverarbeitenden Strukturen einher. Im wesentlichen beruhten diese Verbesserungen auf der Optimierung von Strategien zur Bewältigung kombinatorischer Probleme, auf der Vermehrung von Optionen, die Ergebnisse dieser kombinatorischen Operationen zu speichern und dieses so erworbene «Wissen» über die Welt für die Steuerung von Verhaltensreaktionen verfügbar zu halten. Es kam zur Herausbildung von Gehirnen, zur zentralen Verwaltung von Information. Dabei sind die strukturellen, biochemischen und damit auch die physiologischen Eigenschaften von Nervenzellen seit ihrem ersten Auftreten in Mollusken bis hin zum menschlichen Gehirn über alle Tierstämme hinweg auf frappierende Weise nahezu unverändert geblieben. Hinsichtlich der Organisationsprinzipien von zentralen Nervensystemen gab es jedoch offenbar verschiedene Optionen. Die von den Wirbeltieren eingeschlagene Strategie erwies sich bislang als die ausbaufähigste. Bei ihnen, und hier vor allem bei den warmblütigen und insbesondere bei den Säugetieren, erreichten die Gehirne ein Höchstmaß an Differenziertheit. Dieser Zuwachs an Komplexität verdankt sich erstaunlicherweise nahezu ausschließlich der *quantitativen Vermehrung der Großhirnrinde. Sie ist die letzte große Erfindung der Evolution.* Seit dem ersten Auftreten der Hirnrinde bei niederen Wirbeltieren, wie etwa der Schildkröte, wurden keine neuen Hirnstrukturen mehr entwickelt. Die hochdifferenzierten Gehirne von Primaten und Menschen unterscheiden sich deshalb von den weniger komplexen Wirbeltiergehirnen im wesentlichen nur durch die dramatische Zunahme des Volumens der Großhirnrinde. Folglich müssen all jene Leistungen, die uns von Primaten, und diese wiederum von Tieren mit einfacher strukturierten Gehirnen, unterscheiden, der Großhirnrinde zugeschrieben werden. Die Frage nach der biologischen Bedingt- und Besonderheit des Menschseins ist somit eng verbunden mit der Frage nach den Funktionen der Großhirnrinde. Wie sehr die Entwicklung von Großhirnrindenfunktionen mit der Herausbildung mentaler, spezifisch menschlicher Qualitäten verbunden ist, läßt sich nicht nur aus der Evolution unserer Gehirne ableiten, sondern auch aus der Individualentwicklung. Zwischen der langsamen Ausreifung von Großhirnrindenarealen, die sich bis zur Pubertät hinzieht, und der Expression mentaler Leistungen besteht eine faszinierend enge Korrelation. So ist zum Beispiel die Fähigkeit, Reaktionen auf Reize zurückzustellen und erst nach modellhaftem Durchspielen möglicher Folgen zuzulassen, unmittelbar von der Ausreifung gewisser praefrontaler Rindenregionen abhängig.

Eines der hervortretenden Strukturmerkmale der Großhirnrinde ist ihre Gliederung in verschiedene *Areale*, die unterschiedlichen Funktionen gewidmet sind. Allen Säugern gemein ist die Gliederung in okzipitale, parietale, temporale und frontale Rindenbereiche, und auch die Funktionszuordnungen sind überall gleich. Areale, die sich mit der Vorverarbeitung visueller Information befassen, befinden sich im Okzipitallappen. Die Identifikation visueller Objekte obliegt Arealen im Temporallappen, die räumliche Lokalisation visueller Objekte dem Parietallappen, die Sprachrezeption und -produktion verteilt sich auf Areale des Temporal- und Frontallappens der linken Hemisphäre (beim Rechtshänder), und die Programmierung von Bewegungen wird im wesentlichen von frontalen Arealen bewerkstelligt. Schließlich sind da die phylogenetisch rezenten Areale im Präfrontallappen, die sich mit Funktionen befassen, die das «Sein in der Zeit» ermöglichen, sich beteiligen an Gedächtnisprozessen, am Entwurf von Handlungen und am Planen zukünftiger Vorhaben. Außerdem tragen diese Areale zur Steuerung sozial relevanter Verhaltensweisen bei. Diese Funktionszuordnungen finden sich in allen Menschengehirnen wieder und können somit als Ausdruck des während der Evolution erworbenen Wissens über die Zweckmäßigkeit gewisser Verarbeitungsstrategien angesehen werden. Denn in der strukturellen Anordnung von Arealen drücken sich Verschaltungsprinzipien aus; benachbarte Areale sind enger miteinander verschaltet als weit entfernte. Topologien definieren also Verschaltungen, die ihrerseits die Rolle von Programmen haben; somit repräsentiert topologische Ordnung Wissen.

In dieser differenzierten Architektur liegen die Regeln, die angeben, nach welchen Kriterien bestimmte Aspekte der Welt miteinander verbunden werden. Die *Verbindungen zwischen Arealen* legen fest, welche Merkmale miteinander assoziiert werden können. In jedem dieser verschiedenen Areale werden jeweils nur ganz bestimmte Aspekte der über die Sinne erfaßbaren Welt analysiert. Was assoziierbar ist, hängt also davon ab, ob und wie die verschiedenen Areale miteinander verbunden sind. Die Grenzen synästhetischer Erfahrung, der Verknüpfbarkeit unterschiedlicher Sinnesempfindungen, werden durch solche Verschaltungsprinzipien definiert. Areale, die nicht direkt miteinander verbunden sind, können ihre Analyseergebnisse auch nicht direkt austauschen. Der größte Teil dieser komplexen Verschaltungsarchitektur ist *genetisch festgelegt* und somit angeboren; Gehirne kommen demnach mit erheblichem Vorwissen über die Welt in diese. Vielleicht ist es eben dieses ererbte Vorwissen, das in Archetypen zum Ausdruck kommt und Reinkarnationsmythen nährt. Sicher jedoch ist es Voraussetzung dafür, daß alle Menschen die Welt in ähnlicher Weise wahrnehmen und sich über ihre Wahrnehmungen verständigen können.

Die zweite wichtige Informationsquelle für die Programmierung von Hirnfunktion ist die während der frühen Entwicklung bis hin zur Pubertät erworbene Erfahrung der Welt. Menschliche Gehirne, und das gilt für Säugergehirne im allgemeinen, entwickeln sich nach dem Zeitpunkt der Geburt noch bis hin zur Pubertät strukturell weiter. Zum Zeitpunkt der Geburt verfügt das Gehirn zwar bereits über den vollen Satz von Nervenzellen, aber in zahlreichen Hirnstrukturen ist das Auswachsen von Nervenverbindungen noch nicht abgeschlossen. Es bilden sich neue synaptische Kontakte aus, und dieser Entwicklungsprozeß setzt sich in bestimmten Hirnrindenarealen bis zur Geschlechtsreife fort. Besonders bemerkenswert ist dabei, daß diese späte Ausdifferenzierung der Verschaltung von neuronaler Aktivität und damit von Sinnessignalen beeinflußt wird. Zum Zeitpunkt der Geburt sind die meisten Sinnesorgane bereits voll funktionstüchtig, d. h., die elektrische Aktivität, die im Nervensystem erzeugt wird, unterliegt der Modulation durch Signale, die von außen kommen. Diese Aktivität wiederum wird genutzt, um die neu ausgewachsenen Nervenverbindungen zu bewerten, um die funktionell angepaßten Nervenfasern zu konsolidieren und die nicht gebrauchten abzuschaffen. Bis zum Abschluß dieses postnatalen Entwicklungsprozesses, also bis zur vollständigen Auskristallisation der Verschaltung des Nervensystems, werden etwa 30 bis 40% mehr Verbindungen angelegt, als letztlich im ausgereiften Gehirn erhalten bleiben. Dieser erfahrungsabhängige Entwicklungsprozeß wird also durch einen extrem hohen Umsatz von neu gebildeten und wieder gelösten Verbindungen charakterisiert, wobei die auftretenden Aktivierungsmuster festlegen, welche Verbindungen erhalten bleiben. Das bedeutet auch, daß nicht nur selbst gesuchte Erfahrung, sondern auch die Interaktionen, die von Bezugspersonen initiiert werden, an der Festlegung der Verschaltungsarchitekturen des werdenden Gehirns mitwirken.

Wie zahlreiche neuroanatomische Untersuchungen belegen, kann Erfahrung tatsächlich zu strukturellen Veränderungen führen, die so massiv sind, daß man sie im Mikroskop sehen kann. Wie bedeutsam diese zweite, *epigenetische Lernphase* für den Rest des Lebens ist, geht daraus hervor, daß nach Ablauf dieser Entwicklungsphase die Architektur des Nervensystems auskristallisiert und starr wird. Es gibt dann kein neues Wachstum, aber auch keine Vernichtung von Verbindungen mehr, es sei denn, es liegen pathologische Prozesse vor. Jenseits dieser Entwicklungsphase gibt es somit keine Möglichkeit, die Architektur und damit das Basisprogramm des Gehirns zu verändern. Dennoch bleiben wir lernfähig, und darüber wird noch zu berichten sein.

Der Grund, warum das Nervensystem sich darauf verläßt, nach der Geburt noch zusätzliche Informationen aufzunehmen, um Verschaltungen zu optimieren, ist, daß auf diese Weise Funktionen realisiert werden können, die sich durch genetische Instruktionen alleine nicht hätten verwirklichen lassen. Der Preis für diese Option ist jedoch hoch. Die Möglichkeit, Verschaltungen und damit Programme über das genetisch vorgegebene Grundmuster hinaus an die tatsächlichen Gegebenheiten anzupassen, wird mit erhöhter *Verletzlichkeit* erkauft. Wenn in den frühen Phasen der Entwicklung die Interaktion mit der Umwelt gestört ist, können die entsprechenden Funktionen nicht ausgebildet werden. Dies gilt mit großer Wahrscheinlichkeit nicht nur für einfache sensorische Funktionen, sondern auch für eine Fülle höherer kognitiver Leistungen. Für den Spracherwerb ist die Erfahrungsabhängigkeit und die Existenz kritischer Phasen nachgewiesen. Vermutlich hängt aber auch die Einbindung in soziale Bezüge von derartigen Prägungsprozessen ab, von der erfahrungsabhängigen Strukturierung der Hirnarchitekturen, die bis zum Abschluß der Pubertät erfolgt sein muß und später nicht mehr nachholbar ist.

Über diese erfahrungsgesteuerten Reifungsprozesse erwirbt das werdende Gehirn spezielles Wissen über die Bedingtheit seiner Umwelt und fügt dies dem Wissen hinzu, das sich in seiner genetisch festgelegten Verschaltung ausdrückt und im Laufe der Evolution durch Versuch, Irrtum und Selektion erworben wurde. Zudem erfährt das junge Gehirn durch die epigenetische Prägung seine Einbindung in die kulturellen Traditionen der Lebenswelt, in die es hineingeboren wurde.

Da wir aber auch als Erwachsene noch lernfähig sind, stellt sich die Frage, wie die Aufnahme von Wissen in dieser Lebensphase erfolgt, zu einem Zeitpunkt also, an dem Verschaltungen nicht mehr verändert werden können. Diese Lernvorgänge, die natürlich auch schon vor Erreichen der Pubertät parallel zu den Prägungsprozessen ablaufen, beruhen darauf, daß die Wirksamkeit der vorhandenen Verbindungen verändert wird. Diese können in ihrer Effektivität, in ihrer Koppelstärke, entweder erhöht oder abgeschwächt werden. Dabei gilt, daß zeitlich korrelierte Aktivierung von zwei verbundenen Zellen die Effizienz der synaptischen Kopplung zwischen diesen beiden Zellen erhöht, während antikorrelierte Aktivierung zu einer Abschwächung der Kopplung führt. Die Lernregel bewertet also die zeitliche Korrelation von Ereignissen, sie verbindet Inhalte, die häufig zusammen vorkommen. Die Natur assoziativer Prozesse gründet somit auf dem molekularen Regelwerk, das aktivitätsabhängige Modifikationen der synaptischen Übertragung zwischen Nervenzellen vermittelt. Diese plastischen Veränderungen sind ihrerseits der Kontrolle durch Bewertungssysteme unterworfen, die die Relevanz der jeweiligen Aktivitäten beurteilen und Veränderungen dann und nur dann zulassen, wenn das Gesamtgehirn befunden hat, daß die jeweils zur Verarbeitung gelangten Aktivitätsmuster bedeutsam sind. Diese Bewertung wird von Zentren im limbischen System vorgenommen. Das Bewertungsergebnis wird den verteilten Verarbeitungszentren über Nervenbahnen und spezielle chemische Überträgerstoffe, die sogenannten Neuromodulatoren, mitgeteilt.

So gibt es also drei Mechanismen, über welche Wissen in das Gehirn kommt. Die *Evolution*, die Wissen über die Welt in den Genen speichert und dieses Wissen im Phänotyp des je neu ausgereiften Gehirns exprimiert; die *Ontogenese*, während der erworbenes Erfahrungswissen in irreversible Verschaltungsänderungen umgesetzt wird, die übrigens kaum von den genetisch bedingten zu unterscheiden sind; und schließlich die normalen *Lernvorgänge*, die erworbenes Wissen durch Änderungen der Effizienz bereits konsolidierter Verbindungen speichern. Diese lernbedingten Modifikationen der synaptischen Übertragung haben natürlich auch strukturelle und molekulare Substrate, die allerdings allenfalls noch mit dem Elektronenmikroskop identifiziert werden können. In ihrer Gesamtheit bestimmen diese drei Wissensquellen die funktionelle Architektur des jeweiligen Gehirns und damit das Programm, nach dem das betrachtete Gehirn arbeitet.

Gegenwärtige Forschungsschwerpunkte

Welches sind nun die Fragen, denen die Hirnforschung heute vor allem nachgeht, und welche Methoden stehen ihr zur Verfügung? Mit besonderem Nachdruck wird zur Zeit erforscht, wie aus genetischer Information Strukturen entstehen, wie das Gehirn lernt und erinnert, wie Wahrnehmungsprozesse organisiert sind, wie Entscheidungen zustande kommen und Handlungsentwürfe spezifiziert werden, wie Emotionen und Gestimmtheiten zustande kommen, und schließlich, warum das Gehirn Schlaf braucht, warum es im Alter seine Funktionen verändert und warum Hirngewebe nach Verletzung kaum regeneriert. Naturgemäß wird bei der Suche nach diesen Antworten immer auch die Frage mitgedacht, ob sich Störungen identifizierter Funktionsabläufe mit neurologischen oder psychiatrischen Erkrankungen in Verbindung bringen lassen. Die begründete Erwartung ist, daß Aufklärung der neuronalen Grundlagen normaler Funktionen auf kurzem Wege zum Verständnis der Ursachen von Erkrankungen führen und die Entwicklung von Therapieverfahren ermöglichen wird.

Das werdende Gehirn

Die Frage, wie genetische Instruktionen während der Embryonalentwicklung in die Herausbildung von Organen umgesetzt werden und welche Signalkaskaden dabei zum Tragen kommen, steht im Zentrum entwicklungsbiologischer Forschung und wird weltweit mit großem Nachdruck untersucht. Naturgemäß bestehen große Ähnlichkeiten zwischen den molekularen Prozessen, die der Entwicklung des zentralen Nervensystems und der der Organe im allgemeinen zugrunde liegen. Ein spezielles Entwicklungsproblem des zentralen Nervensystems leitet sich jedoch aus der Notwendigkeit ab, die Verbindungen von 10 Milliarden Nervenzellen selektiv anzulegen. Basierend auf theoretischen Arbeiten und biochemischen Analysen konnte der Nachweis erbracht werden, daß ein Teil dieser Festlegungen über Gradienten von Markierungsmolekülen erfolgt, die auswachsende Nervenfasern zu ihren Zielregionen führen. Die gewebsspezifische Expression solcher Markierungsmoleküle steuert auch die Differenzierung der Nervenzellen und die Ausbildung der für sie charakteristischen Übertragungsmechanismen. Trotz Einbeziehung moderner molekularbiologischer Verfahren und großer Forschungsintensität weltweit sind erst einige wenige Grundprinzipien der Umsetzung von genetischen Signalen in Strukturentwicklungsprozesse aufgeklärt, und von den Signalmolekülen, die solche Differenzierungsprozesse leiten, dürfte bis jetzt erst ein kleiner Bruchteil bekannt sein. Dennoch ist es bereits gelungen, die für einige Mißbildungen des zentralen Nervensystems verantwortlichen Störungen zu identifizieren.

Ein ganz besonders wichtiger und zunächst unerwarteter Aspekt dieser Forschung ist, daß die molekularen Prozesse, die bei der Embryonalentwicklung bestimmend sind, auch bei der *Regeneration* von Nervengewebe nach Verletzungen eine tragende Rolle spielen. So konnte gezeigt werden, daß Applikation der Wachstumsfaktoren, die während der Embryonalentwicklung wirksam sind, Nervengewebe auch im erwachsenen Gehirn zur Regeneration anregen kann. Intensive Forschung auf diesem Gebiet wird es in absehbarer Zeit möglich machen, Patienten zu helfen, bei denen Nervengewebe durch Tumoren, Blutungen oder Verletzungen zerstört wurde.

Auch der Frage, über welche Mechanismen die Signale aus der Umwelt auf die Hirnentwicklung Einfluß nehmen, wird gegenwärtig große Aufmerksamkeit geschenkt. Hier geht es darum herauszufinden, welchen relativen Anteil an der Ausprägung ausgereifter Strukturen genetische Instruktionen einerseits und Umwelteinflüsse andererseits haben und welches die synaptischen und molekularen Prozesse sind, die bei der Umsetzung von elektrischer Aktivität in Verschaltungsänderungen zum Tragen kommen. Enge konzeptionelle und methodische Verknüpfungen bestehen hierbei mit Forschungsrichtungen, die sich auf die vorangehende Embryonalentwicklung konzentrieren. Jüngste Entdeckungen führten zu der überraschenden Einsicht, daß eine Vielzahl von *Signalmolekülen*, die während der frühen Embryonalentwicklung am Aufbau von Verschaltungen beteiligt sind, auch später bei der erfahrungsabhängigen Modifikation von Verschaltungen und zum Teil auch bei gewöhnlichen Lernvorgängen gleichermaßen eingebunden sind. Dies weist auf den fließenden Übergang zwischen früher Strukturentwicklung, umweltabhängiger Prägung und Lernvorgängen im Erwachsenen hin. Von erheblicher klinischer Bedeutung ist hierbei die Tatsache, daß diese erfahrungsabhängigen Optimierungsprozesse an *kritische Entwicklungsphasen* gebunden sind, jenseits derer sie nicht mehr nachgeholt werden können. Fehler in der Verschaltung, die auf gestörte Interaktion mit der Umwelt zurückgehen, können nach Ablauf dieser kritischen Phasen nicht mehr korrigiert werden. Da eine Vielzahl von kognitiven Störungen auf solchen fehlerhaften Entwicklungsprozessen beruhen, ist es notwendig herauszufinden, wodurch kritische Phasen begrenzt werden und ob sich diese gegebenenfalls verlängern lassen.

Aus diesen Entwicklungsstudien ergeben sich klare Hinweise auf die Notwendigkeit zur Frühdiagnostik kognitiver Funktionen bei

Säuglingen und zur rechtzeitigen Einleitung von Therapieverfahren. Es sind dies Erkenntnisse, die inzwischen in die Klinik Eingang gefunden haben. Dies gilt für Frühinterventionen bei Störungen der Sehfunktion ebenso wie für die rechtzeitige Anwendung von Hörhilfen und Cochleaimplantaten (Cochlea = Schnecke des Innenohrs) bei frühkindlicher Schwerhörigkeit.

Wegen der fließenden Übergänge zwischen erfahrungsabhängiger Strukturbildung in der Entwicklung und den Lernvorgängen im Erwachsenen ist die Erfahrung der postnatalen Hirnreifung auch von zentraler Bedeutung für das Verständnis der neuronalen Grundlagen von Lernprozessen. Bislang beschränkt sich unser Wissen auf beiden Gebieten jedoch auf relativ einfache Basisfunktionen. Welchen Einfluß Erfahrung auf die Ausbildung mentaler Leistungen hat, ist noch weitgehend ungeklärt. Es gibt jedoch erste Hinweise dafür, daß selbst so komplexe Störungen, wie sie bei der Schizophrenie auftreten, zum Teil auf fehlgeleiteten, erfahrungsabhängigen Entwicklungsprozessen beruhen könnten.

Das ausgereifte Gehirn

Ein großer Teilbereich der Zellbiologie befaßt sich mit den außerordentlich komplexen molekularen Vorgängen, die der Kommunikation zwischen Nervenzellen zugrunde liegen. Erforscht wird hier sowohl die Übertragung der *elektrischen Signale*, die den informationsverarbeitenden Prozessen des zentralen Nervensystems zugrunde liegen, als auch die elektrisch stumme *biochemische Kommunikation*, die der Strukturerhaltung dient. Von der Aufklärung dieses zweiten, stummen Kommunikationssystems werden Antworten erwartet, die sowohl für entwicklungsbiologische Fragen als auch für das klinisch eminent wichtige Probleme der Nervenzellregeneration relevant sind. Der Grund ist, daß die an diesen verschiedenen Prozessen beteiligten Signalkaskaden große Ähnlichkeit aufweisen. Der Bezug zur klinischen Forschung ist hier besonders eng, da strukturerhaltende und die Regeneration kontrollierende biochemische Signalmechanismen eine zentrale Rolle bei allen traumatischen, degenerativen und entzündlichen Erkrankungen des Nervensystems spielen. Gleichermaßen eng sind hier die Beziehungen zum großen Forschungsgebiet der Immunologie, da Immunsystem und Nervensystem miteinander in Wechselwirkung stehen und sich bei ihrer Kommunikation der gleichen, elektrisch stummen Signaltransduktionsmechanismen bedienen.

Einen großen Raum nimmt seit jeher und auch heute noch die Untersuchung der *elektrischen Signalübertragung* ein. Hier sind zwei Prozesse von allergrößter Bedeutung: die durch elektrische Erregung von Nervenzellen induzierte Freisetzung chemischer Überträgersubstanzen und die Wechselwirkung zwischen diesen Überträgersubstanzen und Membranrezeptoren in den nachgeschalteten Zellen. Letztere bewirken über die Koppelung an Ionenkanäle elektrische Potentialschwankungen und über Koppelung an intrazelluläre Signalmechanismen langfristige Veränderungen der zellulären Eigenschaften, bis hin zur aktivitätsabhängigen Kontrolle der Genexpression.

In jüngster Zeit richtet sich die Aufmerksamkeit vor allem auf die *Langzeitmodifikationen* dieses Übertragungsmechanismus, da die aktivitätsabhängige Veränderung der Wirksamkeit von Synapsen vermutlich die Grundlage von Lernprozessen bildet. Diese Prozesse sind wiederum nahe verwandt mit den Mechanismen, die während der erfahrungsabhängigen Hirnreifung nach der Geburt zu epigenetischen Modifikationen der angeborenen Verschaltung führen. In beiden Fällen bewirkt elektrische Aktivität dauerhafte Veränderungen der Effizienz der elektrischen Signaltransduktion an ausgewählten synaptischen Kontakten.

Selbst wenn lückenlos bis hinunter zur molekularen Ebene aufgeklärt wäre, wie Nervenzellen miteinander kommunizieren und wie sie die zigtausend Signale verrechnen, die sie von anderen Neuronen fortwährend erhalten, würde dies noch keine Rückschlüsse auf die Natur der *informationsverarbeitenden Prozesse* zulassen, die den Leistungen von Nervennetzen zugrunde liegen. Zur Beantwortung dieser Frage bedarf es zusätzlich der Analyse der komplexen raum-zeitlichen Aktivierungsmuster in Neuronenverbänden und der Korrelation dieser Aktivitätszustände mit definierten kognitiven oder motorischen Leistungen. Dieser Ansatz ist Domäne der Systemphysiologie. Zu klären ist, wie die Sinnesorgane die vielfältigen Aspekte der Umwelt in neuronale Signale umsetzen, auf welche Weise diese Signale zentral weiterverarbeitet werden und nach welchen Prinzipien Repräsentationen von Wahrnehmungsobjekten im Gehirn aufgebaut werden. Letzteres schließt die noch immer ungelösten allgemeinen Fragen ein, wie Inhalte in der Großhirnrinde repräsentiert werden, wie die Ergebnisse der vielen gleichzeitig ablaufenden, verteilten Auswerteprozesse in der Großhirnrinde so zusammengebunden werden können, daß ein kohärentes Bild der Welt entsteht, und wie es über

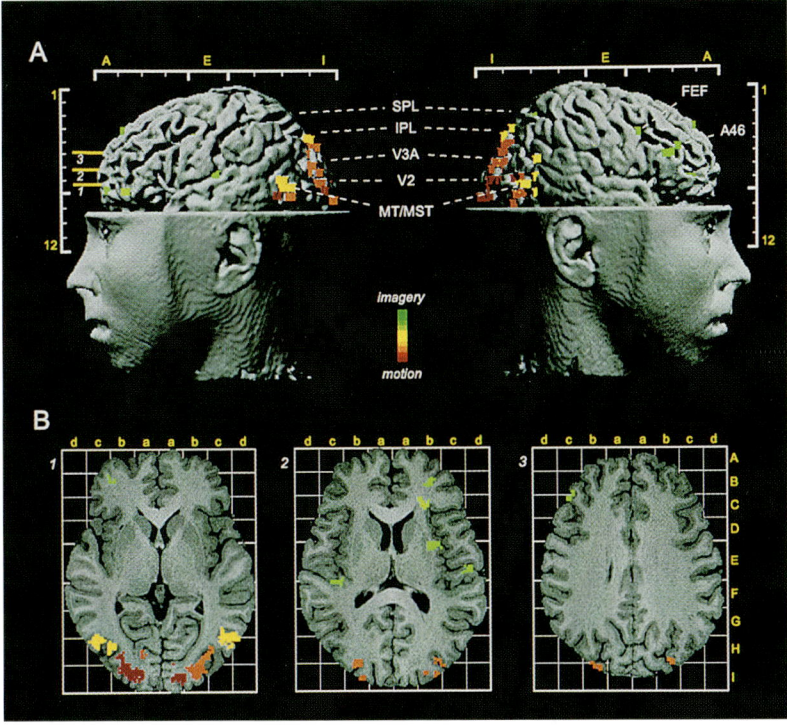

Abb. 21: Die Abbildung zeigt aktive Hirnareale eines Probanden bei einem
Experiment zur mentalen Vorstellung von bewegten Reizen. (A) Areale sind
farbig markiert, die während gesehener Bewegung oder während nur vorge-
stellter Bewegung besonders aktiv waren. Die linke Seite zeigt eine Seiten-
ansicht der linken Hirnhemisphäre, die rechte Seite zeigt eine Ansicht der
rechten Hemisphäre. Die Farben der Areale decken ein Kontinuum ab. Rote
Färbung kennzeichnet Areale, die nur bei gesehener Bewegung reagieren,
wohingegen grüne Färbung Areale kennzeichnet, die nur während der Vor-
stellungsphasen reagieren. Farben zwischen diesen Extremen (z.B. gelb)
kennzeichnen Areale, die bei beiden Bedingungen reagieren. Das Gehirn des
Probanden wurde in den Talairach-Standardraum gedreht und skaliert, des-
sen Koordinaten durch weiße Linien mit Markierungen angedeutet sind.
Die kurzen gelben Linien auf der linken Seite spezifizieren die Lage der in
(B) gezeigten Hirnschnitte. IPL = aktive Region im unteren Parietallappen,
SPL = aktive Region im oberen Parietallappen. (B) Aktivierungen in ausge-
wählten Hirnschnitten. Der Schnitt auf der linken Seite zeigt beidseitige
Aktivierung der Areale MT/MST (gelb), V2 (rot) und V3/V3 A (rot/orange).
Der Schnitt in der Mitte zeigt Aktivierung in der Insel (grün), die nicht auf
den Seitenansichten sichtbar ist. Der Schnitt auf der rechten Seite zeigt
Brodman-Areal BA 9/46 (grün) und V3 A (orange). (Modifiziert aus Goebel
et al., 1998, Abb. 5)

Lernprozesse zu einer dauerhaften Verankerung von Erfahrungen im Gehirn kommen kann. Diese für das Verständnis höherer Hirnfunktionen außerordentlich wichtigen Fragen können naturgemäß nur am intakten, funktionstüchtigen Gehirn untersucht werden, erfordern deshalb Messungen an narkotisierten Tieren und, wenn es um Funktionen geht wie Erkennen, Lernen, Bewerten, Entscheiden und Reagieren, auch an wachen, verhaltenstrainierten Primaten.

Höhere Leistungen des Gehirns lassen sich auch indirekt über Verhaltensstudien am Menschen erschließen. Auf diesem Wege können jedoch nur Erkenntnisse darüber gewonnen werden, welche Teilfunktionen am Zustandekommen bestimmter Leistungen beteiligt sind. Führen diese zu schlüssigen Funktionsmodellen, müssen diese dann in der Regel wiederum im Tierversuch überprüft werden.

Ein Schwerpunkt dieser systemphysiologischen Forschung wird auch in Zukunft auf der Analyse der *Arbeitsweise der Großhirnrinde* liegen, da diese Struktur für alle höheren Hirnleistungen verantwortlich ist. Wiederum motiviert zu dieser Forschung nicht nur der Wunsch, mehr über das Organ zu erfahren, das jene mentalen und psychischen Leistungen hervorbringt, die uns Menschen auszeichnen, sondern auch die Hoffnung, die Ursachen der vielfältigen neurologischen und psychiatrischen Erkrankungen zu erkennen, die auf einer Fehlfunktion der Großhirnrinde beruhen. Hierzu gehören alle Beeinträchtigungen der Wahrnehmung, des Gedächtnisses, der Feinmotorik, aber auch Denk- und Sprachstörungen. Zu erwarten steht ferner, daß ein besseres Verständnis der Arbeitsweise der Großhirnrinde einen wirkungsvolleren Einsatz von modernen *bildgebenden Verfahren* (Elektroencephalographie, Magnetoencephalographie, funktionelle Kernspintomographie) zur Erforschung von Hirnfunktionen beim Menschen und zur Diagnostik von Erkrankungen erlauben wird. Die mit diesen Verfahren gewinnbaren Meßwerte können wegen ihrer sehr indirekten Bezüge zu den subtilen neuronalen Prozessen im Gehirn nur in dem Maße interpretiert werden, in dem letztere bekannt sind. Zu erwarten ist demnach eine rasche und äußerst fruchtbare Fusion zwischen tierexperimentellen Ansätzen und solchen Forschungsrichtungen, die bislang ausschließlich verhaltensanalytisch gearbeitet oder sich vorwiegend mit klinischen Fragen befaßt haben.

Dieser integrierte Ansatz hat bereits jetzt eine Fülle grundlegender Verarbeitungsprinzipien aufgedeckt, so daß es nun erstmals möglich ist, unser Wissen über die Funktion von Gehirnen für die Entwicklung neuer Therapie- und Rehabilitationsverfahren umzusetzen. Auch eröffnet sich die Möglichkeit, dieses Wissen für die Verbesserung intelligenter, technischer Systeme zu nutzen. Die berechtigte Erwartung ist, daß die Implementierung biologischer Organisations- und Funktionsprinzipien zu völlig neuartigen Rechnerarchitekturen führen wird. Diese würden es erlauben, eine Fülle von Problemen im Bereich der Muster- und Spracherkennung, der Verwaltung von Datenbanken und der Robotertechnologie elegant zu lösen. Zudem würden die Maschinen dieser neuen, biologisch inspirierten Generation wesentlich angenehmer zu bedienen sein, weil sie flexibel, fehlertolerant und lernfähig wären. Ein vergessener Punkt in der Adressenzeile würde verziehen und nicht zum Stillstand der Maschine führen.

Nun gibt es natürlich beim Menschen eine Reihe von Hirnfunktionen, die in ihrer spezifischen Ausprägung beim Tier keine Entsprechung haben oder sich nicht kontrolliert untersuchen lassen. Wie der Mensch zu Handlungsentwürfen kommt, wie er Entscheidungen fällt und Prioritäten setzt, wenn er zur Beantwortung von Reizen mehrere Möglichkeiten hat, läßt sich aus Tierversuchen nur sehr indirekt erschließen. In noch viel höherem Maß gilt dies für die Sprachkompetenz, die spezifisch menschliche Fähigkeit, kognitive Inhalte symbolisch zu repräsentieren, syntaktisch zu verknüpfen und das Ergebnis dieses kreativen Aktes anderen mitzuteilen. Nur dem Menschen eigen ist auch das Vermögen, eine «theory of mind» zu entwickeln: die Fähigkeit sich vorzustellen, was im Gehirn des jeweils anderen vorgeht, wenn dieser sich in einer bestimmten Situation befindet. Diese Fähigkeit offenbart sich in der Möglichkeit, in Dialoge des Formats einzutreten: Ich weiß, daß du weißt, was ich weiß; oder ich weiß, daß du fühlst, daß und wie ich fühle. Solche hohen kognitiven Vorgänge ließen sich bis vor kurzem nur mit den verhaltensanalytischen Methoden der Kognitionspsychologie und Linguistik angehen. Aber die ständige Verbesserung nicht-invasiver Untersuchungsmethoden nähert diese Forschungsansätze den neurobiologischen Disziplinen an, die sich mit der Entschlüsselung von Großhirnrindenfunktionen befassen. Zu erwarten ist, daß der vermehrte Einsatz bildgebender Verfahren in Zukunft eine Fusion dieser bislang getrennten Wissensgebiete bewirken und bei der Eingrenzung der zugrundeliegenden neuronalen Mechanismen eine zentrale Rolle spielen wird.

Das Bindungsproblem

Von der Vielzahl der Fragen, die trotz dieser vielschichtigen Forschungsansätze nach wie vor unbeantwortet sind, soll eine, die grundlegender Natur ist, zur Zeit sehr kontrovers diskutiert wird und dringend einer Lösung bedarf, exemplarisch vorgestellt werden. Es ist die Frage, wie sich die Repräsentation von Wahrnehmungsobjekten im Gehirn darstellt. Gegenwärtig werden vor allem zwei *konkurrierende Hypothesen* diskutiert und experimentell überprüft. Die eine, die klassische, orientiert sich vorwiegend an behaviouristischen Positionen. Sie versteht den Prozeß der Aufnahme von Information über die Sinnesorgane bis hin zur Entstehung der zentralnervösen Repräsentationen vornehmlich als ein Reiz-Reaktions-Geschehen und weist damit dem Gehirn eine eher passive Rolle zu, die Rolle eines Filtersystems, das die Signale der Sinnesorgane in serieller Abfolge ordnet. Dem gegenüber steht ein alternatives Konzept, welches das Gehirn als aktives, Hypothesen formulierendes und Lösungen suchendes System versteht. Im Kern geht diese Hypothese davon aus, daß der Akt der Wahrnehmung im wesentlichen auf der Bestätigung von Hypothesen beruht, die das Gehirn auf der Basis seines Vorwissens bildet und durch die einlaufenden Signale verifiziert. Vermutlich wird sich erweisen, daß – wie so oft bei wissenschaftlichen Kontroversen – nie nur das eine gilt oder das andere, sondern daß zumindest in komplexeren Nervensystemen beide Verarbeitungsstrategien zusammen angewandt werden.

Das klassische Konzept

Die klassische Hypothese orientiert sich an Vorstellungen über die Hirnorganisation, wie sie Intuition und Introspektion nahelegen. Descartes hat diese Sichtweise am klarsten formuliert; er postulierte, daß es irgendwo im Gehirn ein *Konvergenzzentrum* geben müsse, in dem alle Informationen zusammenlaufen, um einer einheitlichen Bewertung zugeführt zu werden. Dies ist intuitiv plausibel, denn anders ist schwer vorstellbar, wie die verteilten Sinnesfunktionen zur kohärenten Wahrnehmung der Umwelt führen können, wie sich ein intentionales Ich konstituieren kann und wie Entschlüsse gefaßt werden. Irgendwo, so legt die Intuition nahe, muß eine Zentrale sein, die interpretiert, entscheidet und Pläne entwirft. Naturgemäß hat sich auch die neurobiologische Vorgehensweise an dieser intuitiv so plausiblen Setzung orientiert und die Suche nach der Struktur von zentralen Repräsentationen mit der Suche nach dem postulierten Konvergenzzentrum verbunden. Von den Sinnesorganen ausgehend drangen die Neurobiologen immer tiefer in das System ein, in der Erwartung, einer hierarchischen Abfolge von Verarbeitungsschritten folgend, letztendlich an den Ort zu gelangen, an dem die Objektrepräsentationen vollkommen sind – auf die Bühne des kartesischen Theaters. Die Annahme ist, daß in hierarchisch strukturierten pyramidalen Verarbeitungsstrukturen über Rekombination und wiederholte Konvergenz von Verbindungen schließlich Nervenzellen erzeugt werden, die hochspezifisch auf ganz bestimmte Konstellationen von Mustermerkmalen ansprechen, eben jenen Mustermerkmalen, die konstitutiv für ein ganz bestimmtes Wahrnehmungsobjekt sind. Für die Repräsentation eines bestimmten Objektes müßten folglich die Signale von Nervenzellen, die auf die verschiedenen Merkmale des Objektes ansprechen, selektiv auf eine gemeinsame Zielzelle verschaltet werden, deren Erregungsschwelle so eingestellt sein müßte, daß die Zelle dann und nur dann reagiert, wenn das entsprechende Objekt im Gesichtsfeld auftaucht und die für dieses Neuron spezifische Konstellation von Merkmalen auf der Netzhaut zur Abbildung kommt. Bei dieser Kodierungsstrategie muß also für jedes unterscheidbare Wahrnehmungsobjekt mindestens eine Nervenzelle reserviert werden, die über konvergente Architekturen die verschiedenen Merkmale zusammenbindet, welche für ein bestimmtes Wahrnehmungsobjekt charakteristisch sind. Doch damit nicht genug, man brauchte für jedes Wahrnehmungsobjekt einen ganzen Satz solcher Zellen, denn Objekte lassen sich auch dann erkennen, wenn sie auf dem Kopf stehen oder schief liegen oder rotiert sind. In all diesen Fällen werden neue Konstellationen von Merkmalsdetektoren in der primären Sehrinde aktiviert. Man müßte also auch für die verschiedenen Erscheinungsformen, die ein Objekt annehmen kann, wenn es im Raum gedreht wird, spezifische Repräsentanten haben. Natürlich gilt dies nicht für alle möglichen Erscheinungsformen, es wären dies unendlich viele. Aber es bedürfte zumindest einiger Stützpunkte, um auf dazwischenliegende Erscheinungsformen extrapolieren zu können. Gleichwie, man brauchte eine nahezu unendliche Zahl von Nervenzellen, um auf diese Weise Objekte der Welt repräsentieren zu können. Ebenso brauchte man eine riesige Zahl von nicht festgelegten Nervenzellen, um dem Umstand Rechnung zu tragen, daß neue Figuren entstehen können, noch nie Gesehenes repräsentiert werden muß. All diese Neuronen müßten sich in einem riesigen Areal an der Spitze der Verarbeitungshierarchie befinden.

Obgleich das postulierte Areal nicht aufzufinden ist, weil die spezialisierten Hirnrindenareale immer kleiner werden, je weiter man in der Verarbeitungshierarchie nach oben vordringt, finden sich dennoch Hinweise für die beschriebene Kodierungsstrategie. Nervenzellen auf höheren Stufen der Verarbeitungshierarchie sprechen tatsächlich auf recht komplexe Konstellationen von Merkmalen an. Ein besonders überzeugendes Argument für die zumindest partielle Gültigkeit dieser expliziten Repräsentationsstrategie leitet sich aus dem Befund ab, daß im Primatengehirn Nervenzellen vorkommen, die selektiv auf Gesichter ansprechen. Sie kodieren zwar keine individuellen Gesichter, aber sie unterscheiden durchaus zwischen verschiedenen Gesichtern und reagieren differentiell, wenn sich die Orientierung der Gesichter im Raum ändert. Manche Zellen sprechen mehr auf Profile an, manche mehr auf frontale Ansichten. Diese Befunde legen nahe, daß zumindest ein Teil der wahrnehmbaren Objekte explizit durch die Antworten hochspezialisierter Nervenzellen repräsentiert wird. Vermutlich handelt es sich dabei um besonders verhaltensrelevante Inhalte, wie z. B. Gesichter, die für die sozial aktiven Primaten von großer Bedeutung sind. In dieses Bild paßt, daß die Gesichterzellen angeboren sind; auch junge Primaten, die noch keine visuelle Erfahrung mit anderen Primaten hatten, besitzen bereits gesichterspezifische Zellen in ihrer Hirnrinde. Hier muß die entsprechende Verschaltung also über genetische Instruktionen festgelegt worden sein. Da es auch beim Menschen ein Hirnrindenareal gibt, das für das Erkennen von Gesichtern zuständig ist, dürften auch hier genetisch determinierte Antwortpräferenzen vorgegeben sein.

Dennoch bleibt das Argument, daß diese Repräsentationsstrategie wegen der inhärenten kombinatorischen Explosion repräsentationaler Elemente keine allgemeine Lösung für das Repräsentationsproblem darstellen kann. Auch gibt es mit der Identifikation hierarchischer Verarbeitungsarchitekturen und entsprechender Konvergenzzentren Probleme. Anstelle pyramidaler Verarbeitungsstrukturen imponieren parallel strukturierte hochvernetzte Architekturen. Ein weiterer Grund also, nach alternativen Kodierungsstrategien zu suchen.

Die konkurrierende Hypothese

Die gegenwärtig attraktivste Alternative geht auf einen Vorschlag des Psychologen Donald Hebb zurück, den dieser 1949 in seinem Buch «The organisation of behaviour» formuliert hat. Der Vorschlag lautet, daß Inhalte nicht durch hochspezialisierte, einzelne Nervenzellen repräsentiert werden, sondern durch ein ganzes *Ensemble* von Nervenzellen, die in ihrer Gesamtheit die einfachste Beschreibung eines bestimmten Inhaltes darstellen. Ein bestimmtes Objekt würde also nicht durch eine objektspezifische Zelle repräsentiert, sondern durch eine Gruppe von Zellen, die durchaus auch über verschiedene Hirnrindenareale verteilt sein dürfen, wobei jede einzelne Zelle nur bestimmte Teilmerkmale des Objekts repräsentiert: gewisse Form- oder Texturmerkmale, Angaben über Ort, Lage, Größe und vielleicht auch bestimmte funktionelle Eigenschaften. Ein Ensemble von Zellen würde somit eine Matrix von Merkmalen definieren, die in ihrer Gesamtheit eine vollständige Beschreibung des Objektes ergäbe. Diese Kodierungsstrategie hat den großen Vorteil, daß die gleichen Zellen benutzt werden können, um zu verschiedenen Zeitpunkten verschiedene Inhalte zu repräsentieren. Damit läßt sich das numerische Problem lösen. Denn genauso, wie ein bestimmtes Merkmal, etwa Vertikalität oder die Farbe Schwarz, konstitutiv für all jene Wahrnehmungsobjekte sein kann, die vertikale Konturen haben und schwarz sind, können Neurone, die für solche elementaren Merkmale kodieren, für die Repräsentation dieser verschiedenen Objekte verwendet werden. Es genügt, sie in der geeigneten Konstellation zu Ensembles zusammenzubinden.

Nun handelt man sich aber mit dieser Kodierungsstrategie ein weiteres, ebenfalls nicht leicht zu lösendes Problem ein. Zwar wird das Problem der kombinatorischen Explosion überwunden, da durch die Möglichkeit zur dynamischen Rekombination mit einer endlichen Zahl von Nervenzellen eine nahezu unendlich große Zahl von Wahrnehmungsobjekten repräsentiert werden kann, doch es tritt ein Bindungsproblem auf. Den nachfolgenden Verarbeitungsschichten muß signalisiert werden, welche von den vielen gleichzeitig aktiven Nervenzellen sich an der Kodierung eines bestimmten Objektes beteiligen. Es muß geklärt werden, welche von den vielen Antworten zusammengebunden werden, und das Ergebnis dieser Gruppierungsleistung muß anderen Arealen mitgeteilt werden, etwa solchen, die für das Erkannte ein

Wort finden müssen oder eine motorische Reaktion ausführen sollen.

Die Synchronisationshypothese

Das Nervensystem hat nur eine Option, um aus vielen gleichzeitigen Antworten einige wenige für die gemeinsame Weiterverarbeitung auszuwählen: Die entsprechenden Signale müssen für nachfolgende Strukturen auffällig gemacht werden. Um eine gemeinsame Weiterverarbeitung sicherzustellen, müssen die ausgewählten Antworten eine erhöhte Wirksamkeit hinsichtlich der Erregung nachgeschalteter Neuronen aufweisen. Im Prinzip haben Nervensysteme zwei komplementäre Optionen, um die Wirksamkeit von Antworten zu erhöhen. Nervenzellen können stärker aktiv werden, um in den je nachgeschalteten erfolgreicher zu sein. In diesem Fall summieren die synaptischen Potentiale – kleine depolarisierende Ereignisse von begrenzter Dauer – effektiver in den nachgeschalteten Zellen. Ensembles könnten also dadurch strukturiert werden, daß alle Zellen, die zu dem jeweiligen Ensemble gehören, *aktiver werden*. Probleme treten aber wiederum auf, wenn zwei Objekte gleichzeitig am benachbarten Ort vorkommen und durch zwei Ensembles repräsentiert werden müssen, die zum Teil derselben Zellen bedürfen. Würden die Zellen, die zu diesen zwei Ensembles gehören, lediglich dadurch ausgezeichnet, daß sie aktiver sind als die anderen, dann wäre es für die nachfolgenden Strukturen wieder unmöglich herauszufinden, welche Zellen nun welches der beiden Objekte kodieren. Umgehen ließe sich dieses Superpositionsproblem nur dann, wenn für jedes Objekt ein eigenes Ensemble von Zellen reserviert würde und die Teilnahme derselben Zellen an verschiedenen Ensembles ausgeschlossen wäre. Dann aber stellte sich wieder das numerische Problem: man brauchte zu viele Nervenzellen. Eine attraktive Alternative zur Auswahl durch Frequenzerhöhung ist die Auswahl durch *Synchronisation* der Entladungstätigkeit. Die Hypothese, deren experimentelle Prüfung derzeit erfolgt, geht davon aus, daß die Signatur für das Verbundensein von Zellen in Ensembles in der Synchronizität der Aktivität der jeweils ausgewählten Nervenzellen liegt. Die Begründung ist, daß synchron eintreffende synaptische Ereignisse hinsichtlich der Erregung nachgeschalteter Zellen sehr effizient sind, weil sie optimal summieren. Durch Synchronisation als Auswahlmechanismus ließe sich das Superpositionsproblem elegant lösen, weil sich in ganz kurzen Zeitschritten definieren ließe, welche Antwort mit welcher gruppiert worden ist. Verschiedene Ensembles ließen sich dann in rascher Folge und überlagerungsfrei definieren.

Wie nun soll man sich die Bildung solcher funktionell kohärenter Ensembles vorstellen? Die neuronalen Verbindungen in der Hirnrinde lassen sich in zwei komplementäre Klassen einteilen. Eine Gruppe von Verbindungen ist für die Herausbildung merkmalspezifischer Neuronen zuständig. Diese Verbindungen vermitteln die Weiterleitung von Erregung von einer Verarbeitungsstufe zur nächsten und erzeugen über selektive Konvergenz und Rekombination von Eingangssignalen die zunehmend komplexere Merkmalselektivität von Neuronen in höheren Verarbeitungszentren. Es sind dies die Verbindungen, welche die eingangs erwähnte, klassische Kodierungsstrategie unterstützen. Parallel dazu gibt es aber eine weitere Gruppe von Verbindungen, die viel mächtiger ist und die im wesentlichen Neuronen reziprok miteinander verkoppelt. Es sind dies die Verbindungen, die der Assoziation merkmalspezifischer Neuronen zu funktionell kohärenten Ensembles dienen könnten. Etwa 80% der synaptischen Verbindungen von Nervenzellen der Großhirnrinde gehören zu dieser zweiten Klasse und nur etwa 10% – 20% der Eingänge rekrutieren sich aus Verbindungen der ersten Gruppe. Die Sinnessysteme, und damit die Signale aus der umgebenden Welt, werden somit über relativ wenige Verbindungen in die Großhirnrinde eingekoppelt. Das System beschäftigt sich hauptsächlich mit sich selbst. Dies ist einer von vielen Hinweisen dafür, daß im Gehirn Prozesse ablaufen, die vorwiegend auf internen Wechselwirkungen beruhen und nicht erst dann einsetzen, wenn von außen Reize einwirken. Nicht die seriell weitergeschalteten, reizinduzierten Antworten dominieren die Aktivität von Hirnrindenzellen, sondern *intern erzeugte Erregungsmuster*, und dieser interne Beitrag wird mit zunehmender Entfernung der Verarbeitungszentren von den Sinnesorganen immer bedeutsamer. Das Reiz-Reaktionsschema trifft also nur sehr bedingt zu.

Inzwischen gilt als gesichert, daß ein Teil dieser assoziativen Verbindungen eine synchronisierende Funktion hat; durchtrennt man sie, geht die Synchronisation von Antworten verloren. Die Hypothese ist also, daß diese sehr zahlreichen und in ihrer Ausprägung hochspezifischen Verbindungen die merkmals- und kontextabhängige Gruppierung von räumlich verteilten Neuronen zu synchron

aktiven Ensembles bewerkstelligen. Um diese Hypothese zu überprüfen und darüber hinaus zu zeigen, daß Synchronizität tatsächlich als Signatur für die Zusammengehörigkeit merkmalspezifischer Neuronen genutzt wird, müssen testbare Voraussagen über
Zusammenhänge zwischen Synchronisation und perzeptiven Leistungen formuliert und experimentell überprüft werden. Dies
haben sich gegenwärtig eine Reihe von Laboratorien vorgenommen. Die Hinweise mehren sich, daß zwischen dem Auftreten syn-
chroner Zustände und kognitiven Prozessen ein enger Zusammenhang besteht, wobei vor allem solche Synchronisationsphänomene
von besonderer Bedeutung zu sein scheinen, bei denen Neuronen
im Rhythmus von etwa 40 Hz synchron entladen. Der direkte
Beweis für eine kausale Beziehung zwischen diesen synchronen
40-Hz-Oszillationen und informationsverarbeitenden Prozessen
im Gehirn steht jedoch noch aus.

Die Frage, auf welche Weise die Antworten verteilter Neuronen
zu kohärenten Repräsentationen gebunden werden, geht jedoch
weit über das Problem der Objektrepräsentation hinaus. Sie ver-
weist gleichzeitig auf die viel allgemeinere Frage nach der Struktur
von Metarepräsentationen. Es sind dies die Repräsentationen von
hirninternen Vorgängen, die für die Bindung der zahlreichen, parallel im Gehirn ablaufenden Prozesse gefordert werden müssen,
um die Kohärenz von Verhaltensleistungen zu erklären. Nicht zuletzt berührt die Frage nach der Bindung von Teilfunktionen auch
das Problem, wie sich Gehirne ihrer selbst und ihrer Empfindungen gewahr werden können. Die Suche nach den neuronalen Korrelaten von Bewußtsein muß die Suche nach Bindungsfunktionen
mit einschließen.

Das Bewußtsein aus neurobiologischer Sicht

Die oben erwähnten Fakten über die Evolution von Gehirnen
erzwingen die Schlußfolgerung, daß allein die Vermehrung der
Großhirnrinde dafür verantwortlich gemacht werden muß, daß wir
nicht nur Signale aus der Umwelt und aus unserem Körper verar-
beiten, wahrnehmen, erinnern und in Aktionen umsetzen können,
sondern daß wir zudem fähig sind, uns dieser Vorgänge gewahr zu
werden, ja mehr noch, daß wir die Gabe haben, mentale Modelle
von Vorgängen in je anderen Gehirnen zu erstellen. Und dennoch
legt unsere Intuition nahe, daß zwischen den einfachen Hirnleistungen, die zu angepaßten Reaktionen befähigen, und diesen

mentalen Prozessen qualitative Unterschiede bestehen, die durch eine lediglich quantitative Vermehrung von Hirnrinde allein nicht zu erklären sind. Wir sind der Meinung, daß den mentalen Phänomenen, die wir unter dem Begriff Bewußtsein subsumieren, ein anderer ontologischer Status zukommt als all jenen Hirnfunktionen, für deren reduktionistische Erklärung wir keine Schwierigkeiten voraussehen.

Im folgenden soll die Position verteidigt werden, daß gewisse mentale Phänomene, die wir mit Bewußtsein verbinden, in der Tat in anderen Beschreibungssystemen dargestellt werden müssen als die einfacheren Hirnleistungen wie Reizverarbeitung, Objekterkennung, Speicherung und Verhaltenssteuerung, daß die verschiedenen Aspekte von Bewußtsein aber dennoch als Phänomene verstanden werden können, die auf Hirnfunktionen beruhen.

Am Beispiel der *Evolution der Großhirnrinde* läßt sich nachvollziehen, wie durch Iteration der immer gleichen Prozesse neue Qualitäten entstehen können. Die während der Evolution von Primaten- und Menschengehirnen hinzugekommenen neuen Areale der Großhirnrinde scheinen mit den bereits vorhandenen so verbunden zu sein wie letztere mit den Sinnesorganen. Da sich die «alten» und «neuen» Rindenareale strukturell gleichen und somit davon ausgegangen werden kann, daß sie die gleichen Basisoperationen ausführen, muß gelten, daß die neu hinzugekommenen Areale die Verarbeitungsergebnisse der bereits vorhandenen in genau der gleichen Weise behandeln wie diese die Signale der Sinnesorgane. Die neu hinzugekommenen Areale nehmen gewissermaßen die Funktion eines inneren Auges wahr. Sie können dies, ohne weiterer eigener Sinnesorgane zu bedürfen, da die zu verarbeitenden Signale bereits in der Sprache der Großhirnrinde kodiert sind. Die neu hinzugekommenen Areale müssen lediglich mit den bereits vorhandenen verbunden werden, um deren Verarbeitungsergebnisse erneut zum Gegenstand eines kognitiven Prozesses zu machen. Die hirninternen Prozesse, die zu primären Wahrnehmungsleistungen befähigen, werden auf diese Weise selbst zum Gegenstand weiterer kognitiver Prozesse. Die Iteration von im Prinzip gleichartigen Verarbeitungs- und Repräsentationsprozessen genügt also, um kognitive Leistungen höherer Ordnung hervorzubringen, Leistungen, die zur reflektiven Analyse und Metarepräsentation hirninterner Prozesse befähigen. Gehirne, die diese Organisationsstufe aufweisen, wären somit in der Lage, über die in ihnen ablaufenden Verarbeitungsprozesse

Protokoll zu führen, sich der in ihnen ablaufenden Prozesse gewahr zu werden. Phänomenales Bewußtsein, d.h., die Fähigkeit, sich seiner Empfindungen und Handlungen gewahr zu sein, wäre somit im Rahmen neurobiolgischer Beschreibungssysteme erklärbar.

Wenn nun, was der Fall ist, die kognitiven Strukturen, in denen Metarepräsentationen erstellt werden, ihrerseits Zugang zu Effektorsystemen haben, können sich Gehirne über Gesten, Mimik und schließlich durch Sprache darüber austauschen, was in ihnen vorgeht. Sie können dem je anderen Gehirn mitteilen, welche Wahrnehmungen sie haben, wie sie diese emotional bewerten und in welcher Verhaltensdisposition sie sich befinden. Und diese anderen Gehirne können antworten mit Sätzen wie: «Du bist traurig, weil du das getan und jenes gelassen hast.» «Du kannst doch anders.» «Benimm dich nicht so, sonst...» «Nimm dich zusammen.» «Vertrau auf dich.» «Du bist schuld.» «Du bist verantwortlich.» «Überwinde dich...» etc. Durch diesen reziproken Abbildungsprozeß, durch diesen *Dialog zwischen Gehirnen*, könnte dann die zusätzliche Erfahrung vermittelt werden, Individualität zu besitzen, ein mit Intentionalität und Willen ausgestatteter Agent zu sein; ein Wesen, das zu subjektiven Empfindungen fähig ist, entscheiden kann, Bewußtsein hat: *Selbstbewußtsein*, die höchste Stufe von Bewußtheit, wäre dann wiederum das Ergebnis eines iterativen Repräsentationsprozesses, nur daß jetzt der Abbildungsprozeß die Reflexion im jeweils anderen Gehirn mit einschließt.

Ich- oder Selbst-Bewußtsein wäre somit ein Phänomen, das nicht mehr als emergente Qualität eines einzelnen Gehirns anzusehen ist wie phänomenales Bewußtsein, sondern als Phänomen, das Eigenschaften hat, die nur durch die Wechselwirkung mit anderen Gehirnen entstehen können. Damit aber erlangt das Ich-Bewußtsein den ontologischen Status einer sozialen Realität, es erhält eine interpersonelle Dimension. Und mehr noch, weil die am Dialog mit dem werdenden Gehirn partizipierenden Bezugspersonen ihrerseits hinsichtlich ihrer kognitiven Strukturen stark von kulturellen Einflüssen geprägt sind, erhält das Ich-Bewußtsein eine zusätzliche historische Qualität. Bewußtsein, das Sichgewahrsein seiner selbst, wird in dieser Betrachungsweise zu einem Produkt nicht nur der biologischen, sondern auch der *kulturellen Evolution*. Daraus folgt, daß unsere spezifische Art, uns zu erfahren, uns unseres Selbst bewußt zu sein, kulturspezifische Merkmale aufweisen muß. Unsere Ich-Erfahrung ist deshalb mit hoher Wahrscheinlichkeit verschieden von der unserer Vorfahren und von der Angehöriger anderer Kulturkreise.

Diese Sichtweise macht deutlich, warum wir so große Schwierigkeiten haben, «Bewußtsein» innerhalb neurobiologischer Beschreibungssysteme einer reduktionistischen Erklärung zuzuführen. Liegt es doch nahe, daß Phänomene, die erst durch interzerebralen Diskurs entstehen und somit eine interpersonelle und soziale Dimension haben, sich einer Erklärung innerhalb von Beschreibungssystemen entziehen, die sich, wie die Neurobiologie, definitionsgemäß ausschließlich mit Prozessen innerhalb eines einzelnen Gehirns befassen. Dies könnte einer der Gründe sein, warum wir bestimmte Aspekte des Bewußtseins als immaterielle, mentale oder *geistige Phänomene* erleben, welche außerhalb der Kategorie von Phänomenen zu liegen scheinen, die mit naturwissenschaftlichen Verfahren analysiert und erklärt werden können.

Ein weiterer und vielleicht der wichtigste Grund für die scheinbar unreduzierbare, unfaßbare Qualität von bewußtem Erleben seiner selbst – der Empfindung, ein immaterieller Beobachter seiner selbst zu sein – ist der Umstand, daß der Dialog, durch welchen sich die Erfahrung seiner selbst vollzieht, durch den sich das Selbst konstituiert, daß also dieser Dialog sich im Dunkeln nicht erinnerbarer früher Kindheit vollzieht, in einer Entwicklungsphase, in der die neuronalen Grundlagen für das episodische Gedächtnis, für die Fähigkeit, Erlerntes im Kontext zu erinnern, noch nicht ausgereift sind. Wir fallen einem Zirkel anheim, weil bewußte Erinnerung an Lernvorgänge offensichtlich erst dann einsetzt, wenn sich das Bewußtsein seiner selbst bereits konstituiert hat. Dadurch *entbehrt Bewußtsein jeder Verursachung*, es ist immer schon, weil die Erinnerung an sein Werden fehlt. In dieser kindlichen Amnesie liegt vielleicht einer der bedeutendsten Gründe für die als geheimnisvoll oder transzendental erfahrenen Qualitäten von Bewußtsein und damit für die Attraktion dualistischer Positionen. Ähnliche Qualitäten kommen auch dem impliziten, in der biologischen Evolution erworbenen Wissen zu, das in der genetisch vorgegebenen Architektur unserer Gehirne residiert, und dem Wissen, das über kollektive Erfahrung während der kulturellen Evolution erworben wurde und über frühe Prägung vermittelt wird. Auch an den Ursprung dieses Wissens haben wir keine Erinnerung, da sein Erwerb nicht von bewußter Reflexion begleitet wurde. Vielleicht liegt hier der Grund, warum wir auch die Quellen dieses Wissens transzendieren, als nicht von dieser Welt verstehen.

Es könnte sich also erweisen, daß keine dualistischen oder mystischen Positionen bemüht werden müssen, um dem Phänomen Bewußtsein gerecht zu werden. Es bedürfte dann allerdings einer Weitung des wissenschaftlichen Ansatzes, des Versuches, die Grenzen bisheriger Beschreibungssysteme zu überschreiten und diese ineinander überzuführen. Es gibt keinen einsichtigen Grund, warum Beschreibungssysteme, die sich mit der Erklärung von Hirnleistungen, und solche, die sich mit den Produkten kollektiver Hirnleistungen befassen, nicht ineinander überführbar sein sollten. Schließlich sind die Forschungsgegenstände der traditionellen Geisteswissenschaften, aber auch die der kulturanthropologischen, kulturhistorischen und psychologischen Forschung ausschließlich Erzeugnisse menschlicher Gehirne. Die von diesen Disziplinen bearbeiteten Phänomene sind nichts anderes als die Produkte jener *kollektiven Hirnleistungen,* die der kulturellen Evolution zugrunde liegen. Somit sollte es möglich sein, die Beschreibungssysteme, die Hirnfunktionen auf Wechselwirkungen materieller Komponenten zurückführen, an Beschreibungssysteme anzunähern, die sich mit den Produkten individueller Hirnfunktionen befassen und mit den Produkten, die aus der Wechselwirkung interagierender Gehirne entstehen, den kulturellen Leistungen. Es werden dann die Begriffe aus der einen Sprache auf die aus der je anderen verweisen. Wenn dies geleistet ist, wird es eine Veränderung unserer Wahrnehmung von Wirklichkeit bewirkt haben. Es wird dann vermutlich auch keine emotionalen Zwänge zur Verteidigung dualistischer Positionen mehr geben. Das *Leib-Seele-Problem* würde dann anderen, neuen Problemen weichen. Voraussetzung dafür ist aber, daß die Kulturwissenschaften ihre Zielsetzungen erweitern und dem bisherigen Diskurs einen kulturanthropologischen Ansatz hinzufügen. So steht zu erwarten, daß sich in absehbarer Zeit neue kulturwissenschaftliche Disziplinen herausbilden, die *Kultur* als emergentes Phänomen mit evolutionärer Dynamik verstehen und sich bei der Erforschung kultureller Aktivitäten und ihrer Erzeugnisse auf das Wissen stützen, das inzwischen über die biologischen und kulturellen Bedingtheiten mentaler Prozesse erarbeitet wurde. Sollten die traditionellen geisteswissenschaftlichen Disziplinen sich als unfähig erweisen, diesen Paradigmenwechsel zu vollziehen, dann muß damit gerechnet werden, daß dieses attraktive Forschungsfeld «von unten herauf» besetzt wird. Anzeichen dafür, daß Neuro- und Kognitionswissenschaften in traditionell von Geisteswissenschaften verwaltete Gebiete eindringen, mehren sich. Da derjenige, der sich anschickt, Grenzen zu überschreiten, in den neuen Territorien gemeinhin zunächst zu dilettieren pflegt, sollte Sorge getragen werden, die Neuankömmlinge dennoch wohlwollend aufzunehmen und die Gastgeschenke anzunehmen.

Epilog

Wo also stehen wir im Augenblick mit unseren Bemühungen, auch höhere Hirnfunktionen einschließlich der verschiedenen Konnotationen von Bewußtsein verstehen zu wollen? Ähnlich wie vor wenigen Jahrzehnten die Reduktion zellulärer Prozesse auf ihre molekulare Basis zu einer Verschmelzung bislang getrennter Disziplinen führte, bewirkt nun die Reduktion von kognitiven Phänomenen auf ihr neuronales Substrat unverhoffte Begegnungen zwischen den vormals eigenständigen psychologischen und neurobiologischen Forschungsrichtungen. Wie schon bei der molekularen Neurobiologie, sind auch in diesem Bereich der Hirnforschung die synergistischen Effekte gewaltig, und dies ist einer der Gründe, weshalb sich die kommenden Jahrzehnte als das Goldene Zeitalter der Hirnforschung erweisen könnten. Weil es unmöglich ist, aus der Fülle neuer Erkenntnisse die bedeutendste herauszufinden, soll abschließend das verwirrendste der Probleme vorgestellt werden, die derzeit die Hirnforscher umtreiben. Korbinian Brodmans Vermutung hat sich bestätigt. Er folgerte schon zu Beginn dieses Jahrhunderts aus seiner Entdeckung funktionell und anatomisch abgrenzbarer Hirnrindenareale: «Wir müssen daher die Annahme, daß eine Verstandesleistung oder ein Gemütsvorgang... in einem einzelnen umschriebenen Rindenteile zustande komme, mag man diesen nun ‹Assoziationszentrum› oder ‹Denkorgan› oder ähnlich nennen, als eine ganz unmögliche psychologische Vorstellung ablehnen.» Uns stellt sich heute das Gehirn tatsächlich als extrem distributiv und *dezentral organisiertes System* dar, in dem zahllose Teilaspekte der einlaufenden Signale parzelliert und parallel abgearbeitet werden. Zwar stehen alle Zentren miteinander über mächtige und reziproke Bahnverbindungen in intensiver Wechselwirkung, aber es ist völlig unklar, auf welchen Ordnungsprinzipien die Koordination eines derart parallel organisierten Systems beruht. Wie oben ausgeführt, ist noch nicht einmal klar, wie in diesen distributiven Architekturen einzelne Inhalte repräsentiert werden können, Wahrnehmungsobjekte, Worte, präzise Erinnerungen oder erlernte motorische Programme.

Besonders spannend ist, daß sich bei der Bearbeitung dieses Problems überraschende Parallelen zu anderen komplexen Systemen ergeben, die ebenfalls distributiv organisiert sind, lenkender Konvergenzzentren entbehren und dennoch insgesamt koordiniertes, gerichtetes Verhalten zeigen, weil sie über mächtige Mechanismen der Selbstorganisation verfügen. Hierzu gehören die *Superorganismen* der Insektenstaaten ebenso wie unsere verflochtenen Wirtschafts- und Sozialsysteme. Es wäre lohnend, der Frage nachzugehen, ob es unsere postmoderne Weltsicht ist, die uns komplexe Systeme so sehen läßt, oder ob unsere gegenwärtige Weltsicht durch die Erfahrung mit solchen Systemen geprägt wird.

Ich will eine *Prognose* wagen. Wenn Verstehen meint, daß beobachtbare Phänomene durch Prozesse auf der jeweils niedrigeren Analyseebene erklärbar werden, dann deutet alles darauf hin, daß die Hirnforschung auf dem Weg ist, ihren reduktionistischen Ansatz auf alle relevanten Ebenen lückenlos auszudehnen. Sie wird die Phänomene neuronaler Kommunikation auf ihre molekularen und zellulären Grundlagen zurückführen, und sie ist dabei, Verhaltensphänomene, einschließlich psychischer und mentaler Funktionen, durch neuronale Kommunikationsprozesse zu erklären.

Diese Prognose hat weitreichende erkenntnistheoretische und ethische Implikationen, gehören doch zu den Explananda nicht nur Sinnesfunktionen und motorische Leistungen, sondern auch die unser Menschenbild prägenden Erfahrungen psychischen Erlebens: unsere Motivationen, Denkstrukturen, Wahrnehmungen und Empfindungen. Wenn sich der eingeschlagene reduktionistische Weg tatsächlich bis zum Ende als gangbar erweisen sollte, dann wird er uns mit völlig neuen Fragen konfrontieren, auf die wir uns vorbereiten sollten. Wie verhält es sich dann mit unserer Erfahrung, daß wir frei entscheiden können? Wie verhält es sich mit Schuldzuschreibungen und unserem Kulturgut der Verantwortlichkeit? Wie sollen wir mit der Erkenntnis umgehen, daß in unserem Gehirn kein Konvergenzzentrum auszumachen ist, wo allein Entscheidungen fallen, wo Handlungspläne entworfen werden und wo das Bewußtsein seinen Sitz hat? Wie sollen wir uns vorstellen, daß ein willentlicher Entschluß gefaßt wird, der dann auf unser Gehirn einwirkt, damit dieses, dem willentlichen Impuls gehorchend, diese oder jene Aktion ausführt, wo sollen wir das selbstbestimmte Ich verorten, das wir wahrnehmen, als sei es von

Hirnfunktionen losgelöst, ihnen gegenübergestellt? Welche Veränderung wird der Erkenntnisbegriff erfahren, wenn wir erkennen können, welche neuronalen Prozesse unseren kognitiven Funktionen, unseren Werkzeugen der Erkenntnis, zugrunde liegen? Und wie werden wir die als zwingend erfahrene Dichotomie von Geist und Körper, von Leib und Seele verteidigen wollen, wenn wir uns gleichzeitig anschicken, das eine auf das andere zurückzuführen?

Wie immer auch die Suche ausgehen wird, gleich welchen Erscheinungen wir auf dem Weg in unser Innerstes begegnen werden, fest steht, daß die Hirnforschung unser *Selbstverständnis tiefgreifend verändern* wird. Erkennbar ist auch, daß die Hirnforschung dort, wo sie nach den höchsten Funktionen fragt, in angestammte Territorien der Geisteswissenschaften eindringt – mit der faszinierenden Konsequenz einer erneuten Annäherung von Natur- und Kulturwissenschaften. Und wir werden dieser Annäherung bedürfen, wenn wir die philosophischen, ethischen und moralischen Probleme bewältigen wollen, mit denen wir auf unserem Weg nach innen mehr und mehr konfrontiert sein werden.

Literatur

Engel, A. K., P. König und W. Singer (1993): Bildung repräsentationaler Zustände im Gehirn. In: Spektrum d. Wissenschaft 9/1993, S. 42–47.

Roth, G., und W. Prinz (Hrsg.) (1996): Kopf-Arbeit. Gehirnfunktionen und kognitive Leistungen. Heidelberg: Spektrum.

Singer, W., (1990): Hirnentwicklung und Umwelt. In: W. Singer (Hrsg.): Gehirn und Kognition. Spektrum der Wissenschaft. Heidelberg: Spektrum, S. 50–65.

Singer, W., (1990): The formation of cooperative cell assemblies in the visual cortex. In: Journal of experimental Biology 155/1990, S. 177–197.

Singer, W., (1995): Development and plasticity of cortical processing architectures. In: Science 270/1995, S. 758–764.

Singer, W., (1997): Der Beobachter im Gehirn. In: H. Meier und D. Ploog (Hrsg.) Der Mensch und sein Gehirn. München–Zürich: Piper, S. 35–65.

Das alltägliche Wunder

Zu den seit jeher bestaunten großen Wundern des Lebens gehören die Verwandlungen, die von vielen Organismen während ihrer Individualentwicklung (Ontogenese) durchgemacht werden – man denke nur an die Schmetterlinge oder an die Bildung des Hühnchens im Ei, die schon Aristoteles untersucht hat.

Die historische Entwicklung der Entwicklungsbiologie ist kaum weniger komplex als die ihrer Objekte. Lange Zeit wurde eine «Urzeugung», d. h. die ständige Neuentstehung niederer Tiere und Pflanzen in feuchtem Humus, in Leichen oder Exkrementen, für einen alltäglichen Vorgang gehalten. Nur für höhere Organismen galt «omne vivum e vivo». Im 18. Jahrhundert wurden dann durch die aufblühende Mikroskopie die Geschlechtszellen entdeckt. Aber jetzt glaubte man im Kopf der Spermien den künftigen Organismus als vorgeformten Winzling zu erkennen, der sich also nur zu vergrößern, zu «ent-wickeln» brauche. Dem widersprach Caspar Friedrich Wolff 1759 mit seiner berühmten «Theoria generationis», in der er aufgrund eingehender Untersuchungen die These einer Neubildung (Epigenese) aus nicht entsprechend vorgebildeten Keimen erfolgreich vertrat. Die frühen Stadien der embryonalen Entwicklung bei Säugern wurden schließlich von Karl Ernst v. Baer genauer untersucht.

Nach der Etablierung der Zellenlehre vor 160 Jahren wurde klar, daß Wachstum vor allem auf Zellvermehrung beruht und daß sich im Zuge der Organbildung während der Ontogenese die Zellen in gesetzmäßiger Weise zu sehr unterschiedlich gestalteten Gewebezellen differenzieren. Die frühe Keimesentwicklung der Wirbeltiere wurde in allen zellulären Details beschrieben. Damit war die Startrampe für die experimentelle Ontogeneseforschung errichtet. 1894 schuf Wilhelm Roux mit dem «Archiv für Entwicklungsmechanik» ein erstes Publikationsorgan für diese erfolgsträchtige Richtung. Vor allem an Seeigel- und Amphibienkeimen wurde untersucht, wie sich künstliches Trennen von Zellen oder die Zerstörung einzelner Zellen auf die weitere Entwicklung auswirken. Bald kam es zu heftigen Kontroversen über die Deutung solcher Versuche: Der mit Froschkeimen arbeitende Roux vertrat den «mechanistischen» Standpunkt, Hans Driesch, an Seeigelkeimen experimentierend, einen «vitalistischen». Zu besonderer Blüte kam die damalige Entwicklungsphysiologie schließlich durch Hans Spemann, der 1935 mit dem Nobelpreis ausgezeichnet wurde. Mit seiner Schule verbinden sich Begriffe wie Induktion und Organisator. Die chemische Charakterisierung der postulierten Signalstoffe war damals noch nicht möglich.

Heute kann mit molekulargenetischen Methoden geklärt werden, welche Gene wann und wo während der Entwicklung aktiv sind, wie sie gesteuert werden und wie ihre Produkte wirken. Da die entscheidenden Gene bei ganz verschiedenen Organismen in erstaunlichem Ausmaß ähnlich sind, können sich aus Untersuchungen an besonders geeigneten «Modellorganismen» auch wichtige Folgerungen für die Humanmedizin ergeben. Über all das berichtet der folgende Beitrag.

Entwicklungsbiologie:
Vom Ei zum Organismus – die Partitur der Gene

Von Herbert Jäckle

Der erwachsene menschliche Körper besteht aus etwa 100 Billionen Zellen. Wie bei allen höheren Organismen, gleichgültig ob Tier oder Pflanze, gehen alle diese Zellen durch Teilungen aus einer Zelle, der befruchteten Eizelle, hervor. Daher enthalten sie alle die gleiche genetische Information, die in Form von Desoxyribonukleinsäure (DNA) im Zellkern gespeichert ist. Dennoch entwickeln sich die einzelnen Zellen des Körpers sehr verschieden und haben ganz unterschiedliche Aufgaben im Organismus: Zellen in der Haut sind verschieden von denjenigen im Gehirn oder im Darm. Die grundlegende Frage, die sich die Entwicklungsbiologie als biologische Teildisziplin stellt, ist, wie sich Zellen während der Entwicklung unterschiedlich entwickeln und lernen, ihre Funktionen an der richtigen Stelle des Körpers so wahrzunehmen, daß ein Individuum mit hochorganisierten, perfekt aufeinander abgestimmten Funktionseinheiten entsteht. Dabei interessiert vor allem, wie einzelne Teile der genetischen Information, d.h. unseres Genoms, so aktiviert werden, daß diese komplexen Prozesse zielgerichtet ablaufen können, und welche Rolle dabei den einzelnen Informationseinheiten, d.h. den entsprechenden Genen, zukommt, wie sie ihrerseits reguliert werden und wie sie untereinander wechselwirken.

Von der Molekularbiologie wissen wir, daß Gene von der DNA in Form einer Boten-RNA («mRNA») abgelesen werden. Dieser Vorgang, der «Transkription» genannt wird, findet im Zellkern statt und wird von spezifischen Kontrolleuren, den *Transkriptionsfaktoren*, gesteuert. Diese Faktoren erkennen in der DNA Kontrollelemente, die den Genen vorgeschaltet sind, binden dort und interagieren mit weiteren, allgemeinen Faktoren, die dann in der Kontrollregion der Zielgene zu einer Transkriptionsmaschine assembliert werden. Diese führt die Synthese der mRNA von der DNA-Matrize durch; das betreffende Gen ist somit aktiviert. Die mRNA wird dann vom Zellkern ins Zytoplasma überführt und dort mit Hilfe der Proteinsynthesemaschinerie, den Ribosomen, in das dem Gen entsprechende Protein übersetzt.

Entwicklung: vom Phänomen zum Phänotyp und zum Gen

Noch bis vor zwanzig Jahren wurden die Baupläne der Tiere ausschließlich mit dem klassischen Repertoire der experimentellen Embryologie untersucht, das mit den Transplantationsexperimenten von Hans Spemann und Hilde Mangold vor nahezu siebzig Jahren einen frühen Höhepunkt erlebte. Diese Experimente bestehen im wesentlichen darin, Zellareale im sich entwickelnden Embryo abzutöten oder auszutauschen, um dann das noch vorhandene oder neu gewonnene Entwicklungspotential der entsprechenden Areale morphologisch und histologisch zu untersuchen. Alternativ oder ergänzend werden biochemisch angereicherte Zellfraktionen in das befruchtete Ei injiziert, um so zu überprüfen, ob, wann und wo bestimmte Körperstrukturen oder Gewebe induziert werden können.

Natürlich haben solche Versuche nur eine bedingte Aussagekraft, sie erlauben aber den Schluß, daß es Faktoren geben muß, die das Entwicklungsprogramm einzelner Zellen oder ganzer Zellareale so steuern, daß diese sich im Kontext des Gesamtorganismus ergänzend und richtig entwickeln können. Man bezeichnet das Phänomen, daß eine bestimmte Entwicklungsrichtung «angestoßen» wird, allgemein als *Induktion*. Induzierende Faktoren oder *Organisatoren* ließen sich in bezug auf ihre allgemeine chemische Natur, ihren zellulären Ursprung und ihre Wirkung zwar beschreiben, doch war man damals noch weit davon entfernt, einzelne Komponenten mit morphoregulatorischem Potential zu benennen und ihre Wirkungsweise molekular ergründen zu können. Die Vorstellung, daß man mit Hilfe isolierter, benennbarer Faktoren die Entwicklung spezifischer Organe induzieren kann, wäre vor zwanzig Jahren in Fachkreisen noch als «Science fiction» belächelt worden. Heute ist dies möglich geworden und dient als wichtiger Ausgangspunkt zur Klärung der Frage, wie es Zellen in scheinbar gleicher Umgebung gelingt, die Partitur der Gene so umzusetzen, daß sozusagen in Absprache mit Nachbarzellen eine bestimmte Struktur, z. B. ein Organ, entstehen kann.

Alle Faktoren zu kennen und die genetischen Regelkreise zu verstehen, die zur Ausbildung eines bestimmten Organs mit allen seinen Funktionen führt, erscheint uns heute wiederum als Fiktion. Doch ist vor allem im letzten Jahrzehnt durch die Nutzung genetischer, molekularbiologischer, biochemischer und zunehmend auch biophysikalischer Verfahren ein direkter Zugang zu Entwicklungskontrollgenen in verschiedenen Organismen geschaffen worden, der bereits jetzt die molekularen Mechanismen erahnen läßt, die dem Bauplan und der Ausgestaltung verschiedener Organismen zugrunde liegen. Das überraschende und sicherlich wichtigste Ergebnis der bisherigen entwicklungsbiologischen Forschung ist, daß Genprodukte, welche die Körperachsen bei wirbellosen Tieren, z. B. einer Fliege, spezifizieren, auch in Wirbeltieren bis hin zum Menschen konserviert sind und dort vergleichbare Funktionen während der Entwicklung übernehmen. Dies bedeutet, daß die Natur ihre erfolgreichen Grundkonzepte im Ablauf der Evolution auf molekularer Ebene bewahrt hat.

Diese wichtige und bahnbrechende Erkenntnis ist auf einen vergleichsweise einfachen Versuchsansatz zurückzuführen, der vor mehr als fünfzig Jahren zuerst bei der Aufklärung von Stoffwechselvorgängen bei Bakterien angewandt wurde: Dadurch, daß ein einzelnes Gen durch eine sogenannte Mutation defekt gesetzt wird, kann ein komplexer genetischer Regelkreis in seine Einzelkomponenten zerlegt werden. Ist eine der Regelkreiskomponenten defekt, so führt dies zum Ausfall eines bestimmten Entwicklungsprozesses, der sich in einer sichtbaren Veränderung, einem mutanten Phänotyp, des Organismus äußert. Man erkennt dadurch, für welchen Prozeß das mutierte (defekte) Gen normalerweise notwendig ist.

Die experimentelle Strategie der Mutantensuche wurde bei der Fliege *Drosophila melanogaster*, die Tau- oder Fruchtfliege, angewandt und später auf andere Organismen mit kurzer Generationszeit (z. B. die Blütenpflanze *Arabidopsis thaliana* und den Zebrabärbling *Danio rerio*) übertragen und durch neue genetische Techniken, die *Reverse Genetik*, komplementiert. Eine Mutante wird dadurch künstlich erzeugt, daß die isolierte DNA eines bestimmten Gens im Reagenzglas verändert und dann in der veränderten Form in das Genom des lebenden Organismus eingebracht wird. Dies geschieht durch «homologe Rekombination», bei der ein DNA-Fragment des intakten Gens gegen das veränderte DNA-Fragment in der Zelle ausgetauscht wird. Wird auf diese Weise die natürliche Genfunktion ausgeschaltet, dann spricht man von einem «Knockout». Inzwischen werden mit dieser Technik routinemäßig Mutationen in die Keimbahn der Maus eingeschleust und an den Nachkommen untersucht. Statt wie früher mit statistischer Mutagenese wird durch die Reverse Genetik ein bestimmtes Gen gezielt verändert. Dadurch kann in der *Knockout-*

Maus die Funktion jedes beliebigen DNA-Abschnitts bei der Merkmalsausprägung der Nachkommen direkt ermittelt werden.

Vom Ei zum Embryo: Die Fliege brachte den Durchbruch

Drosophila wurde bereits kurz nach der Jahrhundertwende von dem amerikanischen Genetiker und Nobelpreisträger T. H. Morgan in die genetische Forschung eingeführt. *Drosophila* verfügt über nur vier Chromosomenpaare, die in verschiedenen Geweben als «Riesenchromosomen» mit einem definierten Querbandenmuster auftreten, das im Mikroskop erkennbar ist. Diese Riesenchromosomen ermöglichen es daher, Genorte auf den Chromosomen sichtbar zu kartieren. Ferner verfügt *Drosophila* über ein besonders kleines Genom, das mehr als eine Größenordnung kleiner ist als ein typisches Säugetiergenom. Das Fliegengenom umfaßt insgesamt weniger als 20 000 Gene, und es ist vergleichsweise einfach, *in vitro* (also im Reagenzglas) rekombinierte DNA in die Keimbahn der Fliege als sogenanntes *Transgen* einzuschleusen. Mutante Fliegen, die ein solches Transgen mit der intakten Genkopie enthalten, können so durch «Gentherapie» geheilt werden. Damit ist es möglich, die Funktion eines bestimmten DNA-Abschnitts in direkten Bezug zur Mutation zu setzen und so im strengen Sinne zu beweisen, daß ein bestimmtes Gen für eine bestimmte Funktion während der Entwicklung verantwortlich ist.

Bei *Drosophila* wurden durch systematische Mutagenese-Experimente etwa hundert Gene identifiziert, die für die Etablierung der Körperachsen und die Gestalt des Körpers verantwortlich sind. Diese Gene bewirken, daß der Embryo entlang seiner Längsachse bzw. der Bauch-Rücken-Achse in zunehmend kleinere Einheiten unterteilt wird, die erst viel später in Form von Segmenten, inneren Organen, wie z. B. Muskeln und Darm, und von Körperanhängen, wie Flügel, Beine und Antennen (Fühler), sichtbar werden. Da die Gene zeitlich gestaffelt und die «späteren» Gene abhängig von den «früheren» Genen aktiviert (im Fachjargon «exprimiert») werden, spricht man von einer *Genkaskade*. Für diese bahnbrechenden Arbeiten, die inzwischen weit über *Drosophila* hinaus von grundlegender Bedeutung sind und für die Entwicklungsbiologie allgemein einen Durchbruch bedeuten, erhielten Christiane Nüsslein-Volhard, Eric Wieschaus und Ed Lewis 1995 den Nobelpreis für Medizin und Physiologie.

Wie und wann ist die Genkaskade aktiv, die letztlich dazu führt, daß sich aus einer Einzelzelle ein dreidimensionaler Embryo entwickeln kann? Die aus dieser Kaskade resultierende Abfolge metamerer Einheiten entlang der Längsachse des Embryos geht auf im Ei lokalisierte *Positionsinformation* zurück. Diese Unterteilung des Embryos erfolgt, nachdem frühe Furchungsteilungen des Embryos gerade abgeschlossen sind. In dieser für Insekten typischen Entwicklungsphase teilen sich die Kerne des Embryos in der Dottermasse der Eizelle, wandern dann nach außen und ordnen sich unterhalb der Zellmembran nebeneinander an. Die zu diesem Zeitpunkt etwa 5000 Kerne sind daher diffusiblen Faktoren noch direkt zugänglich. Im Anschluß an dieses «Präblastoderm-Stadium» kommt es zur eigentlichen Zellularisierung des Embryos innerhalb der ursprünglichen Eizelle. Ihre Membran wächst innerhalb von weniger als 30 Minuten zwischen die Kerne ein und grenzt diese gegeneinander ab. Aus einer vielkernigen Einzelzelle wird ein vielzelliger Embryo, der aus einem ungefalteten, einschichtigen Epithel besteht. Bereits zu diesem Zeitpunkt, dem «zellulären Blastodermstadium», ist jede Zelle entsprechend ihrer Position auf ein bestimmtes Entwicklungsprogramm hin festgelegt.

Nur wenige spezifische Gene sind notwendig, damit die Orientierung der *Längsachse* festgelegt und das segmentale Körpermuster des Embryos organisiert wird. Die Produkte dieser Gene werden von der Mutter ins Ei eingelagert und dort ungleich verteilt. Die Folge ist, daß diese mütterlichen Komponenten bestimmte Gene des Embryos aktivieren («zygotische Gene»), die dann eine zunehmend feinere Untergliederung des Embryos vornehmen. Dies läßt sich mit Hilfe molekularer Sonden mikroskopisch beobachten, die mittels sogenannter *In-situ*-Hybridisierung oder Antikörperfärbung entweder spezifische mRNA oder die Proteinprodukte im Ei und im Embryo sichtbar machen können. Diese Techniken dokumentieren zum Beispiel, daß die mRNA einer Schlüsselkomponente, die für die Orientierung der Längsachse des Embryos und seine Unterteilung im Vorderbereich notwendig ist, vom Genom der Mutter exprimiert und im Vorderpol des Eis lokalisiert wird (Abb. 22a). Ist dieses Gen, das *bicoid* genannt wird, durch Mutation ausgeschaltet, dann entsteht ein kopf- und brustloser Embryo; die Aktivität des Gens ist also tatsächlich für die Etablierung dieser Körperbereiche verantwortlich.

Durch die Lokalisierung der *bicoid*-mRNA im Vorderpol des Embryos wird eine lokale Quelle der Proteinsynthese geschaffen, von der aus das Protein diffundiert und so einen Konzentrationsgradienten im Embryo ausbildet. Dieser Konzentrationsgradient hat morphogenetische Eigenschaften. Das *bicoid*-Protein (Bicoid) ist ein Transkriptionsfaktor, der konzentrationsabhängig an Kontrollregionen in der DNA bestimmter zygotischer Zielgene bindet und diese aktiviert. Diese Zielgene von Bicoid codieren ebenfalls für Transkriptionsfaktoren und wirken entweder aktivierend oder reprimierend auf parallel- und nachgeschaltete Gene. So entstehen in der Vorderhälfte des Embryos unter dem Einfluß von Bicoid unterschiedliche Bereiche, in denen verschiedene, zygotische Transkriptionsfaktoraktivitäten einander überlappen. Der Bicoid-Konzentrationsgradient wirkt nicht nur als Kontrolleur nachgeschalteter Gene, sondern verhindert auch, daß ein zweites von der Mutter bereitgestelltes Genprodukt in der Vorderhälfte des Embryos aktiv wird. Dieses Genprodukt, die mRNA eines Transkriptionsfaktors, wird wie Bicoid von der Mutter während der Eientwicklung exprimiert, es bleibt aber im Gegensatz zur *bicoid*-mRNA im frisch abgelegten Ei gleichmäßig verteilt (Abb. 22b). In Gegenwart des Bicoid-Proteins kann dieses Protein, das Produkt der *caudal*-mRNA, nicht synthetisiert werden, da Bicoid an diese mRNA bindet und die Synthese des *caudal*-Proteins (Caudal) hemmt. Aus dieser Wechselwirkung resultiert ein Caudal-Gradient, der komplementär zum Bicoid-Konzentrationsgradienten ist (Abb. 22c).

Abb. 22: Die Verteilung von Genprodukten, die an der Unterteilung des Drosophila-Embryos in Segmentäquivalente beteiligt sind. Die Orientierung der etwa 1 mm langen Embryonen ist so, daß der Vorderpol nach links und die zukünftige Bauchseite nach unten zeigt. (a) Lokalisierte bicoid-mRNA (blau) im Vorderpolbereich des Embryos. (b) Gleichverteilte caudal-mRNA im Embryo. (c) Verteilung der Proteine. Bicoid bildet einen von vorne nach hinten reichenden Konzentrationsgradienten (rot), während Caudal einen komplementären Gradienten (grün) ausbildet. Wie im Text beschrieben, bilden diese beiden Gradienten die Grundlage, um die Gap-Gene zu aktivieren, die regionsspezifische Expressionsdomänen (d–g) aufweisen. (d) zeigt die Verteilung der mRNA des Gens *hunchback* in der Vorderhälfte des Embryos, (e) die mRNA des Gens *Krüppel*. (f) mRNA des Gens *knirps*. (g) mRNA-Verteilung des Gens *giant*. Wie im Text beschrieben, wird aus dieser zunächst kohärenten Positionsinformation ein metameres Expressionsmuster, das durch sieben «Streifen» entlang der Längsachse des Embryos, den Expressionsdomänen der Paarregel-Gene, sichtbar wird. (h) mRNA-Verteilung des Paarregel-Gens *hairy*, das die Rumpfsegmente des Körpers anzeigt, wenn der Embryo noch aus einer scheinbar homogenen Zellschicht besteht, also lange bevor die Segmente als morphologisch sichtbare Einheiten ausgebildet sind.

242

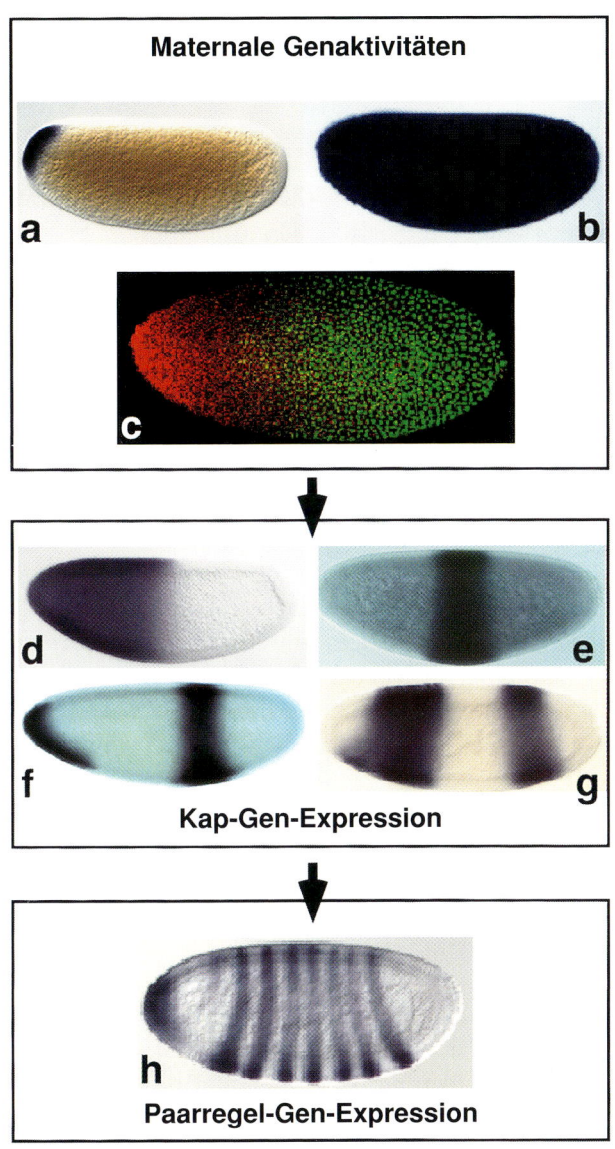

Maternale Genaktivitäten

a   b

c

Kap-Gen-Expression

d   e

f   g

Paarregel-Gen-Expression

h

Ähnlich wie Bicoid aktiviert auch Caudal zygotische Gene im heranwachsenden Embryo. Infolge der Bicoid- und Caudal-kontrollierten zygotischen Genexpression wird der Embryo entlang seiner Längsachse in zunehmend kleinere Areale unterteilt. Dieser Entwicklungsprozeß findet in den zeitlich gestaffelten Expressionsmustern der sogenannten Gap- (Abb. 22d–g) und Paarregel-Gene seinen Niederschlag (Abb. 22h). Diese Abbildung verdeutlicht auch, wie aus kohärenter Positionsinformation der Gradienten und der Gap-Gen-Aktivitäten ein *periodisches Muster* entsteht, das der Blaupause der erst später sichtbaren Unterteilung des Körpers in einzelne Segmente entspricht. Fehlt eines dieser Gene, dann kommt es zum Ausfall derjenigen Körperstruktur, die in der Blaupause durch die entsprechende Genaktivität gekennzeichnet ist. Fehlt zum Beispiel die Aktivität des Gap-Gens *hunchback* im Vorderteil des Embryos, dann fehlt, ähnlich wie bei *bicoid*-Mutanten, der Kopf- und Brustbereich; fehlt das Paarregel-Gen *hairy*, dann fehlen sieben alternierende Segmentäquivalente, die durch das Streifenmuster der *hairy*-Genexpression gekennzeichnet sind.

Innerhalb des metameren Grundmusters des Körpers werden die einzelnen Segmente durch die Aktivität der sogenannten *homöotischen Gene* positionsspezifisch ausgestaltet. Ein Defekt in einem homöotischen Gen führt nicht zu einem Segmentausfall (wie bei den Gap- und Paarregel-Genen), sondern zu einer Transformation eines Segment in ein anderes. Im Extremfall führt dies dazu, daß z. B. die Antennen in der Kopfregion des Embryos in Beine umgebildet werden, was bedeutet, daß das betreffende Segment einem Brustsegment entspricht, in dem sich normalerweise ein Beinpaar bildet. Der wissenschaftliche Wert solcher «Monster» ist offensichtlich: Sie zeigen, daß es letztlich die Aktivität eines einzigen Gens ist, die darüber entscheidet, ob in einem bestimmten Segment eine Antenne oder ein Bein ausgebildet wird. Anders formuliert: Ein einziges Gen bestimmt im Sinne einer binären Entscheidung, welcher Entwicklungsweg eingeschlagen wird und – mindestens genauso wichtig – welcher nicht.

Nachdem die Regionalisierung des Embryos durch die Aktivitäten der Segmentierungsgene und der homöotischen Gene erfolgt ist, vollzieht sich die weitere Ausgestaltung des Körpers, einschließlich der Ausbildung von Organsystemen, durch Kommunikationsprozesse zwischen den Zellen. Die Kommunikation erfolgt über *Signalmoleküle* und zelluläre *Signaltransduktionssysteme*, die *von der Fliege bis hin zum Menschen konserviert* sind. Eine Zelle oder eine

Zellgruppe erhält von ihrem Nachbarn ein bestimmtes Signal (ein Hormon oder einen anderen Wirkstoff) und erkennt dieses mittels eines spezifischen Rezeptors. Dieser sitzt an der Zelloberfläche und reicht über die Membran hinweg ins Zellinnere. Der Rezeptor wird durch eine spezifische Bindung des Signals auf der Außenseite aktiviert und meldet dann über die Zellmembran hinweg seine Aktivierung ins Zellinnere. Dabei wird eine Signaltransduktionskaskade aktiviert, wobei ein geladenes Teilchen, eine Phosphatgruppe, über verschiedene Botenproteine hinweg auf einen bestimmten Transkriptionsfaktor übertragen wird. Die Anheftung dieser Phosphatgruppe an das Endglied der Kaskade bewirkt zum Beispiel, daß der dann phosphorylierte Transkriptionsfaktor in den Zellkern eindringen kann oder – wenn er sich bereits im Zellkern befindet – von einem inaktiven in einen aktiven Zustand überführt wird. Er bindet dann an die Kontrollregion bestimmter Zielgene, um diese entweder an- oder abzuschalten. Die Aktivität der Zielgene (oder ihr Ausschalten) bewirkt, daß sich Zellen entsprechend ihrer Position im Zellverband unterschiedlich differenzieren können. Innerhalb einer Äquivalenzgruppe von Zellen wird also in Abhängigkeit der Signale aus der Nachbarschaft ein bestimmtes Entwicklungspotential induziert. Hier schließt sich der Kreis zwischen Hilde Mangolds und Hans Spemanns Induktionsexperimenten und den Molekülen, die mittels rekombinanter Gentechniken von der modernen Entwicklungsbiologie charakterisiert werden. Jetzt kann man Induktoren konkret benennen und zunehmend verstehen, in welchen molekularen Schaltkreis sie eingreifen.

Von der Fliege zum Frosch

Wie bei *Drosophila* verläuft auch bei Amphibien die Embryonalentwicklung außerhalb der mütterlichen Leibeshöhle. Dies erlaubt experimentelle Eingriffe am Embryo sowie die fortlaufende Beobachtung daraus resultierender Entwicklungsveränderungen. In der Vergangenheit wurde dieser experimentelle Vorteil genutzt, um Zellkommunikationsprozesse und Keimblatt-Wechselwirkungen bei diesen Wirbeltieren zu untersuchen – Amphibien sind klassische Modellorganismen, mit Hilfe derer das Phänomen der Induktion durch die Transplantationsexperimente von Spemann und Mangold erstmals gezeigt wurde. Die Ausbildung einer zweiten vollständigen Körperachse, die den ersten spektakulären Höhepunkt in der Entwicklungsbiologie bedeutet hat, kann heutzutage durch Injektion spezifischer Produkte einzelner Gene, zum Beispiel von bestimmten mRNAs, die im Reagenzglas hergestellt wurden, erreicht werden.

Biochemische und molekularbiologische Untersuchungen am Modellsystem Frosch führten bereits früh zur Erkenntnis, daß für die Ausbildung unterschiedlicher Gewebe und Organe bestimmte Induktionsfaktoren notwendig sind, die zum Teil bereits in anderen Zusammenhängen als Wachstumsfaktoren mit unterschiedlichen Wirkungsspektren identifiziert worden waren. Die bislang bekannten Faktoren, die den Spemann-Mangold-Effekt auslösen, d.h. die Ausbildung eines «siamesischen Zwillings», werden während der Eizellreifung produziert, um dann während der nach Befruchtung einsetzenden Zellteilungen ungleichmäßig auf die einzelnen Zellen des Embryos verteilt zu werden. Die daraus resultierende Gradientenbildung entspricht in ihrer Bedeutung prinzipiell den bereits erwähnten Gradienten der mütterlichen Transkriptionsfaktoren im *Drosophila*-Embryo. Die ersten bekannten *Indikatorgene*, die in Abhängigkeit von der applizierten Wachstumsfaktorkonzentration im Embryo exprimiert werden, weisen einen hohen Verwandtschaftsgrad zu den homöotischen Genen bei *Drosophila* auf. Wie diese enthalten sie eine sogenannte «Homöobox», mit Hilfe derer die entsprechenden Proteine als Kontrollfaktoren an ihre Zielgene binden können, um dort als Transkriptionsfaktoren zu wirken. Von *Homöobox*-Genaktivitäten nimmt man an, daß sie im gesamten Tierreich Ähnliches bewirken: Sie regulieren zelltypspezifische Gene und lösen dadurch eine bestimmte Differenzierung der Zellen aus, die je nach der Aktivität der Homöobox-Gene unterschiedlich ausfällt. Es zeigte sich, daß diese Gene unabhängig von der Tierart immer maßgeblich für die Untergliederung des Körpers verantwortlich sind.

Vom Frosch zum Fisch zur Maus

Bis vor kurzem war kein Wirbeltiersystem bekannt, das systematisch einen genetischen Ansatz zur Identifizierung von Entwicklungsgenen erlaubte, wie er bei *Drosophila* so spektakulär erfolgreich war. Dieser Organismus scheint jetzt gefunden zu sein, der Zebrabärbling *Danio rerio*. Er hat eine kurze Generationszeit von nur drei Monaten, und die Weibchen produzieren eine große

Anzahl von Nachkommen; die Embryonalentwicklung ist kurz und erfolgt wie bei Amphibien und der Fliege außerhalb des Mutterleibs. Aufgrund der Transparenz der Embryonen kann der Entwicklungsablauf, einschließlich späterer Entwicklungsprozesse wie der Organogenese, unter dem Mikroskop verfolgt werden. Diese Eigenschaft und die Möglichkeit experimenteller Eingriffe, die bei Amphibien längst praktiziert werden, erlauben detaillierte Studien zur Herkunft bestimmter Gewebe oder Organe. Durch Injektion fluoreszierender Marker-Stoffe oder durch die Expression von sogenannten «Reportergenen», die ein fluoreszierendes Protein liefern (*Green Fluorescent Protein*), können Einzelzellen während komplexer Zellwanderungen im lebenden Embryo und im Fisch verfolgt und so zweifelsfrei ihrem Ursprungsort zugeordnet werden. Systematische Mutageneseansätze mit diesem System lieferten bereits eine Reihe interessanter Phänotypen mit charakteristischen Defekten während der Embryogenese, während der Entstehung des Nervensystems und des Gehirns und zu bestimmten Stadien der Organentwicklung. Für die Isolierung der entsprechenden Gene sind zum Teil die bei anderen Modellorganismen charakterisierten Gene eine unmittelbare Hilfe. Wirbeltierspezifische Gene – falls es solche geben sollte – werden dann über das moderne Repertoire der Gentechnik identifizierbar sein. Dazu gehört auch, daß, wie bei *Drosophila*, Mutationen (auf den Menschen übertragen: Erbkrankheiten) gentherapeutisch behandelt werden können, um so den mutationsbedingten Defekt durch Einbringen des normalen Gens in die Keimbahn zu heilen.

Solche Erfolge liegen bereits bei der *Maus* vor. Mit Hilfe der Reversen Genetik kann man bei der Maus nicht nur Gene defekt setzen, sondern auch Gendefekte durch Austausch des defekten Gens mit der normalen Genkopie heilen. Anders formuliert: Man kann Knockout-Mäuse erzeugen oder Fremdgene im Genom inserieren und dabei «Knock-in»-Mäuse herstellen. Nutzt man bestimmte Reportergene, wie z. B. das Gen für das *Green Fluorescent Protein*, und inseriert dieses statistisch im Genom, so kann dieses Reportergen über die Kontrollregion eines Mausgens nahe der Insertionsstelle im Genom reguliert werden. Man sieht anschließend der Maus an, wo und wann dieses Gen aktiv ist. Führt die Insertion außerdem zu einem Ausfall der Normalfunktion des betroffenen Mausgens, dann hat man ein neues Gen identifiziert und kennt gleichzeitig dessen Funktion im Organismus. Systematisch angewendet bedeutet dies, daß man jedem der ca. 100 000

Gene der Maus eine bestimmte Funktion zuordnen kann und erfährt, wann, wo und in welchem Prozeß jedes einzelne Gen seine Rolle spielt. Aufgrund der unerwarteten Ähnlichkeit der Gene in verschiedenen Organismen wird diese Technik, die inzwischen bei vielen Organismen Anwendung findet, letztlich auch wichtige Einblicke in *menschliche Erbkrankheiten* und krankheitsbedingte Fehlfunktionen beim Menschen eröffnen.

Diese wichtige Perspektive gründet sich auf die wahrscheinlich bedeutendste Entdeckung der letzten Dekade, nämlich daß *Gene, Genfunktionen und genetische Regelkreise über die Artgrenzen hinaus konserviert* sind. Die Mehrzahl der Entwicklungskontrollgene wurde aus höheren Wirbeltieren über Genproben aus *Drosophila* isoliert. In einigen Fällen konnte man auch bereits eine ähnliche Funktion nachweisen. So besitzen, wie bereits beim Frosch angedeutet, Wirbellose und Wirbeltiere die in Gengruppen zusammengefaßten Homöobox-Gene, die in abgegrenzten Streifen entlang der Längsachse des Embryos exprimiert werden. Kommt es zu einer experimentell induzierten Expression eines Homöobox-Gens in einer anderen Region des Maus- oder des *Drosophila*-Embryos als der normalen, dann wird ein Körperteil in einen anderen transformiert. Entsprechend entstehen reziproke Transformationen von Körperstrukturen, wenn die Aktivität eines Homöobox-Gens durch eine Mutation oder einen Knockout ausgeschaltet wird. Die Spezifität der Transformation ist abhängig vom Kontext der Aktivität der anderen Homöobox-Gene, die normalerweise in einer bestimmten Körperregion exprimiert werden. Dies ist ein Zeichen dafür, daß diese Gene nicht einzeln, sondern kombinatorisch wirken und daß bestimmte Homöobox-Genkombinationen, ähnlich einem raffinierten Code, definierte Entwicklungsleistungen bedingen. Untersuchungen über die Homöobox-Gene haben so nicht nur einen Einblick in die Embryogenese selbst, sondern auch in Evolutionsabläufe verschafft.

Nachdem die grundlegenden Prinzipien der Realisierung genetischer Information und die Struktur von Entwicklungsgenen weitgehend aufgeklärt sind, stellt sich als neue Herausforderung an die Entwicklungsbiologie eine zentrale Frage: Wie wird die *Genaktivität* gesteuert, die ein bestimmtes Entwicklungsprogramm bewirkt? Diese Frage richtet sich sowohl auf die mechanischen Aspekte der Genaktivierung als auch auf das Zusammenspiel einzelner Faktoren in Regulationskaskaden, die aufgrund genetischer Ansätze durch Reverse Genetik bei der Maus sowie durch biochemische Ansätze beim Froschembryo zum Teil identifiziert wurden. Für unser Verständnis der Zellteilung, der Zelldifferenzierung, der Regulation von Differenzierungs- und Entwicklungsvorgängen bei vielzelligen Organismen bis hin zur Dysregulation, einem Merkmal von malignen Entartungen, sind diese Kenntnisse unabdingbare Voraussetzungen. Es ist vor kurzem gelungen, Genen, die ursprünglich über ihre Funktion bei der Kontrolle von Entwicklungsprozessen identifiziert worden waren, eine kausale Wirkung in malignen Transformationsprozessen zuzuordnen. Dies gilt für Tumoren des Blutsystems und verschiedene andere Krebsarten. Man muß kein Prophet sein, um vorherzusagen, daß diese Befunde, die ja erst einen Anfang darstellen, von der Maus wahrscheinlich direkt auf den Menschen übertragbar sein werden. Da die Zunahme an konkreter Information über normale Genfunktionen auch deren Fehlsteuerung bei Krankheiten erkennbar werden läßt, liefert somit die Grundlagenforschung wesentliche Einblicke in medizinisch relevante Probleme.

Vom Modell zum Prinzip: Faktoren sind artübergreifend austauschbar

Wenn man so unterschiedliche Organismen wie die Fliege, den Frosch, die Maus und letztlich auch den Menschen betrachtet, dann verwundert es nicht, daß die Biologen lange Zeit davon ausgingen, daß verschiedene Organismen unterschiedliche Gene im Hinblick auf ihre spezifische Zelldifferenzierung benutzen. Diese Ansicht hat sich jedoch im Verlauf der letzten Jahre radikal geändert, und zwar deswegen, weil erkannt wurde, daß morphoregulatorische Faktoren aus verschiedenen Organismen oft sehr ähnlich sind. Diese Ähnlichkeit äußert sich nicht nur strukturell, sondern, wie für die Homöobox-Gene angedeutet, auch funktionell. Ähnliche Faktoren können zwischen verschiedenen Organismen ausgetauscht werden, ohne daß ein offensichtlicher Funktionsverlust eintritt. Diese Beobachtung bezieht sich zum einen auf allgemeine zelluläre Funktionen wie z. B. die Aktivierung der Genexpression, die über eine einheitliche «Transkriptionsmaschine» vermittelt wird, zum anderen aber auch auf die Mechanismen, die eine raumzeitlich begrenzte Genaktivität bewirken und nicht zuletzt auf einzelne Faktoren, wie Hormone, Signalpeptide oder Wachstumsfaktoren, die eine bestimmte Genaktivität in verschiedenen Geweben und Organen bewirken. Die zu Regelkreisen verknüpften Gen-Interaktionen und sogar die Wirkung interzellulärer Morphogene bei der biologischen Musterbildung, der Organogenese und der Neurogenese, sind evolutionär in überraschendem Grade konserviert. Damit können experimentell zwischen verschiedenen Organismen Brücken geschlagen werden.

Hier ein Beispiel: Die «Paired-Domäne», eines der vielen inzwischen bekannten Transkriptionsfaktormotive, die ursprünglich in einem Segmentierungsgen von *Drosophila* identifiziert wurden, führte dazu, daß sequenzähnliche Gene aus der Maus isoliert werden konnten. Die bislang neun verschiedenen «Pax-Gene» werden jeweils in distinkten räumlichen und zeitlichen Mustern während der Embryogenese exprimiert. Die funktionelle Signifikanz dieser Expressionsmuster wurde über Maus-Mutanten und Knockout-Mäuse untersucht. Die phänotypischen Merkmale der Mutanten zeigten, daß diese Genklasse für die Entwicklung der Wirbelsäule, des neuronalen Systems und verschiedener Organe mit verantwortlich ist. Es ließen sich auch bisher drei Erbkrankheiten zuordnen, die beim Menschen auf eine Veränderung entsprechender Pax-Gen-Aktivitäten zurückzuführen sind: das Waardenburg-Syndrom I, Aniridie und ein Nierendefizienzsyndrom.

Experimente mit dem *Pax6*-Gen zeigen seine speziesübergreifende konservierte Funktion besonders eindrucksvoll. Diesem Gen kommt bei der Entwicklung so unterschiedlicher Organe wie dem *Komplexauge* der Insekten und dem *Linsenauge* des Menschen jeweils die gleiche Schlüsselfunktion zu. Wird die Funktion dieses Gens zerstört, so bilden weder Maus noch *Drosophila* Augen. Bei Mäusen, die eine defekte und eine intakte *Pax6*-Genkopie tragen, entwickeln sich kleine, schlitzförmige Augen als äußerlich sichtbares Merkmal. Beim Menschen hat die entsprechende genetische Konstitution die Erbkrankheit Aniridie mit einem vergleichbaren Phänotyp zur Folge. Die *Pax6*-Gene aus den verschiedenen Organismen sind also nicht nur strukturverwandt, sondern haben auch eine vergleichbare Funktion. Dies wurde durch einen Genaustausch belegt. Das *Pax6*-Gen der Maus, das normalerweise Linsenaugenentwicklung bewirkt, kann die Funktion des entsprechenden *Drosophila*-Gens übernehmen und Komplexaugenentwicklung verursachen, wenn es als Transgen in der Keimbahn der Fliege exprimiert wird.

Beim bisherigen Lesen konnte man den Eindruck gewinnen, als wollten Entwicklungsbiologen nur ergründen, wie Zellen sich verändern. Offensichtlich bedarf der Weg vom Ei zum vollständigen Organismus jedoch einer Vielzahl von *Zellteilungen*, die kontrolliert erfolgen müssen. Tatsächlich sind Zelldifferenzierung und Zellteilung koordinierte Prozesse. Der Ausfall eines Signalmoleküls unterbindet nicht nur einen bestimmten Differenzierungsschritt der Zelle, sondern kann auch deren Teilungsverhalten beeinflussen. Das Teilungsverhalten der Zelle ist wiederum kein trivialer Vorgang. Es muß bis ins letzte Detail sichergestellt sein, daß die genetische Information identisch an alle Tochterzellen verteilt wird. Außerdem muß festgelegt sein, wann, in welcher Abfolge und in welchen Teilbereichen des Organismus Zellteilungen erfolgen. Bei diesem Prozeß erfolgt zunächst durch Verdopplung der DNA-Stränge eine Duplikation des genetischen Materials. Dieses wird in identische Chromosomenpaare verpackt, die dann über ein hochstrukturiertes Zytoskelett und molekulare Kleinstmotoren auf zwei Tochterzellen gleichmäßig verteilt werden. Diese entstehen durch Einschnürung der Zellmembran, wobei die Teilungsrichtung, der Zeitpunkt und die Länge der einzelnen Phasen des Prozesses genau festgelegt sind. Das genetische Programm, das diese Vorgänge beim Menschen steuert, unterscheidet sich nicht wesentlich von dem, das die Teilung bei der Fliege oder gar bei der Bäckerhefe *Saccharomyces cerevisiae* steuert. Bringt man zum Beispiel ein Teilungsgen aus Mensch oder Fliege in eine Hefezelle ein, der das entsprechende Gen fehlt, so teilt sich diese wieder ganz normal weiter und beweist damit, daß die Faktoren, die eine Zellteilung durchführen und kontrollieren, evolutionär hoch konserviert sind.

Eng verknüpft mit der Differenzierung und dem Wachstum der Zellen ist das Phänomen, daß höhere Organismen ihre Zellzahl auch dadurch kontrollieren können, daß Zellen absterben. Dieser Prozeß, der zum Beispiel gewährleistet, daß der Mensch nicht wie die Ente Schwimmhäute zwischen Fingern und Zehen entwickelt, wird über ein genetisches «Suizid-Programm», das *Apoptose* genannt wird, gesteuert (vgl. S. 262). Dieses Programm ist in allen Zellen des Organismus installiert, darf aber aus offensichtlichen Gründen nur unter ganz bestimmten physiologischen Umständen aktiviert werden. Man kann diesen Prozeß als einen besonderen Differenzierungsprozeß ansehen, an dessen Ende der Zelltod steht. Viele Gene, die dieses Suizid-Programm vermitteln, sind dominant. Das heißt, wenn sie in der Zelle aktiviert werden, dann führt dies unabdingbar zur Aktivität einer bestimmten Klasse von Proteinen, die *Caspasen*, die andere Proteine in der Zelle abbauen. Die Faktoren, die dieses Selbstmordprogramm der Zellen regulieren, sind inzwischen bei mehreren Organismen bekannt, und wiederum zeigt sich das Phänomen, daß sie sowohl molekular als auch in ihrer Wirkungsweise konserviert sind, d. h. im Zuge der stammesgeschichtlichen Evolution im wesentlichen beibehalten wurden.

Vom Gen zum Genom: Synergie der Modelle

Die Kenntnis der Gene ist eine Grundvoraussetzung für die Entschlüsselung molekularer Entwicklungsprinzipien. Weltweit sind inzwischen Genomprojekte implementiert, die letztlich ein detailliertes Verständnis aller menschlichen Gene und ihrer Funktion zum Ziel haben. Daß die Mehrzahl der Gene in mehr oder weniger abgewandelter Form in allen höheren Organismen vorkommt und daß ihre Ursprünge häufig bis zu Mikroorganismen zurückverfolgt werden können, ermöglicht einen direkten Vergleich der Genome verschiedener «Modellorganismen». Für einfache Organismen, wie z. B. die Bäckerhefe, sind solche Arbeiten bereits abgeschlossen. Unter den höheren Organismen ist der Fadenwurm *Caenorhabditis elegans* in einer Spitzenposition: Neunzig Prozent seines Genoms sind bekannt. Dies bedeutet, daß man die Abfolge der Basenpaare in der DNA, welche die genetische Information ausmachen, zwar kennt, aber noch weit davon entfernt ist, jedem einzelnen Gen seine Funktion im Organismus zuzuordnen. Trotzdem können bereits jetzt wichtige Schlüsse aus der Genomforschung gezogen werden.

Die Genome des Fadenwurms *Caenorhabditis* und der Fliege *Drosophila* umfassen rund 10 000 bzw. 20 000 verschiedene Gene. Bei der Bäckerhefe, einem vergleichsweise einfach strukturierten einzelligen Organismus, konnten etwa 6000 Gene nachgewiesen werden. Maus und Mensch dürften jeweils über nicht mehr als 100 000 Gene verfügen. Diese Zahlen zeigen, daß die Komplexität eines Organismus, bezogen auf seine Morphologie, Physiologie und sein Verhalten, offensichtlich nicht direkt mit der Anzahl seiner Gene korreliert ist, sondern eher davon abhängt, welche Gene wie miteinander wechselwirken. Ein beträchtlicher Teil des Zuwachses der Säugetiergene im Vergleich zu den einfacheren Organismen ist sowohl auf Verdopplungen des gesamten Genoms als auch einzelner Gene während der Evolution zurückzuführen. Die duplizierten Gene haben damit die Möglichkeit erhalten, neue Funktionen zu übernehmen. Dabei sind Genfamilien mit ähnlichen Proteinmotiven und Funktionen entstanden, wie der intraspezifische Vergleich ähnlicher Gene zeigt: Höhere Wirbeltiere haben beispielsweise vier Homöobox-Genkomplexe, während im *Drosophila*-Genom nur ein solcher Komplex zu finden ist. In beiden Fällen sind jedoch die Gene dieser Komplexe für die Spezifizierung von Körpersegmenten verantwortlich. Es finden sich zusätzlich noch viele vereinzelte Homöobox-Gene in dem Genom, die bei *Drosophila* in der Regel einfach vorhanden sind, während sie bei der Maus in bis zu je vier Exemplaren vorkommen. Ähnliche Zahlenbeispiele findet man bei Genen für Ionenkanäle, die für die Reizleitung in Nervenzellen verantwortlich sind, bei Signalmolekülen und bei deren Rezeptoren. Dieser knappe Vergleich zeigt, daß das molekulare Prinzip der Fliegenentwicklung trotz vieler morphologischer Besonderheiten als ein Modell für Entwicklungsvorgänge in anderen Organismen dienen kann und umgekehrt Erkenntnisse bei diesen den «Drosophilisten» helfen werden, die Fliege wieder besser zu verstehen. Anders ausgedrückt: Da die Mehrzahl der Gene gleich, modifiziert oder in nur mäßig abgewandelter Form in allen höheren Organismen vorkommt und ihre evolutiven Ursprünge häufig bis zu Mikroorganismen zurückverfolgt werden können und auch im Pflanzenreich erhalten sind, kann die Funktion der einzelnen Gene parallel bei verschiedenen Modellorganismen erarbeitet werden, und man kann über die Artgrenzen hinweg generelle Prinzipien und molekulare Stammbäume ermitteln. Dabei steht für die jeweilige Fragestellung eine Reihe von Organismen zur Verfügung, die im reduktionistischen Sinne Teilantworten ermöglichen. Es ist die Synthese dieser Teilantworten, die uns synergistisch ein molekulares Bild des Ganzen liefern wird.

Die Übertragbarkeit der aus Modellorganismen gewonnenen Einsichten in Genfunktionen läßt einen raschen Anstieg der Kenntnis von biologischen Prozessen auf molekularer Ebene erwarten, vorausgesetzt, daß die weltweit gewonnenen Ergebnisse adäquat verarbeitet werden können. Dies setzt eine verbesserte *Bioinformatik* voraus, die eine freie und erkenntnisbringende Kommunikation zwischen den Genomprojekten und den Funktionsanalysen der Gene in den verschiedenen Organismen ermöglicht. Es ist jetzt schon absehbar, daß dazu neue mathematische Verfahren entwickelt werden müssen, die imstande sind, gigantische Datenmengen effizient zu verwalten, zu vergleichen und zu analysieren. Ferner wird es notwendig sein, Gene, die in einem bestimmten Zellverband aktiv sind, zu katalogisieren und mit dem aktiven Genrepertoire anderer Zellverbände oder gar entarteter Zellen zu vergleichen. Die hierzu notwendigen Techniken sind als Prototyp bereits entwickelt. Verfahren, die es erlauben, die Expression der Gene auf Einzelzellniveau zu untersuchen, gehören heutzutage schon zum Standardrepertoire der meisten Laboratorien. Parallel dazu wurde die sogenannte «DNA-Typ-Technik» entwickelt, die es erlaubt, den aktiven Genbestand in einem Organismus bzw. in einem Organ oder letztlich sogar in einzelnen Zellen zu bestimmen. Im Prinzip wird bei dieser Technik das Genom eines Organismus auf eine Matrix von der Größe eines Computerchips aufgebracht und dann gefragt, welche einzelnen Gene, die meisten noch mit unbekannter Funktion, in einer bestimmten Zelle aktiv sind. Man lernt dadurch, wie zum Beispiel Gene nacheinander während der Entwicklung eines Organs aktiviert oder reprimiert werden, wenn sich im Embryo aus wenigen Gründerzellen ein Organ ausbildet. Sie helfen auch herauszufinden, welche Gene noch aktiv sind, wenn nur ein einziges Gen eines Organismus durch eine Mutation betroffen ist. Mit solchen Technologien und unter Einbeziehung neu entwickelter, automatisierter Methoden bis hin zur Entwicklung von Robotern, die die Hand des Experimentators an der Laborbank verhundertfachen, sowie dem Einsatz von Computertechniken und neuen Rechenleistungen wird es in der nächsten Dekade möglich werden, die *gesamte genetische Information eines Organismus* zu erfassen. Man wird dann auch lernen, diese Information so zu verstehen, daß nicht nur die Entwicklungsbiologie, sondern die gesamte Biologie auf eine neue Verständnisebene angehoben wird. Die Quintessenz der Einsichten in biologische Vorgänge, die nicht nur aus der Biologie, sondern aus dem Zusammenspiel aller biologischen Disziplinen erwächst, kann zur verbesserten Züchtung von Pflanzen und Nutztieren, zur Optimierung biotechnischer Verfahren und zum besseren Verständnis ökologischer Vorgänge verantwortungsvoll genutzt werden. Es läßt sich prognostizieren, daß über die systematische Untersuchung der Gene und Genprodukte der Modellorganismen letztlich auch neue Ansätze für Diagnose und Therapie in der *Humanmedizin* geliefert werden und daß so die Grundlagenwissenschaft aus der Entwicklungsbiologie heraus direkt zur Lösung menschlicher Probleme beiträgt.

Stirb und Werde: Die Drehbühne des Lebens

Jeder Mensch weiß um Altern und Tod auch dann schon, wenn er sich selbst noch weit davon entfernt glaubt. Die Trauer, die durch das Ableben geliebter Mitmenschen oder -tiere ausgelöst wird, gehört zum Erlebensschatz selbst von Kindern. Der Alterungsprozeß, dem niemand (außer durch vorzeitigen Tod) entrinnen kann, gibt sich auch äußerlich zu erkennen: Ausfall oder Weißwerden des Kopfhaars, vermindertes Reaktions- und Erinnerungsvermögen, Schwerhörigkeit, Falten und Flecken der Haut. Altern und Tod sind also ständig beobachtbar und stete Gäste unserer Vorstellungswelt. So erstaunt die überragende Rolle nicht, die der oft personifizierte Tod in Mythos, Religion, Literatur und Kunst seit jeher gespielt hat. Schon urzeitliche Funde belegen einen Totenkult, der sich später bis zu Riesenpyramiden und Totenstädten auswuchs und die Hoffnung auf ein Weiterleben nach dem Tode ausdrückt.

Wie sieht es mit Seneszenz und Tod bei anderen Lebewesen aus? Welche organismischen, zellulären, molekularen Grundlagen zeichnen die Prozesse des Alterns und des Todes aus? Welchen biologischen Sinn kann das Sterben überhaupt haben?

Vorstellungen zu diesen Fragen wurden schon im vorigen Jahrhundert entwickelt, doch erwies sich ihre Nachprüfung als schwierig. Immerhin häufte sich nach und nach ein enormes Beobachtungsmaterial an. Es zeigte sich bald, daß es vor allem bei Einzellern den Tod nur als Unfall gibt, nicht aber den physiologischen («natürlichen») Tod aus inneren Ursachen. Dieser überwiegt dagegen bei Vielzellern, die ja immer auch durch funktionelle Spezialisierung ihrer Körperzellen (Zelldifferenzierung) ausgezeichnet sind. Zumal im Tierreich, wo besonders hohe Differenzierungsgrade erreicht werden, ist der Tod aus inneren Ursachen unvermeidlich. Bei ihnen macht dementsprechend auch die Angabe mittlerer Lebensspannen Sinn.

Die moderne Forschung hat gezeigt, daß auch Zellklone höherer Tiere (mit bezeichnender Ausnahme von Krebszellen) nur begrenzt vermehrungsfähig sind und daß es in der Embryo- und Ontogenese bei praktisch allen Vielzellern zu programmiertem Zelltod kommt. Bei Pflanzen gibt es neben ein- und zweijährigen (Beispiele: Getreide; Fingerhut) auch ausdauernde Gewächse ohne natürliche Begrenzung der

Lebensdauer. Zu ihnen zählen neben den vielen «Geophyten», die unterirdisch mit Rhizomen oder Zwiebeln ständig weiterwachsen (z. B. Primeln und Buschwindröschen, Orchideen, viele Farne), auch manche der größten Bäume, die Tausende Jahre alt werden und zuletzt infolge von Blitzschlag, Sturm, Feuer oder Pilzbefall zugrunde gehen.

Der biologische Sinn des genetisch programmierten Todes liegt offenbar darin, daß neue Organismen mit geändertem Genbestand der Selektion angeboten werden: der Tod als Voraussetzung für Evolution. Goethe scheint das geahnt zu haben. Er schrieb in seinem Fragment «Natur»: «Leben ist ihrer [der Natur] schönste Erfindung, und der Tod ist ihr Kunstgriff, viel Leben zu haben.»

Altern und Tod – «Der Tod der Individuen ist eine Bedingung der Evolution»[1]

Von Widmar Tanner

Wenn wir uns mit dem Thema Altern und Tod auseinandersetzen, beschäftigen wir uns in aller Regel mit dem Menschen. Und wenn es richtig ist, daß wir zwei Drittel unserer immensen Krankenkosten für ein einziges Jahr ausgeben, nämlich für das letzte (K. Adam, FAZ vom 29. 12 . 1998), ist es für den Autor dieses Kapitels beinahe staatsbürgerliche Pflicht, menschliches Altern und Sterben aus moderner wissenschaftlicher Sicht darzustellen und zu diskutieren. Doch Herausgeber und Verlag hätten einen Mediziner oder einen Sozialwissenschaftler gewählt, hätten sie beim Thema «Altern und Tod» den Menschen im Mittelpunkt gesehen. Und in der Tat, das Phänomen des Todes, das alle Lebewesen betrifft, und jenes des Alterns oder der sogenannten Seneszenz, des zunehmend schlechteren Funktionierens mit dem Älterwerden, das viele Organismen erfahren, ist wissenschaftlich gesehen viel zu faszinierend und das, was die Biologie heute darüber weiß oder auch nur vermutet, viel zu aufregend, um das Thema auf den Menschen einzuengen.

Das Sterben: Ein biologisches Wiederverwertungs-Programm

Beginnen wir mit ganz einfachen Sterbevorgängen in der Natur, z. B. dem herbstlichen Blattfall. Innerhalb von wenigen Tagen wird im Herbst aus einem grünen Blatt, das mit Millionen von lebenden Zellen Photosynthese treibt und den Baum ernährt, eine braune, vertrocknet-brüchige, tote Blattruine. An diesem Beispiel läßt sich neben der Tatsache, daß das Sterben in der Natur häufig wie ein vorgegebenes Programm abläuft, auch sehr anschaulich seine Wiederverwertungs- oder – wie heute vertrauter (!) – Recyclingfunktion verdeutlichen. Jedenfalls stirbt das Blatt zu Beginn der kalten Jahreszeit nicht, weil der erste Frost oder der fetzige Herbststurm es mechanisch verletzen und dadurch umbringen. Auch im wärmsten und windstillsten Herbst stirbt das vergilbende Blatt vielleicht 1–2 Wochen später als in einem kalten und rauhen Jahr.

Schauen wir uns den Absterbevorgang etwas genauer an. Das Blatt verfärbt sich zuerst stellenweise und wird in kurzer Zeit prächtig gelb oder rot. Das Blattgrün, Chlorophyll, eine chemische

Verbindung, die u. a. Stickstoff enthält, wird abgebaut, und stickstofffreie Kohlenwasserstoffe, die gelben Carotine, bleiben übrig. Stickstoff ist für Pflanzen ein wertvoller Rohstoff. Er wird aus dem Chlorophyll, aber auch aus dem Blatt-Protein rückgewonnen und in Form von Aminosäuren abtransportiert, im Stamm gespeichert und zum Aufbau der nächstjährigen Blätter verwendet. Am erstaunlichsten in diesem Zusammenhang ist dabei eine Beobachtung, die der Züricher Botaniker Phillipp Matile in den letzten Jahren machte. Er studierte die Chemie des Chlorophyll-Abbaus genauer und stellte fest, daß dabei toxische Zwischenprodukte auftreten. Nun, so würden wir wohl argumentieren, toxische Substanzen in Zellen, die ohnehin in 1–2 Tagen tot sind, was soll's? Nicht so die Pflanze, die mit ihren Ressourcen sparsam umgeht. Die toxischen Zwischenprodukte werden innerhalb der Zelle unter ATP-Verbrauch, d. h. also mit zusätzlichen Energiekosten, in ein Kompartiment gesteckt, wo sie keinen Schaden anrichten können, in weiteren Reaktionen sorgfältig entgiftet und jetzt erst abtransportiert. Richtiges Recycling, so können wir daraus schließen, ist kostenaufwendig, aber es lohnt sich. Den Blattzellen bleibt so genügend Zeit, den gesamten Stickstoff abzubauen und aus dem Blatt zu entfernen, und die Zellen, in denen all dies passiert, bringen sich nicht etwa durch toxische Stoffe vorzeitig um.

Schließlich stirbt in einer vorbestimmten Trennzone des Blattstieles eine einzelne Zellenlage ab und löst sich auf, aber nicht bevor die benachbarte, näher zum Ast befindliche Zellschicht genügend Kork gebildet hat, damit eine dünne Haut die spätere Wunde verschließt und dadurch vor Wasserverdunstung einerseits und Infektion andererseits schützt. Hier wird sozusagen der Wundverband vor der Amputation angelegt.

Biologische Programmabläufe sind stets streng reguliert. Wird in die Regulierung eingegriffen, kommt es zu deutlichen Störungen, z. B. zu zeitlichen Verschiebungen. So gibt es Pflanzenhormone, die den Blattfall beschleunigen, die Abscisinsäure sowie Ethylen, und andere, wie die Cytokinine, die den Blattfall verzögern. Besprüht man einen Teil eines vergilbenden Blattes mit Cytokinin, so bleibt dieser Teil sehr viel länger grün. Dies nützen einige pflanzenpathogene Bakterien und Pilze trickreich aus: Sie produzieren selbst Cytokinine und scheiden sie in das befallene Blatt aus. Auf solchen Blättern zeigen sich dann grüne Inseln (Abb. 23). Die Schmarotzer erreichen auf diese Weise, daß ein weitgehend abgestorbenes, am Boden liegendes Blatt an den infi-

Abb. 23: Das «Grüne Insel»-Phänomen auf herbstlichen Ahornblättern. Bakterien und Pilze schaffen es, Blattbereiche am Leben zu erhalten. Die Schmarotzer nutzen den photosynthetisch produzierten Zucker, wenn das restliche Blatt längst abgestorben ist.

zierten Stellen immer noch photosynthetisch aktiv bleibt und damit sie, die biologischen Feinde, weiterhin mit Zucker versorgt.

Der Blattfall mehrjähriger Pflanzen stellt somit ein eindrucksvolles, hochgradig organisiertes Sterbeverhalten dar, das heute mit molekularbiologischen Methoden weiter untersucht wird. Nach dem Geschilderten wird es nicht überraschen, daß Dutzende von Genen einzig für diesen Vorgang des Blattfalls in den Pflanzen aktiviert werden, Gene, deren Produkte, Enzyme, die einzelnen komplizierten Schritte dieses Absterbens samt «Recycling» katalysieren. Diese Gene spielen im gesamten übrigen Leben der Pflanze keine Rolle, haben sich also im Laufe der Evolution nur für den Sterbevorgang entwickelt und in den Pflanzen etabliert.

Natürlich drängt sich die Frage auf, ob vergleichbare *Sterbeprogramme* auch beim Gesamtorganismus und nicht nur bei Teilen beobachtet werden. Bleiben wir noch kurz bei den Pflanzen: Nicht bei allen, aber bei vielen unserer einjährigen Pflanzen, z. B. den Getreiden, folgt in strikter Reihenfolge auf die Keimung des Samens das Heranwachsen zur adulten Pflanze, das Blühen, sofort nach dem Fruchten und der erfolgreichen Ausbildung der neuen Samen das Absterben der Pflanze. Innerhalb von wenigen Tagen wird im Endstadium aus grünen Getreide- und Maisfeldern ein Heer synchron anfallender Leichen. Weder ungünstige Witterung noch sonstige Negativeinflüsse sind an dem plötzlichen Massensterben schuld. Die Samen sind ausgebildet, mit Reserven für den Embryo angefüllt, der Kreis hat sich geschlossen, die Elternpflanze hat ihre Aufgabe erfüllt, sie stirbt. Inwieweit in diesem Programmverlauf, in dem sicher jeder Einzelschritt im Laufe der Evolution optimiert wurde, diese Optimierung auch für den letzten Schritt, das Ableben der adulten Pflanze gilt, ist unter theoretischen Biologen umstritten. Auf diesen Punkt wird am Ende dieses Kapitels nochmals ausführlich eingegangen. Jedoch erscheint die Interpretation zwingend, daß durch das Absterben des größten Teils des pflanzlichen Organismus ein immenses Recycling von organischem Material und, nach dessen Abbau durch Mikroorganismen, ein Recycling von Mineralien eingeleitet wird. Die Lebensbedingungen für die neue Generation sind dadurch ohne Zweifel besser als in der denkbaren Alternativsituation, in der junge Pflanzen um insgesamt weniger Mineralstoffe (Nitrat, Phosphat etc.) untereinander, aber auch noch mit ihren Eltern konkurrieren müßten. ‹Bessere Bedingungen› heißt aber populationsgenetisch gesehen ganz einfach, daß durch das Sterben der Elternpflanzen ein erhöhtes Ausprobieren und eine erhöhte Manifestierung genetischer Vielfalt ermöglicht wird.

Fragen wir uns auch in diesem Fall nach der biologischen Kontrolle des beschriebenen Absterbeverhaltens, so wird es kaum überraschen, daß dieses Verhalten sehr eng mit der Befruchtung und der damit eingeleiteten sexuellen Fortpflanzung gekoppelt ist. So werden z. B. Sojabohnen normalerweise 120 Tage alt; pflückt man jedoch ihre sich bildenden Blüten laufend ab und verhindert somit eine Befruchtung, zeigen die sonst gleichen Pflanzen erst nach 200 Tagen Symptome des Sterbens.

Der Eindruck, daß das Leben von Organismen, einschließlich ihrer letzten Stunden, wie ein Programm abläuft, drängt sich allerdings bei mehrjährigen Pflanzen, z. B. unseren Bäumen, aber auch bei den allermeisten Tierarten nicht mit gleicher Deutlichkeit auf, obwohl es im Tierreich bei den sogenannten semelparen Tierarten (Tieren, die sich nur einmal im Leben fortpflanzen, wie z. B. dem Pazifischen Lachs und zahlreichen Insekten) durchaus genügend Beispiele dafür gibt. Vor allem die Situation beim Lachs ist gut bekannt, und wer je die vielen Hunderte von Quadratmetern großen Leichenfelder der verstorbenen 3jährigen Elterntiere an den Ufern der Oberläufe kanadischer Flüsse gesehen hat, dem wird der Gedanke des Recycling spontan gekommen sein. Die Millionen von Jungfischen hätten in den nährstoffarmen Flüssen nicht die geringste Chance zu überleben, würden diese Flußläufe nicht mit den Tonnen sich zersetzenden Fleisches der Vorgängergeneration gedüngt und müßten sie sich gar die dürftige Nahrung mit der Elterngeneration teilen.

Wie eng auch in diesem Beispiel die *Kopplung zwischen Fortpflanzung und Sterben* ist, zeigt die Beobachtung, daß kastrierte Lachse in Gefangenschaft bis zu 18 Jahre länger leben als nicht kastrierte. Auch bei den wiederholt sich fortpflanzenden Organismen besteht eine Beziehung zwischen Fortpflanzung unter Einbeziehung der Zeit für eventuelle Brutpflege und dem Zeitpunkt des Sterbens. Beim Menschen endet die Fruchtbarkeit der Frau mit 45–50 Jahren, und der verbleibende mittlere Lebenszeitraum von etwa 20 Jahren dient dazu, die spät geborenen Kinder aufzuziehen.

Das Sterben: Ein zelluläres Selbstmordprogramm im Dienste der Entwicklung und der Gesundheitsüberwachung

Verständlicherweise ist das Sterben im Alltagsleben negativ belegt, und wir beschäftigen uns, wenn überhaupt, in Theorie und Praxis vorwiegend mit der Verhinderung oder zumindest der Verzögerung dieser Erscheinung. Es soll daher an Hand eines weiteren Beispiels gezeigt werden, daß sich Tod als positives und gezielt eingesetztes Funktionsprinzip in der Biosphäre entwickelt hat und somit ganz im Gegensatz zur negativen Alltagsassoziation von Abnutzung und Verschleiß verstanden werden muß.

Der sogenannte programmierte Zelltod wird auch als *Apoptose* bezeichnet, das aus dem Griechischen kommend soviel wie das Abfallen – eine Assoziation mit den abfallenden Blättern – bedeutet. Der Begriff wurde von Pathologen eingeführt, die bereits vor über 40 Jahren beobachteten, daß beim Menschen und anderen Säugern einzelne Zellen der unterschiedlichsten Organe eine Art Schrumpfungstod erleiden: Die Zellen werden kleiner, der Zellkern zerbricht in Stücke, und das Erbmaterial, die DNA, wird in definierte, etwa 180 Basenpaare große Abschnitte gespalten. Isoliert man die zerkleinerte DNA aus solchen Zellen und trennt sie nach ihrer Größe, erhält man neben dem kleinsten Bruchstück typischerweise auch Vielfache davon, was sich im Trennverfahren als «DNA-Leiter» darstellt. Schließlich teilt sich auch die sterbende Zelle in kleinere Einheiten auf, die entweder durch Nachbarzellen oder Zellen des Immunsystems aufgefressen (phagocytiert) werden. Der gesamte Vorgang dauert nur Stunden und löst keine Entzündung aus.

Dieser programmierte Zelltod hat seine besondere Aufgabe während der Embryonalentwicklung, spielt aber durchaus auch eine Rolle im erwachsenen Organismus, wenn es z. B. gilt, unerwünschte Zellen zu vernichten. Dies können virusinfizierte Zellen oder Tumorzellen sein. Aus diesen Gründen hat die klinische Apoptoseforschung in den letzten 10 Jahren einen beispiellosen «Boom» erlebt. Weltweit sind sicherlich einige tausend Arbeitsgruppen damit beschäftigt zu ergründen, inwieweit verminderte Apoptose beim Menschen zur Ausbildung bestimmter Krebserkrankungen oder zu Autoimmunkrankheiten beiträgt und ob erhöhte Apoptose eine Ursache für neurodegenerative Krankheiten wie Alzheimer und Parkinson darstellt. Man versucht zu verstehen, wie das zelluläre Selbstmordprogramm, das grundsätzlich in allen Zellen vorhanden zu sein scheint, normalerweise in Schach gehalten wird bzw. welche biochemischen oder sonstigen Signale (z. B. energiereiche Strahlung) den Start des Programms auslösen und in welchen strikt aufeinanderfolgenden Reaktionsschritten es sodann innerhalb der zum Untergang bestimmten Zelle umgesetzt wird.

Doch nicht nur als körpereigene Gesundheitspolizei ist das apoptotische Geschehen von Bedeutung. Wie schon erwähnt, spielt es in der Entwicklung aller Organismen – auch jener der Pflanzen – eine entscheidende Rolle. Je ein Beispiel aus dem Tier- und Pflanzenreich möge dies beleuchten.

Beim Menschen, genau wie bei allen Säugern, entstehen z. B. in der Embryogenese die Finger und Zehen mit Hilfe der Apoptose: in einer noch undifferenzierten Zellmasse sterben genau jene Zellen zwischen den späteren Fingern apoptotisch ab. Ebenso verläuft dies bei den Vögeln; bei den Enten erfolgt das Absterben in reduziertem Umfang – und zwischen den Zehen entsteht dadurch eine Schwimmhaut. In den genannten Beispielen spielt der programmierte Zelltod somit die Rolle eines formbildenden Prinzips, sind apoptotische Zellen sozusagen die Hobelspäne des Lebens.

Im Pflanzenreich hat der programmierte Zelltod zumindest vom Umfang her gesehen eine noch wichtigere Aufgabe. Jeder Baum besteht zu 90 % aus Zellen, die etwa eine Woche nach ihrem Entstehen bereits wieder abgestorben sind und sodann nur noch als tote Wasserleitungsröhren ihre Aufgabe erfüllen. Im Querschnitt eines Baumes ist deutlich der Jahreszuwachs an diesen langgestreckten Zellen in Form der Jahresringe zu erkennen. Die Zellen, die in einem Jahr, und zwar im Frühjahr und Sommer, in einer bestimmten Zellteilungsschicht gleich unterhalb der Rinde gebildet werden, in guten feuchten Jahren 50–60 Zellagen, beginnen kurze Zeit nach ihrer Entstehung abzusterben, und zwar ebenfalls nach einem genetisch programmierten Absterbeprogramm. Übrig bleiben die toten verholzten Zellwände, die dem Stamm Festigkeit verleihen und in deren hohlem, röhrenförmigem Innenraum das Wasser von den Wurzeln nach oben befördert wird, um das verdunstende Wasser der Blätter zu ersetzen.

Aufregend große Fortschritte im Verständnis dessen, was auf molekularer Ebene in apoptotisch sterbenden Zellen abläuft, welche genetischen Informationen dafür abgerufen werden, sind durch Arbeiten an dem winzigen, nur 1 mm langen Fadenwurm *Caenorhabditis elegans* gemacht worden. Im ausgewachsenen Zustand besteht dieser Wurm lediglich aus genau 959 Zellen, die alle Organe, einschließlich Muskeln, Gehirn, Verdauungstrakt und Geschlechtsorgane aufbauen. Wie sich die einzelnen Zellen aus der ursprünglich sich teilenden befruchteten Eizelle ableiten, ist bei diesem Organismus präzise bekannt. In etwa 50 Stunden bilden sich insgesamt 1090 Zellen, und genau 131 davon, und zwar an den unterschiedlichsten Stellen im Körper, sterben, kaum entstanden, wieder ab. Die einmalige Situation, daß englische und amerikanische Wissenschaftler (J. E. Sulston, R. Horvitz, S. Brenner), die an und mit diesem Fadenwurm arbeiten und das Schicksal jeder einzelnen Zelle kennen, erlaubte ihnen das Isolieren von Entwicklungs-Mutanten, u. a. solchen, bei denen das Absterben der 131 Zellen unterbleibt. Mit Hilfe gentechnischer Methoden konnten sodann die Gene isoliert werden, die im Wurm normalerweise Voraussetzung für den programmierten Zelltod sind und die, wenn sie defekt sind, das Sterbeprogramm unterbrechen.

Es sind dies vor allem zwei Gene, die ced3 und ced4 genannt werden (ced steht für «*cell death* abnormal»). Eine Mutation in einem der beiden Gene führt dazu, daß die 131 Zellen nicht absterben. Überraschenderweise zeigt ein solcher mutierter Fadenwurm, der ja nunmehr 131 Zellen «zuviel» besitzt, keine deutliche Störung; er scheint sich lediglich eine Idee weniger elegant fortzubewegen. Warum verschonen die beiden «Todesgene» die 959 übrigen Zellen, in deren Zellkern sie ja ebenfalls vorhanden sind? Nun, dafür sorgt ein weiteres, das ced9-Gen. Dieses bremst sozusagen das ced3- und ced4-Gen in *den* Zellen, die überleben müssen. Ist ced9 defekt, sterben viele Zellen, und der Wurm kann sich gar nicht erst entwickeln; er stirbt.

In den letzten beiden Jahren wurde durch faszinierende Experimente weltweit in vielen Labors gezeigt, daß das ced3-Genprodukt eine für den Zelltod spezifische Protease ist, also ein Enzym, das andere Proteine spaltet. Vom Fadenwurm bis zum Menschen existieren ganze Familien solcher untereinander hochverwandter Zelltod-Proteasen, die aufgrund bestimmter biochemischer Eigenschaften *Caspasen* genannt werden («*C*ystein enthaltende *asp*araginsäure-spezifische Prote*asen*»). Wie außerordentlich komplex dieses Apoptosegeschehen ist, zeigten kürzlich der Japaner Nagata und Kollegen: Eine dieser Caspasen spaltet ein Protein, das seinerseits ganz spezifisch jene DNase hemmt, die die DNA des Zellkerns zu den oben erwähnten Bruchstücken abbaut. Daß die Caspase diese Reaktionssequenz in der zum Tode verurteilten Zelle auslöst, geschieht durch einen «Befehl» (ein chemisches Signal), der von einer Immunzelle kommt. Welch delikate Balance! Alle unsere Zellen verfügen sozusagen über einen geladenen, allerdings noch gesicherten Revolver, um, wenn es denn zum Nutzen des Ganzen befohlen wird, Suizid zu begehen.

Inzwischen läßt sich auch bei Pflanzen in Zellkultur die apoptotische Umwandlung von sich teilenden Pflanzenzellen zu verholzten, toten Röhren verfolgen. Die Parallelisierung zum biochemisch-molekularbiologischen Geschehen im Tier, die erwartet wird, ist noch nicht sehr weit fortgeschritten, die «DNA-Leiter» aber wurde schon beobachtet.

Wir müssen somit schlußfolgern, daß im Laufe der biologischen Evolution durch langwieriges Ausprobieren, Verwerfen, Weiterentwickeln mühsam die ersten Zellen samt ihrer komplizierten Zellteilungsreaktionen zur Zellvermehrung entstanden sein müssen, daß aber schon «bald» danach (in einigen 100 Millionen Jahren) auf der Stufe der Vielzeller sich Mechanismen entwickelt haben, die den Zellen ermöglichten, sich selbst zu eliminieren. Damit konnte die embryonale Entwicklung komplexer vielzelliger Organismen perfektioniert, aber auch bei Fehlentwicklungen (siehe Autoimmunität, Tumorbildung) ordnend und selbstheilend repariert werden.

Das Sterben: Ein Abzählprogramm?

In den Biowissenschaften, die seit den vierziger Jahren unseres Jahrhunderts vor allem im Bereich der molekularen Biologie eine beeindruckende Wissensexplosion erlebt haben, hat es sich stets bewährt, komplexe Fragestellungen an sehr einfachen Lebewesen, «Modellorganismen», zu bearbeiten. Die Beschäftigung mit Viren und dem Darmbakterium *E. coli* haben uns das gesamte molekulargenetische Wissen, die DNA, den genetischen Code, die Proteinbiosynthese u.v.m., beschert. In der heutigen Zellbiologie hat die einzellige Bäckerhefe, in der Entwicklungsbiologie die schon zu Zeiten klassischer Genetik berühmt gewordene *Drosophila* den Status des Modellorganismus eingenommen.

Um eine so komplexe Problematik wie das Altern und Sterben besser, und das heißt heute vor allem molekularbiologisch, zu verstehen, ist es daher sinnvoll, nach geeigneten, möglichst einfachen Studienobjekten Ausschau zu halten. Im Grunde hat uns bereits August Weismann (1834–1914), der Freiburger Zoologe, der als erster über die Biologie des Alterns und des Todes gründlich nachgedacht hat, einen Weg dazu gewiesen. Er hat auf die begrenzte Teilungsfähigkeit der somatischen Zellen, also der Körperzellen, hingewiesen, die er bei Mensch und Tier zum ersten Mal gegenüber den potentiell unsterblichen Keimbahnzellen, aus denen sich die Fortpflanzungszellen bilden, abgrenzte. Pflanzen besitzen übrigens keine Keimbahnzellen, dafür zahlreiche Zonen unbegrenzt teilungsfähigen Gewebes, sogenannte Meristeme; daher existiert bei Pflanzen die Möglichkeit der Stecklingsvermehrung, die die potentielle Unsterblichkeit dieser meristematischen Zellen zeigt.

Weismann führte in einem 1882 gehaltenen Vortrag mit dem Thema «Über die Dauer des Lebens» aus: «Ich habe versucht, den Tod auf eine beschränkte Vermehrungsfähigkeit der somatischen Zellen zurückzuführen und davon gesprochen, daß dieselbe auf eine bestimmte Anzahl von Generationen normiert zu denken sei für jedes Organ und für jedes Gewebe des Körpers.»

Die richtige, aber damals noch nicht experimentell bewiesene Aussage, daß Zellen begrenzt teilungsfähig sind, wurde mit den Jahren vor allem deshalb vergessen, weil 1912 Alexis Carell, ein französischer Arzt, die aufsehenerregende Entdeckung machte, daß somatische Zellen in Kultur unbegrenzt teilungsfähig sind. Nachdem dieser Befund 50 Jahre weltweit eines der Lieblingsthemen in den Sonntagsbeilagen der Weltpresse war, stellte sich heraus, daß die zugrundeliegenden Versuche fehlerhaft (allerdings nicht schuldhaft falsch) waren. 1960 demonstrierte der Amerikaner Leonard Hayflick, daß sich menschliche Fibroblasten (Bindegewebszellen) in Kultur nur etwa 50mal teilen. Dann stellen sie die Verdoppelung ein und sterben ab. Damit war gezeigt, daß *auch isolierte Zellen* altern. Sie besitzen eine Lebensuhr, die tickt und mitzählt, die bestimmt, wann Synthese- und Erneuerungsleistungen eingestellt werden und damit das Lebensprogramm, in diesem Fall der Zelle, beendet ist.

Die Frage, inwieweit die Lebensuhr der Zellen mit der Lebensdauer des Organismus zu tun hat, ist heute ein wichtiges Forschungsthema. Zwischen beiden gibt es zumindest Zusammenhänge, was z. B. die Tatsache zeigt, daß sich menschliche Fibroblasten in Kultur um so weniger oft teilen, je älter der Spender ist, von dem sie stammen. Bekanntlich sind die mittleren Lebenserwartungen bei Organismen artspezifisch sehr verschieden, d. h., sie sind genetisch fixiert: Bei der Fliege weniger als 0,1 Jahr, bei der Maus 3, beim Rind 25, beim Raben 60, beim Menschen derzeit 74–78, bei der Riesenschildkröte 300 Jahre. Auch die Beobachtung, daß Zellen von unterschiedlichen Organismen in ihrer Teilungsfähigkeit recht gut mit der maximalen Lebensspanne des jeweiligen Lebewesens korrelieren, ist bemerkenswert. Beides ist jedoch kein ausreichender Beweis für einen ursächlichen Zusammenhang von Lebensdauer der Zellen mit jener der Individuen.

Faszinierend ist aber vor allem, daß die begrenzte Teilungsfähigkeit von somatischen Zellen durch eine Veränderung des genetischen Programms der Zellen aufgehoben werden kann. Damit Zellen zu unbegrenzt teilungsfähigen, zu unsterblichen Zellen werden, ist es nur nötig, in sie bestimmte *Onkogene* (Tumorgene) zu implantieren. Sie werden dadurch zu Krebszellen, und diese teilen sich in Kultur unbegrenzt. Natürlich ist dies ein Grund ihrer Gefährlichkeit.

Eine mögliche Antwort auf die Frage nach dem Zählmechanismus sich teilender somatischer Zellen und nach der Grundlage der Umwandlung in unsterbliche Tumorzellen hat bereits 1971 der russische Wissenschaftler Alexy Olovnikov vorgeschlagen. Er postulierte, daß sich die Chromosomenden, die sogenannten *Telomeren*, bei der Verdoppelung eines jeden Chromosoms um ein kleines Stück verkürzen. Diese Telomeren sind als eine Art stabilisierende Schutzkappe an den Enden der chromosomalen DNA zu verstehen, und in der Tat gibt es bei der identischen Verdoppelung der DNA, die ja jeder Zellteilung vorausgehen muß, ein mechanistisches Problem, auch die Telomeren identisch und somit in gleichbleibender Länge zu verdoppeln. Sind die Telomeren z. B. nach 50 Teilungen nicht mehr vorhanden, würde dies zu schwerwiegenden Defekten der Chromosomen und zum Tod der Zellen führen. Es gibt zwar ein spezifisches Gen für eine sogenannte *Telomerase*, ein Enzym, daß den Telomerabschnitt wieder verlängern kann, aber genau dieses Gen ist in aller Regel in somatischen Zellen nicht aktiv, dafür aber in Tumorzellen. Bringt man in menschliche somatische Zellen ein zusätzliches, aktives Gen für Telomerase ein, so erhöhen sie ihre Zellteilungshäufigkeit um etwa 50%; danach stellen sie allerdings trotzdem ihre Teilung ein. Die sogenannte Telomerhypothese wird heute an vielen Orten kritisch überprüft, kann aber noch nicht als gesichert gelten.

Was zu Beginn dieses Abschnitts über biologische Forschung und Modellorganismen ausgeführt wurde, könnte beim Leser den berechtigten Einwand auslösen, daß eine menschliche Zelle, eine Säugerzelle, immer noch etwas sehr Kompliziertes ist; schließlich beginnen wir alle mit einer einzigen solchen Zelle, der befruchteten Eizelle. Gibt es keine sehr simplen Organismen, keine Einzeller, die bereits altern und sterben, und wäre dies nicht ein aussichtsreicheres Objekt, um die Molekularbiologie des Lebensendes zu studieren?

Der größte Teil der Einzeller, die Bakterien und Archaeen (vormals Archaebakterien), sind nach allem, was wir wissen, potentiell unsterblich. Das bedeutet, daß sie durch Hunger, Kälte, Dürre, Strahlung und solche Dinge sterben oder weil sie gefressen werden, aber sie sterben eben nicht aus inneren Ursachen, weil sie

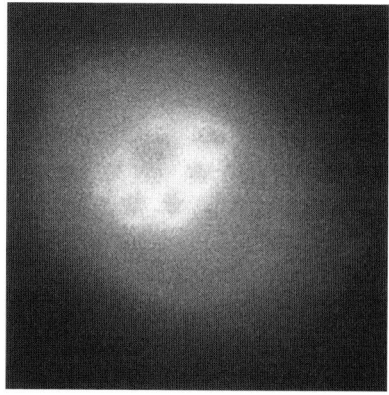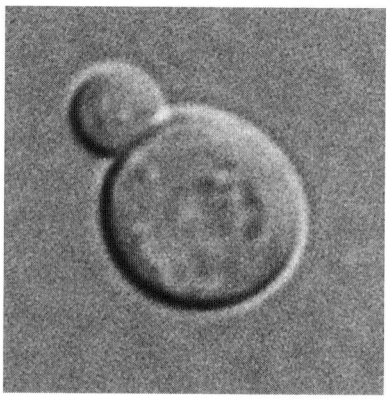

Abb. 24: Eine knospende Mutterzelle der Bäckerhefe produziert eine weitere Tochter. Die Aufnahme mit dem Fluoreszenzmikroskop (links) läßt an der Mutter nach einer spezifischen Anfärbung mindestens 5 Knospungsnarben erkennen, alles was von früheren Töchtern übrigblieb.

etwa altersschwach geworden sind. Da sich Bakterien in aller Regel nach homogenem Wachstum symmetrisch teilen, sind beide Hälften, beide Tochterzellen, identisch und wiederum gleich alt bzw. jung, und sie sind dies auch, wenn sie sich noch so oft teilen. Nach 20 Teilungen sind von der ursprünglichen Zelle nur noch einzelne Moleküle vorhanden. Ausschließlich diese wären – Altern im allgemeinsten Sinne verstanden – gealtert. Alternde Einzeller existieren jedoch, z. B. ist die Bäckerhefe *Saccharomyces cerevisiae* ein solcher Organismus. Bei ihr knospt aus der Mutterzelle zuerst ganz winzig, dann im Verlauf von etwa 60 Minuten immer größer werdend, die Tochter. Nach der Trennung behält die Mutter die alte Hülle, die Zellwand, und auch im Zellinnern werden zwar die Chromosomen im Kern, aber im übrigen manche Zellbestandteile nicht symmetrisch aufgeteilt. Außerdem bleibt eine Knospungsnarbe auf der Mutterzelle für jede Tochter zurück, so daß sich leicht verfolgen läßt, für wieviel Nachwuchs eine Hefemutter bereits gesorgt hat (Abb. 24). Nach etwa 25–35 Töchtern hört die Mutterzelle auch in der Tat auf, weiterhin Töchter abzuschnüren, obwohl auf ihrer Oberfläche Platz für mehr als hundert Narben bestünde. Die Hefezelle zeigt daneben auch mit steigendem Alter – so wies der amerikanische Biochemiker Michal Jazwinski 1989 nach –, daß es ihr zunehmend schwerer fällt, sich zu teilen. Schnürt sie die ersten

Töchter in 60–70 Minuten ab, so nimmt diese Zeitspanne nach etwa 15 Töchtern deutlich zu und erreicht nahezu den dreifachen Wert ab Tochter Nummer 30. Die Hefe zeigt also eindeutiges Seneszenzverhalten, d. h. verminderte Leistungsfähigkeit im zunehmenden Alter, wie dies zu Beginn definiert wurde. Erstaunlicherweise teilen sich Töchter von alten Müttern zuerst einmal auch viel langsamer als Töchter von jungen Müttern. Nach Separierung und etwa drei weiteren Teilungen hatten aber die Nachkommen dieser Töchter das Handicap wieder verloren. Daraus muß man schlußfolgern, daß sich in der Hefezelle mit zunehmendem Alter eine leistungsmindernde Substanz anhäuft und diese – allerdings erst in hohem Alter – auch auf die Tochter verteilt wird. Während in den Nachkommen der Töchter aber diese Substanz wieder in irgendeiner Weise entsorgt wird, nimmt sie bei den Müttern zu, bis diese schließlich daran zugrunde gehen.

Das gesamte Genom der Bäckerhefe, DNA-Buchstabe für DNA-Buchstabe, ist seit mehr als zwei Jahren in seiner Sequenz bekannt. 6000 Gene etwa sind für alle Lebensleistungen einer Hefe (Stoffwechsel, Zellteilung, Bildung aller Zellorganellen, Sexualverhalten) verantwortlich, einige davon für das Altern. Es verwundert bei der gründlichen Kenntnis dieses Organismus und seiner einfachen genetischen Handhabbarkeit nicht, daß in wenigen Jahren wie bei kaum einem anderen Lebewesen molekularbiologische Zusammenhänge von Altern und Tod aufgedeckt wurden. Der Kenntnisstand, im wesentlichen auf den Arbeiten von Jazwinski und jenen von Guarente und Mitarbeitern am MIT in Cambridge, USA, beruhend, kann hier nur sehr knapp wiedergegeben werden. Beide Arbeitsgruppen fanden eine Reihe von Genen, die die Alternscharakteristik der Hefe – hier definiert durch die Anzahl der Töchter, die eine Mutter bekommt – positiv oder negativ beeinflussen. Im Laufe dieser Untersuchungen stellte es sich heraus, daß eine bestimmte Gruppe von Genen, die in hoher Kopienzahl vorliegt (100 bis 200mal das identische Gen, die sogenannte ribosomale DNA), mit zunehmendem Alter einer Hefezelle instabil wird. Das äußert sich darin, daß ein kleines Stück dieser DNA das Chromosom verläßt, sich zum Ring schließt und sich selbständig mit jeder Zellteilung ebenfalls verdoppelt. Bereits nach 10 Verdoppelungen halten sich in einer Zelle an die 1000 solcher zirkulärer Nukleinsäuren auf, die fatalerweise um die Proteine, die für die Verdoppelung der regulären Gene notwendig sind, konkurrieren. Dies ist jedenfalls im Augenblick die einfachste Hypothese. Da die zellulären Genverdoppelungsmaschinen nur in begrenzter Zahl vorhanden sind, führt die starke Konkurrenz dazu, daß die Verdoppelung des gesamten genetischen Materials der Zelle unvollständig, fehlerhaft und letztendlich letal verläuft. Neben dem massiven Auftreten der künstlichen zirkulären Minichromosomen ist zur Erklärung des Alterns der Mutterzelle außerdem notwendig, daß sich die DNA-Zirkel asymmetrisch auf Mutter und Tochter verteilen. Lediglich bei den ältesten Töchtern (s. oben) «schwappt» von den kleinen DNA-Ringen etwas auf den Nachwuchs über, verliert sich aber in zwei bis drei weiteren Teilungen. Worin der Filter besteht, der die asymmetrische Verteilung zwischen Mutter und Tochter verursacht, ist derzeit noch nicht verstanden. Klar ist aber, daß jedes Genprodukt, das entweder das Herausschneiden des sich dann unabhängig vermehrenden DNA-Stückes bzw. seine asymmetrische Verteilung beeinflußt, das Altern der Mutter und u. U. auch jenes der Tochterzellen positiv oder negativ beeinflussen kann.

Können diese Befunde über die Bäckerhefe als Modell auch für das Altern höherer Lebewesen, z. B. auch für alternde Säugerzellen, dienen? Diese Frage läßt sich vorerst weder mit ja noch mit nein beantworten. Daß sie aber keinesfalls absurd ist, geht z. B. aus der Tatsache hervor, daß molekularbiologisch gesehen Hefe und Mensch in erheblichem Umfang miteinander verwandt sind. So wurde bereits für einige Dutzend Gene gezeigt, daß sie zwischen Mensch und Hefe nicht nur auffallend ähnlich in ihrer Sequenz, sondern auch funktionell austauschbar sind. Das bedeutet, daß bestimmte Gene der Hefe defekte Gene des Menschen voll zu ersetzen vermögen.

«Werner's Syndrom» ist eine menschliche, genetisch bedingte Alternskrankheit. Menschen, bei denen das WRN-Gen defekt ist, haben bereits vor dem 20 sten Lebensjahr eine extrem faltige Haut, graue Haare und leiden an einer Fülle altersbedingter Krankheiten. Fibroblasten von Werner's-Syndrom-Patienten teilen sich in Zellkultur nur halb so oft wie jene von Gesunden. Die Bäckerhefe besitzt ein dem WRN-Gen des Menschen sehr ähnliches Gen, das SGS1 abgekürzt wird. Mutiert man dieses Gen in Hefe, dann treten alle oben für Hefe beschriebenen Seneszenzerscheinungen, einschließlich der künstlichen DNA-Zirkel, bereits bei Hefemüttern auf, bevor sich die *siebte* Tochterknospe gebildet hat. Sowohl vom menschlichen WRN-Gen als auch vom SGS1-Gen der Hefe ist bekannt, daß es bestimmte Reaktionen am genetischen Material DNA katalysiert.

Da auch bei einem weiteren einfachen Alterungsmodell, dem Pilz *Podospera anserina*, bereits in den 80er Jahren u.a. von Karl Esser in Bochum gezeigt worden war, daß die Bildung von zirkulärer DNA, in diesem Fall aus der DNA der Mitochondrien geschnitten, die Seneszenz bedingt, häufen sich die Befunde auffällig, die zeigen, daß der Stoffwechsel der DNA einen kritischen Faktor im molekularen Altern darstellt; auch die Telomerhypothese läßt sich hier natürlich ohne Zwang einreihen.

Das Sterben: Programm, Verschleiß, Evolution. Probleme der theoretischen Biologie

Wir gehen heute davon aus, daß der programmierte Zelltod mit dem Altern und dem Sterben ganzer Individuen wahrscheinlich nichts zu tun hat, obgleich der Schlußpunkt zu diesem Kapitel noch nicht gesetzt ist. Für unabhängige Phänomene spricht z.B. die Tatsache, daß bei *C. elegans*, dem Fadenwurm, jene Mutanten, die keine Apoptose zeigen, genauso nach einigen Wochen sterben wie die Würmer mit intaktem Apoptoseverlauf. Das bedeutet, daß der programmierte Zelltod, so paradox das klingt, dem Altern und dem Tod der Individuen entgegenwirkt, und zwar aufgrund der oben beschriebenen Schutz- und Reparaturfunktion.

Das Ableben, wie es uns im herbstlichen Blatt, den einjährigen Pflanzen, aber auch bei den semelparen Tieren begegnet, ist strikt programmiert, aber in seiner Erscheinungsform und den zugrundeliegenden Mechanismen auf die übrigen Lebewesen mit ausgeprägter Seneszenz möglicherweise nur beschränkt zu übertragen. Für letztere könnte dagegen die Bäckerhefe durchaus ein Erklärungsmodell sein. Ob dies zutrifft, wird sich in Anbetracht des raschen Fortschreitens molekularbiologischer Kenntnis – und hoffentlich auch Verstehens – in wenigen Jahren erweisen. Jedenfalls gilt sowohl für die Hefe als auch für den Menschen, was bereits 1825 der englische Versicherungsmathematiker Benjamin Gompertz erkannte und erstmals mathematisch formulierte, daß nämlich die Wahrscheinlichkeit des individuellen Sterbens mit dem Alter exponentiell ansteigt. Trägt man die Anzahl der Überlebenden einer Population in Prozenten gegen das Alter auf, so zeigt sich, daß Mensch und Hefe, wie übrigens auch *C. elegans* und die Maus, in entsprechender Weise altern (Abb. 25). Für die Hefe besitzen wir aber zumindest eine Teilerklärung für dieses Verhal-

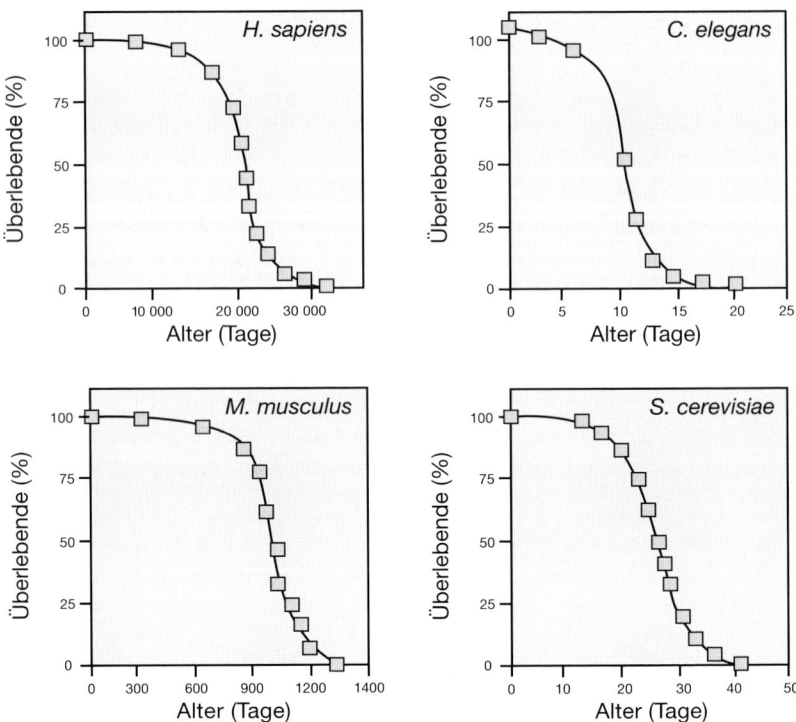

Abb. 25: Überlebenskurven für Mensch (*H. sapiens*), Fadenwurm (*C. elegans*), Maus (*M. musculus*) und Bäckerhefe (*S. cerevisiae*). Die Tatsache, daß die Anzahl der Sterbenden mit steigendem Alter zuerst sehr langsam, dann zunehmend rasch ansteigt (exponentiell), hat zuerst der Engländer Gompertz beschrieben. Die Abbildung wurde modifiziert aus Sinclair et al., Ann. Rev. Microbiol. 52 (1998) 533, übernommen.

ten: Die oben beschriebene zirkuläre kleine DNA vermehrt sich in der Hefezelle wie ein parasitärer, sich teilender Organismus, d.h., sie nimmt an Zahl exponentiell zu. Wenn aber die Ursache für Altern und Sterben exponentiell zunimmt, ist es verständlich, warum das Phänomen selbst die gleiche Gesetzmäßigkeit zeigt.

Schließlich existieren auch *potentiell unsterbliche Organismen.* Von den Bakterien und Archaeen war schon die Rede. Aber in gewisser Weise gilt dies für viele Einzeller, weiterhin für einen Großteil mariner, sich stark vegetativ vermehrender Invertebraten, z. B. die Korallen, ja selbst für Bäume. Ein mehrtausendjähriger Baum (z. B. der Mammutbaum oder die Eiche) setzt Blätter bzw. Nadeln und Früchte bzw. Zapfen immer noch von gleicher Qualität wie vor tausend Jahren an und wird schließlich durch äußere Einwirkungen wie Blitz, Waldbrand oder Pilze umgebracht und nicht durch Altersschwäche.

Es ist für Biologen schon immer eine interessante Frage gewesen, *warum Altern und Tod überhaupt entstanden sind.* Sieht man von dem Recycling-Phänomen ab, das für viele Organismen nicht in dem oben geschilderten Ausmaß gilt, stellt sich in der Tat die Frage, warum die natürliche Auslese sich dahingehend auswirken sollte, die Überlebensfähigkeit eines Organismus zu mindern. Warum hat die Evolution nicht generell zu Lebewesen geführt, die potentiell unsterblich sind und sich endlos fortpflanzen? Und hätte sie, nachdem sie das Wunder fertiggebracht hatte, aus einer befruchteten Eizelle den hochkomplizierten Säugerkörper mit unglaublichen Leistungen entstehen zu lassen, nicht die sehr viel simplere Aufgabe lösen können, die einmal gebildeten Gewebe und Organe zu erhalten? Warum bekommen wir zweite, aber keine dritten und vierten Zähne?

Der bereits erwähnte August Weismann ging bei seinem ursprünglichen Versuch, dieses Problem zu erklären, davon aus, daß auch in einer Zeit mit unsterblichen Organismen diese natürlich nur potentiell unsterblich gewesen sein können, denn auch damals würde Tod durch Unfall, Tod durch Gefressenwerden existiert haben. Weiterhin würde ein solcher Organismus, der nicht von sich aus altert, auch im Laufe der Zeit in zunehmendem Maße irgendwelche Blessuren erleiden, die nicht oder zumindest nicht rasch genug heilen. Solche älteren Organismen werden daher statistisch gesehen auch die jeweils unvollkommeneren sein und somit weniger zu Fortpflanzung und Arterhaltung beitragen. Daraus ergibt sich, folgerte Weismann, «die Zweckmäßigkeit des Todes, denn abgenutzte Individuen sind wertlos für die Art, ja sogar schädlich, indem sie Besseren den Platz wegnehmen. Nach dem Selektionsprinzip muß sich deshalb das Leben der Individuen – angenommen ihre ursprüngliche Unsterblichkeit – um soviel verkürzt haben, als davon für die Art nutzlos war, es muß sich auf diejenige Länge reduziert haben, welche die günstigste Aussicht für die möglichst große, gleichzeitige Existenz lebenskräftiger Individuen bot».

Ergänzend sollten wir festhalten: In der Evolution kommt es vor allem auf die Dynamik an, immer wieder Neues auszuprobieren, Gene in der jeweils nächsten Generation neu zu kombinieren und sogar Genabschnitte zu neuen Genen zusammenzufügen (rekombinieren) und schlußendlich darauf, daß nachkommende Generationen auch unter veränderten Bedingungen optimal gedeihen können.

So plausibel die Weismannsche Deutung erscheint, es ist nach wie vor umstritten, ob der Tod als eine für die jeweiligen Lebewesen gewinnbringende Anpassung in die Welt kam. Die alternative, heute vor allem in der angelsächsischen Literatur akzeptierte Lehrmeinung geht davon aus, daß die Entstehung von Altern und Tod eine unabänderliche *Konsequenz evolutionsbiologischer Mechanismen* darstellt, das Phänomen «non-adaptiv» ist, ihm also weder eine Anpassung noch irgend etwas Positives zugrunde liegt. Das Altern ergibt sich nach dieser Vorstellung schlicht und einfach dadurch, daß der junge Organismus durch Selektion optimiert wird, möglichst viele überlebensfähige Nachkommen zu produzieren, was dem alten nach ausreichendem Fortpflanzungserfolg nicht mehr widerfährt. Es wird in der späten Lebensphase auch nicht mehr *gegen* eine nachteilige Eigenschaft selektioniert oder z.B. gegen Gene, die in der Jugend Positives bewirken, im Alter aber von Nachteil sind (Williams, 1957). Damit akkumuliert jeder Organismus genetisch festgelegte Minus-Eigenschaften, die sich erst im Alter auswirken. Der englische Mediziner Peter Medawar, ein Hauptvertreter dieser Denkrichtung, faßt sie in der Aussage zusammen: «Aging is simply the result of a decline with age in the corrective power of natural selection.» In der Evolution wird demnach der junge Körper optimiert, während sich eventuelle Verbesserungen, die erst spät zum Tragen kämen, nicht mehr durchsetzen. Man hat Weismann einen Zirkelschluß nachgesagt, weil er die gängigen Verschleißvorstellungen zum Altern und Sterben durch einen evolutiven Anpassungsvorgang ersetzt hat, ohne letztendlich für seine Erklärung auf Abnützung ganz verzichten zu können (s. Zitat). Es ist allerdings ein eigenartiger Purismus, zu verlangen, Verschleiß und Abnutzung hätte es nicht immer und zu aller Zeit gegeben. Das Altern plus Sterben war aber auf dieser Grundlage zu langsam und zu zufällig, um neuen Individuen mit neu kombiniertem Genom rasch und effizient eine optimale Chance einzuräumen. Also war es sinnvoll – übrigens auch für Dawkins «egoistisches Gen» –, wenn ein das Altern beschleunigendes Entwicklungsprogramm das Altern durch Verschleiß überlagert. Da dieses Programm im Zusammenhang mit den vielfältigen Lebensentwürfen für die unterschiedlichsten Lebensräume stark variiert,

274

kommt es zu den sehr verschiedenen artspezifischen Lebensspannen.

Offensichtlich unbefriedigend an der Deutung von G. C. Williams, J. B. S. Haldane und anderen ist einmal die Tatsache, daß mit
ihr die belebte Welt zweigeteilt würde, denn es kann kaum bezweifelt werden, daß bei den oben aufgeführten Beispielen der einjährigen Pflanzen, des Lachses und vieler entsprechend sterbender
Organismen sich der Sterbevorgang für die jeweilige Art positiv
auswirken muß; das Sterben beim Lachs kann man geradezu als eine
extreme Art der Brutpflege verstehen. Zum zweiten unterschätzen
diese Autoren das Potential der Evolution: sie hätte nicht-alternde
Organismen in Vielzahl geschaffen, wenn dies zu deren Vorteil
gewesen wäre. Der englische Molekularbiologe R. Holliday hält
daher die Unterscheidung zwischen einer nicht-adaptiven und einer
adaptiven Evolutionstheorie des Alterns und Sterbens mit Recht für
künstlich: «Ein gewaltiges Potential für Reparaturen, Ersatz und
Regeneration, die im Prinzip einen nicht-alternden Organismus
erzeugen und im Fließgleichgewicht zu halten vermögen, wurde
im Lauf der Evolution durch spezielle Eigenschaften des Soma
[Summe aller somatischen Zellen] ersetzt, die allmählich unver-
einbar mit Ersatz, Reparatur und Regeneration wurden. Es war jedoch eine bessere Überlebensstrategie, einem Plan zu folgen, der
dem Organismus ermöglichte ... Nachkommen zu produzieren, als
möglichst lange oder gar unendlich lange intakt zu überleben.»
Drittens schließlich ist die auch als «antagonistische Pleiotropie»
bezeichnete Theorie von G. C. Williams nunmehr seit über 40
Jahren in Umlauf, ohne daß auch nur *ein* überzeugendes Beispiel
eines Gens bekannt wäre, das sich in der Jugend positiv, im Alter
aber negativ auswirkte. Bei der in dieser Verlegenheit manchmal
herangezogenen altersbedingten Tumorbildung handelt es sich um
somatische Mutationen, also um Gene, die aufgrund einer muta-
tiven Veränderung im Alter häufiger als in der Jugend einen Schaden
setzen. Sie sind somit eher ein Beispiel für die Weismannsche
Argumentation, daß mit dem Verstreichen der Zeit unweigerlich
Verschleißerscheinungen auftreten, gleichgültig, ob es darüber
hinaus ein sich evolutiv entwickeltes Sterben gibt oder nicht.

Nehmen wir uns zum Abschluß diese Kapitels nochmals, sozusagen als Nachdenk-Substrat, die Hefe vor. Ist der für diesen Organismus detailliert geschilderte Verlauf des Alterns Verschleiß oder
Programm? Hat sich hier ein Reaktionsverlauf evolutiv entwickelt,
wie er für den Organismus optimal ist, oder ist er als evolutions-

mechanistische Notwendigkeit zu verstehen? Bei der Entstehung der fatalen ersten zirkulären DNA in der Hefezelle könnte es sich um einen Unfall, um einen unvermeidbaren Fehler einer sich replizierenden, in vielen Kopien vorliegenden DNA handeln; dies könnten wir mit Verschleiß gleichsetzen. Doch gegen «Unvermeidlichkeit» spricht, daß es – wie ausgeführt – eine große Zahl einzelliger, aber auch vielzelliger Organismen gibt, die potentiell unsterblich sind, die kein altersstrukturiertes Leben führen und in denen somit ein entsprechender Fehler entweder nicht auftritt oder ausreichend rasch repariert wird. Sieht man sodann weiter, wie ein raffinierter, noch längst nicht verstandener Mechanismus in der Bäckerhefe «erfunden» wurde, um den Schaden auf die Mutter zu begrenzen, so spricht dies für eine nahezu perfekte Anpassung, die sich evolutiv herausgebildet hat. Sie würde als solche allerdings auch nicht der Haldane-Williamsschen Theorie widersprechen. Die Bäckerhefe hilft uns also bisher nicht, diese prinzipielle Frage eindeutig zu beantworten.

Optimale Vermehrungsstrategien und Variabilität sind eine Seite der Münze Evolution. Die andere Seite, daß die Evolution in kleineren Schritten vorangekommen und wahrscheinlich noch gar nicht beim Menschen angekommen wäre, hätte sich nicht zum Tod durch Unfall der biologisch programmierte hinzuaddiert, soll abschließend lediglich durch ein Zitat eines Nichtbiologen unterstrichen werden. Es stammt von dem Mineralogen und bayerischen Mundartdichter Franz von Kobell: In seinem Stück «Der Brandner Kaspar und das ewig’ Leben» läßt er an einer Stelle den Tod, den «Boandlkramer» sagen: «Jaja – die Zeit. Die hat an woltern [gewaltigen] Biß. Die kaut die größten Trümmer z’samm – die dicksten Mauern beißt’s oft schartig. Oft – hab i ma denkt, wenn die Zeit zahnluckert wur’ – und könnt nimmer beißen – und nix gang z’Grund – des gab a G’wirkst! Waar koa Platz mehr für Neu’s auf der Welt vor lauter oitem Graffi [altem Gerümpel].»

Und der Mensch?

Natürlich ist der Mensch im Vorangegangenen nicht ausgespart worden. Von seinem Altern, von der begrenzten Teilungsfähigkeit seiner somatischen Zellen, vom Altern der Säuger war durchaus die Rede. Allerdings noch nicht von *dem* Themenkomplex, der häufig besonders zu interessieren scheint, ob es nämlich der

Wissenschaft und der Medizin im speziellen gelingen wird, die Lebensdauer der Menschen zu verlängern. Dazu muß zweierlei gesagt werden: Zum einen ist dies in einem geradezu einzigartigen Ausmaß bereits geschehen, und zum zweiten stellt sich die Frage, in welchem Umfang eine Lebensverlängerung über das Erreichte hinaus überhaupt noch sinnvoll und verantwortbar ist.

Die mittlere Lebenserwartung der Menschen in Europa, in Nordamerika und in Teilen Asiens hat seit der Jahrhundertwende alle 20 Jahre um 5 Jahre zugenommen. Sie ist inzwischen von damals unter 50 auf jetzt deutlich über 70 angestiegen. In den frühen 20-Jahres-Intervallen war diese Zunahme vor allem auf die verminderte Säuglingssterblichkeit zurückzuführen, in den späten kaum noch. Die Zunahme in den letzten 50 Jahren könnte somit bedeuten, daß – trotz gegenteiliger Behauptungen – die medizinische Versorgung noch nie so gut und die Ernährung noch nie so ausgewogen und gesund war wie heute und daß die Umwelt wahrscheinlich nicht ganz so vergiftet ist, wie dies täglich – vor allem in unserem Lande – verkündet wird.

Aber können wir verantworten, diese mittlere Lebenserwartung weiter zu erhöhen, vielleicht sogar zu versuchen, sie auf die als maximal angesehene Lebensspanne von etwa 120 Jahren auszudehnen (der älteste Mensch, dessen Alter verbürgt ist, war Madame Jeanne Calment mit 122 Jahren), wenn es gleichzeitig fragwürdig wird, ob das Leben vieler alter Menschen wirklich noch lebenswert ist? Ist der Wettlauf mit den ja ebenfalls exponentiell mit den Jahren ansteigenden Funktionsausfällen und Krankheitsanfälligkeiten nicht hoffnungslos? Sollten sich nicht längst alle medizinischen Bemühungen auf das Motto der amerikanischen Gerontologen «Die Jahre mit Leben füllen – nicht nur das Leben mit Jahren» konzentrieren oder an dem Ziel, das noch pronuncierter kürzlich in einem einschlägigen Symposium genannt wurde: «Jung sterben – aber so spät wie möglich»?

Der Mensch als einziges Lebewesen, das von seinem Tode weiß, hat einen Großteil seiner kulturellen Anstrengungen darauf ausgerichtet, mit diesem Wissen leben zu können. Inwieweit durch Wissenschaft vermittelte Einsichten dabei helfen, kann der Leser, wenn er bis hierhin durchgehalten haben sollte, selbst entscheiden. Tröstend und hilfreich für viele sind aber wohl die Religionen dieser Welt, in denen allesamt der Tod eine zentrale Rolle spielt. Aber auch die Kunst trägt dazu bei, das belastende Wissen um unser Ende leichter zu ertragen.

Joseph von Eichendorff
Vorbei

Das ist der alte Baum nicht mehr,
Der damals hier gestanden,
Auf dem ich gesessen im Blütenmeer
Über den sonnigen Landen.

Das ist der Wald nicht mehr, der sacht
Vom Berge rauschte nieder,
Wenn ich vom Liebchen ritt bei Nacht,
Das Herz voll neuer Lieder.

Das ist nicht mehr das tiefe Tal
Mit den grasenden Rehen,
In das wir nachts viel tausendmal
Zusammen hinausgesehen. –

Es ist der Baum noch, Tal und Wald,
Die Welt ist jung geblieben,
Du aber wurdest seitdem alt,
Vorbei ist das schöne Lieben.

Danksagung

Dankbar bin ich August Weismann, dessen publizierter Vortrag «Über die Dauer des Lebens» mich ebenso wie Philippe Matiles Arbeit zum Altern der Blüten der Prunkwinde vor mehr als 20 Jahren für das Thema begeistert haben. Für intensive Diskussionen danke ich Manfred Sumper, meiner Frau Barbara für ihre kritische Rolle als interessierter Laie, Mirka Opekarova für die Abbildung 23 und Martina Gentzsch für die Abbildung 24.

Literatur

Klaus-Günter Collatz: Altern, in: Lexikon der Biologie, Spektrum Verlag, Heidelberg, im Druck

Leonard Hayflick: How and why we age, Ballantine Books, New York, 1994

Robin Holliday: Understanding Ageing, Cambridge University Press, 1995

John J. Medina: Die Uhr des Lebens, Birkhäuser Verlag, Basel, 1998

David A. Sinclair, Kevin Mills, Leonard Guarente: Molecular mechanisms of yeast aging, TIBS 23, 131–134

August Weismann: Über die Dauer des Lebens, Verlag von Gustav Fischer, Jena, 1882

Anmerkung

1 Carl Friedrich von Weizsäcker: «Evolution und Entropiewachstum», Festvortrag anläßlich der Jahrestagung der Deutschen Gesellschaft für Biophysik, Regensburg 1976. Sonderdruck der Stadt Regensburg

world wide (bio)web: Die Organismen in ihrer Umwelt

Ökologie ist Umweltbiologie: Sie hat den «Haushalt» der einzelnen Organismen und Lebensgemeinschaften in ihrer speziellen Umgebung mit allen Wechselbeziehungen im Visier, die sich dabei ergeben. Sie ist das Musterbeispiel einer multidisziplinären Wissenschaft mit vielen Anwendungen, z.B. im Arten- und Naturschutz. Wegen dieser allgemeinen Bedeutung sind viele ökologische Fachausdrücke heute in aller Munde – Biozönose, Nahrungskette und -pyramide, Biodiversität, Coexistenz, Stoffkreisläufe, Eutrophierung, Ressource, Tragekapazität.

Das hängt freilich auch damit zusammen, daß sich in der Öffentlichkeit eine Ökobewegung aufgebaut hat, die sich mehr und mehr verselbständigt hat und nur noch begrenzte wissenschaftliche Bodenhaftung aufweist. Diese Bewegung will politisch wirken, sie hat emotionale und ideologische Fundamente und operiert daher häufig mit unscharf definierten Schlagworten. Zugrunde liegt ihr eine sehr ernstzunehmende Einsicht, auf die vor fast genau 200 Jahren erstmals Thomas Robert Malthus hingewiesen hatte und die 1972 vom Club of Rome unter dem Motto «Grenzen des Wachstums» aktualisiert worden ist. Heute ist die Tragekapazität der Erde für die explosiv gewachsene Menschheit global erschöpft, eine in der Tat sehr bedrückende Situation. Wolfgang Hildesheimer hat sie in seinem Buch «Marbot» (1981) überscharf so charakterisiert: «Die Erde geht ihrem Ende entgegen. Das Tempo dieses Prozesses potenziert sich von Stunde zu Stunde. Wer es nicht wahrnimmt, ist blind, wer es nicht glaubt, ist von Verdrängung fehlgeleitet, er erkennt die Zeichen nicht ... Ein gewaltiger Schub kollektiver Neurose ist im Gang, geschürt von professionellen Optimisten, Kirchenmännern und anderen Vermittlern froher Botschaft. Gesegnet wird, was blind macht.»

So schlimm ist es zum Glück nun doch nicht, es hat sich schon einiges in Richtung Besserung bewegt. Die vielen Bemühungen, quantitatives Wachstum in qualitatives überzuleiten oder Ressourcenausbeutung und Abfallanhäufung möglichst durch Recycling zu ersetzen, sind ebensowenig zu übersehen wie die Verbesserung der Wasserqualität in vielen europäischen Flüssen, die sich bereits in stark zunehmenden

Fischbeständen niedergeschlägt. Artenschutz und Klimaschutz genießen hohe Priorität, auf (vielleicht überdimensionierten) «Umweltgipfeln» wird um globale Steuerungsmöglichkeiten gerungen, für nachhaltige Waldbewirtschaftung werden Zertifikate erteilt usf. Vor allem beginnt endlich auch die Vermehrungsrate des Menschengeschlechts deutlich zu sinken.

Doch zurück zur wissenschaftlichen Ökologie. Sie entwickelt sich abseits des Ökogetöses rasch und erfreulich weiter. So steht zu hoffen, daß die öffentliche Diskussion mehr und mehr versachlicht und ein nachhaltig gutes Verhältnis von Ökologie und Ökonomie entwickelt werden kann.

Ökologie

Von Bruno Streit

Ökologie – Wort der Beliebigkeit

«Produkte aus ökologischem Anbau», «Die Ökologisierung muß vorangetrieben werden», «Die Ökologie muß stimmen» – der Bedeutungsinhalt der immer wiederkehrenden Begriffe «Ökologie» oder «ökologisch» ist offensichtlich unscharf belegt. Er wird im umgangssprachlichen, politischen und ideologischen Sinne gebraucht, wenn ein schonender Umgang mit Umweltressourcen oder ein Verzicht auf schädigende Eingriffe in die Natur gemeint ist. Ursprünglich und innerhalb der biologischen Wissenschaften auch heute noch bedeutet der Begriff Ökologie einfach die Lehre (*logos*) von den Umweltbeziehungen der Organismen und Organismengemeinschaften zur unbelebten und belebten Umwelt, was man auch als Lehre vom Haushalt (*oikos*) der Natur bezeichnet. In diesem Sinne ist dieser Terminus unseres Wissens erstmals 1866 durch den deutschen Zoologen Ernst Haeckel in einer zweibändigen Abhandlung über die «Generelle Morphologie der Organismen» benutzt und definiert worden. Auch wenn seine damalige Definition im Laufe der Zeit gewissen Variationen unterworfen war, so gilt sie dem Prinzip nach unverändert:

«Unter Ökologie verstehen wir die gesamte Wissenschaft von den Beziehungen des Organismus zur umgebenden Außenwelt, wohin wir im weiteren Sinne alle Existenzbedingungen rechnen können … Zu den anorganischen Existenzbedingungen, welchen sich jeder Organismus anpassen muß, gehören zunächst die physikalischen und chemischen Eigenschaften seines Wohnortes, das Klima (…), die anorganischen Nahrungsmittel, Beschaffenheit des Wassers und des Bodens etc. … Als organische Existenzbedingungen betrachten wir die sämtlichen Verhältnisse des Organismus zu allen übrigen Organismen, mit denen er in Berührung kommt und von denen die meisten entweder zu seinem Nutzen oder zu seinem Schaden beitragen.»

Während diese erste Definition überwiegend mit Fokus auf das biologische Individuum geprägt war, gab Haeckel selbst im folgenden auch Definitionen, die stärker den ökologischen Naturhaushalt ins Zentrum der Betrachtung rückten. Damit wurde die heute dominierende Sichtweise etabliert.

Aber schon zuvor waren Gelehrte an Fragestellungen interessiert, die wir heute im weiteren Sinne zur Ökologie zählen. Einige der zum Teil sehr vielseitig interessierten Forscher betonten mehr den geographischen Bezug, wie der Pflanzengeograph und Naturforscher Alexander von Humboldt am Beginn des 19. Jahrhunderts und der die Ökologie der Binnengewässer (Limnologie) begründende François Forel am Ende jenes Jahrhunderts. Andere betonten später die Wechselwirkungen zwischen Ökologie und Physiologie, zwischen Ökologie und Morphologie, zwischen Ökologie und Verhaltensforschung oder zwischen Ökologie und Genetik. Die Beziehungen zwischen Pflanzengemeinschaften und Umweltfaktoren wurden darüber hinaus intensiv im Rahmen der Geobotanik studiert. Viele Erkenntnisse sind in Land- und Forstwirtschaft oder in Naturschutz und Fischereibiologie eingeflossen. Natürlich wurde, ausgehend von der Verhaltensökologie und der Tiersoziologie, auch die Beziehung der Ökologie zur Gesellschaftslehre des Menschen offenkundig.

Aber auch *Beziehungen zwischen Ökonomie und Ökologie*, die heute vielfach als Gegensatzpaar gesehen werden, sind schon früh erkannt und diskutiert worden. In England hatte sich der Theologiedozent Thomas R. Malthus bereits gegen Ende des 18. Jahrhunderts mit Problemen zum Bevölkerungswachstum angesichts begrenzter verfügbarer, natürlicher Ressourcen seines Heimatlandes beschäftigt. Da es damals für einen Gottesmann wenig opportun war, derartige Gedanken öffentlich kundzutun, publizierte er seine Berechnungen zunächst (1798) anonym unter dem Titel *Essay on the Principle of Population;* erst in den Folgeauflagen erschien das Werk unter seinem Namen. Er machte in diesem Buch auf die längerfristig zunehmende Diskrepanz zwischen der Ressourcenverfügbarkeit und der offensichtlich exponentiellen Vermehrung seiner Landsleute wie auch der Bevölkerungen anderer Nationen aufmerksam. Eine der Folgeauflagen hat den jungen Charles Darwin maßgeblich in seinem Denken beeinflußt, der wiederum außer der Evolutionsbiologie auch der Ökologie wesentliche konzeptionelle Anstöße vermittelt hat.

Mit diesen exemplarischen Hinweisen auf die Ursprünge ökologischer Betrachtungsweisen in meist getrennt betrachteten Disziplinen möge gezeigt sein, daß im Bereich der wissenschaftlichen Auseinandersetzungen die vielfältigen Beziehungen, die wir heute unter dem Begriff «Ökologie» einordnen, schon lange bekannt waren und teilweise explizit erörtert wurden. Nicht immer wurde

dabei der Begriff Ökologie selber gebraucht; vor 1866 war er gänzlich unbekannt, danach bis etwa 1890 noch kaum irgendwo in
Gebrauch. Er tritt weder bei Thomas Malthus noch bei Charles
Darwin auf. Ein wissenschaftlich fundiertes, breites und interdiszi-
plinäres Gebiet «Ökologie» entstand inhaltlich aber im 19. Jahrhundert, obgleich es in der breiten Öffentlichkeit bei uns erst seit
den Umweltschutzdiskussionen der 1970er Jahre unter dieser
Bezeichnung wahrgenommen und akzeptiert worden ist. Durch
Popularisierung und Bedeutungsverschiebungen sind dann allerdings Begriffe mit der Silbe «öko-» zu vielfach diffusen bis nichts-
sagenden Floskeln verkommen.

Da wir uns der Zielvorgabe des Buches entsprechend auf biologische Aspekte der wissenschaftlichen Ökologie konzentrieren
wollen, seien einige Probleme dargestellt, die aufzeigen, welche
Erkenntnisse im Laufe der Zeit erarbeitet worden sind. Teilweise
sind sie inzwischen ins allgemeine Bewußtsein übergegangen, teilweise sind sie vielen Kreisen unbekannt geblieben. Wissenschaftliche Konzepte benötigen vielfach eine lange Zeit oder einen
aktuellen Anlaß, um für die Öffentlichkeit zum allgemeinen Er-
kenntnisgut zu werden.

Welche Erkenntnisse hat die Ökologie erbracht?

Die Wissenschaft der Ökologie hat zum einen zu einer schier un-
überschaubaren Fülle an *Fakten und Erkenntnissen* über die Um-
weltansprüche einzelner Tier- oder Pflanzenarten geführt. Viele
dieser Detailkenntnisse erscheinen dem Außenstehenden von recht
speziellem und begrenztem Wert und lassen leicht danach fragen,
welchen «Wert» solche Befunde neben der Befriedigung des jeweiligen spezifischen Forschertriebs haben. Jedoch haben vielfach
erst akribische Einzelbeobachtungen und minutiöse Messungen,
Formenkenntnisse und Standortbeschreibungen weiterreichende
Schlußfolgerungen ermöglicht, die als Hypothesen, Konzeptio-
nen, Theorien oder regelhafte Gesetzmäßigkeiten fundierte Einsichten in die Strukturen und Prozesse der belebten Natur ermöglicht haben. Auf der Basis solcher Befunde an Organismen und
Ökosystemen sowie zusätzlicher experimenteller Untersuchungen
konnten Erklärungsmodelle für Vorkommen oder Nichtvorkom-
men einzelner Arten oder Lebensgemeinschaften formuliert und
die jeweilige Funktion im Naturhaushalt erarbeitet werden.

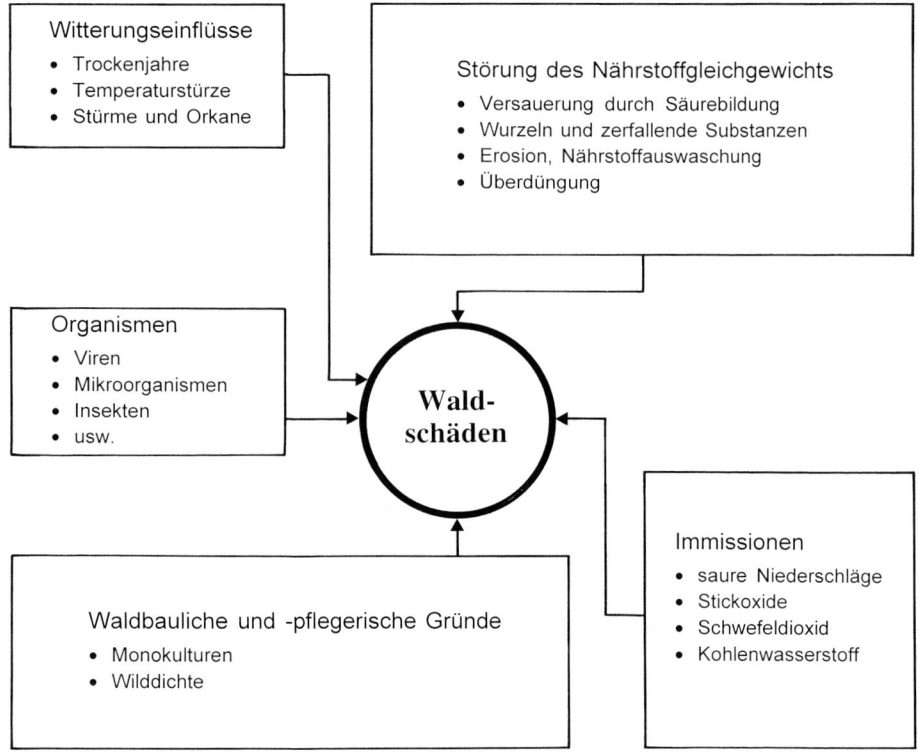

Abb. 26: Zusammenstellung wichtiger natürlicher und immissionsbedingter Auslöser für Waldschäden in Mitteleuropa. In anderen Regionen können weitere Faktoren (z.B. Brandrodung, Feuer) von großer Bedeutung sein. (Verändert und ergänzt aus B. Streit, «Umweltlexikon», Herder, Freiburg i. Br.)

Praxisbezogene ökologische Problemstellungen werden vielfach in einem Verbund aufgearbeitet. Um das offensichtlich komplexe Ursachengefüge des in Mitteleuropa seit längerem diskutierten Phänomens des Waldsterbens (Abb. 26) oder um die entscheidenden Habitatansprüche bedrohter Tierarten zu erkennen (und nicht nur zu vermuten) und darauf aufbauend effektive Schutzmaßnahmen für den Wald oder die betreffenden Tierarten einzuleiten, bedarf es wohlgeplanter Forschungsprogramme. Solche komplexen ökologischen Problemlösungen verlangen eine Mitwirkung unterschiedlich ausgebildeter Ökologen im engeren Sinne, daneben aber auch fachlich sich ergänzender Kooperationspartner anderer Fachrichtungen, wie Landschaftsplanung, Volks- oder

Betriebswirtschaft oder auch Soziologie. In jedem Falle sind für Lösungen derartiger Probleme auch die jeweiligen Erkenntnisse der Grundlagenforschung einzubringen, die entweder bereits vorliegen oder parallel durchgeführt werden müssen.

Die *Grundlagenforschung der Ökologie* hat zu einer Reihe fundamentaler eigenständiger Erkenntnisbereiche, wesentlicher Konzepte und großer Datensammlungen geführt, die auszugsweise hier aufgezählt seien. In nahezu allen Fällen hat sie hierbei auch Erkenntnisse erbracht, die auch für praktische Fragestellungen, wie die oben angeführten, hilfreich sein können.

1. Die grundsätzlichen Eigenschaften und die Funktion eines Ökosystems, charakterisiert durch die abiotischen und biotischen Umweltbedingungen sowie den Energiefluß und Stoffkreislauf, sind an praktisch allen irdischen Ökosystemtypen untersucht und auch untereinander verglichen worden. Es haben sich daraus die Konzepte der Nahrungskette und der trophischen Pyramide entwickelt, die Unterscheidung in Produzenten, Konsumenten und Destruenten sowie die Prozesse der Sukzessionen von Ökosystemtypen. Es sind globale Vergleiche und Bilanzen zur Biomasseproduktion und pflanzlichen CO_2-Fixierung auf der Erde erstellt worden.

2. Auch die inneren Steuerungs- und Regelmechanismen der Ökosysteme sind untersucht worden und erlauben heute auf viele Fragen recht differenzierte Antworten: Wieweit sind zeitliche Veränderungen in einer Lebensgemeinschaft (Biozönose), wie sie immer wieder beobachtet werden, als noch «natürlich» anzusehen, und ab wann haben wir von einer anthropogenen Störwirkung auszugehen? Wie wirkt Konkurrenz zwischen Arten und wie wirken Räuber-Beute-Interaktionen in der Nahrungskette auf die zahlenmäßige Regulierung in Biozönosen? Welche Bedeutung haben Parasiten und Symbionten für das Funktionieren der Lebensgemeinschaft?

3. Wie wirkt Bodenbearbeitung oder Düngung auf die Kleinorganismen des Bodens, auf den Ertrag oder auf die Qualität des Grundwassers? Wie wirken Metallbelastung und radioaktive Strahlung in der Umwelt auf das ökologische Geschehen und die Gesundheit von Pflanze, Tier und Mensch? Wie wirken biologische Nahrungsketten bezüglich der Anreicherung von Schadstoffen im Endkonsumenten und damit auch im Menschen?

4. Wie weit sind Ökosysteme oder Populationsgrößen in ihrer Entwicklung und Veränderung voraussagbar oder gar steuerbar? Die

hier zugrundeliegende Theorie ist teilweise mathematisch aufwendig und umfaßt Aspekte der deterministischen und stochastischen Systemtheorie. Denn ähnlich wie bei der Wettervorhersage lassen sich auch für das Eintreffen bestimmter ökologischer Konstellationen, vom Auftreten von «Maikäferjahren» bis hin zum El-Niño-Phänomen und seinen ökologischen Auswirkungen, nur Wahrscheinlichkeiten berechnen.

5. Warum existieren so zahlreiche Arten mit unterschiedlichen ökologischen Ansprüchen und Toleranzbreiten auf der Erde, und warum rotten nicht einige wenige die übrigen aus? Aus einer etwas anderen Perspektive mag man auch fragen, welche Bedeutung die einzelnen Arten für das Funktionieren der Ökosysteme haben. Kommen die Ökosysteme nicht auch mit erheblich weniger Arten aus? Zur Beantwortung derartiger Fragen sind zutiefst ökologische Erklärungen nötig, zum Beispiel über die Bedeutung der räumlichen und zeitlichen Heterogenität, die Bedeutung biogeographischer Areale und das Wirken der Evolution. Bezüglich des «Werts» der einzelnen Arten können Erörterungen nötig werden, die nur außerhalb der Erklärungskategorien der Naturwissenschaften möglich sind.

Von diesen vielfältigen ökologischen Forschungsfeldern werden im folgenden drei ausgewählt und näher dargestellt. Es wird sich zeigen, daß es vielfach keine kurzen Antworten auf scheinbar einfache Fragen gibt, sondern daß komplexe Betrachtungs- und Argumentationsweisen und jeweils spezifische, problemorientierte Lösungsansätze charakteristisch für ökologische Fragestellungen sind.

Biologisches Gleichgewicht – zum Wandel eines Konzepts

Ökosysteme werden traditionell als mehrfach geregelte Systeme betrachtet. In ihnen bewirken vernetzte Rückkopplungsprozesse, daß die jeweiligen Systemeigenschaften und Zustände aufrechterhalten werden, solange keine Störung eingreift. Veränderungen gelten demzufolge als Ausdruck von Störungen des biologischen (oder ökologischen) Gleichgewichts.

Das Konzept statischer Ökosysteme mit durch negative Rückkopplungen streng geregeltem Systemverhalten hält allerdings näheren Überprüfungen in verschiedener Hinsicht nicht stand. Störungen im Sinne eines Abweichens vom langjährigen «Gleichgewicht» eines Ökosystems oder einer Populationsgröße müssen nicht die Folge einer externen Störwirkung sein. Zu- und Abnahmen von Singvögel- oder Mäusepopulationen, wechselnde Bucheckernerträge im Wald oder plötzliche Massenentwicklungen von Algen im Meer beobachtet man auch an zivilisationsfernen Standorten, und sie können in biologischen Eigenschaften der betreffenden Arten oder in speziellen ökologischen Systemeigenschaften begründet liegen. Drei Gruppen von Beispielen mögen dies erläutern:

1. Für manche Landschaften der Erde ist ein temporäres oder zyklisches Erscheinungsbild charakteristisch: Daß Seen nur eine begrenzte Zeitlang existieren (einige 1000 bis einige 10000 Jahre lang, nur vereinzelt auch länger) und daß sich Waldgesellschaften unter den natürlichen Klimaschwankungen und durch natürliches Einwandern von Baumarten verändern, beleuchtet die eher langfristige Variabilität unserer Ökosysteme. Kurzfristigere Änderungen beobachtet man zum Beispiel in Savannen- oder auch nordischen Nadelwaldgebieten, wo natürliche Feuer von Zeit zu Zeit zu radikalen Änderungen im Erscheinungsbild führen, ohne daß die Feuer das Ökosystem als raumzeitliches, dynamisches System wirklich zerstören. Die durch die (meist nicht sehr heißen) Feuer bewirkte Freisetzung anorganischer Pflanzennährstoffe läßt die zuvor vielfach verminderte Primärproduktion wieder mit hoher Intensität verstärkt einsetzen und führt dazu, daß nach einiger Zeit wieder der zuvor vernichtete Ökosystemaspekt des Waldes oder der Savanne vorliegt. Verschiedene Arten feuerresistenter Pflanzen und Tiere (die zum Teil im Boden oder unter der Borke überdauern) sind charakteristische Bewohner dieser Gebiete und können demzufolge als angepaßt an diese Feuerökosysteme betrachtet werden.

2. Die dämmebauenden Biber können (oder konnten zumindest früher) größere Waldareale in gemäßigten Klimazonen durch Überflutung zum Absterben bringen. Subtropische Heuschreckenschwärme verursachen Kahlfraß. Im tropischen Afrika war das Verbreitungsgebiet der Waldareale nicht nur infolge von Pluvial- und Interpluvialzeiten, die den nördlichen Zwischeneiszeiten und Eiszeiten entsprechen, langfristig variabel, sondern auch als Folge vehementer Fraßdrücke von Pflanzenfressern. Speziell die kaum natürliche Feinde kennenden Elefantenpopulationen stehen im Verdacht, potentiell großflächige Zerstörungen von Baum- und Waldarealen bewirken zu können. Aufgrund

der heute praktisch überall reduzierten Wildbestände sind die früher herrschenden Wechselwirkungen zwischen großen Pflanzenfressern und Pflanzenbeständen allerdings generell nur schlecht bekannt.

3. In Europa sind Massenvermehrungen von Mäusen in einzelnen Jahren durchaus «natürlich», und die Massenvermehrungen von Lemmingen im nördlichen Europa sind sprichwörtlich. Genetische Untersuchungen haben zudem an verschiedenen Populationssystemen gezeigt oder nahegelegt, daß im Laufe der Zeit auch unterschiedliche Genotypen innerhalb einer Art dominieren können, daß also auch in der genetischen Struktur einer Art eine zeitliche Inkonstanz herrscht.

Da Massenvermehrungen früher vor allem aus nördlichen und gemäßigten Klimabereichen bekannt waren (Lemminge im Norden, Lärchenwickler in den Alpen), in denen auch eine geringere Artenzahl als in den Tropen vorliegt, hat man verschiedentlich angenommen, daß artenreichere Ökosysteme, wie sie den Tropen eigen sind, grundsätzlich konstanter in der Zeit und stabiler gegenüber inneren und äußeren Störungen sind. Der anschauliche Vergleich einer Biozönose und ihres Nahrungsnetzes mit einem komplexen realen Netz, das auch dann noch stabil bleibt, wenn irgendwo eine Verknüpfung ausfällt, hat diese Hypothese genährt. Differenzierte mathematische Analysen über Massenvermehrungen haben aber gezeigt, daß auch vielartige Systeme zu Fluktuationen neigen können, und zwar etwa dann, wenn die mathematischen Verknüpfungen zwischen den Arten durch nicht-lineare Gleichungssysteme definierbar sind. Allerdings kommt es bei der Diskussion um den Zusammenhang zwischen Artenzahl und Stabilität oder Langzeitkonstanz auch stark auf die zu betrachtende Zeitspanne an: Artenreiche Gemeinschaften enthalten ein größeres genetisches Gesamtreservoir ihrer Genome, so daß die langfristige evolutive Flexibilität artenreicher Systeme gegenüber Reaktionen auf Störungen doch wieder besser sein dürfte.

Natürlich gibt es auch zahlreiche Störwirkungen in Ökosystemen und Populationen, die auf den direkten oder indirekten Einfluß des Menschen zurückzuführen sind. So haben Industriechemikalien vielfach Bestandsrückgänge von Wildarten (Vögeln, Säugetieren, Insekten) oder aber Massenvermehrungen (Algen in Gewässern durch Düngung) verursacht. Aussetzungen und Verschleppungen von Tier- und Pflanzenarten haben eklatante Veränderungen im

Aspekt einzelner Landschaften bewirkt und die Fauna und Flora verändert: unsere schiffbaren Ströme, wie Rhein und Elbe, zeigen heute zu einem hohen Prozentsatz Wirbellosenarten, die aus anderen Ländern und Erdteilen stammen und sich aus zum Teil weltweit verbreiteten «Ubiquisten» und «Generalisten» (d.h. überall vorkommenden und unspezialisierten Arten) zusammensetzen. Auf vielen ozeanischen Inseln, von Hawaii über Neuseeland bis Mauritius, sind die dort ehemals einheimischen Tier- und Pflanzenarten weitgehend durch fremde Arten ersetzt worden, herbeigeführt durch intensiven Wegfang vieler Tiere (z. B. Schildkröten, flugunfähige Vögel), durch Aussetzen oder Verschleppen europäischer Haus- und Wildtiere (Ziegen, Katzen, Ratten, Mäuse) und durch Einführen europäisch-vorderasiatischer Pflanzen (Gräser und andere Nutz- oder Zierpflanzen). Hier ist die ursprüngliche Biozönose definitiv in einen neuen Zustand transferiert worden, der allerdings durchaus in einem (artenmäßig verarmten und im Aspekt veränderten) «biologischen Gleichgewicht» sein kann, d.h., daß die ökologischen Grundprozesse von Substanzauf- und -abbau geordnet vonstatten gehen.

Ökosysteme und ihre Teilsysteme sind daher heute mehr denn je in hohem Maße als *dynamisch-veränderliche Systeme* zu sehen, deren Eigenschaften oft um einen gewissen Mittelwert variieren, die sich aber auch gänzlich aus inneren oder anthropogenen Ursachengefügen heraus einseitig verändern können. Dies macht natürlich praktische Unterschutzstellungen in Einzelfällen schwierig, problematisch oder umstritten. Unterschiedliche Argumentationsweisen selbst unter Ökologen über das optimale Maß der Einflußnahme durch den Menschen auf die derzeitigen Veränderungen sind die beobachtete Folge.

Schadstoffe in der Umwelt

Substanzen, die vom Menschen in großem Maßstab produziert und in die Umwelt gebracht werden, stellen potentielle Gefahren für ökologische Systeme dar. Manche Substanzen sind den ursprünglichen Ökosystemen völlig fremd und erst durch technische Prozesse entstanden. Zu diesen Xenobiotika (Fremdstoffen) zählen sowohl die direkt in der Natur angewendeten Insektizide, Herbizide, Fungizide oder Algizide, aber auch die mehr unbeabsichtigt in die Umwelt gelangenden Kunststoffe, wie polychlorierte

Biphenyle (PCB). Wiederum andere Stoffe waren zwar schon immer Bestandteil der Natur, doch hat ihre Umweltkonzentration durch menschliche Aktivität drastisch zugenommen. Hierzu zählen Düngestoffe, wie Phosphat und Nitrat, die den Charakter ganzer Ökosysteme verändern können, sowie viele Schwermetalle oder radioaktive Nuklide, von denen lediglich wenige und in meist geringer Konzentration in der Natur vorgekommen sind. Das Umweltverhalten all dieser Substanzen ist sehr unterschiedlich:

- Manche Stoffe lösen sich gut in Wasser; andere sind beinahe wasserunlöslich, jedoch fettlöslich und zeigen dadurch eine Affinität für fetthaltige Organe von Tieren und Pflanzen.
- Manche Stoffe verflüchtigen sich leicht in die Atmosphäre, andere verbleiben in der Erde oder im Wasser; bei diesen wiederum ist die Stärke der Bindung an Boden- oder Sedimentpartikel sowie Organismenoberflächen sehr unterschiedlich.
- Manche organischen Stoffe werden in der Natur leicht durch Oxidation oder Hydrolyse umgewandelt, während andere persistent sind. Die Umwandlung kann entweder allein durch physikalisch-chemische Prozesse der unbelebten Umwelt oder durch Vermittlung biologischer Enzyme innerhalb oder außerhalb von Organismen erfolgen.
- Manche Stoffe neigen dazu, sich in Organismen stark anzureichern. Dazu gehören zum einen die erwähnten fettlöslichen Verbindungen, zum anderen auch manche Metalle, die an geeigneten Bindungsstellen im Organismus komplexartige Verbindungen eingehen und sich lokal aufkonzentrieren.

Schon das Verständnis der Art und Intensität der *Stoffaufnahme* aus der Umwelt verlangt ökologisches Denken: In Böden und Gewässern besteht ein Gleichgewicht zwischen derjenigen Fraktion eines Stoffes, die gelöst, und jener, die an Oberflächen von Partikeln oder Organismen adsorbiert vorliegt. Manche Tiere nehmen Fremdstoffe direkt über die Körperoberfläche oder Kieme auf, z. B. Fische, andere eher über kontaminierte Nahrung, z. B. Säugetiere und Vögel. Manche Organismen zeigen eine starke Fähigkeit zum biochemischen Abbau bestimmter Chemikalien, andere eine deutlich geringere. Die Vielfalt der biologischen Baupläne und Stoffwechselwege führt hier zu einem äußerst komplexen Geschehen im Ökosystem.

Die physiologische *Wirkungsweise* ist dementsprechend vielfältig. Manche Stoffe behindern enzymatische Prozesse, andere die

Durchlässigkeit von Membranen oder die elektrischen Leiteigenschaften des Nervensystems. Auf der Ebene des Gesamtorganismus äußern sich diese Effekte in Verhaltensänderungen, Verringerung von Wachstums- und Reproduktionsrate oder einer Verkürzung der Lebensdauer. Die eintretende Wirkung kann rasch und schnell (akut) erfolgen oder auch langfristig und selbst durch geringe Dosen (chronisch). Manche der Substanzen führen zu Mißbildungen während der Entwicklung, zu Krebsbildungen im fertigen Organismus oder zu Störungen im Hormonsystem, d.h. zu teratogenen, karzinogenen und endokrinen Wirkungen.

Gerade Hinweise auf eine Störung des Hormonhaushalts bei Mensch und Tier durch eine Reihe unterschiedlicher Chemikalien haben sich im vergangenen Jahr verdichtet. Es wurden mögliche Auswirkungen auf die Geschlechtsorgane beim Menschen diskutiert (erhöhte Krankheitsfälle an Genitalien, verminderte gesunde Spermienproduktion) und auch auf die Geschlechterausbildung bei Tieren, nämlich Verweiblichungen oder auch Vermännlichungen, so bei Krokodilen, Vögeln und Fischen. Als besonders auffällig gelten derzeit Veränderungen bei zahlreichen Schneckenarten aus der Gruppe der Vorderkiemer, die in der Nähe mariner Hafenanlagen leben und abnorme Phänomene wie zusätzlichen Penisausbildungen zeigen (sogenannte Imposex-Bildungen), welche auf Organozinnverbindungen aus Schutzanstrichen der Schiffsrümpfe zurückgeführt werden.

Zur Untersuchung derartiger hormoneller Wirkungen werden jetzt zur Jahrhundertwende intensiv Untersuchungen auf EU-Ebene und beispielsweise in Deutschland auf Bundes- und Länderebene gefördert. Es scheint derzeit allerdings, daß durchaus nicht alle veröffentlichten und scheinbar eindeutigen Erhebungen die genannten Hypothesen beim Menschen und bei Tieren stützen und wiederholbar sind und daß manche Schlüsse auch voreilig gezogen worden sein könnten. Gerade Veränderungen in der Geschlechterausprägung von Tieren müssen kritisch untersucht werden. Während einige Substanzen hier eindeutig entsprechende Wirkungen im Experiment und unter höheren Konzentrationen entfalten können (z.B. Organozinnverbindungen), sind Veränderungen unter Naturbedingungen auch aus anderen ökologischen oder biologischen Ursachen heraus erklärbar und zum Teil auch schon früher beobachtet worden. Das kritische Hinterfragen der tatsächlichen Ursachengefüge in konkreten Situationen bleibt die große Herausforderung vieler aktueller ökologischer Fragestellungen und eine zentrale Domäne biologisch orientierter Ökologen, wobei Grundlagenforschung und aktuell angewandte Forschung eng verflochten sind.

Ressourcen, Biodiversität und menschliche Bevölkerung

Der Erhalt der biologischen Vielfalt und anderer natürlicher Ressourcen des Globus werden heute vehement angemahnt. Fragen wir hierzu zunächst, *wie viele Arten* simultan in einem Ökosystem leben!

In einem mittelgroßen Areal eines Laubmischwaldes finden wir in Mitteleuropa auf jeden Fall mehrere Dutzend Blütenpflanzen und können die Spuren von wenigstens einem Dutzend Säugetieren schon auf einem verhältnismäßig kleinen Areal entdecken. Im entsprechenden Boden finden wir unter jedem Quadratmeter weit über hundert Arten an Insekten und Spinnenartigen. Wenn wir alle Arten an Pflanzen, Tieren und Mikroorganismen zusammenzählen, kommen wir auf jeden Fall auf etliche tausend Arten für unser Waldstück. In den für das Gebiet Deutschlands erstellten Tier-Bestimmungstabellen läßt sich eine beschriebene Gesamtzahl von wenigstens 40000 Arten erkennen. Bei Hinzuzählung der höheren und niedrigeren Pflanzen sowie der Mikroorganismen addiert sich die Summe wohl auf ca. 50000 Arten. Angesichts der auch in unseren Regionen noch zahlreichen unbeschriebenen Arten ist die Annahme von größenordnungsmäßig 100000 Organismenarten für die Region Mitteleuropas realistisch.

Diese Zahl ist relativ gering im Vergleich zu den noch deutlich größeren Artenzahlen, die wir in anderen Erdregionen, speziell in den Tropen und unter den Insekten finden, auch im Vergleich zu den jährlich hinzukommenden rund 12000 Arten erstmaliger Neubeschreibungen. Einen Überblick über die derzeit global beschriebenen und insgesamt geschätzten Arten vermittelt die Tabelle 6.

Jede Art weist spezifische ökologische Ansprüche auf. Diese werden wir allerdings nie für alle Arten kennen, allein schon deshalb, weil auch beständig Arten aussterben. Wie groß die gegenwärtige Aussterberate infolge menschlicher Aktivitäten wie Biotopzerstörung ist, kann nicht gesagt werden, denn nur von den bekannteren und größeren Arten (v.a. den höheren Pflanzen und den Wirbeltieren) sind realistische Abschätzungen möglich. Dank

Tabelle 6: Beschriebene und geschätzte Gesamtartenzahlen der Erde. *) davon Samenpflanzen ca. 240000, Moosartige ca. 16000, Farnartige ca. 10000 Arten. Nach V.H. Heywood (1995), Hrsg.: Global Biodiversity Assessment. UNEP, Cambridge University Press.

Organismengruppe	beschriebene Arten	geschätzte Gesamtartenzahlen			Zuverlässigkeit der Schätzung
		von	bis	Mittel	
Insekten	950000	2000000	100000000	8000000	mäßig
Höhere Pflanzen	270000*)	300000	500000	320000	gut
Spinnentiere	75000	300000	1000000	750000	mäßig
Pilze	72000	200000	2700000	1500000	mäßig
Weichtiere	70000	100000	200000	200000	mäßig
Wirbeltiere	45000	50000	55000	50000	gut
Algen	40000	150000	1000000	400000	sehr gering
Protozoen	40000	60000	200000	200000	sehr gering
Krebstiere	40000	75000	200000	150000	mäßig
Rundwürmer	25000	100000	1000000	400000	gering
Viren	4000	50000	1000000	400000	sehr gering
Bakterien	4000	50000	3000000	1000000	sehr gering
Sonstige (Schwämme, Nesseltiere, Stachelhäuter, Tausendfüßler usw.)	115000	200000	800000	250000	mäßig
Total	1750000	3635000	111655000	13620000	sehr gering

effektiver Schutzmaßnahmen überleben derzeit noch relativ viele Arten. Viele treten allerdings in nur noch geringen Individuenzahlen auf und müssen vielfach als vom Aussterben bedroht bezeichnet werden.

Nachweislich auf der Erde *ausgestorben* sind seit dem Jahre 1600 mindestens 126 Arten von Vögeln, 67 Arten von Säugetieren, 18 Arten von Reptilien und Dutzende von Süßwasserfischen. Der genaue Status von zahlreichen Arten, ob noch lebend oder schon ausgestorben, ist allerdings unklar und wird erst später rückwirkend genauere Zahlen erlauben. Allerdings sind auch in den Jahrtausenden zuvor zahlreiche und besonders auch große und auffällige Formen durch Menschenhand vernichtet worden («Overkill» durch frühere Jagdkulturen). Dies gilt nach vorherrschender Ansicht für die straußenartigen Vögel Neuseelands (die Moas) und Madagaskars (die riesigen Elefantenvögel), die durch die vor rund 2000 Jahren aus Südostasien einwandernden Bevölkerungsgruppen eliminiert worden sind, mehrere große Beuteltierarten durch australische Aborigines, wahrscheinlich auch das Riesenfaultier und Mastodonten (Elefantenartige) in Südamerika durch Indianerbevölkerungen und mehrere eurasiatische Tiere durch die hier lebenden Menschen (Mammut, Ur, europäisches Wildpferd). Gerade Inseln haben eklatante Artenverarmungen und -veränderungen erfahren. So leben auf Hawaii von den vor 2000 Jahren durch die ersten südostasiatischen Siedler dort angetroffenen 90 endemischen (nur dort vorkommenden) Arten nur noch etwa 30, wozu neben dem Jagen auch das Einführen fremder Arten geführt hat, die die einheimischen verdrängt haben. Eine Illustration zur entsprechenden Situation in Mitteleuropa bietet die Tabelle 7.

Der Mensch ist schon seit vielen tausend Jahren zur dominierenden, global agierenden «Schlüsselart» geworden, der viele Ökosysteme nachhaltiger als jede andere Art beeinflußt hat. Die ursprünglichen Aussterberaten, die für Säugetiere und Vögel auf je eine Art pro 200–400 Jahren geschätzt werden, sind aber durch den Menschen zunehmend erhöht worden. Am Ende des 20. Jahrhunderts betrachtet die World Conservation Union 484 Säugetierarten (d. h. 11% aller Arten dieser Tierklasse), 403 Vogelarten (4%), 291 Fischarten (13%), 100 Reptilienarten (8%) und 49 Amphibienarten (10%) als unmittelbar von Ausrottung bedroht. Unter den höheren Pflanzenarten gelten 34000 (über 13%) als vom Aussterben bedroht, wiederum insbesondere endemische und auf Inseln lebende Arten. Noch nicht berücksichtigt in diesen Zah-

Tabelle 7: 10 Beispiele für Pflanzen- und Tierarten, die im 19. und 20. Jahrhundert durch Verschleppen oder Aussetzen neu in die mitteleuropäischen Lebensgemeinschaften eingeführt wurden und die zu teilweise erheblichen Veränderungen oder Beeinträchtigungen geführt haben.

Deutscher Name	Wissenschaftl. Name	Wann und wie eingeführt?	Art der Auswirkungen
Riesen-Bärenklau	*Heracleum mantegazzianum*	aus dem Kaukasus, als Zierpflanze eingeführt und dann verwildert	verwildert entlang Straßen und Böschungen; enthält Stoffe, die auf der Haut bei Sonneneinstrahlung brandblasenähnliche Entzündungen bilden
Kanadische Goldrute	*Solidago canadensis*	als Gartenzierpflanze aus Nordamerika eingeführt und verwildert	hat sich auf Ödland und in Auenwäldern ausgebreitet
Indisches Springkraut	*Impatiens glandulifera*	als Gartenpflanze aus dem Himalaya seit der 1. Hälfte des 20. Jhs. lokal verwildert	verbreitet sich in Flußauen und an Verkehrswegen
Japan-Staudenknöterich	*Reynoutria japonica*	aus Ostasien angepflanzt und verwildert	führt zu Monokulturen und verdrängt einheimische Pflanzen in Ufergebieten
Bisamratte	*Ondatra zibethicus*	1905 aus Nordamerika eingebürgert	kann Dämme unterwühlen; verbreitet bei uns als Zwischenwirt den Fuchsbandwurm
Dreikantmuschel	*Dreissena polymorpha*	aus dem ponto-kaspischen Gebiet über Kanäle und Schiffe während der letzten 200 Jahre eingeschleppt	kann wassertechnische Anlagen verstopfen, hat das aquatische Nahrungsnetz verändert
Flohkrebsartige	*Gammarus tigrinus, Dikerogammarus, Chaetogammarus*	im letzten Viertel des 20. Jahrhunderts, z. T. ausgesetzt, z. T. eingeschleppt, z. T. über Kanalsysteme zugewandert	hat die einheimische Kleinkrebs- und damit Fischnährtierfauna sehr stark verändert
Marderhund	*Nyctereutes procyonoides*	aus Asien ins europäische Rußland eingeschleppt, seit den 1960er Jahren in Deutschland (im Westen erst seit 1989/90)	schädigt lokal stark die einheimische Fauna, z. B. Vögel
Amerikanischer Flußkrebs	*Orconectes limosus*	um 1890 aus Nordamerika in die Binnengewässer Europas und anderswo eingeführt	hat einen Parasiten eingeschleppt, der zur weitgehenden Ausrottung des Europäischen Flußkrebses geführt hat
Ulmensplintkäfer	*Scolytus scolytus*	1919 aus Asien eingeschleppt	bedroht die Ulmenbestände («Ulmensterben») durch Übertragung eines Pilzes

len ist, daß die Individuenzahlen der allermeisten nicht kommerziell genutzten Pflanzen und Tiere generell zurückgegangen ist,
wodurch sich häufig sowohl ihre Biomasse als auch die genetische
Vielfalt ihrer Populationen verringert hat.

Die *menschliche Bevölkerung* betrug zur Zeit von Thomas Malthus 1 Milliarde, 1960 ca. 3 Milliarden und am Ende des 20. Jahrhunderts über 6 Milliarden Menschen. Dieser Anstieg ist zusammen mit der parallel einhergehenden Veränderung der meisten
Ökosysteme und dem Verbrauch an Ressourcen ein ökologisches
Hauptproblem der Gegenwart und Zukunft. Der Bevölkerungsan-
stieg in der Neuzeit ging mit verbesserten industriellen und landwirtschaftlichen Produktionsmethoden einher, mit verbesserten
Bekämpfungsmöglichkeiten von Krankheiten und mit zunehmender Besiedlung von bislang nur dünn bewohnten Arealen. Wo
früher in Nordamerika Bisons, in Australien Beuteltiere und in
Afrika Antilopen und andere Huftiere in großen Herden weideten,
grasen jetzt weitgehend Rinder. Wo früher extensive Landwirtschaft betrieben wurde, wird heute Intensivanbau unter Zuhilfenahme verschiedener Agrochemikalien betrieben. An vielen Stellen sind die ehemaligen Ökosystemtypen verschwunden, und die
übernutzten Böden oder Gewässer verhindern eine weitere erfolgreiche Bewirtschaftung. Die Ausdehnung von Wüsten- und Step-
penarealen ist in vielen Fällen direkt oder indirekt anthropogen
bedingt.

Gerade der «Kampf ums Wasser» enthält ein erhebliches, auch
militärisches Konfliktpotential für das 21. Jahrhundert (Abb. 27).
Wo früher mangelndes Wasser menschliche Besiedlung verhin-
derte, wird heute fossiles (nicht regenerierbares) Wasser aus der
Tiefe geholt (wie im Gebiet der Sahara), Wasser aufbereitet und
entsalzt oder Wasser über Leitungen und Aquädukte in Siedlungs-
gebiete geleitet. Darüber hinaus werden soweit wie möglich in den
Trockengebieten der Erde Wasserreservoire ausgebaut, während
zugleich viele natürliche Wasserbecken einem Austrocknungspro-

Abb. 27: Wasser wirkt zunehmend als limitierender Faktor für Trinkwasser ▷
und Nahrungsmittelproduktion, beeinträchtigt aber durch die schwindenden
Reserven und Neuverteilungen auch die natürlichen aquatischen und terre-
strischen Lebensgemeinschaften. Die Karte zeigt in einem global-politischen
Vergleich die bisherigen (1998) und die voraussichtlich zukünftigen (2025)
Nahrungsmittelimporteure und -exporteure. (Abdruck aus den EAWAG
news 46D, 1999)

1998

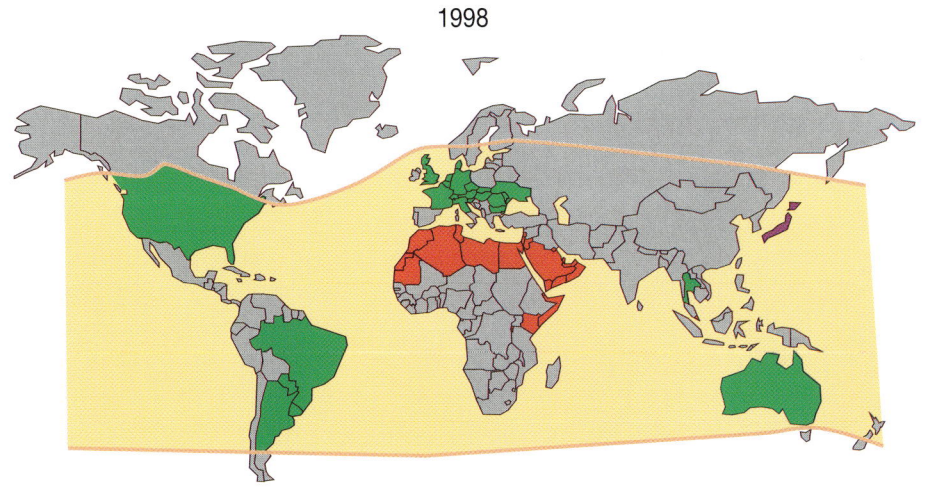

2025

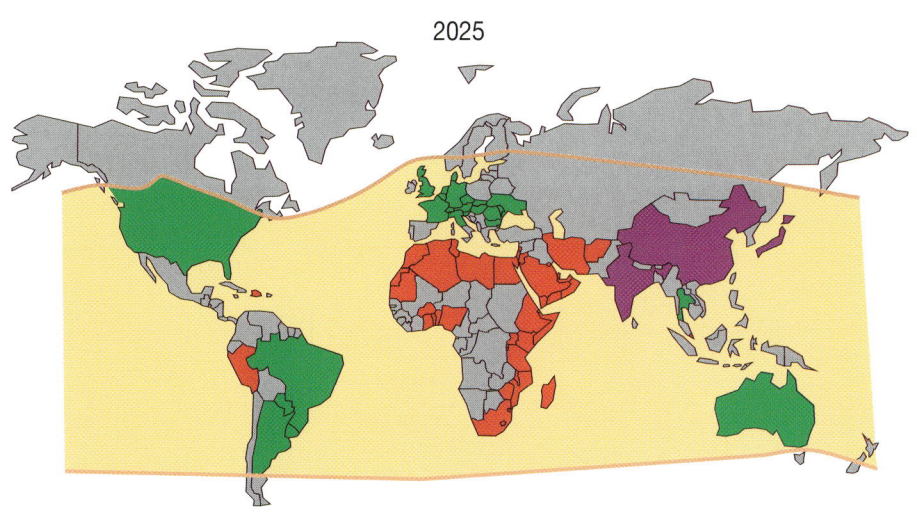

Nahrungsmittelproduktion mit nördlicher und südlicher Grenze

Wasser, Boden, Klima erlauben substantielle Nahrungsmittelproduktion für den Export

Wasser für ausreichende eigene Nahrungsproduktion fehlt

Nur genügend Wasser, falls alle Flüsse vollständig gestaut werden
und kein Wasser ins Meer fließt

Genügend Wasser für eigene Nahrungsmittelproduktion   EAWAG news 46 D, 1999 zeß unterliegen (z.B. Aralsee, Kaspisee, Tschadsee, Totes Meer) und dadurch auch zu einer biologischen Verarmung auf der Erde beitragen.

Gewässer werden aber auch bis zur Grenze der Belastbarkeit und oft ungeachtet der Folgen für die aquatische Lebensgemeinschaft bewirtschaftet. Geeignet scheinende Nahrungsfische werden ohne vorsichtige Folgenabschätzung in neue Gewässer ausgesetzt. Der in die ostafrikanischen Seen eingesetzte massige und räuberische Nilbarsch hat zusammen mit anderen Veränderungen (z.B. Eutrophierungen) bewirkt, daß sich das wohl stärkste Artensterben des 20. Jahrhunderts unter den Wirbeltieren abspielte, indem Dutzende der ehemals zahlreichen und dominierenden Buntbarsche ausgerottet wurden. Überhaupt ist die zunehmende Verbreitung wirtschaftlich relevanter Spezies oder aber von Spezies, die passiv verschleppt werden und sich vielen Ökosystemen leicht einpassen, ein Prozeß, der heute sowohl aquatische wie terrestrische Systeme betrifft. Im Rhein sind exotische Wirbellosen-Arten gegenüber vielen einheimischen dominierend und haben auch dazu geführt, daß Arten, die bislang auch zur Bewertung der Gewässergüte herangezogen worden sind, kaum noch auftreten (z.B. Flohkrebse, s. Tab. 7). Wann fremde Tier- und Pflanzenarten in neuen Biotopen potentiell erfolgreich sind und einheimische Arten verdrängen können, gehört zu den derzeit viel diskutierten Fragen.

Ökologie als Herausforderung

Wo liegen die *Aufgaben der Ökologie* und der Ökologen an der Schwelle zum 21. Jahrhundert? Viele traditionelle Problemfelder sind scheinbar ganz oder überwiegend gelöst. Dennoch herrscht ein Rückstand in Teilbereichen, und neue Umweltveränderungen und -belastungen verlangen immer neue problemorientierte Lösungswege. Falsche, voreilige oder nur lokal gültige ökologische Konzepte haben in der Vergangenheit vielfach zu Handlungen und politischen Entscheidungen geführt, die wir heute nicht mehr gutheißen. Daneben unterliegen auch Weltanschauungen Wandlungen. Wo wir in den 1960er Jahren noch Flüsse und Bäche begradigt haben, haben wir sie in den 1990er Jahren, nachdem sich der Stellenwert der biologischen Vielfalt erhöht hat, wieder entgradigt und «renaturiert».

Aus solchen und anderen Gründen weiß auch «der Ökologe», den es infolge der schier unübersehbaren Forschungsfelder genausowenig gibt wie «den Biologen», im Vorfeld eines Problems oft keine optimale und erst recht keine unumstößlich richtige Antwort. Handlungsorientierte Anforderungen verlangen aber zunehmend, daß er in der Lage sein muß, adäquate zeitbezogene Problemlösungsansätze zu konzipieren und mit spezialisierten Fachleuten zu kooperieren. Durch gemeinsam verständliche Termini und Konzepte und durch realitätsnahe Szenariensimulationen muß es möglich sein, daß nicht erst durch Versuch und teuren, vielfach irreversiblen Irrtum die optimalen Entscheidungen gesucht, sondern daß diese möglichst direkt gefunden werden.

Die zunehmende theoretische Durchdringung ökologischer Befunde führt zusammen mit der Entwicklung neuer Methoden und Techniken dazu, daß sich hierbei auch die Grundlagenkenntnisse der Ökologie erweitern. Molekularbiologische Marker können helfen, differenzierte Aussagen über die biologische Vielfalt oder aber genetische Verarmung von Populationen zu machen und Schlußfolgerungen bezüglich der langfristigen Überlebensfähigkeit zu ziehen. Auch Kenntnisse über die Beziehung zwischen genetischen Eigenschaften und Merkmalsausprägungen, z. B. Resistenzausbildungen gegenüber Krankheiten, und ihre Anwendung in der Natur verlangen ökologisches Verständnis über die möglichen Folgen für das Gesamtsystem. Die vielfältigen Beziehungen zwischen derart genetisch-evolutionsbiologisch gesteuerten Eigenschaften und klassischen Aspekten der Ökologie wird auch als Evolutionsökologie *(Evolutionary Ecology)* bezeichnet und stellt einen von mehreren derzeit zentralen Forschungsschwerpunkten dar.

Speziell in der angewandten Ökologie stellen sich nicht nur regelmäßig neue Probleme, sondern auch die politischen Anforderungen sind, wie schon erwähnt, kurz- und langfristigen Veränderungen unterworfen. Sie bewegen sich vielfach in einem Spannungsfeld und werden je nach Problemlage schon innerhalb einer Gesellschaft oder aber zwischen verschiedenen Nationalitäten, Kulturen oder ökonomischen Strukturen kontrovers gewertet. Als Beispiele für solche unterschiedlichen Bewertungen zwischen Individuen oder Gesellschaften seien die folgenden aufgeführt:
• Der Wert einer naturnahen Landschaft mit originärem Tier- und Pflanzenbestand wird unterschiedlich gesehen. Während geschützte naturnahe Ökosysteme von den einen auch für Mit-

teleuropa favorisiert werden, möchten andere diese höchstens für exotische Länder und Urlaubsgebiete gelten lassen.

• Atmosphärische Umweltbelastung wird in ihrer Bedeutung für ökologische Schadwirkung zwischen verschiedenen Erdregionen unterschiedlich eingestuft. Wo bei uns das «Waldsterben» sicher durch atmosphärische Stoffbelastung mit beeinflußt ist, leiden Wälder anderer Regionen primär durch großflächige Abholzung, entfachtes Feuer, Brandrodung und Bodenauslaugung oder Grundwasserabsenkung.

• Persönliche Gefahren durch Lebensführung und Umwelt werden bei rechnerisch gleich großem Risiko oft unterschiedlich akzeptiert (Risiko ist die Höhe einer möglichen Schadwirkung, multipliziert mit der Eintretenswahrscheinlichkeit): Selbstverantwortete Risiken (durch Urlaubs- oder Forschungsreisen, Genuß- und Suchtmittel) werden eher akzeptiert als solche, denen man passiv ausgesetzt ist (durch Stoffemission einer Industrieanlage, durch passives Mitrauchen). Bekannte und traditionelle Risiken (z. B. aktives Rauchen) werden ferner oft eher akzeptiert als neue und in ihrer Auswirkung wenig bekannte oder schwer erläuterbare (wie das Konsumieren gentechnisch veränderter Lebensmittel). In analoger und weiterführender Weise werden aber auch die äußerst verschiedenen Formen gesundheitlicher Gefahren und ökologischer Eingriffe, z. B. bei unterschiedlichen Energiegewinnungen, unterschiedlich gewertet und akzeptiert (gesundheitliche Gefahr der Kernenergie im Vergleich zum erhöhten CO_2-Ausstoß bei oxidativer Verbrennung oder zur landschaftlich-ökologischen Beeinträchtigung von Wind-, Solar-, Talsperren- und Gezeitenanlagen oder Monokulturen zur Bioenergieerzeugung).

Die jeweilige Bewertung einer ökologischen Belastung oder eines daraus folgenden gesundheitlichen Risikos hängt vom Stand der Aufklärung sowie der persönlichen Verarbeitung und Einstellung zu den Befunden ab. Nur langsam und auch stets nur teilweise sind hier gesamtgesellschaftliche und globale Annäherungen in politischen Zielvorgaben zu beobachten. Schon dies mag zeigen, daß ökologisches Forschen und Argumentieren heute auch eine zutiefst gesellschaftswissenschaftliche und politische Komponente hat, wobei sich die Grundlagenforschung nach den anerkannten wissenschaftlichen Methoden der Erkenntnisgewinnung zu richten hat, die konkreten angewandten Aufgaben sich aber immer wieder neuen Forderungen zu stellen haben. Die letzteren sollen sich dabei gemäß heute vorherrschendem Leitbild im wesentlichen der Entwicklung eines nachhaltigen Managements des Globalökosystems Erde, einer belastungsarmen Umwelt und dem Erhalt einer natürlichen biologischen Vielfalt für die nachkommenden Generationen widmen.

Leben und Technik

Hauptanliegen der Biologie ist es, die überreiche Welt des Belebten zu erforschen und in ihrem Zustandekommen und Wirken verstehen zu lernen. Nun haben Biologie und Technik das gemein, daß in beiden Bereichen zweckmäßige Strukturen das Feld beherrschen: Eine im Zuge der Individualentwicklung gebildete bzw. vom Ingenieur oder Architekten konstruierte Struktur ist auf eine bestimmte Funktion hin gestaltet und dient einer definierten Aufgabe, einem Zweck. Seit langem war es für Biologen hilfreich, die Konstruktionen der belebten Welt mit technischen Begriffen zu analysieren. Besonders die Biomechanik profitierte davon. So konnte etwa der innere Bau des Oberschenkelknochens im Hüftbereich gut verstanden werden: Die Knochenbälkchen verlaufen genau entlang den Zug- und Druckspannungszügen, die dort auftreten. Es handelt sich also um ein Leichtbausystem, das maximale Stabilität bei minimalem Materialaufwand gewährleistet. Ähnlich gut kann die Anordnung von Festigungselementen in Grashalmen, Baumstämmen, Ästen und Blättern aufgrund entsprechender technischer Konstruktionen oder das Hydroskelett vieler Weichtiere und Würmer, auch die Turgeszenz unverholzter Pflanzenteile gemäß den Gesetzen der Hydraulik verstanden werden. Hydro- und Aerodynamik lassen die Körperformen von Fischen, Pinguinen und Delphinen sowie die Flügelkonstruktionen von Vögeln, Fledermäusen, Insekten und manchen Pflanzenfrüchten verstehen. Freilich müssen auch die Grenzen solcher Analogiebetrachtungen beachtet werden: Bei Organismen überwiegen Kompromißlösungen, weil oft mehreren Funktionserfordernissen gleichzeitig genügt werden muß; das Ökonomieprinzip ist vorherrschend, und Strukturen müssen am Ort ihrer späteren Wirkung gebildet werden und können nicht etwa aus vorgefertigten Teilen zusammengebastelt werden.

Solche Betrachtungen erfuhren kurz nach der Jahrhundertmitte einen gewaltigen Schub durch die Kybernetik. Die Regeltechnik hatte sich damals als Zweig der Ingenieurwissenschaften stark entwickelt, und Norbert Wiener hat ihre Prinzipien konsequent verallgemeinert. Viele längst gut untersuchte Vorgänge bei Organismen, bei denen es um die Konstanthaltung bestimmter Parameter unter wechselnden Bedingungen («Homöostase») geht, ließen sich kybernetisch mit dem

Prinzip der Rückkoppelung verstehen – beim Menschen etwa Blutdruck, Körpertemperatur, Herzschlagfrequenz, Muskelspannung, Hormonspiegel oder die zahllosen Reaktionen des Zellstoffwechsels.

In neuerer Zeit wurde nun die Betrachtungsrichtung umgekehrt. Die biologische Evolution hat ja unendlich viele Lösungen für ebenso viele Probleme gefunden, und sowohl diese selbst wie auch der Lösungsweg – die Methode von Trial and Error: Versuch und Irrtumserkennung bzw. Mutation und Selektion – können Fingerzeige für technische Lösungen geben. Die Bionik, wie diese Richtung genannt wird, ist zunehmend erfolgreich. Der «Lotuseffekt», den Bonner Botaniker am Blatt der Lotuspflanze entdeckten und der jetzt als Muster für schmutzabweisende Oberflächen an Autos, Fenstern, Dächern dienen soll, wurde mit Preisen bedacht und daher sogar in der Tagespresse eingehend behandelt.

Bionik – Lernen von der Natur

Von Werner Nachtigall

Einleitung

Bionik betreiben bedeutet «Konstruktionen, Verfahren und Evolutionsprinzipien der belebten Natur für die Technik nutzbar machen». Bevor man derartige Aspekte der Natur in die Technik übertragen kann, muß man diese selbstredend kennen. Diejenige Disziplin, die die Natur aus dem Blickwinkel des Ingenieurs betrachtet und erforscht, wird als «Technische Biologie» bezeichnet.

Technische Biologie und *Bionik* gehören zusammen wie Bild und Spiegelbild: Was die eine Disziplin erforscht, setzt die andere um und bietet die Ergebnisse der Technik an.

Der Begriff «Bionik» wurde erstmals auf einem Kongreß Ende der 50er Jahre in Dayton, Ohio, verwendet. Es ging damals um die Umsetzung biologischer Prinzipien, insbesondere der Ortung, in die technische Welt. Man glaubte, von den Fledermäusen einiges für die Entwicklung von Radargeräten lernen zu können. Dies hat sich im strikten Sinn nicht erfüllt, doch bedeutet die Wortschöpfung «bionics» des amerikanischen Luftwaffenmayors J. E. Steele die Geburtsstunde der modernen Bionik.

Historisch gehen die Wurzeln freilich weit zurück. Leonardo da Vinci war wohl einer der ersten «Technischen Biologen» und «Bioniker». Er hat den Vogelflügel und seine Schlagbewegungen mit dem technischen Wissen der damaligen Technik erforscht und beschrieben: technische Biologie par exellence. Darauf aufbauend hat er versucht, künstliche Flügel zu bauen, die sich wie Vogelflügel bewegen und einen Menschen tragen sollten: Bionik im Sinne der obigen Definition. Daß diese Versuche damals nicht funktionieren konnten, steht auf einem anderen Blatt; in der Sichtweise entsprechen sie aber genau der modernen Terminologie.

Heute wird der Begriff «Bionik» gerne als zusammengesetzt betrachtet aus den Anfangs- und Endsilben der Worte «Biologie» und «Technik». Diese Sichtweise trifft recht gut die Tatsache, daß bionisches Arbeiten Technik und Biologie verbinden will, daß aus dieser Verbindung beide Disziplinen voneinander lernen können und daß bionisches Arbeiten letztendlich Mensch und Umwelt zugute kommt.

Es gibt heutzutage in mehreren Ländern, auch im deutschsprachigen Raum, Institutionen, die sich mit Technischer Biologie und mit Bionik befassen – und noch mehr Arbeitsgruppen oder Einzelkämpfer, die genau dies tun, auch wenn sie nicht unter den genannten Begriffen firmieren. Der erste Lehrstuhl wurde in Berlin gegründet («Bionik und Evolutionsstrategie», I. Rechenberg). Wir haben, ausgehend von der Zoologie, in Saarbrücken eine Ausbildungsrichtung «Technische Biologie und Bionik» gegründet, die seit einigen Jahren Biologiestudenten ausbildet und im Markt verankert. Zudem existiert, mit Sitz in Saarbrücken, eine Gesellschaft für Technische Biologie und Bionik, die im Zweijahresrhythmus Kongresse veranstaltet und mit den «BIONA-reports» Berichte herausgibt. Die fünf ersten Kongresse fanden 1992–2000 in Wiesbaden, Saarbrücken, Mannheim, München und Dessau (Bauhaus) statt.[1]

Bionik – eine Disziplin

In etwas erweiterter Formulierung dieser Überschrift könnte man sagen: «Bionik ist eine Disziplin, die zu Produkten führt und in der auszubilden ist.» Die drei Beispiele dieses Abschnitts sollen diese Sichtweise verdeutlichen.

Riblet-Effekt

Der Paläontologe und Biologe E. Reif (Paläontologisches Institut der Universität Tübingen) hat sich die Schuppen fossiler und rezenter Haie näher angesehen. Die Schuppen-Oberseiten schließen unter leichter Überlappung aneinander. Jede Schuppe trägt Riefen. Das Seltsame ist, daß sich Riefen-Reihen über viele Schuppen längs der Körper- oder Flossenkonturen hinziehen. Einen Ausschnitt zeigt Abbildung 28A. Diese Reihen verlaufen so, wie man sich Stromlinien (besser «Streichlinien») um den Körper herumlaufend vorstellen kann.

Der Paläontologe hat sich mit dem Strömungsmechaniker D. Bechert in Berlin zusammengetan. Dieser konnte die vermutete Wirkung der Rillenstruktur experimentell und theoretisch enger fassen: wahrscheinlich verringern sie den Oberflächenwiderstand, im wesentlichen durch Behinderung der Querturbulenzen. Sind solche «Haischuppen-Überzüge» zur Widerstandsverminderung

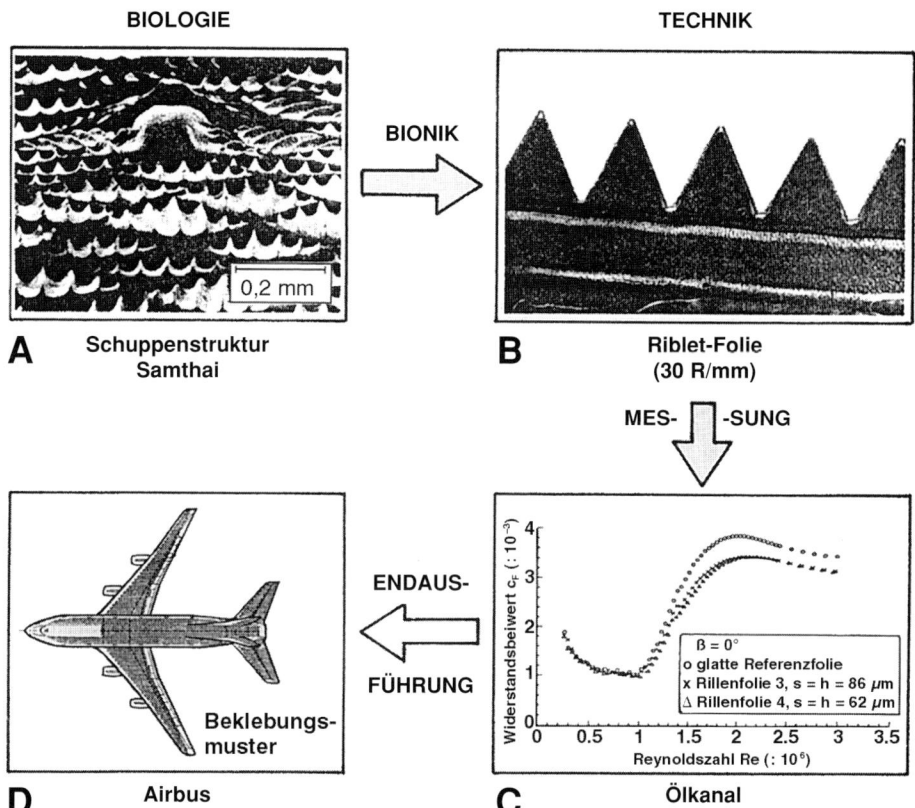

BIONIK

A — Schuppenstruktur Samthai

B — Riblet-Folie (30 R/mm)

MES- -SUNG

ENDAUS- FÜHRUNG

D — Beklebungs-muster — Airbus

C — Ölkanal

Abb. 28: Zum Riblet-Effekt. A: Beispiel für Haischuppen mit Riefen. B: Querschnitt durch eine Ribletfolie mit etwa 30 Riefen pro Millimeter. C: Beispiel für eine Messung der Abhängigkeit des Oberflächen-Widerstandsbeiwerts von der Reynoldszahl mit einer glatten Platte (obere Kurve) und einer mit Riefenfolien nach Teilabbildung B beklebten Platte (untere Kurve). D: Beklebungsbeispiel für den ersten Ribletfolien-Versuch mit einem Airbus. (Basierend auf Bechert, Reif [1985])

bei schwimmenden und fliegenden technischen Rümpfen brauchbar?

Das sind sie nicht: Direkte Naturkopie ist meistens Unsinn. Doch kann die Abstraktion der Naturerkenntnis wichtig sein. Auf Anregung des Strömungsmechanikers hat die Firma 3 M Riefen-oder Ribletfolien entwickelt und weiterentwickelt (Abb. 28 B), die dem natürlichen Vorbild analog sind. Beklebt man eine flache Platte mit einer solchen Folie, so zeigt sie in den günstigsten Fällen einen um 8% geringeren Reibungswiderstand (Abb. 28C). In einem ersten Großversuch wurde ein Airbus A 320 mit solchen Folien beklebt (Abb. 28D). Seine Widerstandsreduktion beträgt immerhin 2–3%. (Sie kann nicht so groß sein wie beim Plattenversuch, da es beim Flugzeug noch andere Widerstandsanteile gibt, die von der Folie nicht beeinflußt werden.)

Rechnet man dies auf den Treibstoffverbrauch um, so ergeben sich unerwartet günstige Werte. Ein Beispiel ist der Langstrecken-Airbus A 340–300, dargestellt nach D. Bechert: maximales Startgewicht: 254 t, davon Leergewicht: 126 t, Treibstoff: 80 t, 295 Passagiere: 48 t. Die Haifischhaut reduziert den Reibungswiderstand um 8% des gesamten Luftwiderstandes. Das bedeutet ca. 4% weniger Treibstoffverbrauch (!). Auf einer Langstrecke sind ein Drittel der Betriebskosten Treibstoffkosten; 4% weniger Treibstoff bedeuten: 1,3% weniger Betriebskosten bzw. 3,2 t weniger Masse. Dafür sind 6,7% mehr Zuladung möglich, das entspricht 20 Passagieren. Der Gesamtgewinn beträgt: 6,7% + 1,3% = 8%.

Diese Größen sind sowohl kommerziell wie ökologisch außerordentlich bedeutsam. Die Großversuche wurden deshalb ausgeweitet; eine weltweite zukünftige Anwendung dieses Prinzips ist wahrscheinlich.

Lotus-Effekt

Lacke werden heute noch so entwickelt, daß sie auch im submikroskopischen Bereich eine möglichst glatte Oberfläche bilden. Darauf aber haften Schmutzpartikel besonders gut. Unbenetzbare Pflanzenblätter bleiben dagegen immer sauber, wie man an jedem Kohlrabiblatt sehen kann.

Der Trick ihres schmutzabweisenden Biodesigns: keine glatten, sondern genoppt-rauhe Oberflächen aus feinsten, knubbelig verbackenen Wachs-Kristalloiden (Abb. 29A).

Abb. 29: Zum Lotus-Effekt. A: Wachs-Kristalloide auf einem Pflanzenblatt. ▷ B: Anheften von Schmutzpartikeln an einem Quecksilbertropfen, der über ein Pflanzenblatt rollt. C: «Abrollen» von Schmutzpartikeln durch einen von einer genoppten Oberfläche ablaufenden Wassertropfen. (Nach Barthlott und Neinhuis [1998])

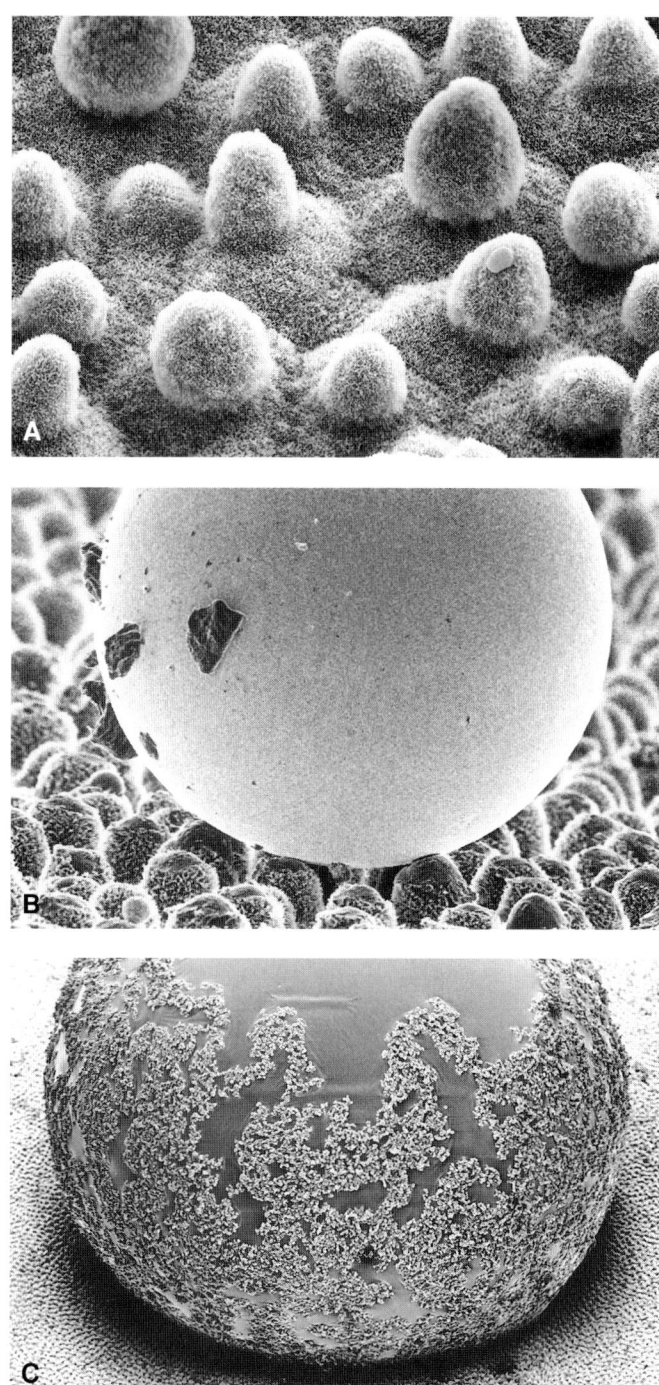

Schmutzpartikel können auf einer solchen Oberfläche nicht fest-haften, Wassertropfen können sie nicht benetzen und damit auch nicht über die festgehefteten Partikeln einfach weglaufen, wie das auf glatten Oberflächen geschieht. Vielmehr rollen kugelig ablau-fende Flüssigkeitstropfen die Schmutzteilchen regelrecht in sich hinein und entfernen sie auf diese Weise (Abb. 29B und C).

Der Bonner Botaniker W. Barthlott hat das bereits vor 20 Jah-ren an der Kapuzinerkresse bemerkt, aber erst vor kurzer Zeit als vielversprechendes Bionik-Design-Projekt weiterentwickelt. Er und sein Mitarbeiter C. Neinhuis haben diese Eigenschaft nach der Lotusblume *Nelumbo nucifera* als «Lotus-Effekt» bezeichnet. Gleichartige Effekte haben T. Wagner und die genannten Autoren auch für Insektenflügel nachgewiesen. Wir haben Entsprechendes, wenn auch partiell auf anderer physikalischer Basis beruhend, bei Wasserkäfer-Flügeldecken gefunden.

Die Lotus-Forscher haben nun einen Lack entwickelt, der die schmutzabweisenden Eigenschaften der Blattoberfläche auf tech-nisch analoge Weise nachgestaltet: Bionik-Design von Ober-flächen. Im Gegensatz zu einer unbeschichteten Oberfläche wirkt die beschichtete Oberfläche «repellent»: Wasser spült noch so klebrigen Belag einfach weg. Für solche Lackbeschichtungen sind Patente erteilt worden. Derartige Lacke könnten eines Tages das Autowaschen drastisch reduzieren. Es gibt heute schon eine Fassa-denfarbe (Lotusan, Fa. Ispo) mit Selbstreinigungseffekt, die auf den genannten Untersuchungen basiert.

Es ist wohl nicht zuviel gesagt, daß mit diesen bionischen Ent-deckungen und Umsetzungen ein ganz neuer Industriezweig ange-stoßen worden ist.

Termiten-Eisbär-Effekt

Man muß nicht immer das Rad neu erfinden. Mit anderen Worten: *Innovationen bauen immer auf Vorarbeiten auf* und führen manchmal nur ein Stück – ein kleines oder ein entscheidendes Stück – weiter. Dazu ein Beispiel aus der eigenen Forschungspraxis.

Der Schweizer Biologe M. Lüscher hat den Bau der afrikani-schen Termite *Macrotermes bellicosus* untersucht. Demnach strömt Luft in einem geschlossenen Röhrensystem – angetrieben von der Sonnenwärme und von der Stoffwechselwärme – vom kühlen, feuchten «Keller» durch das Nest in den oberen Teil des Baues und unmittelbar unter der Außenwand wieder zurück. Das Baumaterial ist porös, so daß Sauerstoff eindiffundieren und Kohlendioxid ausdiffundieren kann: eine in letzter Konsequenz sonnenangetriebene automatische Klimatisierung (Abb. 30A).

Die Wirkung des Eisbärfells als Lichtfalle haben der Berliner Physikochemiker H. Tributsch und seine Mitarbeiter untersucht. Durch Totalreflexion werden eingefangene Licht- und Wärmestrahlen innerhalb der weißen Haare nach unten geleitet (Abb. 30B) und dort von der dunklen Hautoberfläche absorbiert: Wärmegewinn. Wegen der vielen eingeschlossenen Luftpolster kann die Wärme aber nicht mehr entweichen. Dies ist das Prinzip eines Transparenten Isolationsmaterials («TIM»), das heute schon vielfach technisch genutzt wird, beispielsweise über die Bündelung enger Glasröhrchen.

Mein Diplomand G. Rummel und ich haben die beiden Prinzipien kombiniert und nach eigenen Vorstellungen weiterentwickelt. Es geht um die Konzeption eines Niederenergiehauses, bei dem eine Kombination aus transparenter Wärmedämmung (nach dem Eisbärprinzip) und passiver Porenlüftung (nach dem Prinzip der porösen Termitenbauten) sowohl Wärmeversorgung wie Frischluftzufuhr übernimmt (Abb. 30C).

Das Haus hat an der südorientierten Seite eine dicke Absorberwand, die an der Außenfläche schwarz gefärbt ist. Davor wird die transparente Wärmedämmung angebracht, allerdings mit einem Zwischenraum, in dem Luft zirkulieren kann. Diese TIM besteht aus einer sandwichartigen Schicht von eng aneinander gepackten Glas- oder Plastikröhrchen, die außen und innen von einer Glasplatte begrenzt sind. Die Luft in diesem Spalt wird über die schwarz gefärbte Absorberwand erwärmt, steigt auf und wird von der Südseite des Hauses über Deckenrohre zur Nordseite geführt. Dort wird sie durch dünne, in Schlangenlinien gelegte Kupferrohre geleitet. Die Porenlüftung besteht aus einer Reihe von perforierten Lüftungssteinen, hinterfüttert mit einer spongiösen Schicht. Die Frischluft diffundiert dann über die gesamte Innenwand der Nordseite ins Haus.

So können mehrere Fliegen mit einer Klappe geschlagen werden: Solarheizung, zeitverzögerte Wärmeabgabe (Nachtheizung), zugfreie Lüftung, kühlere Frischluftzufuhr, vollautomatisches Abstimmen der Einzelkomponenten.

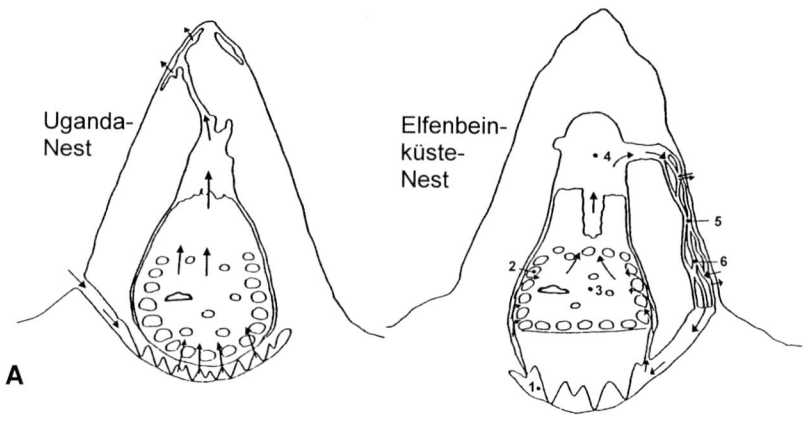

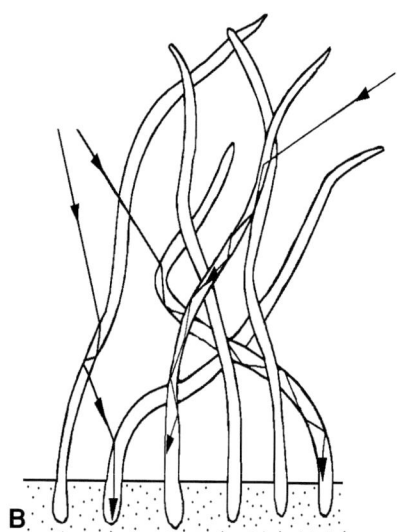

Abb. 30: Zum Termiten-Eisbär-Effekt. A: Termitenbau-Formen mit induzierter Strömung. (Nach Lüscher). B: Prinzip des Lichtweiterleitens im Eisbärhaar durch Totalreflexion. (Nach Tributsch et al.) C: Kombination transparenter Wärmedämmung und passiver Porenlüftung. (Nach Nachtigall, Rummel [1996]: Ventilation of termite nests, insulation principle of a polar bears skin, ventilation through pores in buildings above ground. Proc. 4th Europ. Conf. Solar energy in Architecture and urban planning, paper P 1.9, 1–3)

Analogieforschung

Wenn der Biologe mit Technikern oder Ingenieuren spricht, bekommt er regelmäßig vorgehalten, daß Vergleiche leicht sinnleer werden, wenn sie Ähnlichkeitskriterien (meist nichtlinearer Art) etc. nicht berücksichtigen: Der Techniker würde nie einen Fernsehturm mit einem Grashalm vergleichen, obwohl beide Hochbaukonstruktionen mit zentraler, achsenparalleler Belastung darstellen (wenn man von Windlasten absieht).

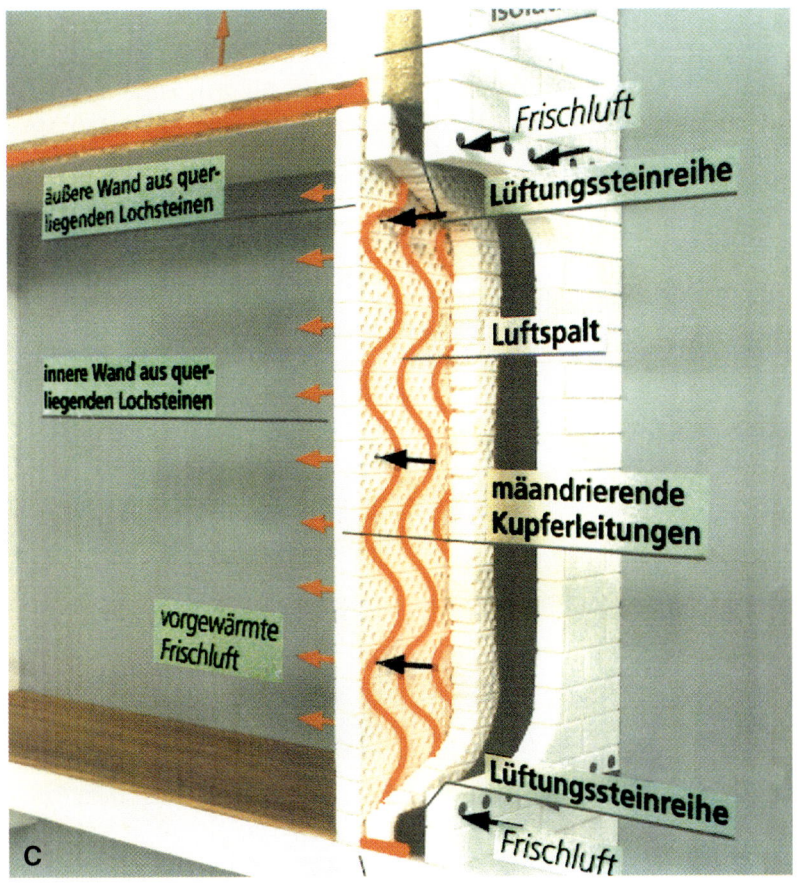

äußere Wand aus quer-
liegenden Lochsteinen

innere Wand aus quer-
liegenden Lochsteinen

vorgewärmte
Frischluft

c

Frischluft

Lüftungssteinreihe

Luftspalt

mäandrierende
Kupferleitungen

Lüftungssteinreihe

Frischluft

Ich bin da anderer Ansicht. Am Beginn einer jeden technisch-
biologischen oder bionischen Betrachtung *muß* zwangsläufig der
analoge Vergleich stehen.

Grashalm und Fernsehturm sind, wie gesagt, zentral und ach-
senparallel belastete Hochbaukonstruktionen. Über diese Grund-
feststellung hinausgehende Vergleiche scheinen sich zu verbieten;
dafür sorgen nichtlineare Ähnlichkeitsgesetze (die zum Beispiel
höhere Bauwerke «verplumpen» lassen), Materialeigenschaften
und andere physikalische und baustatische Gesetzmäßigkeiten.

Und trotzdem tut man gut daran, einen Vergleich zunächst ver-
suchsweise zuzulassen. Es kann zwar durchaus sein, daß dieser Vergleich entweder sachlich nichts bringt oder sich tatsächlich bei
näherem Nachdenken als «sinnleer» (da physikalisch unterschied-

lichen Sphären zugehörend) erweist. Wenn man dies erkannt hat
und dann über den Vergleich die Akte schließt, ist das nicht weiter
dramatisch: Neun von zehn Ansätzen in der experimentell ausgerichteten naturwissenschaftlichen Forschung gehen schief. Ver-
gleicht man aber nicht zunächst «unvorbelastet», so kommt man
ganz sicher nicht oder doch nicht so rasch auf neuartige, unkon-
ventionelle Ideen.

In meiner Arbeitsgruppe hat insbesondere A. Kesel «primitive»
(d.h. weniger hoch evoluierte) Gräser und «fortschrittliche» (d.h.
in der Evolution höherstehende) Gräser näher angeschaut. Zur
ersten Gruppe gehört der Taumellolch, *Lolium perenne* (Abb. 31A),
zur letzteren das Pfeifengras, *Molinia coerulea* (Abb. 31B). In der
Abbildung ist jeweils ein Teil eines mikroskopischen Schnittes,
ein Abstraktum für den Rechner und das Ergebnis einer Finiten-
Elemente-Modellierung unter seitlicher Windlast dargestellt. Die

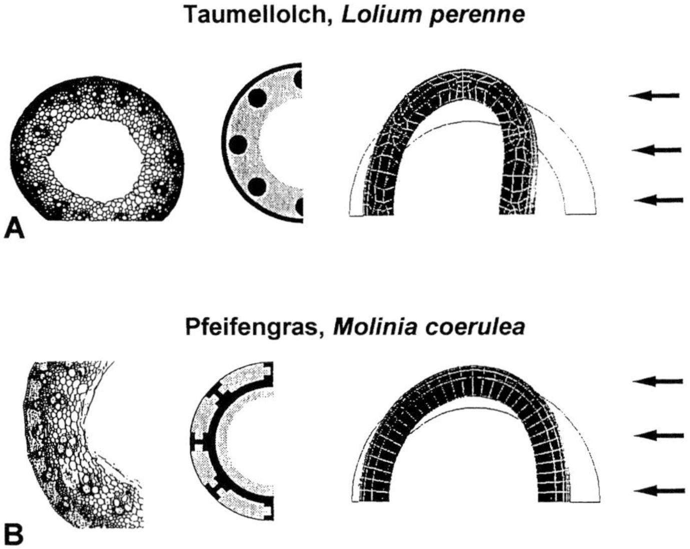

Taumellolch, *Lolium perenne*

Pfeifengras, *Molinia coerulea*

Abb. 31: Ausschnitte aus Querschnitten, abstrahierte Modellierung und
Finite-Elemente-Modellierung der Gräser *Lolium perenne* (A) und *Molinia
coerulea* (B). Pfeile: Simulierte Windbelastung, vergl. den Text. (Nach Kesel,
Labisch [1996]: Schlanke Hochbaukonstruktion Gras – Adaptive Material-
anordnung im Hohlrohrquerschnitt. (In: Nachtigall, W., Wisser, A., Hrsg.:
BIONA-report 10, Technische Biologie und Bionik 3, 3. Bionik-Kongreß,
Mannheim 1996, 133–149, Akad. Wiss. u. Lit. Mainz, Fischer, Stuttgart,
Jena, Lübeck, Ulm.)

Materialanteile (nicht tragendes Parenchym und tragendes Sklerenchym) sind dabei jeweils gleich gewählt.

Trotzdem das «fortschrittliche» Gras sogar ein geringeres Flächenträgheitsmoment aufweist, ist seine Biegesteifigkeit gegenüber einer seitlichen Flächenlast, wie sie Wind darstellt, deutlich höher. Dieses Gras verformt sich nicht so leicht wie das erstgenannte zu einer Biegeellipse und kommt damit auch nicht so rasch in die Gefahr, irreversibel zu knicken.

Die Anregung, Gräser nach diesen Gesichtspunkten zu analysieren, kam aus der Betrachtung technischer Hochbauten, wie sie beispielsweise Fernsehtürme darstellen (s. S. 337ff.). Die Untersuchungen sind noch im Fluß; daß sie in die Technik ausstrahlen werden, erscheint aber jetzt schon wahrscheinlich, da sich abzeichnet, daß gleiche Biegesteifigkeit mit einem vielleicht etwa *15% geringeren Materialaufwand* erreichbar ist, wenn man das Material nur «evolutiv cleverer» verteilt. Materialeinsparung bedeutet einerseits *Geldmitteleinsparung*, andererseits *geringere Umweltbelastung*, denn es gibt kein Material, das bei seiner Herstellung die Umwelt nicht negativ beeinflußt.

Vergleichende Gegenüberstellung

Die Abbildung 32 zeigt im Vergleich eine technische Kupplung, wie sie zwischen den Loren einer Feldbahn oder zwischen ziehendem Kraftfahrzeug und Anhänger üblich ist, und eine biologische Kupplung, die Vorder- und Hinterflügel einer fliegenden Wanze verkoppelt. Es ergeben sich, funktionell betrachtet, prinzipielle Übereinstimmungen in der Funktionsweise, beispielsweise das Prinzip des Kraftschlusses, das Prinzip der Zugsicherung über Sicherungsflügel und so fort. Natürlich baut die Natur ihre mikroskopische Kupplung anders als der Techniker seine makroskopische Kupplung. Wenn es darum geht, Fragen der temporär kraftschlüssigen Verkopplung zweier Einzelelemente im Mikromaßstab anzugeben, Fragen also, wie sie in der aufblühenden Mikrotechnologie zu Dutzenden sich stellen, ist es *möglicherweise sinnvoller, vom «Vorbild Natur» als von bekannten technischen Großausführungen auszugehen.*

Im vorliegenden Fall würde man im Sinne der *Analogieforschung* zunächst die (weiterzuentwickelnde oder im mikroskopischen Maßstab anzupassende) technische Kupplung und die reale mikroskopische Kupplung der Natur gegenüberstellen (Abb. 32).

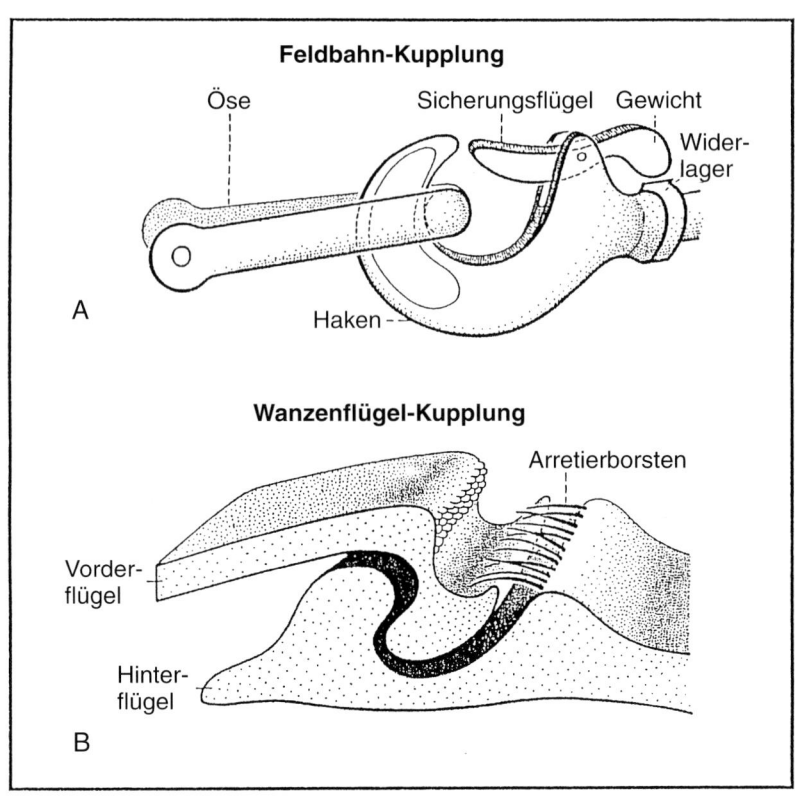

Abb. 32: Kupplungen. A: Technische Kupplung bei einer Feldbahn.
B: Vorder-Hinterflügel-Kupplung bei einer Wanze. Vergl. den Text.
(Nach Nachtigall [1971]: «Technische» Konstruktionselemente in der
Biologie. Umschau, 966–970)

In einem weiteren Schritt geht es darum, Vergleiche anzustellen.
Wenn ein technisches System weiterentwickelt werden soll, wird
zunächst sein Ist-Zustand formuliert, dann ein Anforderungskatalog für die zukünftige Entwicklung. Wenn man ein biologisches
System beschreibt, formuliert man notwendigerweise den Ist-
Zustand des gegenwärtigen Evolutionsstandes. Man kann daraus
einen detaillierten Beschreibungskatalog entwickeln.

Vergleiche sind nun an zwei Stellen möglich, nämlich im Sinn
eines Formvergleichs und eines Funktionsvergleichs (Abb. 33).

Beim *Formvergleich* werden das technische und das biologische System – wie gesagt, zunächst im Sinne einer analogen Be-

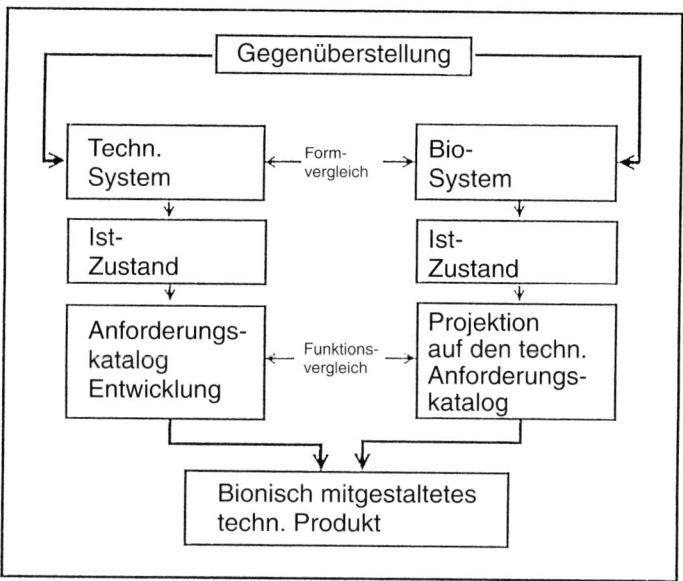

Abb. 33: Flußdiagramm der Analogieforschung; Formvergleich und Funktionsvergleich. (Nach Nachtigall [1997])

trachtung – einander gegenübergestellt und auf Ähnlichkeiten und Differenzen hin durchgemustert.

Beim *Funktionsvergleich* werden die Kataloge verglichen, nämlich der technische Anforderungskatalog für eine Weiterentwicklung und der biologische Deskriptionskatalog des Ist-Zustands.

Was sich aus den Vergleichen und darauf aufbauenden Querbeziehungen ergeben kann, ist nie ein bionisches Produkt – das gibt es gar nicht. Es handelt sich stets um technische Produkte, die aber – und das ist das Wesentliche – mehr oder minder bionisch mitgestaltet sein können.

Vorgehensweise der Zusammenarbeit

Wie kann eine Zusammenarbeit zwischen den biologischen und technischen Disziplinen vor sich gehen?

Biologische Analyse bedeutet letztendlich immer Grundlagenforschung. Diese kann einerseits von einem auftretenden technischen Problem x_1, ausgelöst worden sein und damit bereits anwendungsorientiert bzw. problembezogen ausgelegt sein. Sie kann aber andererseits auch «zunächst zweckfrei» ablaufen und dann einen Informationspool $x_2 \div x_n$ füllen, aus dem sich der Techniker für seine Problemlösungen bedienen kann, wenn es nötig ist. Wichtig sind dabei drei Aspekte:

Zum einen handelt es sich hier um *Grundlagenforschung par excellence* und damit um einen *Zivilisations- bzw. Kulturauftrag*. Es steht einer Zivilisation gut an, Sinfonieorchester oder Opernbühnen zu unterhalten. Dies kostet Geld und bringt keinen unmittelbaren, leicht meßbaren Effekt. Mit der Grundlagenforschung verhält es sich genauso. Freilich ist eine «zunächst zweckfreie Grundlagenforschung» Politikern und Wirtschaftlern weniger gut nahezubringen als eine «problembezogene Grundlagenforschung».

Zum zweiten hat die *«zunächst zweckfreie Grundlagenforschung» sehr starke Ähnlichkeit mit der biologischen Evolution.* Diese reagiert ja auch nicht erst mit der Vorstellung neuer, «besser angepaßter» biologischer Konstruktionen, wenn sich ändernde Umweltbedingungen dies erzwingen. Die Evolution spielt vielmehr jeweils eine sehr große Anzahl von Möglichkeiten durch und verankert sie genetisch. Wenn sich die Umweltbedingungen dann einmal ändern, ist die eine oder andere genetische Information parat, die Entfaltungsvorteile vorfindet, sich selektiv durchsetzt und somit zu «besser angepaßten» biologischen Konstruktionen führt.

Zum dritten ergeben sich beide Aspekte als *praktische Notwendigkeiten*. Wenn die Industrie eine Frage hat, die von bionischer Seite angegangen werden kann, wendet sie sich an eine geeignete Institution und gibt einen Forschungsauftrag. Damit kann das «Erkenntnisreservoir Natur» genützt werden. Dieses muß aber gefüllt worden sein, sonst bekommt man nicht einmal Anregungen für zweckbehaftetes Weitervorgehen.

Wie können die Stufen der Zusammenarbeit aussehen? Wenn Bionik eine Art Kitt zwischen Technik und Biologie darstellen soll, wie stellt sich die Zusammenarbeit in der Praxis dar? In Abbildung 34 ist die Problematik graphisch verdeutlicht.

Am Beginn der Entwicklung eines technischen Produkts steht die Konzeption, dann die Ausarbeitung des Form- und Funktionsprinzips, des weiteren die Herstellung eines Nullmodells. Dieses entwickelt sich in vielerlei Änderungen zu einer Endausführung, die nun auf dem Markt verankert werden soll. Dies gelingt meist nicht auf Anhieb, so daß weitere Modifikationen gemacht werden müssen; die Endausführung wird wieder an der Prinzipkonstruk-

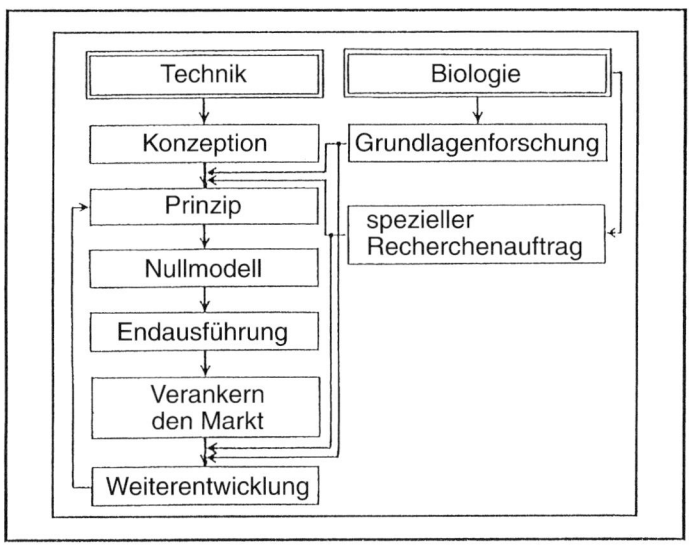

Abb. 34: Stufen der Zusammenarbeit; Einspeisen biologischer Kenntnisse in die technologische Entwicklungskette. (Nach Nachtigall [1997])

tion gespiegelt, leicht verändert und wieder dem Markt angeboten. Es läuft also ein Iterationsprozeß eines einmal angestoßenen Vorgangs ab.

Die Biologie kann im Sinne der Grundlagenforschung und eines speziellen Recherchenauftrags, wie oben geschildert, an der Entwicklung und Weiterentwicklung eines technischen Produkts Anteil nehmen. Die Informationen fließen einerseits in die *Schnittstelle zwischen Konzeption und Prinzipmodell*, andererseits – in der Weiterentwicklung – in die *Iterationsschleife der Marktverankerung*. Somit kann Bionik nicht nur bei der Prinzipentwicklung, sondern – was mindestens ebenso wesentlich erscheint – auch bei der Detailänderung und Anpassung mithelfen. Insbesondere die Marktakzeptanz wird in Zukunft sehr stark davon abhängen, ob ein Gerät oder eine Verfahrensweise Mensch und Umwelt sehr viel stärker einbezieht, als das bisher der Fall ist. Das wird von Waschmitteln bis zu Autos, von Klebstoffen bis zu biochemischen Verfahrensweisen so sein.

Bionische Kenntnisse und Erkenntnisse werden in sehr absehbarer Zeit für die Marktverankerung fast ebenso wichtig werden wie die technologischen Grundkonzepte, gerade wegen dieser vom Käufer ausgehenden Akzeptanz-Problematik. Die Industrie hat sich darauf bereits eingestellt.

Grundprinzipien natürlicher Systeme mit Vorbildfunktion für die Technik

Ich sehe zehn Grundprinzipien, die typisch für natürliche Systeme sind. Die kurze Auflistung enthält jeweils ein Beispiel.

Prinzip 1: Integrierte statt additive Konstruktion

Während die Technik Konstruktionen aus Einzelelementen zusammensetzt und diese jeweils für sich optimiert, arbeitet die Natur fast durchwegs mit «integrierten Konstruktionen», die als solche optimiert werden, wobei die Einzelelemente zwar vorhanden, aber oft weder morphologisch noch funktionell zu ihren Nachbarelementen abgrenzbar sind.

Beispiel (Abb. 35): Die nur ein zehntel Millimeter messende Speichelpumpe einer Rindenwanze besitzt alle Elemente einer Kolbenpumpe – Kolben, Dichtung, Zylinder, Einlaufventil, Auslaufventil, Antrieb –, sieht aber mehr wie eine (technisch noch nicht mögliche) «Miniatur-Kunststoffspritzguß-Konstruktion» aus denn wie eine konventionelle technische Kolbenpumpe. Natürliche Materialien mit interessanten Elastizitätseigenschaften (die technologisch nachahmbar sind) und die Anforderungen mikroskopisch kleiner Konstruktionen (die sich bei den zukünftigen Mikro-Technologien noch sehr viel stärker zeigen werden, als das heutzutage schon erkennbar ist) fügen sich hier zusammen.

Prinzip 2: Optimierung des Ganzen statt Maximierung eines Einzelelements

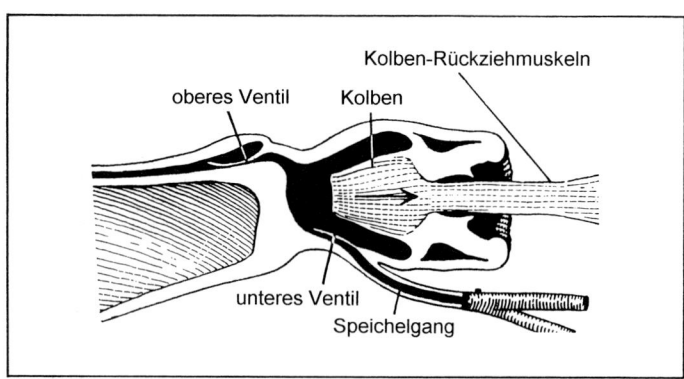

Abb. 35: Speichelpumpe einer Rindenwanze. (Nach Weber [1930]: Biologie der Hemipteren. Springer, Berlin)

322

Die Technik hat heutzutage noch viel zu sehr die Maximierung von Einzelelementen im Auge, die manchmal gar nicht wünschenswert ist, weil es um ganz andere, übergeordnete Zusammenhänge geht. Die Natur optimiert stets Systeme unter Verzicht auf (gegebenenfalls systemstörende) Maximierung von Einzelelementen.

Beispiel (Abb. 36): Als Hämatokrit wird das Volumen der geformten Blutbestandteile beim Säugerblut bezeichnet. Die Zahl der Roten Blutkörperchen sollte einerseits möglichst groß sein, weil dadurch eine große O_2-Bindungsfläche zur Verfügung gestellt wird und somit die Sauerstoff-Transportfähigkeit gesteigert wird, andererseits aber möglichst klein, weil dadurch die Strömungsgeschwindigkeit vergrößert werden kann und auch damit in der Zeiteinheit mehr Sauerstoff transportiert werden könnte. Diese beiden gegenläufigen Anforderungen laufen auf einen zu optimierenden Gesamteffekt hinaus. Die Natur maximiert weder den einen noch den anderen Aspekt, sondern optimiert den Volumenstrom dergestalt, daß der natürliche Hämatokrit bei einer Mischung von festen und flüssigen Blutbestandteilen liegt, bei der sich der größtmögliche Volumenstrom einstellt.

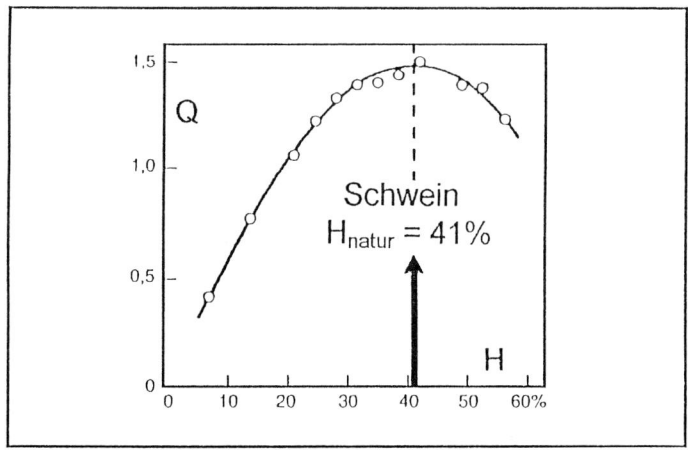

Abb. 36: Zusammenhang zwischen Fließvermögen Q und Hämatokrit H beim Schweineblut. (Nach Lode, J. [1975]: Messung des Strömungswiderstands von Blut für verschiedene Hämatokritwerte. Studienarbeit Fachgebiet Bionik und Evolutionstechnik, TU Berlin)

Prinzip 3: Multifunktionalität statt Monofunktionalität

Während die Technik noch sehr häufig Einzelelemente auf die Erfüllung von Einzelaufgaben hin entwickelt, gibt es dies bei näherem Hinschauen in der Natur praktisch nie. Fast ausnahmslos werden Systeme entwickelt, bei denen ganz unterschiedliche (oft physikalisch durchaus entgegengesetzt gerichtete) Anforderungen unter einen «optimalen Hut» gebracht werden.

Beispiel (Abb. 37): Eischale der Schmeißfliege. Der Baustoff ist Chitin. Die Detail-Ausgestaltung entspricht allerdings nicht einer dicken einheitlichen Chitinschicht, sondern einer mikroskopisch feinen Differenzierung. Damit ergibt sich für die Eischale zumindest die optimale Lösung dreier gegenläufiger Aspekte:
– Sie ist leicht und trotzdem genügend stabil.
– Sie ist «trittfest» und trotzdem genügend elastisch.
– Sie läßt Wasserdampf durchtreten, nicht aber tropfendes Wasser von außen nach innen gelangen.

Prinzip 4: Feinabstimmung gegenüber der Umwelt

Lebewesen sind auf ihre belebte und unbelebte Umwelt abgestimmt. Dies ist in der morphologischen und physiologischen Ausgestaltung manchmal bis in feinste Details der Fall.

Beispiel (Abb. 38): Der Steinadler, der behaarte Beute schlägt, besitzt auf der Fußunterseite rauh behornte Strukturen. Fischadler, die glitschige Fische fangen, tragen an der gleichen Stelle dornige Schuppen, mit denen sie ihre Beute besser festhalten können.

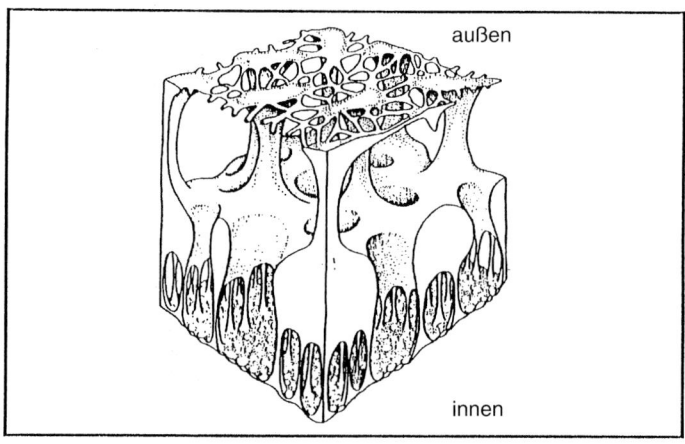

Abb. 37: Blockausschnitt aus einem Fliegenei. (Nach Pflugfelder [1968])

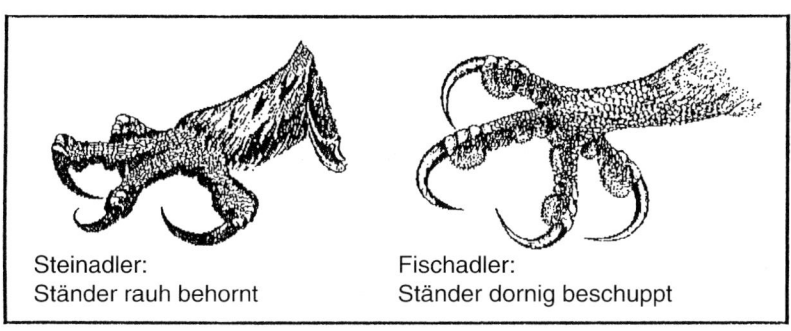

| Steinadler:
Ständer rauh behornt | Fischadler:
Ständer dornig beschuppt |

Abb. 38: Greiffüße bei Steinadler (links) und Fischadler (rechts).
(Nach Pflugfelder [1968])

Prinzip 5: Energieeinsparung statt Energieverschleuderung
Mit Beispielen für dieses Prinzip könnte man ein ganzes Buch
füllen. Es sei nur der wesentliche Grundgesichtspunkt herausgestellt: Organismen besitzen im allgemeinen – fast stets ist die Nahrung ja begrenzt – einen begrenzten Energievorrat, so daß sie – auf
die gesamte Lebensdauer bezogen – auch nur eine begrenzte Leistung abgeben können. Brauchen sie für einen Lebensvorgang
(z. B. die Produktion von Fortpflanzungsprodukten) mehr Energie,
so müssen sie irgendwo anders Energie einsparen: Man möchte es
der Technik ins Stammbuch schreiben.
Prinzip 6: Direkte und indirekte Nutzung der Sonnenenergie
Dies erscheint mir die bedeutendste Facette bionischen Arbei-
tens: die Nutzung der kostenlosen Sonnenenergie auf indirekte
oder direkte Weise.
Beispiele (Abb. 39): Bautenlüftung des Präriehunds und Photosynthese.
Auch Winde werden auf diesem Planeten letztendlich von Sonnenenergie unterhalten. Präriehunde der Gattung *Cynomys* häufen
die ausgebaggerte Erde einseitig zu einer Art Vesuv-Kegel an; auf
der anderen Seite ist der Ausgang flach und nieder (Abb. 39A). Die
Nutzung des Bernoulli-Prinzips (Unterdruck an Stellen, bei denen
die Strömung düsenartig zusammengedrückt wird und damit
schneller strömen muß) führt zu einer Zwangsdurchströmung des
Baus, die immer vom niederen zum höheren Ende führt, unabhängig von der momentan herrschenden Windrichtung.
Die Photosynthese der grünen Pflanzen verbindet unter Nutzung der Strahlungsenergie des Sonnenlichts das Kohlendioxid mit

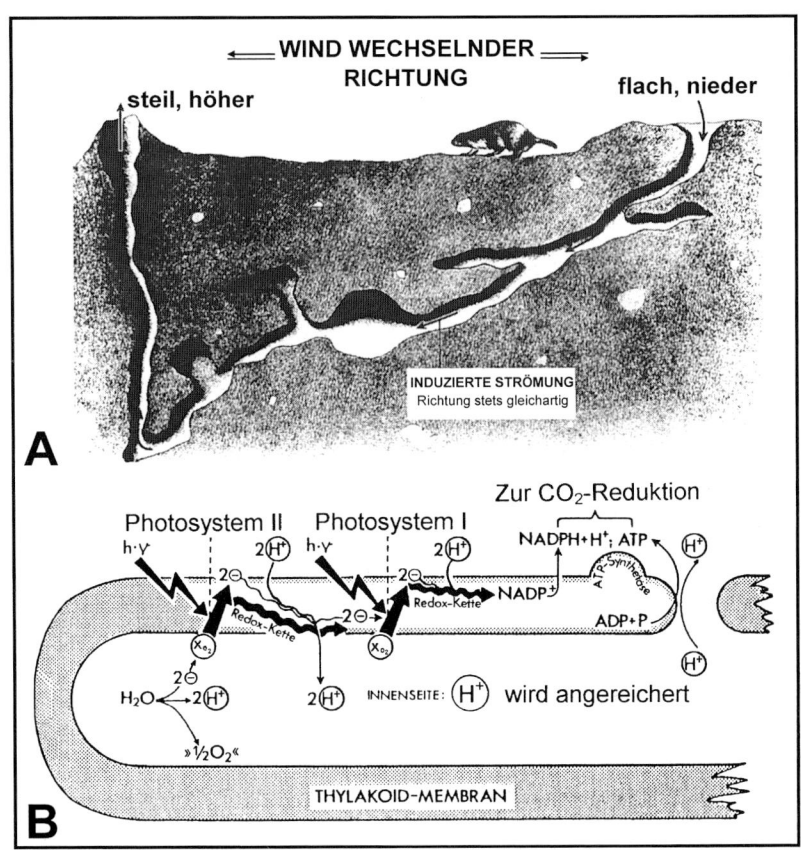

Abb. 39: (A) Zwangslüftung eines Präriehund-Baus. (Nach Vogel [1978]).
(B) Prinzipschema des Primärprozesses der Photosynthese (die «CO_2-Re-
duktion» wäre der Sekundärprozeß). (Nach Nachtigall [1997])

Wasser zum Traubenzucker. Die Summengleichung läßt nichts von
der Komplexität der Vorgänge ahnen, deren Prinzip in der Abbildung 39B skizziert ist. Intermediär wird Wasserstoff transportiert;
dieser wird allerdings nicht molekular frei. Gelänge es, durch chlo-
rophyll-analoge Verbindungen, die in Membranen eingebaut werden, unter Nutzung der einstrahlenden Quanten des Sonnenlichts
Wasser so zu zerlegen, daß auf einer Membranseite Sauerstoff, auf
der anderen Seite Wasserstoff frei wird, so ließe sich damit das
Energieproblem der Menschheit lösen: Wasserstoff kann, kompri-
miert, in Flaschen abgefüllt werden und zum Motorenantrieb, für

Heizkraftwerke sowie für chemische Synthesen benutzt werden. Die Verbrennungszeit kann sehr viel kürzer sein als die Synthesezeit: eine Leistungstransformation, die den inhärenten Nachteil der Sonnenstrahlung – die geringe Leistungsdichte – kompensiert. Das Verbrennungsprodukt – Wasser – ist umweltneutral.

Zeigte die Natur nicht mit jedem grünen Blatt, daß derartig komplexe Vorgänge beherrschbar sind: Kein Verfahrenstechniker würde es wagen, ernsthaft so etwas anzugehen.

Prinzip 7: Zeitliche Limitierung statt unnötiger Haltbarkeit

Viele unserer Einrichtungen, insbesondere die Häuser, sind immer noch viel zu langlebig, sie sind unter Nutzung von unnötig viel Material und unnötig viel Energie auf Zeiten ausgelegt, die Generationen überdauern. Wer weiß – bei aller gebotenen Zurückhaltung, was unkritische Euphorie anbelangt –, welche Dämmmaterialien und welche ökologischen Gesichtspunkte in zwanzig oder fünfzig Jahren verfügbar sind?

Beispiel: Stinkmorchel. Der sehr leichte, lockere, aber für wenige Tage genügend standfeste Schaft existiert so lange, bis die Fliegen die Sporenmasse abgetragen haben. Dann ist er funktionslos. Er zerfällt in Stunden bis Tagen, wird von Schnecken und anderen Kleintieren zerlegt, von Bakterien abgebaut und molekular total rezykliert.

Prinzip 8: Rezyklierung statt Abfallanhäufung

In allen dynamischen Ökosystemen ist totale Rezyklierung Voraussetzung für den nachhaltigen Bestand des Systems, zumal in tropischen Ökosystemen, insbesondere im Regenwald, alle Substanzen sehr rasch umgesetzt werden. Die entsprechenden Strategien der Abfallvermeidung sind für die durch uns Menschen übervölkerte Erde und damit für uns selbst von enormem Interesse – gerade hier gälte es dringend, von der Natur zu lernen.

Prinzip 9: Vernetzung statt Linearität

Das komplexe Geschehen der Natur ist in tausendfacher Weise vernetzt und vermascht. Man wird es durch lineares Denken ebensowenig verstehen wie bereits mäßig komplexe Systeme der technischen Zivilisation.

Beispiel (Abb. 40): Ökologie des Waldrands. Das Beziehungsschema 1 ist leicht zu verstehen: Gabelschwanzraupen fressen Zitterpappelblätter (negativer Beziehungspfeil), Kohlmeisen fressen Gabelschwanzraupen (ebenfalls negativer Beziehungspfeil). Damit nützen Kohlmeisen indirekt den Zitterpappelblättern (positiver Beziehungspfeil).

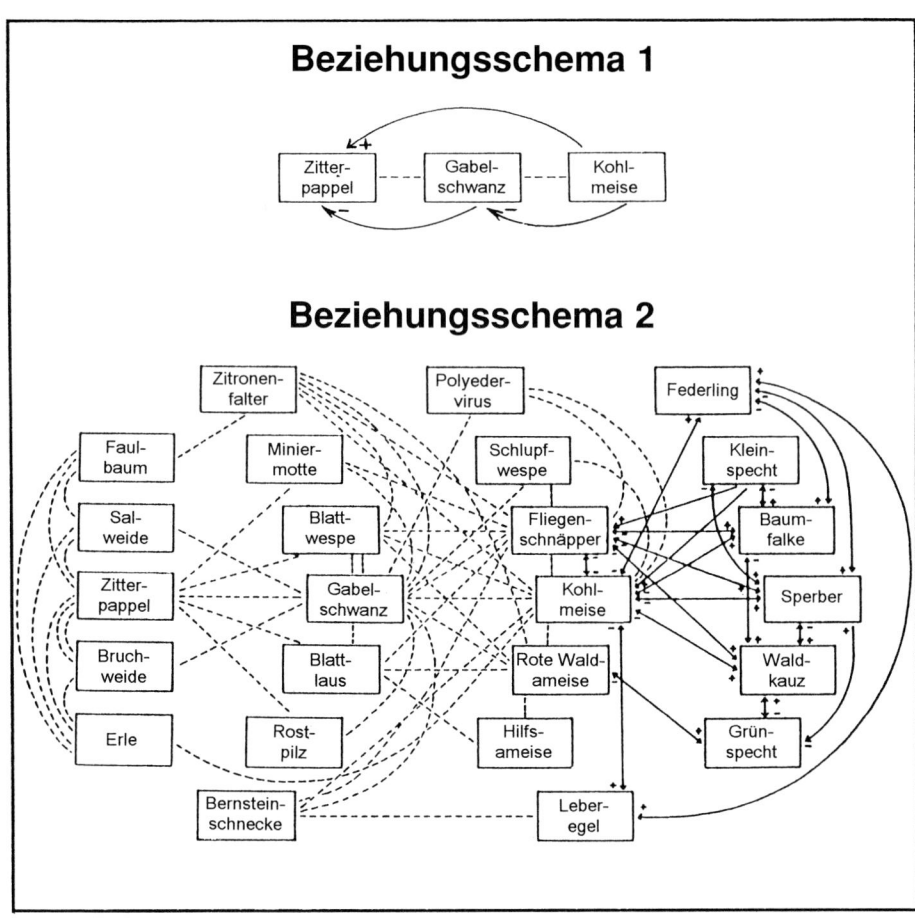

Abb. 40: Beziehungsschemata der ökologischen Vernetzung eines Waldrandes. (Nach Dylla, Krätzner [1997])

Das darunterstehende Beziehungsschema 2 dagegen, das nur wenige Produzenten und primäre und sekundäre Konsumenten auflistet, ist mit noch so detaillierter Beschreibung nicht mehr zu erfassen. Man muß spezielle Sichtweisen, ähnlich der «fuzzy logic», anwenden, um – ohne präzises Detailverständnis von Punkt zu Punkt – das ganze System wenigstens abschätzen zu können. Trotz ihrer Komplexität bleiben solche Systeme über bestimmte Zeiträume angenähert konstant, das ökologische Beziehungsgefüge des Waldrands beispielsweise für einige Monate.

Prinzip 10: Entwicklung im Versuchs-Irrtums-Prozeß

Bionik anwenden bedeutet nicht nur die Konstruktionen und Verfahrensweisen der Natur in die Technik zurückzuprojizieren. Auch die Methoden, mit denen die Natur ihre Konstruktionen und Verfahrensweisen entwickelt hat – die Methoden der Evolution also – lassen sich mit großem Erfolg für eine technologische Nutzung aufbereiten. Nach Rechenberg spricht man hier von einer Evolutionsstrategie.

Beispiel (Abb. 41): Entwicklung einer optimierten Zweiphasen-Düse. Ausgehend von einer normalen Venturi-Düse schlechten Wirkungsgrads war für ein Fluidgemisch, das aus zwei Phasen bestand (Gase und Flüssigkeitströpfchen), eine Düsenform mit deutlich größerem Wirkungsgrad zu entwickeln. H.P. Schwefel hat in seiner klassischen Arbeit eine solche Düse in Scheiben geschnitten und die Schnittelemente zufällig kombiniert («Mutation»). War der Wirkungsgrad einer solchen zufälligen Kombination besser als vorher, wurde damit weitergearbeitet, andernfalls wurde sie verworfen, und es wurde auf die «älteren Generationen» zurückgegriffen («Selektion»). So hat sich letztlich eine Konstruktion herausgebildet, die effektiver war als die Ausgangskonstruktion. Heute kann man diese Konstruktion verstehen und rechnen, damals konnte man das nicht. Trotzdem war ihr Wirkungsgrad um etwa 40 % (!) besser als der Ausgangswirkungsgrad der schlichten Venturi-Düse.

Ein weiteres Beispiel: Was der bestschmeckende Kaffee ist, den man sich aus verschiedenen Sorten zusammenmischen kann, das läßt sich nicht ausrechnen. Man kann aber zufällige gemischte Proben von Versuchspersonen beurteilen lassen, und zwar in Form einer Rangliste. Auch hier kann man durch zufälliges Mischen und Aussondern nichtschmeckender Mischungen letztlich zu Idealmischungen kommen, die anderweitig nicht erreichbar sind. Gleiches gilt für die Frage, welche Aluminium-Oxidationsfarbe einem Kunden besser gefällt, und ähnliche, begrifflich nicht quantifizierbare Probleme.

Es gibt in der Zwischenzeit eine Vielzahl von modifizierten evolutionsstrategischen Verfahren, die in der Wirtschaft schon weite Verbreitung gefunden haben. Die Art und Weise, wie Bäume wachsen und sich selbst optimieren, hat C. Mattheck Anregungen gegeben für eine effektive technische Optimierungsstrategie. Natürliche Verpackungen zeigten U. Küppers Wege zu besseren technischen Verpackungsstrategien.

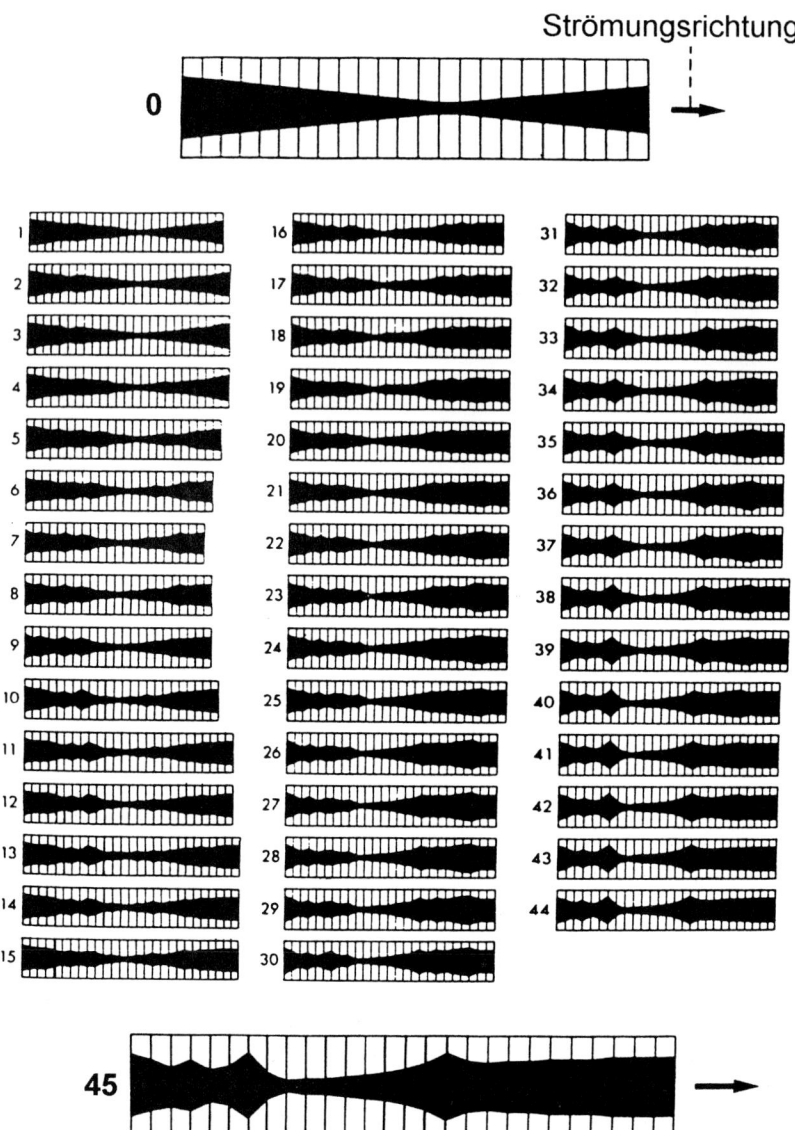

Abb. 41: Entwicklung einer optimierten Zweiphasendüse (unten) aus einer klassischen Venturi-Düse (oben) über 44 Zwischenstufen nach dem Prinzip der Evolutionsstrategie. (Nach Schwefel, H. P. [1968]): Experimentelle Optimierung einer Zweiphasendüse. Ber. 35 AEG Forschungsinst. Berlin zum MHD-Staustahlrohr)

Diese zehn Grundprinzipien natürlicher Systeme, die man auch als zehn Grundgesetzlichkeiten für ökologisches Konstruieren (und, wie ich das einmal etwas provokativ ausgedrückt habe, als die «Zehn Gesetze bionisch-funktionellen Designs») bezeichnen kann, bilden Grundinhalte die in der Bionikausbildung insbesondere den jungen Ingenieuren zu vermitteln sind. Bei Agatha Christie ist es bekanntlich «unmöglich, nicht von ihr gefesselt zu werden». Für eine Bioniklehre, die auf diesen Prinzipien aufbaut, ist es *unmöglich, daß sie nicht Spuren in der geistigen Grundeinstellung und im konstruktiven Vorgehen des zukünftigen Ingenieurs, Naturwissenschaftlers, Technikers, Wirtschaftlers, Politikers hinterläßt.*

Unbeschadet der Erfolge der Bionik als Disziplin: Dieser Vermittlungsaspekt scheint mir einer der wichtigsten Bausteine zu sein, wenn es darum geht, die Bionik im Kräftefeld zwischen Natur, Technik und Mensch zu verankern.

Schluß

Bionik sollte richtig eingeschätzt werden

Die Grundaussagen, um es nochmals zusammenzufassen, sind:
– Bionik ist keine Heilslehre und keine Naturkopie.
– Bionik ist ein Werkzeug, das benutzt werden kann, aber nicht benutzt werden muß.
– Bionik ist kein allgemeiner Problemlöser, aber fallweise ein machtvolles Hilfsmittel.

Was kann letztlich von Bionik erwartet werden?
Bionik favorisiert Höchsttechnologien – aber solche, die Mensch und Umwelt wirklich dienen. Das schließt *low tech* dort, wo anwendbar und sinnvoll, natürlich nicht aus. Gemeint ist nicht ein schwärmerisches «Zurück zur Natur!» im Sinne von Rousseau oder basisgrüner Ideologie. Vielmehr geht es um ein geduldiges Bemühen, *die drei Facetten «Mensch», «Technik» und «Umwelt» zu einem möglichst nur positiv vernetzen Beziehungsgefüge zusammenzufassen.*

Früher, und zum guten Teil bis heute, waren Biologie und Technik nicht aufeinander bezogen, stellten sozusagen getrennte Hemisphären einer Kugel dar (Abb. 42A). Es waren keine oder kaum Querverbindungen erkennbar. Heute versuchen wir, durch neue

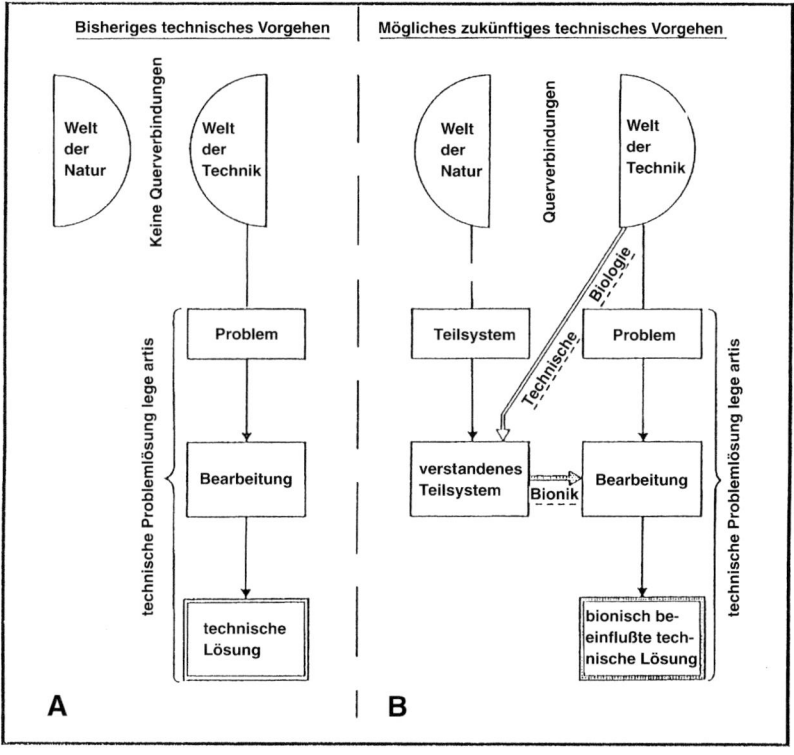

Abb. 42: Interaktion Biologisches Verstehen – Technisches Gestalten. Bisheriges technisches Vorgehen (A) und mögliches zukünftiges technisches Vorgehen (B). (Nach Nachtigall [1997])

Querbeziehungen diese beiden scheinbar getrennten Welten besser aneinanderzukoppeln (Abb. 42 B).

Die Welt der Technik kann helfen, die Welt der *Natur besser zu verstehen*, zu erforschen und zu beschreiben (Aspekte der «Technischen Biologie»). Der Biologe zerlegt die Natur ja in Teilsysteme, die es zu verstehen gilt. Technisches know how kann ihm hier in vielerlei Hinsicht ganz ausgezeichnete Hilfen geben.

Die konstruktive Welt der Technik wird sich durch die Biologie nicht ändern. Nach wie vor werden Probleme lege artis der ingenieurwissenschaftlichen Problemlösungsstrategien bearbeitet und einer Lösung zugeführt werden. Ergebnisse biologischer Forschung können aber über die Facette der Bionik dort eingebracht werden, wo es um technische Problembearbeitung geht.

Das Endprodukt wird stets ein technisches bleiben. Es gibt keine

bionischen Produkte. *Das Endprodukt kann aber bionisch mit beein-flußt, mit gestaltet sein.*
Die heutige Realität wird bald Geschichte geworden sein. Es ist zu hoffen, daß die Visionen von heute morgen Realität sein werden.

Literatur

Angegeben ist neben einigen wichtigen klassischen und neueren zusammenfassenden Werken nur diejenige Literatur, auf die sich Text und Bildlegenden direkt beziehen.

Barthlott, W., Neinhuis, C., (1998): Lotus-Effekt und Autolack: Die Selbstreinigungsfähigkeit mikrostrukturierter Oberflächen. BIUZ 28/5, 314–321
Bechert, D. W., Reif, W. E., (1985): On the drag reduction of shark skin. AIAA-85–0546 report. AIAA conference, March 12–14, Boulder/Colorado
Dylla, K., Krätzner, G., (1977): Das biologische Gleichgewicht. Quelle und Meyer, Heidelberg
Hertel, H., (1963): Biologie und Technik. Struktur, Form, Bewegung. Krausskopff, Mainz
Helmcke, G., (1972): Ein Beispiel für die praktische Anwendung der Analogieforschung. Mitt. Inst. leichte Flächentragwerke Univ. Stuttgart (IL), 4, 6–15
Kesel, A., Labisch, S., (1996): Schlanke Hochbaukonstruktion Gras – Adaptive Materialanordnung im Hohlrohrquerschnitt. In: Nachtigall, W., Wisser, A., (eds.): BIONA-report 10, Technische Biologie und Bionik 3. 3. Bionik-Kongreß, Mannheim 1996, 133–149, Akad. Wiss. u. Lit. Mainz, Fischer, Stuttgart, Jena, Lübeck, Ulm
Küppers, U., Aruffo-Alonso, Cr. (1995): Verpackungsbionik: Umweltökonomische Optimierung technischer Verpackungen. In: Nachtigall, W., (ed.): BIONA-report 9. Technische Biologie und Bionik 2. Zweiter BIONIK-Kongreß Saarbrücken 1994, 171–175, Fischer, Stuttgart, Jena, Lübeck, Ulm
Lüscher, M., (1955): Der Sauerstoffverbrauch bei Termiten und die Ventilation des Nestes bei *Macrotermes nataliensis* (Haviland). Acta Tropica 12, 289–307
Mattheck, C., (1993): Design in der Natur. Der Bau als Lehrmeister. Rombach, Freiburg
Nachtigall, W., (1986): Konstruktionen. Biologie und Technik. VDI Verlag, Düsseldorf
Nachtigall, W., (1997): Vorbild Natur. Bionik – Design für funktionelles Gestalten. Springer, Berlin u. a.
Nachtigall, W., (1998): Bionik. Grundlagen und Beispiele für Ingenieur und Naturwissenschaftler. Springer, Berlin u. a.
Nachtigall, W., Wisser, A., (eds.) (1998): BIONA-Report 12. Technische Biologie und Bionik 4. Vierter Bionik-Kongreß, München 1998. Akad. Wiss. u. Lit. Mainz; G. Fischer, Stuttgart u. a.
Rechenberg, I., (1973): Evolutionsstrategie – Optimierung technischer Systeme nach Prinzipien der biologischen Evolution. Frommann-Holzboog, Problemata 15. Folgeband: Evolutionsstrategie 94. Werkstatt-Bionik und Evolutionstechnik. Band 1. Frommann-Holzboog, Stuttgart (1994)

Tributsch, H., Goslowsky, H., Küppers. U., Wetzel, H., (1990): Light collection and solar sensing through the polar bear pelt. Solar energy Materials 21, 219–236

Vogel, S., (1978): Organisms that capture currents. Scientific American 239 (2) 128–129

Anmerkung

1 Gesellschaft für Technische Biologie und Bionik, Sekretariat Herrn K. Braun. Infos unter Tel.: 0681/3023205

Technik und Leben

Als Biotechnologie galten bis in die neueste Zeit vor allem anwendungsorientierte Teilbereiche von Mikrobiologie und Biochemie. Es ging dabei vor allem um die Herstellung besonderer Nahrungs- und Genußmittel wie Brot, Sauermilch und Yoghurt, Käse, Bier und Wein, in neuerer Zeit dann auch um die technische Erzeugung wichtiger Pharmazeutika (Antibiotika, Alkaloide) oder um Fragen der Gewässerreinigung in Kläranlagen und die Herstellung natürlicher Pflanzenschutzmittel und Tenside. Im Grunde gehört aber alle Land- und Forstwirtschaft in den Bereich der Biotechnologie. Entsprechende Aktivitäten reichen bis in Urzeiten zurück. Die agrikulturelle Revolution vor rund 10000 Jahren erlaubte erstmals im großen Stil die Erzeugung und Speicherung von Nahrung. Ab da mußten die Menschen nicht mehr von der Hand in den Mund leben – mit enormen Konsequenzen für die soziokulturelle Entwicklung der Menschheit: Jetzt konnten große, seßhafte Gemeinschaften gebildet werden, in den immer größer werdenden Siedlungen bildeten sich zunehmend komplexe Gesellschaftsformen heraus (vgl. den Beitrag von Hans Mohr, S. 181). Erstaunlich an dieser dramatischen Entwicklung, die prompt auch eine erste Bevölkerungsexplosion zur Folge hatte, war vor allem der Umstand, daß nur eine Handvoll Nutzpflanzen durch konsequente Züchtung aus Wildformen erzeugt wurden. Dabei hielten sich – wie neueste Untersuchungen am Mais zeigen – die genetischen Veränderungen in sehr engen Grenzen, sie betrafen vor allem Kontrollregionen, die über die Aktivität einiger weniger Gene entscheiden. Dennoch sind Kulturformen von den Ausgangsarten so verschieden, daß sie oft getrennten Gattungen zugeordnet worden sind.

In letzter Zeit hat sich die Biotechnologie durch konsequente Anwendung zellbiologischer und molekulargenetischer Methoden explosiv erweitert. Der künstliche Transfer von Genen bestimmter Organismenarten auf fast beliebige andere, der gezielte Austausch von Zellkernen zwischen Zellen und das dadurch möglich gewordene Klonieren selbst von Säugern (Stichwort Dolly; in Deutschland inzwischen das Kalb Uschi in Passau), die willkürliche Veränderung oder Ausschaltung einzelner Gene, die gezielte Züchtung neuer, gegen Gifte oder Schädlinge resistenter Nutzpflanzen und Nutztiere, die künstliche Kultur von embryonalen Stammzellen zur Herstellung ganzer Organe – all das gehört zur modernen Biotechnologie. Mit vielen dieser (bereits geübten oder doch möglichen) Praktiken sind freilich nicht nur enorme Chancen verbunden, sondern auch schwerwiegende ökologische, ökonomische und ethische Probleme. Dürfen etwa zur Gewinnung von Humanstammzellen menschliche Embryonen zerlegt werden? Beginnen wir jetzt nicht wirklich, «Gott zu spielen»?

Antworten auf solche Fragen erfordern soliden Einblick und Verantwortungsgefühl, sicher auch Erfahrung. Diese kann nur durch vorsichtig durchgeführte Versuche gewonnen werden. Bloße Bedenklichkeiten können nicht weiterführen. Für die öffentliche Diskussion ist jedenfalls die solide Informierung durch anerkannte Experten außerordentlich wichtig. Hans Günter Gassen, Thomas Hektor und Sabine Perl bemühen sich im folgenden Beitrag genau darum.

Faszinosum Biotechnologie

Von Hans Günter Gassen, Thomas Hektor und Sabine Perl

Einleitung

Eine Dame gießt liebevoll ihre Zimmerpflanzen mit Wasser, angereichert mit einem Blumendünger. Die Pflanzen sollen saftige grüne Blätter tragen, bunt leuchtende Blüten besitzen und den Raum mit einem angenehmen Duft erfüllen. Könnte die Dame als Biotechnologin bezeichnet werden? Sie fördert im Grunde genommen ein lebendes System – die Blume in ihrem Topf –, um einen Vorteil für sich zu erzielen, und sollte damit, zumindest partiell, unter die Definition der Biotechnologie fallen:

Gegenwärtig versteht man unter Biotechnologie den Einsatz biologischer Prozesse im Rahmen technischer Verfahren und industrieller Produktion (Rehm und Präve, 1994).

Der zweite Teil der Definition paßt offensichtlich nicht zu unserem Beispiel. Wird also der nutzenorientierte Umgang mit Leben nur dann zur Biotechnologie, wenn er unter Konditionen einer technisierten Produktion abläuft? Jeder würde die Produktion eines Antibiotikums wie Penicillin in einem 30 Kubikmeter Stahlkessel mit Hilfe von Mikroorganismen der Gattung *Streptomyces* ohne jeden Zweifel als Biotechnologie einstufen. Wie halten wir es aber mit tausend Kühen, die automatisiert gefüttert, entmistet und von einem vollelektronischen Roboter gemolken werden? Sind Kühe dann Bioreaktoren – Heu rein und Milch raus –, wenn ihre Zahl der industriellen Produktion angepaßt sowie Versorgungs- und Entsorgungsleistungen automatisiert werden? Der ungarische Agrarökonom Ereky dachte in diese Richtung, als er 1934 den Begriff «Biotechnologie» prägte und als *die technisierte Produktion von Milch und Fleisch* definierte.

Anhand der Beispiele läßt sich leicht erkennen, daß Rehm und Präve in ihrer Definition der Dominanz der Biologie nicht gerecht werden. Sie haben *bios*, griechisch für «Leben», einfach durch «biologische Prozesse» ersetzt. Dieser Verkürzung kann man nicht uneingeschränkt zustimmen. Der Begriff «Biotechnologie» setzt sich zusammen aus «Leben» (*bios*), «Kunst» (*techné*) und «Kunde» (*logos*). Besser kann man die Faszination dieses Faches nicht definieren. Somit meint der Ausdruck «Biotechnik» das reine Verfahren, während «Biotechnologie» Lehre und Wissen zur Biotechnik umfaßt. Entsprechend verhält es sich mit dem Wortpaar «Gentechnik» und «Gentechnologie». Bakterien, die Essig in Fermentern produzieren oder Hefen zur Bierproduktion in einer Brauerei, fallen unter die Biotechnologie, dagegen gehören Bäume in die Forstwirtschaft und Kühe auf der Weide zur landwirtschaftlichen Urproduktion.

Die nach Zufallsregeln gewachsene Natur unter die Nützlichkeitsprinzipien des Menschen zu stellen, scheint vielen Zeitgenossen ein Frevel zu sein. Hat uns aber die Natur eine Wahl gelassen? Als vor 20 000 Jahren mit dem Hereinbrechen der Eiszeit aus zwölf Monaten Sommer neun Monate Winter wurden, mußten Menschen um ihr Überleben kämpfen. Sie mußten lang haltbare Vorräte anlegen, ihre Behausungen gegen Kälte isolieren und Feuer auch zum Wärmen nutzen. Was früher notwendig war zum Überleben, ist heute jedoch vielfach zu Wohlstand und Genuß geworden. Somit muß im Fall der Biotechnologie auch gefragt werden, wo wir ihr Grenzen setzen müssen, wo aus der Technik zum Überleben ein möglicher Raubbau an den natürlichen Grundlagen wird.

Informatik und Biotechnologie

Ein Informatiker hat kürzlich voller Stolz behauptet, bald könne man den Inhalt von sechs Millionen Buchseiten auf einem Silikonchip in Größe einer Briefmarke abspeichern. Wie wunderbar! Der Zellkern einer humanen Eizelle – eine Kugel von etwa einem tausendstel Millimeter Durchmesser – speichert mit 3 Milliarden DNA-Basen alle Informationen, die zum körperlichen Werden und Sein eines Menschen nötig sind.

Die Telekommunikation sendet Informationen zu Satelliten, 50 km über der Erdoberfläche, und projiziert sie in Bruchteilen von Sekunden zum Empfänger in einem anderen Erdteil zurück. Der Zellkern sendet seine Signale in Form chemischer Botenstoffe durch das Cytoplasma zur Zellmembran und kommuniziert so mit seinen Nachbarzellen. Winzige Strecken von zehn Mikrometern, aber Steuerungssignale für einen Funktionsverbund von zehntausend Milliarden Zellen sind in der Summe ein Mensch.

Durch den Vergleich mit der Biologie wird sich der Informatiker unfair behandelt fühlen, denn die Natur hatte drei Milliarden Jahre Zeit, um in einem «Prüfe und verwerfe»-System die Bioinformatik zu optimieren. Würden wir unseren erfahrungsprogram-

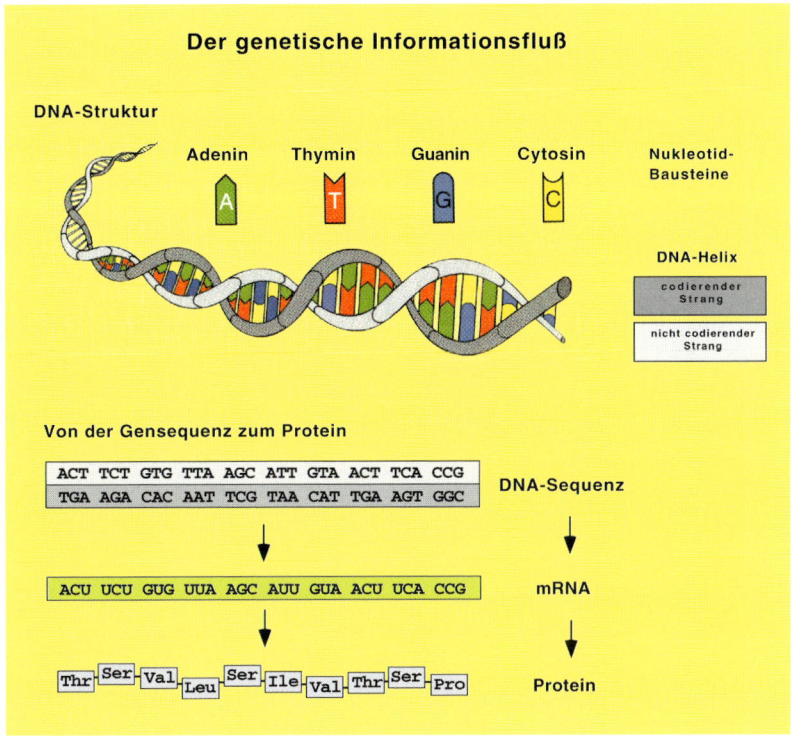

Der genetische Informationsfluß

DNA-Struktur

Adenin   Thymin   Guanin   Cytosin   Nukleotid-Bausteine

A   T   G   C

DNA-Helix

codierender Strang

nicht codierender Strang

Von der Gensequenz zum Protein

| ACT TCT GTG TTA AGC ATT GTA ACT TCA CCG |
| TGA AGA CAC AAT TCG TAA CAT TGA AGT GGC |

DNA-Sequenz

ACU UCU GUG UUA AGC AUU GUA ACU UCA CCG

mRNA

Thr Ser Val Leu Ser Ile Val Thr Ser Pro

Protein

Abb. 43: Der genetische Informationsfluß. Die DNA besteht aus zwei Einzelsträngen, die in Form einer Doppelhelix umeinander gewunden sind. Die Grundeinheit eines DNA-Stranges ist das Nukleotid, bestehend aus Desoxyribose, einer der vier Basen Adenin, Thymin, Guanin und Cytosin sowie einer Phosphatgruppe. Ein DNA-Strang kann aus vielen Tausenden solcher Nukleotide zusammengesetzt sein. Je drei Nukleotide bilden eine Informationseinheit (Codon) für eine der 20 natürlicherweise in Proteinen vorkommenden Aminosäuren. Die Information, in welcher Reihenfolge und Zahl die unterschiedlichen Aminosäuren in einer Peptidkette verknüpft werden, ist somit in der DNA festgelegt. Die Umsetzung der genetischen Information verläuft in zwei Schritten: Zunächst stellt die Zelle eine komplementäre RNA-Kopie des Gens her, welche dann in das entsprechende Protein übersetzt wird.

mierten Speicher Gehirn noch zum Vergleich heranziehen, so würde dem Informatiker seine Steinzeitlichkeit noch klarer!

Lebewesen, d.h. Systeme, die einem Bestreben unterliegen, sich identisch zu vermehren, benutzen eine simple Kombinatorik, um eine unendliche Vielfalt zu erzeugen. Die Proteine der Zellen, die alle Lebensfunktionen steuern, bestehen aus zwanzig verschiedenen Aminosäuren, die zu einem Polymer verkettet sind. Nur die Anzahl und die Auswahl an Aminosäuren sowie ihre Positionierung in der Kette bestimmen die Funktion des Proteins. Die Bauanleitung zur Synthese der Proteine aus den zwanzig wählbaren Aminosäuren nennt man das genetische Programm oder auch das Genom. Chemisch stellt es die Desoxyribonukleinsäure (DNS oder DNA) dar (Abb. 43). Die DNA arbeitet nach dem Prinzip eines Buchstabensystems, vergleichbar unserem Alphabet. Die vier genetischen Buchstaben A, C, G und T bilden zu Dreiereinheiten zusammengefaßt 64 mögliche Wörter, sogenannte Codons. Jedes genetische Dreibuchstabenwort, eben Codon, ist zuständig für den Einbau einer Aminosäure in ein Protein: Das «Wort» ATG steht z. B. für die Positionierung der Aminosäure Methionin in einer Proteinkette. Den Übersetzungsschlüssel von der Bauanleitung (DNA) zum Produkt (Protein) nennt man den genetischen Code. Er etablierte sich vor ca. drei Milliarden Jahren, wurde seither kaum verändert und fungiert identisch in allen Lebewesen, vom Bakterium über die Pflanzen bis zum Menschen.

Im Jahr 1973 gelang es zwei amerikanischen Wissenschaftlern, Cohen und Boyer, DNA-Segmente von unterschiedlichen Lebewesen im Reagenzglas zu verbinden – *In-vitro*-Neukombination von DNA –, in Bakterienzellen einzuschleusen und diese so im genetischen Sinne partiell neu zu programmieren. Erstaunlicherweise nutzten die Bakterien das fremde Material als Erbinformation und gaben es auch unversehrt an ihre Nachkommen weiter. Dies war die Geburtsstunde der sogenannten *recombinant DNA technology*, später dann als Gentechnik in das Deutsche übersetzt (Abb. 44).

In den folgenden 30 Jahren wurde die Synthese, das Kopieren und das Einschleusen von Erbmaterial in Zielzellen perfektioniert. 1978 synthetisierte K. Itakura in zweijähriger Arbeit mit chemischen Methoden das Gen für das Hormon Insulin. Heute beschäftigt diese Aufgabe einen Syntheseautomaten für zwei Stunden. Erbinformation kann als Regler, als Gen, als Chromosom und als juveniler oder adulter Zellkern übertragen werden. Als Objekt dieser Informationsübertragung kommt alles in Frage, vom Virus über die Bakterien, die Pflanzenzelle bis hin zur humanen Eizelle. Veränderungen des vorhandenen Erbguts können punktgenau durch zielgerichtete Mutagenese eingeführt werden. Der Austausch eines genetischen Buchstabens führt dann zu einer anderen Aminosäure in einem Protein. Somit braucht man in der moleku-

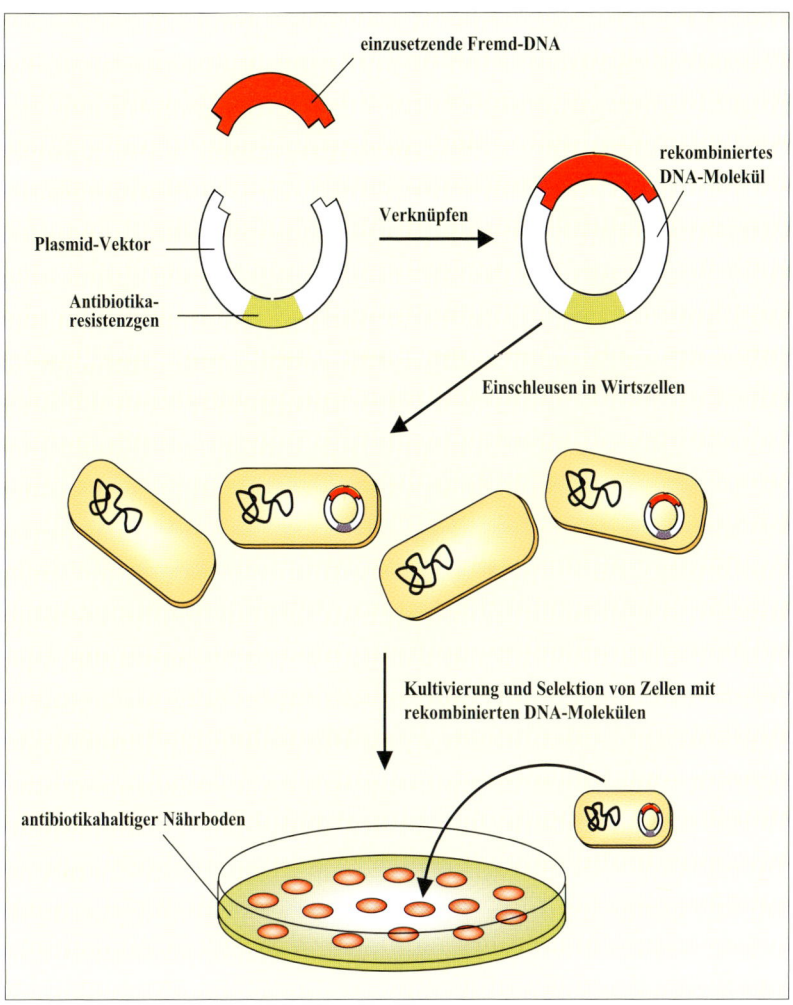

Abb. 44: Klonierung eines DNA-Fragments in Bakterienzellen. Ein DNA-Fragment wird mit Hilfe von Enzymen in einen Plasmid-Vektor eingebunden. Das neukombinierte Plasmid, das als Selektionsmarker ein Antibiotikaresistenzgen trägt, wird in Bakterienzellen eingeschleust (Transformation). Wenn sich die Zelle teilt, erhält jede Tochterzelle nicht nur eine Kopie des bakteriellen Erbguts, sondern auch die neue genetische Information des rekombinierten Plasmids. Da bei der Transformation der Bakterienkultur nicht auf jede Zelle ein Plasmid übertragen wird, müssen durch einen Selektionsschritt nichttransformierte Bakterien abgetötet werden. Dies erfolgt durch die Kultivierung der Bakterien auf antibiotikahaltigen Nährböden. Durch weitere Zellvermehrung entsteht ein Klon der transformierten Bakterien, d.h. eine Population von Zellen, die sich von einer Stammzelle ableiten und genotypisch sowie phänotypisch identisch sind.

laren Genetik die Methoden kaum noch zu diskutieren, dies ist Wissen des durchschnittlichen Fachmanns. In der Diskussion stehen nunmehr die Ziele, d. h. die Einsatzgebiete der Gentechnik in Landwirtschaft und Lebensmittelproduktion, in der Veterinär- und Humanmedizin und in der Umweltfürsorge.

Mikroorganismen in der Pharmaproduktion und in der Lebensmitteltechnologie

Seit den Untersuchungen von Robert Koch (1881) haben Mikroben in der Bevölkerung ein negatives Image. Sie symbolisieren für uns unsichtbare Krankheitserreger. Viele Mikroorganismen, Bakterien und Pilze, sind aber unersetzliche Helfer in der Krankheitsbekämpfung wie auch in der Aufbereitung und Konservierung von Lebensmitteln. Ohne Antibiotika, isoliert aus Streptomyceten, würden bakterielle Infektionen wie z. B. Tuberkulose immer noch tödlich verlaufen, in Industriestaaten würde kaum ein Mensch 60 Jahre alt werden.

Hefen zur Bierherstellung, Lactobazillen für den Sauerteig oder *Streptococcus thermophilus* für die Joghurtproduktion sind äußerst nützliche Organismen. Jeder Mikroorganismus, der heute in der Pharmaproduktion oder in der Lebensmitteltechnologie eingesetzt wird, hat zuvor ein zweifaches Optimierungsverfahren durchlaufen. Unerwünschte Erbeigenschaften, wie solche die zur Toxinbildung führen, wurden ausgeschaltet und nützliche Eigenschaften, wie erhöhte Enzymproduktion, zusätzlich eingeführt. Das Grundprinzip jeder Optimierung von Organismen auf eine gewünschte Eigenschaft hin ist immer die Erzeugung einer Vielfalt, gefolgt von der Suche nach optimalen Kandidaten. Da Bakterien sich etwa einmal pro Stunde teilen und einer natürlichen Mutabilität unterliegen – bedingt durch Kopierfehler bei der Verdopplung der DNA – stellt eine Population von ca. 100 Milliarden Bakterien immer ein Spektrum an unterschiedlichen Geno- und Phänotypen dar. Die Kunst des Mikrobiologen besteht darin, ein Suchverfahren (*screening*) zu entwickeln, das es erlaubt, bei vernünftigem Zeit- und Kostenaufwand den optimalen Produzenten zu finden.

Vor der Zeit der Gentechnologie benutzte man energiereiche Strahlen oder Chemikalien, sogenannte Mutagene, um die Mutationsrate zu erhöhen. Da die Erbgutveränderung unter diesen Bedingungen völlig ungerichtet verläuft, mußte eine sehr zeitaufwendige Durchmusterung von Milliarden von Mutanten durchgeführt werden.

Die zielgerichtete ingenieursmäßige Anpassung des Erbgutes mittels der Gentechnik auf das Gewünschte hin, hat den kommerziellen Nutzen von Mikroorganismen drastisch erweitert. Das Einsatzgebiet transgener Bakterien reicht heute von den Waschmittelenzymen über das Bleichen von Jeans bis zur Käseherstellung und zur fermentativen Produktion von Humaninsulin.

Da 2005 die Genome aller Produktionsorganismen – jene von *Escherichia coli* und Hefe sind bereits bekannt – Buchstabe für Buchstabe lesbar sein werden, steht die industrielle Mikrobiologie vor großen Herausforderungen, die zusätzliche Marktchancen bedeuten.

Biotechnologische Verfahren in der Lebensmittelproduktion und -verarbeitung

Biotechnologische Prozesse zur Herstellung, Verarbeitung und Konservierung von Nahrungsmitteln haben schon eine Jahrtausende alte Tradition. Lange bevor die Mikroorganismen überhaupt entdeckt wurden (Leeuwenhoek, 1676) und das Wort «Biotechnologie» geprägt wurde, betrieben Menschen bereits Prozesse, die wir heute zur Lebensmittelbiotechnologie zählen (Tab. 8).

Fermentation von Nahrungsmitteln

Fermentierte Lebensmittel haben einen sehr hohen Stellenwert in unserer Ernährung. Häufig sind die zur Lebensmittelherstellung verwendeten Rohmaterialien entweder nicht genießbar oder leicht verderblich. Die fermentierten Endprodukte sind dagegen kurzfristig und häufig auch länger lagerbar, eignen sich zum unmittelbaren Verzehr und sind aromareicher, so daß sie veredelt erscheinen.

Die Fermentation eines Nahrungsmittelrohstoffs wird durch gezielten Zusatz von ausgewählten Mikroorganismen eingeleitet. Besonders hervorzuheben sind hierbei die Hefen (*Saccharomyces sp.*), die u. a. in der Wein-, Bier- und Brotherstellung Verwendung finden sowie die Milchsäurebakterien (*Lactobacillus sp.*, *Lactococcus sp.*), die in einer Vielzahl von Fermentationsprozessen, z. B. in der Herstellung von Käse, Joghurt, Rohwurst, Oliven oder Sauerteig

Tabelle 8: Zeittafel wichtiger Ereignisse der Biotechnologie

Ära	Jahr	Erkenntnisse, Methoden	Technische Produktion
Vorwissenschaftliche Biotechnologie (Empirie und Alchimie)	6000 v. Chr.		Brauerei in Babylon
	3000 v. Chr.		Bier in Sumer
	2000 v. Chr.		Wein und Essig in Assyrien
	1000 v. Chr.		Sojasoße in China
	450 v. Chr.		Sauerteig in Ägypten
	1350		Orleans-Essigverfahren
	1680	Entdeckung von Hefen in gärendem Bier (Leeuwenhoek)	
	1837	Nachweis von Mikroorganismen als Gärungserreger (Cagniard-Latour, Schwan, Kützing)	
Mikrobielle Biotechnologie (Pasteur-Ära)	1866	Studien über den Wein – Nachweis unterschiedlicher Gärungserreger (Pasteur)	
	1869	Entdeckung der DNS (Miescher)	
	1872	Klassifikation der Bakterien (Cohn)	
	1881		Herstellung von Milchsäure in einem Gärungsprozeß
	1892		Erster Einsatz von Bakterien als Schädlingsbekämpfungsmittel (Loeffler)
	1893	Zitronensäureproduktion durch Schimmelpilze (Wehmer)	
	1895	Kultur von Pflanzenzellen (Haberland)	

Tabelle 8: Fortsetzung

Ära	Jahr	Erkenntnisse, Methoden	Technische Produktion
Mikrobielle Biotechnologie (Pasteur-Ära)	1907	Kultur tierischer Zellen	Erster technischer Einsatz von Enzymen (Lederverarbeitung – Röhm)
	1909	Entdeckung des *Bacillus thuringiensis* (bakterielles Insektizid – Berliner)	
	1928	Penicillinbildung durch Schimmelpilze, Entdeckung der antibiotischen Wirkung (Fleming)	
	1937	Mikrobielle Steroidtransformation	Vitamin-C-Synthese mit mikrobiellem Reaktionsschritt (Reichstein)
Klassische Biotechnologie (Antibiotika-Ära)	1944	Entdeckung der DNA als «transformierendes Prinzip» der Vererbung (Avery)	
	1953	Struktur der DNA (Doppelhelix und Replikationsprinzip – Watson, Crick)	
	1957		L-Glutaminsäureproduktion (Kinoshita)
	1960		Einsatz von Waschmittelenzymen
	1962	Erste Entdeckung von Restriktionsenzymen (Arber)	
	1973	Erstes Experiment mit rekombinanter DNA; In-vitro-Neukombination von DNA-Fragmenten und Entwicklung von Plasmid-Vektoren (Cohen, Boyer)	

Tabelle 8: Fortsetzung

Ära	Jahr	Erkenntnisse, Methoden	Technische Produktion
Moderne Biotechnologie (Schlüssel-technologie-Ära)	1975	Monoklonale Antikörper (Köhler, Milstein)	
	1976	DNA-Sequenzierung (Sanger, Gilbert)	
	1978	Chemische Synthese eines vollfunktionsfähigen Gens (Khorana)	
	1982	Mikroinjektion von Genen in Eizellen (Palmiter)	Bakterielles Insulin kommerzialisiert
	1983	Verwendung von gentechnisch veränderten	Diagnostika auf der Basis mono-klonaler Antikörper kommerzialisiert
	1984	Ti-Plasmiden zur Transformation von Pflanzenzellen	Expression von humanem Erythropoietin in *E. coli*
	1986		Erste Freisetzungsexperimente mit transgenen Pflanzen in den USA
	1987	Entwicklung der Polymerase-Kettenreaktion (PCR – Mullis)	
	1991		Start des Human-Genom-Projektes
	1994		Erstes gentechnisch verändertes Gemüse in US-amerikanischen Lebensmittelgeschäften erhältlich (FlavrSavr®-Tomate – Calgene)
	1995	Erste vollständige Genom-Sequenz eines freilebenden Organismus (*Haemophilus influenzae* Rd)	
	1997		Erste Klonierung eines Säugetieres (Schaf «Dolly»)
	1999	Erste Klonierungsversuche mit humanen Embryonalzellen (Lee)	

346

eingesetzt werden. Die zugesetzten Mikroorganismen bezeichnet man als *Starterkulturen*, wenn sie einem Rohstoff zu Beginn des Bearbeitungsprozesses zugefügt werden und diesen erst durch ihre Stoffwechseltätigkeit in einem mehr oder weniger lang andauernden Fermentationsvorgang zu dem gewünschten Endprodukt umwandeln. Das primäre Ziel des Zusatzes von Starterkulturen ist nicht die Konservierung, sondern die Verbesserung des Rohstoffes hinsichtlich Konsistenz, Geschmack und Aussehen.

Als *Schutzkulturen* bezeichnet man Mikroorganismen, deren vorrangige Aufgabe es ist, Fremdkeimentwicklungen zu unterbinden, die das Lebensmittel aber in seinen qualitativen Eigenschaften nicht verändern. In der Regel lassen sich jedoch beide Prozesse nicht streng voneinander trennen.

Die moderne Lebensmittelbiotechnologie ist bemüht, traditionelle Starter- und Schutzkulturen hinsichtlich ernährungsphysiologischen wie auch ökonomischen Gesichtspunkten zu verbessern. Die Gentechnik bietet hierbei neue Möglichkeiten, durch gezielten Gentransfer bekannte Starterkulturen in ihren Eigenschaften bedarfsgerecht zu modifizieren.

Enzyme in der Lebensmittelherstellung

Enzyme sind Biokatalysatoren, die biochemische Reaktionen beschleunigen, die unter Normalbedingungen zu langsam ablaufen würden. Eine Vielzahl traditioneller Herstellungsverfahren beruhen auf enzymatischen Reaktionen (z. B. Saft- und Käseherstellung). Bei der mikrobiellen Gewinnung von Enzymen ist der Einsatz der Gentechnik am weitesten vorangeschritten.

Zur Herstellung von Käse wird ein Enzym benötigt, das den Eiweißanteil der Milch (Casein) zum Gerinnen bringt («Käsebruch»). Dieses wird im Labmagen des milchgefütterten Kalbes gebildet und als Chymosin (Labferment) bezeichnet. Weltweit werden jährlich ca. 15 Millionen Tonnen Käse produziert. Dafür benötigt man etwa 150 Millionen Tonnen Milch und ca. 50 000 kg reines Chymosin, eine Menge, für die man die Mägen von 70 Millionen Kälbern, die nicht älter als 10 Tage sind, extrahieren müßte. In den USA wurden 1996 70% der Käseproduktion mit naturidentischem Chymosin aus gentechnisch veränderten Mikroorganismen gedeckt. Weltweit sind solche Chymosin-Präparate (wie z. B. CHY-MAX [Pfizer], MAXIREN [Gist-Brocades] oder CHYMOGEN [Genencor]) in über 30 Ländern zugelassen.

Schätzungsweise werden 40% der Weltkäseproduktion damit hergestellt. Das biosynthetisch hergestellte Chymosin besitzt die gleiche chemische Struktur und Zusammensetzung sowie eine identische biochemische Wirkungsweise wie das natürliche Enzym. In zahlreichen, weltweit durchgeführten Untersuchungen wurde bewiesen, daß die mit gentechnisch veränderten Mikroorganismen hergestellten Chymosin-Präparate gesundheitlich unbedenklich sind. Die sensorischen und geschmacklichen Prüfungen bei verschiedenen Käsesorten haben ergeben, daß die mit biosynthetischem Chymosin hergestellten Käse absolut einwandfrei, hochwertig und klassischen, traditionellen Käse gleichwertig waren. Auch in der Bundesrepublik Deutschland sind Chymosin-Präparate aus gentechnisch veränderten Mikroorganismen seit 1997 zugelassen. Sie werden bei der Käseherstellung jedoch aus Furcht vor negativen Reaktionen der Konsumenten und um Exportprobleme zu vermeiden nicht eingesetzt.

Novel Food

Der Lebensmittelindustrie werden aufgrund der Tatsache, daß die Gentechnik auch immer breiteren Einzug in die landwirtschaftliche Biotechnologie findet, pflanzliche wie tierische Nahrungsrohstoffe zur Verfügung gestellt, die gentechnisch modifiziert worden sind. Seit dem 15. Mai 1997 ist die *Novel-Food-Verordnung* des Europäischen Parlaments und des Rates über neuartige Lebensmittel und Lebensmittelzutaten in allen EU-Mitgliedsstaaten rechtskräftig. Sie regelt die Zulassung und Kennzeichnung aller neuartigen Lebensmittel und Lebensmittelzutaten, die nach dem 15. Mai 1997 in die Europäische Gemeinschaft eingeführt und/oder dort verarbeitet werden. Wenngleich die Öffentlichkeit sich vor allem für Produkte interessiert, die unter Anwendung gentechnischer Verfahren hergestellt werden, so greift die Novel-Food-Verordnung deutlich weiter (Tab. 9).

Die Chancen der Gentechnik in der Lebensmittelindustrie liegen einerseits im Bereich der Produktneuentwicklung, andererseits bei der Produkt- und Verfahrensverbesserung. Ziele sind die Verbesserung von ernährungsphysiologischen Eigenschaften (z. B. des nutritiven Wertes) und die Kosteneinsparung im Produktionsprozeß, z. B. durch Verkürzung von Fermentationsvorgängen oder durch Erhöhung von Ausbeuten.

Tabelle 9: Ein «neuartiges» Lebensmittel liegt nach der Novel-Food-Verordnung dann vor, wenn das Lebensmittel oder die Lebensmittelzutat in der EU in «noch nicht nennenswertem Umfang für den menschlichen Verzehr verwendet wurde».

Lebensmittel und Lebensmittelzutaten	Beispiele
a) die gentechnisch veränderte Organismen im Sinne der EU-Richtlinie 90/220/EWG enthalten oder aus solchen bestehen	FlavrSavr®-Tomate Joghurt mit lebenden Milchsäurebakterien Hefe
b) die aus gentechnisch veränderten Organismen hergestellt wurden, solche jedoch nicht enthalten	Tomatenmark aus gentechnisch veränderten Tomaten Sojamehl aus gentechnisch veränderten Sojabohnen Brot mit gentechnisch veränderter Hefe
c) mit neuer oder gezielt modifizierter primärer Molekülstruktur	neue synthetische Fettersatzstoffe (z. B. Olestra) neue, bisher nicht übliche Kohlenhydrate
d) die aus Mikroorganismen, Pilzen oder Algen bestehen oder isoliert worden sind	Einzellerprotein (Quorn) neuartige Algenprodukte
e) die aus Pflanzen bzw. aus Tieren isoliert wurden oder aus diesen bestehen, wobei diese Pflanzen oder Tiere nicht mit herkömmlichen Vermehrungs- oder Zuchtmethoden gewonnen wurden und die erfahrungsgemäß als sicher gelten	exotisches Obst geröstete Heuschrecken
f) bei deren Herstellung ein neuartiges Verarbeitungsverfahren angewandt worden ist, das zur wesentlichen Veränderung der herkömmlichen Lebensmittelzusammensetzung geführt hat	neuartige Konservierungsverfahren wie z. B. Hochdrucksterilisation, Hochspannungskonservierung oder Ohmsche Erhitzungsverfahren werden genutzt

Ein Vorreiter im Lebensmittelbereich stellte die FlavrSavr®-Tomate von Calgene Inc. dar, die 1994 in den USA auf den Markt kam. Das Entwicklungsziel von Calgene war eine Tomate, die länger am Stock reifen und dabei ihr volles Aroma ausbilden kann, ohne weich zu werden, d. h. ohne die Transport- und Lagerfähigkeit der Tomate einzuschränken. Für das Weichwerden von Tomaten ist das Enzym Polygalacturonase verantwortlich. Es baut das Pektin ab, einen der Hauptbestandteile von Zellwänden von Früchten und Gemüsen, und löst somit nach und nach die Zellwände der Tomate auf, was zu deren Weichwerden und schließlich, wie von der Natur vorgesehen, zur Freisetzung der Samenkörner führt. Die FlavrSavr®-Tomate wurde gentechnisch derart verändert, daß das Enzym Polygalacturonase nicht bzw. nur in ganz geringen Mengen gebildet wird. Die Tomate ist durch diese verzögerte Reifung länger haltbar.

Nicht nur in den USA, sondern auch in Europa sind seit einigen Jahren gentechnisch veränderte Lebensmittel und Lebensmittelzusatzstoffe auf dem Markt. In Großbritannien wird z. B. Käse, der mit Chymosin aus gentechnisch veränderten Mikroorganismen hergestellt wurde, als für Vegetarier geeignetes Produkt vermarktet. Bereits 1995 wurden Tomatenmark der Firma Zeneca, das aus reifeverzögerten Tomaten gewonnen wurde, Rapsöl (Plant Genetics System) und Sojaprodukte (Monsanto) erfolgreich als Novel-Food-Produkte eingeführt.

In Deutschland steckt die Kommerzialisierung solcher Produkte im Lebensmittelbereich erst in den Anfängen. Da aber seit 1997 gentechnisch verändertes Soja und Mais aus den USA importiert werden und die ersten Produkte daraus bereits in unseren Supermarktregalen liegen (z. B. der Schokoriegel «Butterfinger» von Nestlé), ist zu erwarten, daß sich der Verbraucher, auch infolge einer besseren Information über die wissenschaftlichen Hintergründe, an *Novel Food* gewöhnen wird und damit auch der Umsatz steigt. Die Gentechnik wird auch im Lebensmittelsektor den Status einer Nischentechnologie verlassen. Da jedoch die Gentechnik keine wirklich neuen Produkte hervorbringt, sondern nur bestehende Produkte verbessert oder deren Herstellung rationalisiert, wird die Diskussion um den Einsatz gentechnischer Verfahren in der Lebensmittelproduktion allmählich nachlassen.

Biotechnologische Ansätze zur Verbesserung von Qualitäts- und Leistungseigenschaften landwirtschaftlicher Kulturpflanzen

Die Kultivierung von Nutzpflanzen hat eine fast 10 000 jährige Tradition. Von Beginn an konzentrierte sich die Pflanzenzucht dabei auf die Entwicklung ertragreicherer Sorten, die Reduzierung von Ernteverlusten und die Standortanpassung.

Das Hauptanliegen moderner biotechnologischer Pflanzenforschung ist es, neue Varietäten von bestehenden Kulturpflanzen zu schaffen. Angesichts der rapide zunehmenden Weltbevölkerung und den daraus folgenden sozialen wie auch ökologischen Problemen wird das Augenmerk nicht mehr ausschließlich auf die Ertragsmengen, sondern in zunehmendem Maße auch auf die qualitativen Eigenschaften der Nutzpflanzen gelegt. Aspekte wie Umweltentlastung, Anpassung an extreme ökologische Bedingungen oder die Optimierung des Nährstoffgehaltes der Pflanze für eine gesunde Ernährung gewinnen dabei mehr und mehr an Bedeutung.

Klassische Pflanzenzüchtung

Ohne die molekularen Grundlagen der Vererbung zu kennen, gelangten unsere Vorfahren gerade in den letzten Jahrhunderten allein durch die *Auslesezüchtung* zu beachtlichen Erfolgen. Die Selektion und Vermehrung der Pflanzen erfolgte dabei nur aufgrund ihrer phänotypischen Eigenschaften, wie z. B. der Anzahl der Körner pro Halm. Dies führte zu Pflanzensorten, die in der Regel zwar nur durchschnittliche, dafür aber sichere Erträge lieferten. Diese Pflanzen besaßen noch eine große genotypische Variabilität, weshalb sie selbst an wechselnde Umweltbedingungen gut angepaßt waren.

Einen entscheidenden Umbruch erfuhr die Pflanzenzucht um das Jahr 1900. Der wissenschaftliche Ansatz, die Mendelschen Regeln auf die klassische Pflanzenzucht anzuwenden, führte fortan zu einer beträchtlichen Qualitätsverbesserung unserer Nutzpflanzen. Die *Kreuzungszüchtung* führte dazu, daß Individuen einer Art mit verschiedenen Erbanlagen gezielt zu neuen Produkten gekreuzt wurden. Durch nachfolgende Auslese und weitere Kreuzungen wurden die neukombinierten Merkmale verbessert und auf den Ertrag hin optimiert.

Neben der Neukombination vorhandener Merkmale kann die

genetische Variabilität der Ausgangsarten auch durch chemische oder strahlungsinduzierte *Zufallsmutagenese* erhöht werden. Die so entstandenen Mutanten müssen nachfolgend auf ihre Stabilität und Leistungsfähigkeit hin selektiert werden und können anschließend im Züchtungsprogramm als Donor von neuem genetischem Material eingesetzt werden.

Die *Hybridzüchtung* versucht im Gegensatz zu den klassischen Züchtungsmethoden die gewünschten Pflanzenmerkmale nicht über Generationen hinweg zu erhalten, sondern sie in einer einmaligen, besonders leistungsfähigen Filial(F1)-Generation zu realisieren. Hybridsorten entstehen durch Kreuzung zweier durch Inzucht entstandener Elternlinien unterschiedlicher Ausgangssorten. Die entstehende F1-Generation weist aufgrund des sogenannten Heterosis-Effektes eine gesteigerte Ertragsleistung und Wüchsigkeit sowie eine erhöhte Vitalität auf. Gemäß der Mendelschen Regeln verlieren diese Hybridsorten in der Nachzucht (der F2-Generation) ihre hervorragenden Eigenschaften wieder. Somit kann der Landwirt nicht wie üblich einen Teil der Ernte zurückbehalten und als Saatgut wiederverwenden. Der Vorteil der Hybridzüchtung besteht darin, daß eine langwierige und viele Generationen umfassende Züchtung auf konstante Merkmalausprägung entfällt und man somit schneller zum Züchtungsziel gelangt.

Moderne zellbiologische Verfahren

Im Gegensatz zu Auslese, Mutation und Kreuzung, die generell noch als «natürlich» angesehen werden, haben sich in neuerer Zeit zellbiologische Verfahren wie die *Protoplastenfusion* oder die *somaklonale Variation* an isolierten Pflanzenzellen in der Pflanzenzüchtung etabliert.

Die *Fusion von Protoplasten* besitzt gegenüber der sexuellen Kreuzung eine Reihe von Vorteilen. Sexuelle Barrieren können überwunden, Cytoplasmen ausgetauscht und Teile des Erbmaterials durch asymmetrische Fusion übertragen werden. Alle Arbeiten an Einzelzellen erfordern in einem zweiten Schritt Techniken für die Regeneration dieser Zellen zu ganzen Pflanzen (Abb. 45).

Pflanzenzellen sind in der Regel von einer rigiden Zellwand umgeben, die den Protoplasten mit Zellkern, Organellen, Vakuolen und Cytoplasma einschließt. Durch enzymatische Entfernung der Zellwand werden die Protoplasten («nackte» Pflanzenzellen) freigesetzt. Sie sind weiterhin stoffwechselaktiv, können sich tei-

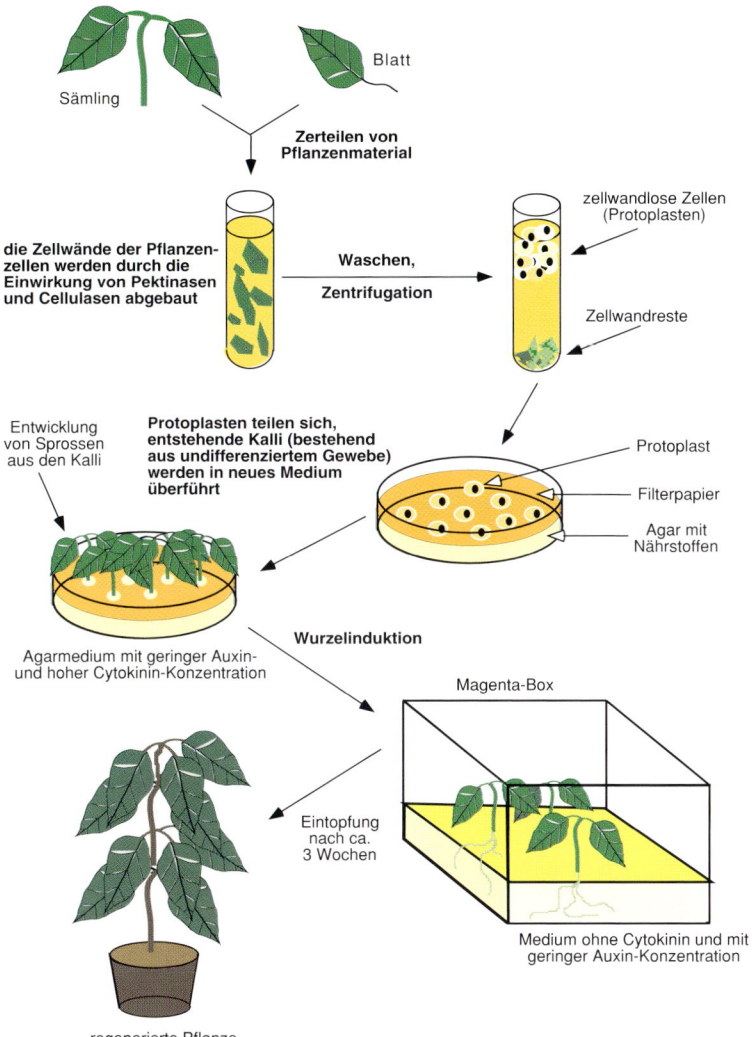

Abb. 45: Regeneration von Pflanzen aus Blattprotoplasten (nach Gassen und Minol, 1996). Durch die Behandlung von Blattgewebe mit Pektinasen und Cellulasen werden die Zellwände abgebaut. Die nur noch von einer cytoplasmatischen Membran umschlossenen, kugelförmigen Protoplasten müssen sich in einem mit Zucker und Salzen osmotisch stabilisierten Medium befinden, um eine Lyse der Zellen zu verhindern. Auf einem geeigneten Nährmedium teilen sich die Protoplasten und bilden Zellhaufen aus undifferenziertem Gewebe (Kalli). Durch Zugabe der Phytohormone Cytokinin und Auxin in geeigneten Konzentrationsverhältnissen werden nacheinander Sproß- und Wurzelbildung induziert. Am Ende entsteht aus einer einzelnen Zelle eine vollständig regenerierte Pflanze.

353

len und erneut Pflanzengewebe ausbilden. Durch die Behandlung mit Polyethylenglycol oder durch Anlegen eines elektrischen Spannungsfeldes (Elektroporation) gelingt es, Protoplasten unterschiedlicher Herkunft miteinander zu verschmelzen, zu fusionieren (Abb. 46). Es kommt somit zu einem Austausch der Erbinformation, bei dem nicht nur die in den Kernen lokalisierte DNA, sondern auch die im Plasma enthaltenen genetischen Informationen der Mitochondrien und Plastiden vereinigt werden. In der Regel bilden nur Protoplasten artgleicher Pflanzen ein stabiles Fusionsprodukt, so daß die Übertragung genetischer Information über Artgrenzen hinweg nur selten funktioniert. Die nach erfolgreicher *Protoplastenfusion* regenerierten Pflanzen sind häufig steril, weswegen eine Weitervermehrung nicht möglich ist. Dieses Züchtungsverfahren besitzt vornehmlich Bedeutung in der Kartoffelzucht, um die besonders ertragsstarken tetraploiden Linien zu gewinnen, deren Zellen nicht den doppelten, sondern den vierfachen Chromosomensatz enthalten.

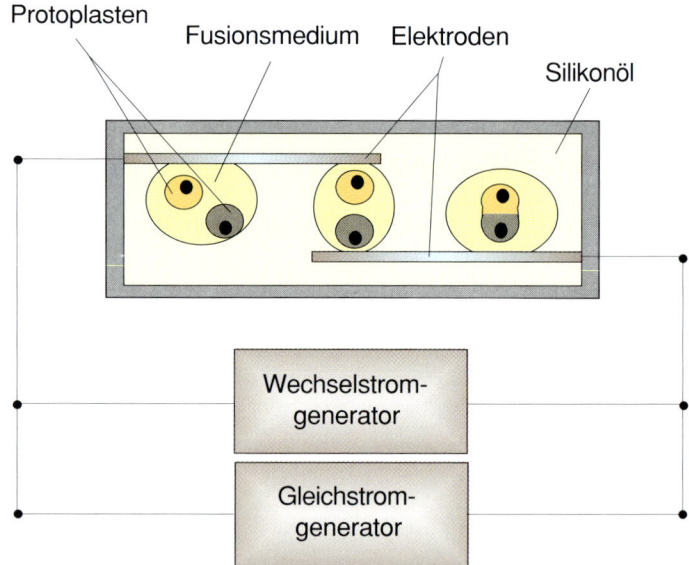

Abb. 46: Elektrofusion von Protoplasten (nach Bates, 1989, und Spangenberg, 1990). Die Protoplasten werden kurzen Stromimpulsen von hoher Energie ausgesetzt. Durch diese Behandlung werden die Zellmembranen der Protoplasten destabilisiert und somit deren Verschmelzung ermöglicht.

Als *somaklonale Variation* bezeichnet man genetische Veränderungen, die – wie Larkin und Scowcroft 1981 feststellten – durch die *In-vitro*-Kultivierung pflanzlicher Zellen bzw. Geweben hervorgerufen werden und auf die Nachkommen übertragbar sind. Da moderne Genübertragungsmethoden vielfach von isolierten Zellen oder Zellkulturen ausgehen und sich somit eine Regeneration von vollständigen Pflanzen anschließen muß, um den endgültigen Erfolg des Gentransfers testen zu können, kann es geschehen, daß die pflanzlichen Zellen in den Kalluskulturen Abweichungen vom Ursprungszelltyp aufweisen. Diese somaklonale Variation kann auf spontane Mutationen, Transpositionen und durch die Gewebekultivierung hervorgerufene Veränderungen im Methylierungsmuster der DNA beruhen, was zur Aktivierung oder zur Abschaltung von Genen führen kann. Die Nutzung somaklonaler Varianten (Somaklone) erweitert methodisch die Mutationszüchtung in der konventionellen Pflanzenzüchtung. Sie fällt nicht unter das Gentechnikgesetz und erleichtert dadurch die spätere Zulassung. Bislang wurden Somaklone insbesondere bei Tomaten, Kartoffeln und Zuckerrohr zu kommerziellen Linien entwickelt.

Gentechnische Modifikation von Pflanzenzellen

Der Ausgangspunkt jeder Züchtung ist die genetisch bedingte Merkmalsvariabilität zwischen einzelnen Individuen. Will man ein gewünschtes Merkmal von einem Organismus auf den anderen übertragen, so muß das zugehörige Gen zunächst im Erbmaterial des Spenderorganismus gefunden werden. Anschließend kann dieses Gen in das Erbgut des ausgewählten Empfängerorganismus durch langwierige Kreuzung oder aber auch schnell und direkt durch einen Gentransfer eingeführt werden. Das Ziel eines gentechnischen Eingriffs in die pflanzlichen Erbanlagen ist die Gewinnung sogenannter *transgener Pflanzen*. In einer transgenen Pflanze ist eine fremde genetische Information stabil in die Erbsubstanz integriert worden und wird gemäß der Mendelschen Regeln an die Nachkommen weitervererbt. Die Gentechnik ist dabei nicht wie die konventionellen Züchtungsverfahren auf die Übertragung nur «artgleicher» Erbinformation beschränkt. Sie eröffnet vielmehr der modernen Pflanzenzucht die Möglichkeit, die genetische Vielfalt *aller* Organismen zu nutzen.

Pflanzliche Zellen unterscheiden sich beispielsweise durch das Vorhandensein von Zellwand, Vakuole und Plastiden von bakteriellen oder tierischen Zellen. So war es notwendig, für die Übertragung von Genen in Pflanzenzellen spezifische Transfertechniken zu etablieren. Man unterscheidet hierbei vektorvermittelte und direkte (vektorlose) Gentransfermethoden, die pflanzentypspezifisch zum Einsatz kommen.

Vektorvermittelter Gentransfer. Einige Bodenbakterien, wie *Agrobacterium tumefaciens*, verfügen über einen natürlichen Mechanismus zur Übertragung von tumorinduzierenden Genen in zweikeimblättrige (dikotyle) Pflanzen. Natürlicherweise übertragen Agrobakterien einen Teil ihres tumorinduzierenden Plasmids (Ti-Plasmid), die Transfer-DNA (T-DNA), ins Kerngenom der Pflanzenzellen. Die Genprodukte von mehreren auf der T-DNA lokalisierten tumorinduzierenden Genen (*onc*-Gene) führen zu erhöhter Phytohormonproduktion in der transformierten Zelle, was die normale Zellentwicklung stört und zur unkontrollierten Proliferation (Tumorbildung, Wurzelhalsgallen) führt.

Für die erfolgreiche Übertragung der T-DNA ins pflanzliche Genom sind zwar deren Enden (Bordersequenzen) wichtig, nicht jedoch die dazwischenliegenden *onc*-Gene, die durch beliebige DNA-Sequenzabschnitte ersetzt werden können, ohne den T-DNA-Transfer zu beeinträchtigen. Dies bietet dem Züchtungsforscher die Möglichkeit, beliebige, als nützlich erkannte Gene in Pflanzenzellen zu übertragen und gleichzeitig den pathogenen Effekt von Agrobakterien zu vermeiden. Aus den durch *A. tumefaciens* transformierten Zellen lassen sich transgene Pflanzen mit gesundem Habitus regenerieren.

Im Laufe der letzten 15 Jahre hat sich *A. tumefaciens* für die Transformation der meisten dikotylen Pflanzen zur Methode der Wahl entwickelt. Bis heute wurden von den in Freilandversuchen getesteten transgenen Kulturpflanzen vor allem Kartoffeln, Raps, Tomaten, Zuckerrüben, Flachs, Kürbis, Kopfsalat, Gurken und Sonnenblumen mit Hilfe von Agrobakterien transformiert. Aufgrund ihres eingeschränkten natürlichen Wirtsspektrums gelang es jedoch nur in sehr seltenen Fällen, *A. tumefaciens* zur Transformation von einkeimblättrigen Nutzpflanzen (wie z.B. Getreide) einzusetzen.

Direkter Gentransfer. Die Methoden des direkten, vektorlosen Gentransfers wurden verstärkt seit etwa 1985 als universell einsetzbare Alternativen zum wirtsgebundenen Gentransfer mittels Agrobakterien entwickelt. Dabei kamen zunächst die für die Transformation von Bakterien bereits etablierten membrandestabilisie-

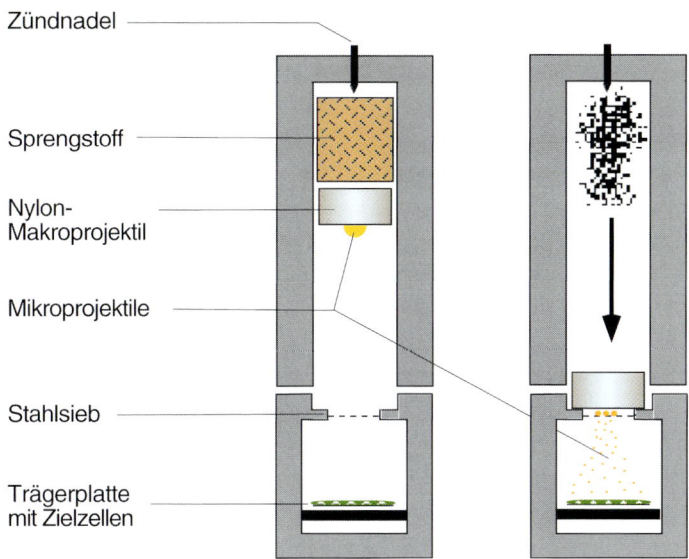

Zündnadel

Sprengstoff

Nylon-
Makroprojektil

Mikroprojektile

Stahlsieb

Trägerplatte
mit Zielzellen

Abb. 47: *Gene Gun* (nach Gassen und Minol, 1996). Das Makroprojektil mit den angetrockneten, DNA-umhüllten Partikeln wird durch eine Explosionsdruckwelle auf 300–600 m/s beschleunigt. Während das Makroprojektil durch die Sperrplatte gestoppt wird, fliegen die Partikel weiter durch das Stahlsieb und durchdringen die Zellwände und Membranen der Zielzellen.

renden Verfahren zum Einsatz. Durch *chemische Substanzen* wie z. B. Polyethylenglycol (PEG) oder durch *Elektroporation* wird in diesen Verfahren eine reversible Permeabilisierung der Zellmembran herbeigeführt, so daß Nukleinsäuren ins Cytoplasma eindringen können. Von dort aus gelangt die Fremd-DNA über noch nicht genau geklärte Mechanismen in den Zellkern und wird ins Genom integriert. Diese Methoden setzen allerdings voraus, daß die zu transformierenden Zellen zumindest teilweise von den Zellwänden befreit wurden (Protoplastierung).

Gentransfermethoden wie die *Mikroinjektion* mit Glaskapillaren, bei der die DNA direkt in den Zellkern injiziert wird, haben sich schon seit langem in vielen medizinischen sowie biologischen Disziplinen bewährt. Obwohl mit Hilfe der Mikroinjektionstechnik erwiesenermaßen transgene Pflanzen hergestellt werden konnten, hat dieses Verfahren in der Pflanzenzüchtung nur eine beschränkte Verbreitung gefunden.

Als die erfolgreichste und am vielseitigsten einsetzbare Methode zum vektorlosen Gentransfer hat sich seit ihrer Erfindung im Jahre

1987 durch Sanford und seinen Mitarbeitern der *Mikroprojektilbeschuß* mit Hilfe einer sogenannten *gene gun* erwiesen (Abb. 47). Bei dieser Technik werden Gold- oder Wolframpartikel mit DNA beschichtet und mit hoher Geschwindigkeit in Pflanzenzellen geschossen. Die als Mikroprojektile bezeichneten Partikel besitzen einen Durchmesser von nur ein bis zwei Mikrometern. Die durch eine Explosionsdruckwelle beschleunigten Mikroprojektile vermögen Zellwände und sogar mehrere Zellschichten zu durchschlagen. In den Zellkompartimenten, in denen die Partikel zum Stillstand kommen, löst sich die Fremd-DNA ab und wird, bevorzugt wenn dies im Zellkern geschieht, ins Genom der getroffenen Zelle stabil integriert. Ballistische Gentransfermethoden haben zum eigentlichen methodischen Durchbruch geführt, insbesondere bei Getreide (Reis, Weizen, Mais, etc.), aber z. B. auch bei Soja, Bohnen und Baumwolle.

Transgene Nutzpflanzen

Die Sicherheit von Ertrags- und Qualitätsleistungen landwirtschaftlicher Nutzpflanzen ist eine wesentliche Grundlage für die Wettbewerbsfähigkeit der Landwirtschaft in einem größeren Wirtschaftsraum. Der Bedarf an einer kontinuierlichen Standortproduktivität und der Sicherung des Gesundheitszustandes von Kulturpflanzenbeständen wird jedoch gleichrangig mit der Umweltverträglichkeit des Anbaus diskutiert. Um diesen Ansprüchen gerecht zu werden, versucht die moderne biotechnologische Pflanzenzüchtung unter Zuhilfenahme gentechnischer Methoden transgene Pflanzen zu erzeugen, die eine gesteigerte Leistungsfähigkeit aufweisen, den Markt mit Produkten höherer Qualität beliefern sowie die Umwelt durch eine verringerte Anwendung von Pflanzenschutzmittel entlasten.

Krankheitserreger und Schädlinge landwirtschaftlicher Kulturpflanzen verursachen weltweit erhebliche Ausfälle in der Pflanzenproduktion. Ertragseinbußen infolge von Schädlings- bzw. Krankheitsbefall durch die Erzeugung transgener, schädlingsresistenter Pflanzen zu verringern oder sogar ganz zu vermeiden, ist somit ein vorrangiges Ziel der Züchtungsforschung.

Virenresistenz. Pflanzenviren richten oft erhebliche Fruchtschäden an und reduzieren die Erträge merklich. Wir kennen heute weit über 700 pflanzenpathogene Viren. Im Gegensatz zu pilzlichen und tierischen Schaderregern lassen sich Viren nicht wirkungsvoll mit

Chemikalien bekämpfen. Man ist somit auf die traditionellen Maßnahmen wie Fruchtwechsel, Saatgutbehandlung durch Beizen und
den Anbau von resistenten Sorten angewiesen. Gerade auf dem Gebiet der Virusresistenz von Kulturpflanzen könnte die Gentechnik
in Zukunft einen wirkungsvollen Beitrag leisten.

1986 gelang es erstmals, eine transgene, virusresistente Pflanze
herzustellen. Es handelte sich dabei um eine Tabakpflanze, die eine
Resistenz gegenüber dem Tabakmosaikvirus dadurch aufwies, daß
sie lediglich das Hüllprotein des Virus in ihren Zellen produzierte
und auf diese Weise gegenüber einer tatsächlichen Infektion durch
das Tabakmosaikvirus wirkungsvoll geschützt wurde. Entsprechend dieser Strategie wurden in den letzten Jahren virusresistente
Pflanzen gegen eine Reihe weiterer Virusgruppen (z. B. Zuckerrüben gegen die Rhizomania [Wurzelbärtigkeit]) mit Erfolg hergestellt. Andere Ansätze zur Erzeugung transgener, virusresistenter
Nutzpflanzen konzentrierten sich auf Enzyme, welche eine Schlüsselfunktion bei der Virusvermehrung (Replikation) innehaben.

Insektenresistenz. Neben dem Virusbefall gehören die pflanzenfressenden Insekten zu den Hauptverursachern landwirtschaftlicher Schäden. Hier sind vor allem die Schmetterlingsraupen zu
nennen, die sich bis zum Erreichen des Adultstadiums von Blättern
und Früchten verschiedenster Pflanzenarten ernähren. Die chemische Industrie bietet zwar ein breites Spektrum an Insektiziden zur
Bekämpfung von Schadinsekten an, jedoch ist es oftmals nötig, die
landwirtschaftlichen Kulturen vier- bis achtmal pro Wachstums-
saison mit diesen teuren und das Ökosystem belastenden chemischen Pestiziden zu behandeln.

Das Bakterium *Bacillus thuringiensis* (Bt) gehört zu den natürlichen Feinden von pflanzenfressenden Raupen. Dieses Bakterium
bildet während der Sporulation (Vermehrung) ein für Insekten gif-
tiges Protein (Endotoxin), welches im Bakterium in inaktiver Form
als Kristall (Parasporalkristall) abgelagert wird. Gelangen diese
Parasporalkristalle zusammen mit der Nahrung in den Darmtrakt
der Raupen, wird das bisher ungiftige Protoxin durch das im Insek-
tendarm vorherrschende alkalische Milieu sowie durch spezifische
Proteasen in die aktive Toxinform umgewandelt. Einmal aktiviert,
dringt das Toxin in die Darmepithelzellen des Insekts ein und bildet dort einen Kanal aus. Durch diese Perforation des Darm-
epithels bricht der zelluläre Stoffwechsel zusammen und das Insekt
stirbt innerhalb von 15 Minuten.

Aus den Sporen von *Bacillus thuringiensis* gewonnene Bt-Endotoxine werden schon seit Jahrzehnten zur biologischen Schädlingsbekämpfung eingesetzt. Nachteilig an diesen Präparaten sind die hohen Produktionskosten und ihre geringe Haltbarkeit. Man hat daher die Gene für mehrere Endotoxine kloniert und zur Transformation von verschiedenen landwirtschaftlichen Nutzpflanzen – darunter Sojabohne, Tomate, Weizen, Tabak und Baumwolle – verwendet. Die transgenen Pflanzen bilden zwar in der Regel viel geringere Mengen des Endotoxins; sie reichen aber aus, um eine deutliche Resistenz gegen die Schädlinge auszuprägen.

Herbizidresistenz. Obwohl jährlich etwa zehn Milliarden US-Dollar für chemische Herbizide ausgegeben werden, gehen schätzungsweise zehn Prozent der weltweiten Ernte durch Verunkrautung verloren. Nach wie vor sind Herbizide in der modernen Landwirtschaft gebräuchliche Hilfsmittel, um eine ökonomische Kontrolle von Unkräutern zu ermöglichen. Neben den hohen Kosten sprechen allerdings auch ökologische Gründe gegen den übermäßigen Einsatz von Herbiziden in der Landwirtschaft.

In den letzten Jahren wurden daher eine Reihe von neu entwickelten Herbiziden wie z. B. Glyphosat oder Phosphinothricin auf den Markt gebracht, die einen hohen Wirkungsgrad, Unschädlichkeit für Tiere und einen raschen Abbau durch im Boden lebende Mikroorganismen in sich vereinigen. Diese Herbizide wirken jedoch nicht selektiv, sondern schädigen Nutz- und Wildpflanzen gleichermaßen, da sie Schlüsselenzyme im pflanzlichen Stoffwechsel ausschalten. Mit Hilfe der Gentechnik ist es nun möglich, landwirtschaftliche Kulturpflanzen auf drei verschiedenen Wegen vor der Wirkung solcher Breitbandherbizide zu schützen:

- Man erhöht durch Überexpression die Menge des Stoffwechselenzyms, das von dem Herbizid angegriffen wird, so daß auch in Gegenwart des Herbizids genügend hohe Enzymmengen für das Überleben zur Verfügung stehen.
- Man verändert das Gen des Zielenzyms derart, daß das Zielenzym zwar noch seine Stoffwechselfunktion ausüben kann, aber keine Bindestelle mehr für das Herbizid besitzt.
- Man kann die Nutzpflanze mit Genen transformieren, welche die Pflanze in die Lage versetzen, das Herbizid metabolisch zu inaktivieren.

Jede dieser drei Varianten wurde bereits in die Praxis umgesetzt, um herbizidtolerante oder gar -resistente transgene Pflanzen herzustellen.

Beispielhaft soll die Resistenz gegen das Breitbandherbizid Glyphosat näher betrachtet werden, da dieser Wirkstoff, der z. B. in dem Präparat «Roundup» der Firma Monsanto enthalten ist, eine große wirtschaftliche Bedeutung besitzt und seit dem Import Roundup-resistenter Sojabohnen nach Deutschland immer wieder öffentlich diskutiert wurde.

Glyphosat ist ein nichtselektiver Wirkstoff, der über Blätter und oberirdische Sprossen aufgenommen und mit dem Assimilatstrom über die gesamte Pflanze verteilt wird. Die toxische Wirkung von Glyphosat beruht auf der Inhibition des Enzyms 5'-Enolpyruvylshikimat-3-phosphat-synthase (EPSP-Synthase). Durch den Ausfall dieses Enzyms ist der Shikimisäureweg blockiert, so daß die Biosynthese der aromatischen Aminosäuren Tryptophan, Phenylalanin und Tyrosin nicht stattfinden kann, was zu einem Absterben der Pflanze führt. Für Tiere und Menschen ist dieses Herbizid unschädlich, weil sie die aromatischen Aminosäuren nicht selber herstellen, sondern diese mit der Nahrung aufnehmen.

Die Glyphosat-Resistenz der transgenen Sojabohnen wurde dadurch erzielt, daß sie mit einem Gen für eine bakterielle EPSP-Synthase aus dem *Agrobacterium*-Stamm CP4 (CP4-EPSP-Synthase) transformiert wurde. Die agrobakterielle CP4-EPSP-Synthase wird durch Glyphosat nicht inhibiert und verleiht somit der transgenen Sojapflanze die Herbizidresistenz. Grundsätzlich kann man mit diesem System jede Kulturpflanze glyphosatresistent machen, wenn für sie ein erprobtes Transformationsprotokoll existiert.

Biotechnologie in der Entwicklung und Nutzung transgener Tiere

In den letzten Jahrzehnten wurden die genetisch bedingten Eigenschaften unserer Nutztiere, wie beispielsweise die Milchleistung, Wollqualität oder Fleischbildung, durch selektive Züchtungsmaßnahmen deutlich verbessert. In der klassischen Züchtung werden über viele Generationen hinweg selektive Kreuzungen durchgeführt und aus jeder Generation jeweils nur diejenigen Tiere zur Weiterzucht eingesetzt, welche die besten Eigenschaften tragen. Dieses Verfahren ist jedoch kostenintensiv, zeitaufwendig und gewissen Grenzen unterworfen. So ist es schwierig, in eine leistungsintensive Zuchtlinie durch Kreuzung neue genetische Eigenschaften einzuführen, ohne daß unvorteilhafte Gene mitvererbt werden, und eine Übertragung von Genen über Artgrenzen hinaus ist mit der klassischen Züchtung nicht zu erreichen. Diese Einschränkungen werden mit dem Einsatz der Biotechnologie in der Tierzüchtung aufgehoben, und durch die Herstellung transgener Tiere ergeben sich neue Perspektiven nicht nur in der Tierzucht, sondern auch in der Grundlagenforschung und Medizin. Der Begriff «transgene Tiere» (Gordon und Ruddle, 1982) beschreibt diejenigen Tiere, die in ihrem Genom künstlich eingeführte Gene stabil integriert haben. Das fremde Gen selbst bezeichnet man als Transgen.

Das Potential transgener Tiere liegt in der Erforschung grundlegender Fragen zur Genexpression und Entwicklung von Säugern, in der Entwicklung von Tiermodellen zur Untersuchung menschlicher Erkrankungen sowie in der Züchtungsforschung, um Nutztiere mit gesteigertem Wachstum, besserer Fleischqualität oder verbesserter Krankheitsresistenz zu erzeugen. Transgene Tiere lassen sich auch zur Gewinnung pharmazeutisch wirksamer Humanproteine und zur Isolierung humanisierter tierischer Organe für die Xenotransplantation einsetzen.

Methoden zur Erzeugung transgener Tiere

Zur Erzeugung transgener Tiere müssen alle Körperzellen des Tieres, einschließlich der Keimzellen, das Transgen tragen. Damit eine gezielte gentechnische Veränderung eines Tieres über Generationen Bestand hat, muß man das Transgen in die Chromosomen der Keimbahnzellen einführen, denn nur die Keimzellen geben ihre genetische Information an die nächste Generation weiter. Der Gentransfer muß daher in möglichst frühen Stadien der Entwicklung eines Tieres stattfinden. Als Zielzellen zum Transfer von genetischen Material in die Keimbahn verwendet man entweder befruchtete Eizellen (Zygoten) oder kultivierte embryonale Stammzellen (ES-Zellen), die anschließend in die Blastula (etwa nach 3,5 Tagen der Embryonalentwicklung entstehende Höhlung innerhalb des Embryos) injiziert werden (Abb. 48).

Von Bedeutung ist auch die Wahl eines geeigneten Genkonstruktes, mit dessen Hilfe man eine zusätzliche Information in das Genom des Empfängertieres integrieren will. Diese bestehen im allgemeinen aus einem regulativen Element, dem sogenannten Promotor, der bestimmt, zu welchem Zeitpunkt und in welchem

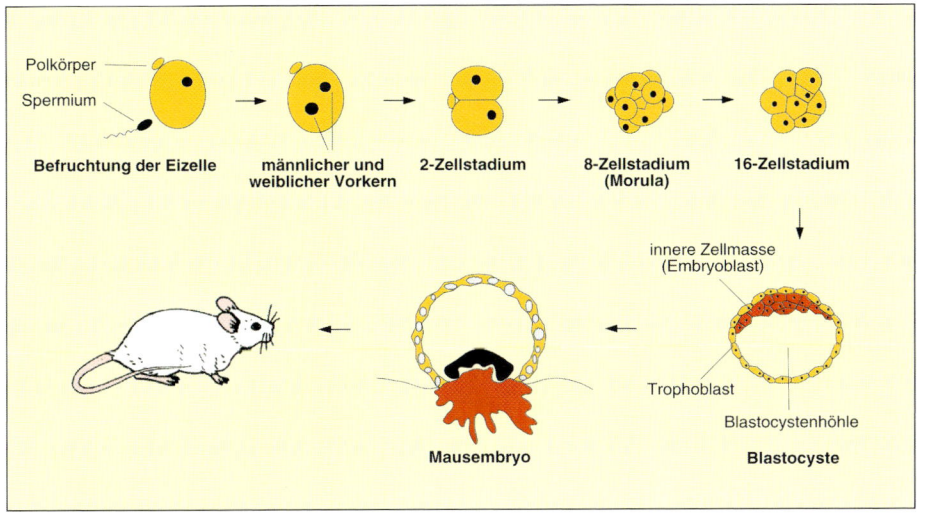

Abb. 48: Entwicklung des Mausembryos (nach Gassen und Minol, 1996). Nach ca. zweieinhalb Tagen entsteht aus der befruchteten Eizelle die acht-zellige Morula, die sich zur Blastocyste weiterentwickelt. In diesem Entwick-lungsstadium können zwei Zelltypen morphologisch unterschieden werden. Eine Zellschicht, der Trophoblast, umgibt die Blastocystenhöhle, in der sich der Embryoblast, auch innere Zellmasse (ICM) genannt, befindet. Aus den pluripotenten Zellen des ICM leiten sich alle Zellen der erwachsenen Maus ab. Die Embryonalentwicklung ist nach etwa 22 Tagen abgeschlossen.

Gewebe das Gen exprimiert wird, und dem proteinkodierenden DNA-Abschnitt, dem sogenannten Strukturgen.

Zum Einschleusen von Fremd-DNA in das Genom von Em-bryonen stehen mittlerweile mehrere unterschiedliche Methoden zur Verfügung.

Bei der *DNA-Mikroinjektion* wird die Fremd-DNA mit Hilfe hauchdünner Glaskapillaren in frisch befruchtete Eizellen injiziert, und zwar zu einem Zeitpunkt, bei dem die Kerne des Spermiums und der Eizelle noch nicht miteinander verschmolzen sind, son-dern getrennt als Vorkeime in der Zygote vorliegen (Abb. 49). Der männliche Vorkern stammt vom befruchtenden Spermium und verschmilzt später mit dem weiblichen Vorkern.

Die DNA wird meist in den männliche Vorkern, der größer als der weibliche ist, injiziert. Die Zugabe der DNA-Lösung wird beendet, wenn der Vorkern anschwillt; dann sind 1–2 Picoliter

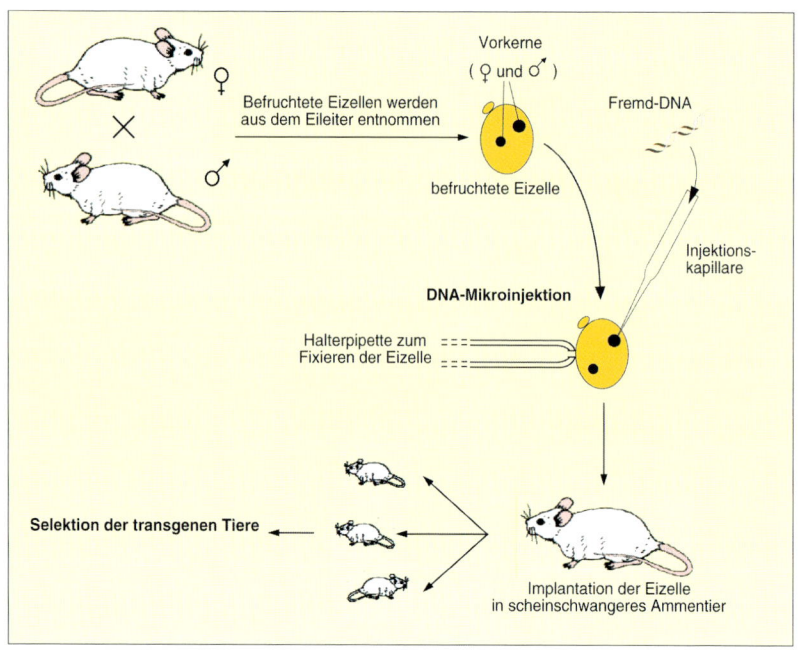

Abb. 49: Erzeugung transgener Tiere durch Mikroinjektion von DNA (nach Gassen und Minol, 1996). Mit einer fein ausgezogenen Glaskapillare wird ein Überschuß an DNA in einen der beiden Vorkerne einer befruchteten Eizelle injiziert. Nach einer kurzen In-vitro-Kultivierungsphase wird der Embryo in den Uterus einer scheinträchtigen Maus implantiert. Man erhält transgene oder nicht-transgene Nachkommen. Die transgenen Nachkommen werden selektiert und mit ihnen eine Zucht aufgebaut.

DNA, dies entspricht einigen hundert Kopien der fremden DNA, injiziert worden. Nach einer kurzen *In-vitro*-Kultivierungsphase (maximal 1 Tag) werden die Eizellen in die Gebärmutter eines scheinträchtigen Weibchens implantiert.

Bei der Mikroinjektionsmethode wird die injizierte DNA an einem beliebigen Ort in das Genom integriert. Dies kann zum Verlust wichtiger Genfunktionen und damit zu Verkrüppelung oder Lethalität führen. Weiterhin bilden die DNA-Moleküle häufig vor der Integration Oligomere, so daß viele hintereinanderliegende Kopien des Transgens an einer einzigen Stelle in das Genom eingebaut werden. In einem solchen Fall kommt es zu einer Überexpression des Transgens und die normalen physiologischen Abläufe werden gestört.

Die Vorkern-Injektion ist eine einfache und schnelle Methode und liefert bei Mäusen auch einen hohen Anteil an lebenden transgenen Tieren (10 bis 30%). Bei Schweinen, Ziegen, Schafen und Rindern gestaltet sich die Mikroinjektion jedoch schwieriger, und der Anteil an lebenden transgenen Tieren ist geringer, er liegt bei 0,3 bis 4%.

Mitte der 80er Jahre hat man eine alternative Technik zur Mikroinjektion entwickelt, die auch eine gezielte Einschleusung von Fremd-DNA als Einzelkopie an genau definierten Stellen in das Zielgenom erlaubt (Abb. 50). Man verwendet bei dieser Technik undifferenzierte Zellen, sogenannte *embryonale Stammzellen (ES-Zellen)*, die aus etwa 4 Tage alten Embryonen, dem Blastocystenstadium von Embryonen, gewonnen werden. Pluripotente ES-Zellen, die sich noch zu den verschiedenen Zelltypen eines Organismus einschließlich der Keimbahnzellen entwickeln können, finden sich in der inneren Zellmasse (*inner cell mass*, ICM) von Embryonen im Blastocystenstadium. Nach der Isolation der ES-Zellen werden diese in Zellkulturschalen kultiviert. Ihre Differenzierung zu anderen Zelltypen verhindert man, indem man sie auf einer Schicht von teilungsunfähigen Fibroblasten wachsen läßt oder einen inhibierenden Faktor zu dem Kulturmedium hinzusetzt. Auf diese Weise erhält man eine sich permanent teilende Zellinie, die ihr Differenzierungsvermögen beibehält.

In diese Zellinie werden *in vitro* Fremdgene durch herkömmliche Transfertechniken, die in der Zellkultur etabliert sind (DNA-Partikel-Bombardement, DNA-Mikroinjektion, Elektroporation oder Retrovirusinfektion), überführt. Durch die Verwendung eines DNA-Vektors, der so konstruiert ist, daß er nur an einer bestimmten Position in das Chromosom integriert, findet eine homologe Rekombination zwischen dem transfizierten Konstrukt und der homologen Genkopie der Zelle statt. So lassen sich Gene definiert verändern oder ganz ausschalten. Die so veränderten transgenen ES-Zellen werden unter geeigneten Kulturbedingungen selektiert und in intakte Blastocysten reinjiziert.

Die Blastocysten werden anschließend in Ammentiere implantiert und ausgetragen. Da die ES-Zellen pluripotent sind, beteiligen sie sich an der Entwicklung aller Organe des Tieres. Es entwickeln sich chimäre Tiere, die sich in variablen Anteilen sowohl aus unveränderten als auch genetisch veränderten Zellen zusammensetzen. Aus diesen kann man durch entsprechende Kreuzungen transgene Linien züchten.

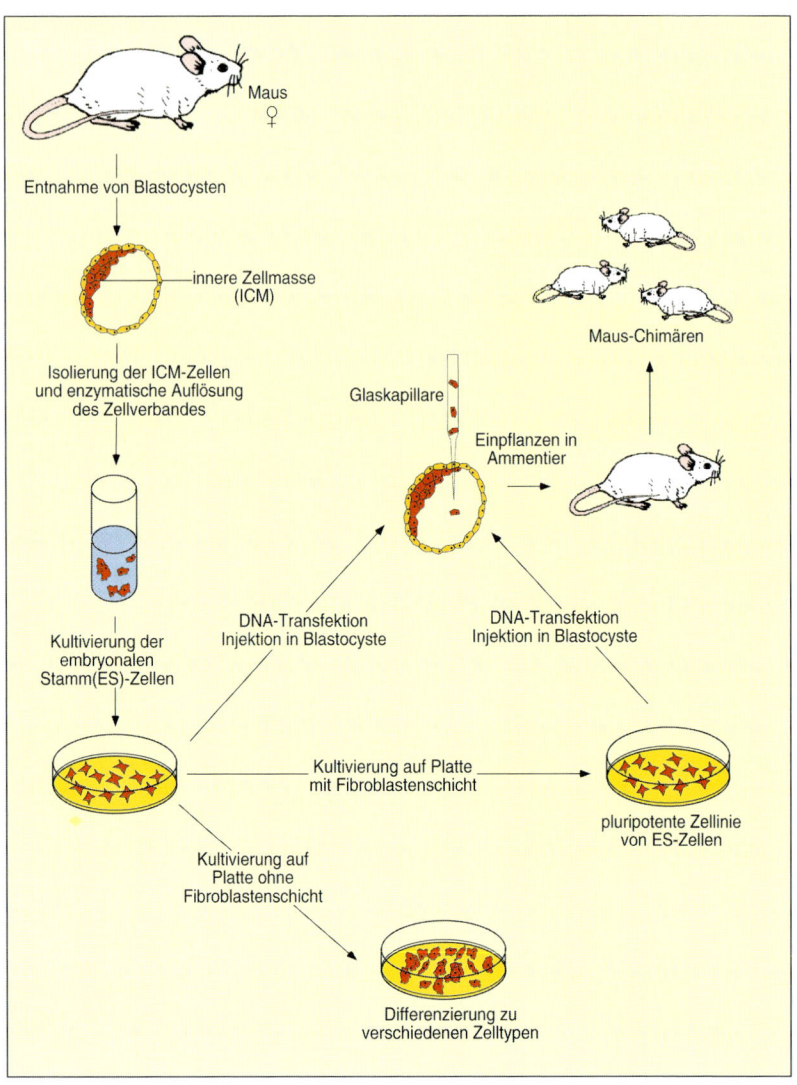

Abb. 50: Erzeugung transgener Tiere mittels gentechnisch veränderten embryonalen Stammzellen (nach Gassen und Minol, 1996). Die Zellen der inneren Zellmasse (ICM) lassen sich auf geeigneten Nährmedien kultivieren. Damit diese Zellen nicht differenzieren, müssen sie auf einer Schicht von Fibroblasten wachsen. Nach der Transfektion mit Fremd-DNA können die Zellen in eine intakte Blastocyste inseriert werden. Die zusätzlichen Zellen ordnen sich zwischen den ICM-Zellen ein. Im Verlauf der Embryonalentwicklung entsteht ein chimäres Tier. Durch Kreuzung von Tieren, die genetisch veränderte ES-Zellen in ihrer Keimbahn enthalten, lassen sich transgene Linien erstellen.

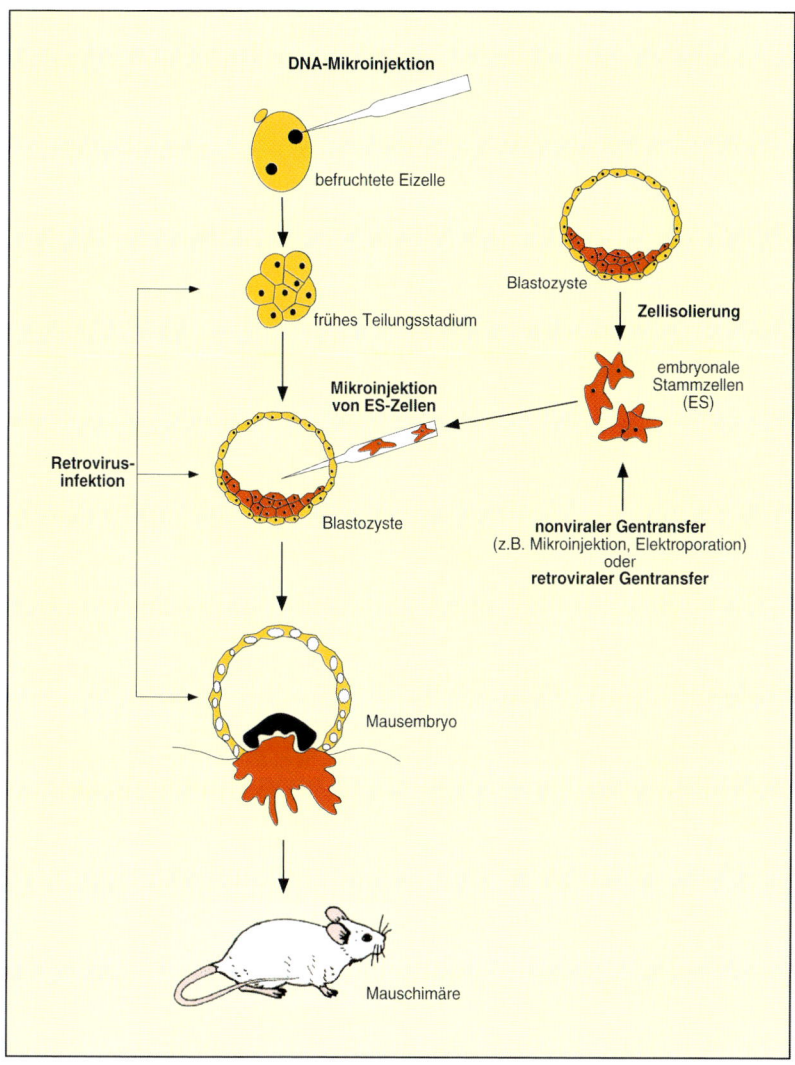

Abb. 51: Übersicht über die zur Zeit praktizierten Verfahren zur Herstellung transgener Tiere (nach Gassen und Minol, 1996). Fremde DNA kann in einen der beiden Vorkerne einer befruchteten Eizelle injiziert werden. Embryonale Stammzellen lassen sich auch aus der inneren Zellmasse (ICM) einer Blastocyste isolieren und in einem definierten Medium so kultivieren, daß sie nicht zu organspezifischen Zellen differenzieren. Mit Hilfe von neukombinierten Retroviren oder physikalischen Verfahren wie der Elektroporation können Fremdgene in das Mäusegenom im embryonalen Mehrzellstadium inseriert werden. Die transfizierten Zellen werden entweder in die Gebärmutter oder zuvor in eine Blastocyste überführt. Bei der Blastocystentechnik entstehen Chimären, da das Fremdgen nicht in allen Zellen vorkommt.

Der bedeutende Vorteil dieser Methode besteht darin, daß der Genbestand der ES-Zellen in Kultur sehr gezielt verändert werden kann und nur vor der Injektion in die Embryonen Zellen selektiert werden können, in denen ein Einbau des Fremdgens an einer bestimmten Position stattgefunden hat.

Das Prinzip der *retroviralen Infektion von embryonalen Zellen* beruht auf der natürlichen Fähigkeit von Viren, Zellen zu infizieren und mit ihrer eigenen Erbsubstanz die infizierte Zelle umzuprogrammieren. Entfernt man jene Gene aus dem Virusgenom, die ihm die Fortpflanzung in der Zelle ermöglichen (Virulenzgene) und ersetzt diese durch die zu übertragenden Transgene, so werden Einzelkopien des Transgens in das Genom der embryonalen Zellen integriert. Gegenüber anderen Methoden des Gentransfers haben Retrovirusvektoren den Vorteil, daß fast alle Zellen infiziert werden und das Fremdgen effektiv in das Genom einer Empfängerzelle als einzelne Transgen-Kopie integriert wird (Abb. 51). Allerdings können sie nur DNA-Moleküle mit einer Größe von 6 bis 8 Kilobasen übertragen. Zudem werfen Retroviren Sicherheitsprobleme auf, da durch Rekombination harmloser Virusbruchstücke, die im menschlichen Erbgut vorhanden sind, wiederum gefährliche Erreger entstehen können.

Humanproteinproduktion – Transgene Tiere als Bioreaktoren

Ein wirtschaftlich bedeutsames Anwendungsgebiet transgener Tiere ist die Erzeugung pharmazeutisch wirksamer Humanproteine in der Milch von Nutztieren. Für diese Technologie prägte man eigens den Begriff «Gene-Pharming». Beim Gene-Pharming sollen milcherzeugende Tiere durch eingeführte Transgene zur Expression von zusätzlichen Proteinen in ihrer Milchdrüse veranlaßt werden (Abb. 52). Die ersten Experimente Ende der 80er Jahre wurden mit transgenen Mäusen durchgeführt. Seither sind auch in Schafen, Ziegen, Schweinen und Rindern verschiedene humane Proteine hergestellt worden.

Dies ist deshalb so bedeutsam, weil der Bedarf an pharmakologisch wirksamen Proteinen, wie z.B. Blutgerinnungsfaktoren und anderen Blutproteinen, mit konventionellen Methoden nicht mehr gedeckt und das Risiko der Übertragung viraler Krankheitserreger, wie Hepatitis B oder HIV, nicht völlig ausgeschlossen werden kann. Die Produktion biologisch aktiver Proteine in Bakterien oder Hefen ist in vielen Fällen nicht erfolgreich, da diese Mikro-

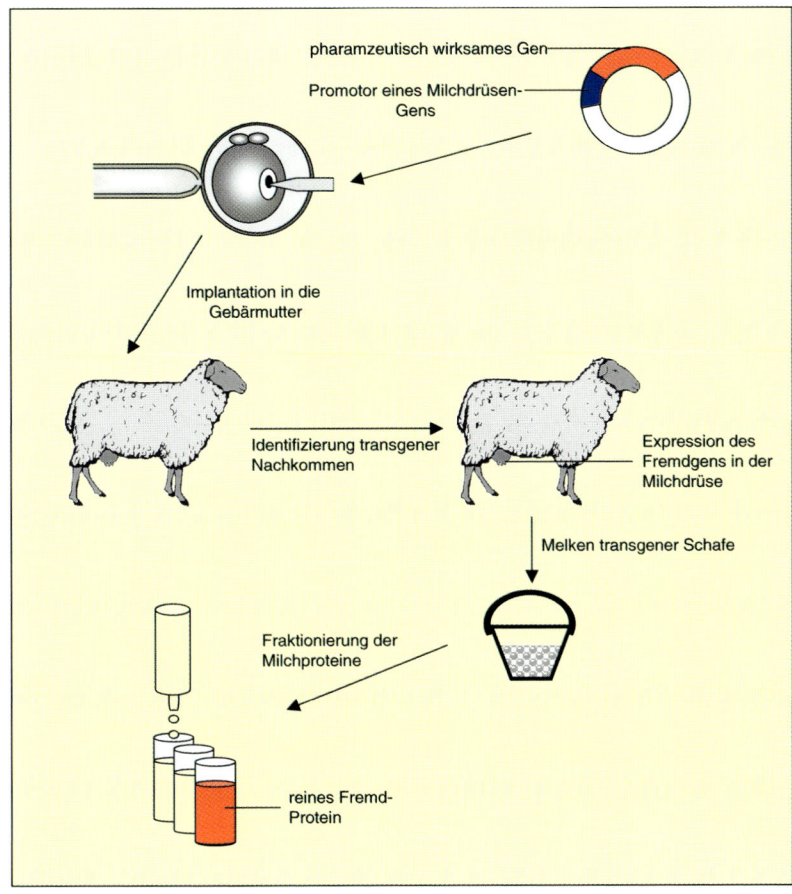

Abb. 52: Herstellung pharmazeutisch wirksamer Humanproteine in der Milch transgener Tiere. Das Fremdgen unterwirft man der Regulation durch einen Promotor, der nur in Milchdrüsengewebe aktiv ist, und injiziert dieses in den Vorkern einer befruchteten Eizelle. Diese Eizellen setzt man in die Gebärmutter von Ammentieren ein. Nachkommen, die das Transgen exprimieren, werden durch Analyseverfahren identifiziert. Die transgenen Tiere bilden das Fremdgen nur in Brustdrüsengewebe und sezernieren große Mengen dieses Proteins in die Milch, aus der es sich leicht reinigen läßt.

organismen nicht die Fähigkeit besitzen, die Genprodukte innerhalb der Zelle korrekt bis zur aktiven Form weiterzuverarbeiten. Die Gewinnung von medizinisch relevanten Proteinen aus Säugerzellkulturen, in denen Faltung und Reifung korrekt ablaufen, ist sehr kostspielig, und die Proteinausbeute ist in den meisten Fällen sehr gering.

Der Vorteil des Gene-Pharming liegt darin, daß Milch ständig in größeren Mengen produziert wird und ohne Schaden für das Tier in kurzen Zeitabständen gewonnen werden kann. Weiterhin beeinflußt das pharmazeutisch wirksame Protein, das ausschließlich in der Milchdrüse gebildet wird, die normalen physiologischen Abläufe im Körper des transgenen Tieres nicht. Selbst die Aufreinigung der Proteine ist in wenigen Schritten möglich, da die Milch nur eine geringe Anzahl verschiedener Proteine enthält.

Zu den in großen Mengen erforderlichen Proteinen, für die z. Z. die Milchdrüse transgener Nutztiere als der am besten geeignete Produktionsort angesehen wird, gehören die Blutgerinnungsfaktoren VIII und IX, Protein C, Antithrombin III, Fibrinogen, Albumin, Gewebeplasminogenaktivator, α-Antitrypsin, Urokinase und Interleukine (Tab. 10).

Das bekannteste Beispiel ist die Produktion von humanem α-Antitrypsin in der Milchdrüse des transgenen Schafs «Tracy» (Wright et al., 1991). α-Antitrypsin ist ein Hauptinhibitor des Enzyms Elastase, das am Proteinabbau während des kontinuierlichen Ab- und Neuaufbaus im Gewebe beteiligt ist. Ein genetisch

Tabelle 10: Gewinnung pharmazeutischer Humanproteine in der Milchdrüse transgener Tiere

Spezies	Transgen	Konzentration (pro ml)
Maus	Plasminogenaktivator α-Antitrypsin Urokinase	0,4 ng 7 mg 2 mg
Schaf	Blutgerinnungsfaktor IX Blutgerinnungsfaktor VIII α-Antitrypsin	25 ng 5–10 ng 35 mg
Ziege	Plasminogenaktivator	2–3 mg
Kaninchen	Interleukin-2 Prochymosin	0,4 ng 10 mg
Rind	Lactoferrin Erythropoietin	30 mg –
Schwein	Protein C	1 mg

bedingter Mangel oder das vollständig Fehlen von α-Antitrypsin als endogenen Inhibitor des Enzyms Elastase führt zu einem gesteigerten Gewebeabbau, besonders in der Lunge. Die vermehrte Elastaseaktivität in der Lunge führt zu Fibrosen, Verhärtungen und Emphysemen mit lebensbedrohender Atemnot. Allein in Deutschland sind 3000 bis 4000 Menschen von diesem Defekt betroffen, in Nordamerika und Europa sind es zusammen 100000. Die Patienten benötigen zur Behandlung pro Jahr ca. 200 g α-Antitrypsin. Diese Menge kann aus humanen Blutplasmen nicht gedeckt werden.

Durch die Erzeugung transgener Schafe gelang es, das α-Antitrypsin in erstaunlichen Mengen von durchschnittlich 35 g pro Liter Milch zu produzieren. Eine mittelgroße Schafherde kann dementsprechend pro Laktation mehrere tausend Kilogramm des Proteins liefern und somit den Bedarf leicht abdecken. Die von den wenigen bislang existierenden transgenen Schafen produzierte Proteinmenge übersteigt damit die gesamte je aus Bakterien, Hefe oder Zellkultur isolierte Menge an α-Antitrypsin. Weiterhin ist das aus der Milch isolierte und gereinigte Protein vollständig und korrekt glykosyliert, und die biologische Aktivität war mit dem des humanen α-Antitrypsin-Plasmapräparats annähernd identisch.

Schweine eignen sich besonders zur Gewinnung von pharmazeutischen Proteinen. Im Vergleich zu Schafen, Ziegen und Rindern haben sie mit nur vier Monaten eine kurze Tragzeit, mit rund einem Jahr eine relativ kurze Generationsdauer und mit zehn bis zwölf Ferkeln eine beachtliche Wurfgröße. Zudem liefert eine Sau pro Jahr etwa 300 Liter Milch. Einer Arbeitsgruppe des Amerikanischen Roten Kreuzes gelang es, einen wichtigen Regulator der Blutgerinnung, das Protein C, in transgenen Schweinen zu produzieren. Protein C steuert der übermäßigen Blutgerinnung entgegen, fehlt es, sind die Betroffenen stärker durch Thrombosen gefährdet. Die molekulare Struktur von Protein C ist komplex, und die Expression in rekombinanten Säugerzellen sowie transgenen Mäusen lieferte nur 1 μg/ml. Für die Expression in der Milchdrüse von Schweinen kombinierte man das Gen mit der Steuersequenz des sauren Molkeproteins aus der Maus. Die Menge des biologisch aktiven menschlichen Proteins C lag bei 1 Gramm pro Liter Milch, zweihundertmal höher als in menschlichem Blutplasma.

Transgene Tiere als Modellsystem für menschliche Krankheiten

Für das Verständnis von Krankheiten, ihrer Ursachen, ihres Verlaufs, aber auch für die Entwicklung von Behandlungsmethoden sind Tiermodelle sehr hilfreich und wichtig. Die Biotechnologie eröffnet hier völlig neue Möglichkeiten, gezielt durch Gentransfer oder «Gen-Knockout» Tiere zu erzeugen, die Krankheiten oder Prädispositionen zur Entwicklung von Krankheiten tragen und somit als Tiermodelle für menschliche Krankheiten Verwendung finden sowie Strategien zur Entwicklung einer Therapie ermöglichen.

Eines der bekanntesten Tiermodelle ist die Krebs-Maus oder «Onko-Maus». Diese transgenen Mäuse tragen in ihren Chromosomen aktive, dominante Onkogene unter der Kontrolle starker Promotoren. In Abhängigkeit von der Art des Onkogens und des Promotors entwickeln sie in bestimmten Geweben Tumoren. Beispielsweise bildet die c-myc-Onko-Maus gezielt in den Brustdrüsen Adenokarzinome.

Neben diesem Beispiel gibt es inzwischen eine ganze Reihe von transgenen Tieren, überwiegend transgene Mäuse, bei denen durch Überexpression von krankheitsrelevanten Genen humane Krankheiten ausgelöst werden (Tab. 11).

Tabelle 11: Transgene Tiere zur Untersuchung humaner Krankheiten

Spezies	Transgen	Humane Krankheit
Maus	T-Zell-Rezeptor hGH (humanes Wachstumshormon)	Autoimmunkrankheit Riesenwuchs, Glomerulosklerose
	humanes Amyloid-β-Protein CFTR (cystic fibrosis transmembrane regulator) Prion-Protein (Hamster-Prn-p)	Alzheimer-Krankheit Mukoviszidose Creutzfeld-Jakob- Krankheit
	HIV gp 120 Apolipoprotein B CETP (Cholesterolester- Transferprotein, Affe)	AIDS-Dementia Arteriosklerose Arteriosklerose
Ratte	Maus Ren 2 (Prorenin)	Bluthochdruck

Eine relativ häufig auftretende Erbkrankheit ist die Cystische Fibrose, auch Mukoviszidose genannt, die in Europa bei etwa einem von 2500 Neugeborenen auftritt. Die Krankheit beruht auf einem fehlerhaften Gen, das für ein membrangebundenes Transportprotein für Chloridionen, dem sogenannten *Cystic fibrosis transmembran regulator* (CFTR) kodiert. Die Funktionsstörung des CFTR führt zu einem gestörten Chloridtransport in verschiedenen Organen, vor allem in der Lunge und Bauchspeicheldrüse, wodurch sich vermehrt Sekret ansammelt. In diesem Sekret entwickeln sich sehr leicht bakterielle Infektionen, die mit Antibiotika schwer zu bekämpfen sind. Das Sekret wird durch freigesetzte DNA abgestorbener Bakterien sehr viskos. Dieser zähe Schleim blockiert sowohl Bronchien als auch Pankreasgänge. Dadurch werden normale Organfunktionen behindert und die Krankheit weiter verschlimmert. Die durchschnittliche Lebenserwartung von Personen mit Mukoviszidose liegt dadurch bei nur 25 Jahren.

Zur genaueren Untersuchung des Transportproteins als Voraussetzung für die Entwicklung von Therapieansätzen muß zunächst der CFTR in großen Mengen produziert werden. Durch die Etablierung transgener Mauslinien, die das Transportprotein in die Milch sezernieren, konnte man ausreichende Mengen dieses Proteins isolieren. Die komplette cDNA-Sequenz für CFTR wurde unter die Kontrolle von Promotor und Terminationssequenzen des Gens für β-Casein, einer der wichtigsten Komponenten der Milch, gestellt. Das gebildete CFTR-Protein wird in der Milch der transgenen Tiere an die Membran von Lipidtröpfchen gebunden. Aus dieser Fettfraktion läßt sich das Protein leicht extrahieren und reinigen. Um CFTR in großen Mengen zu gewinnen, werden in Zukunft transgene Rinder, Schafe und Ziegen konstruiert.

Transgene Tiere als Organspender – Xenotransplantation

In den letzten zwei Jahrzehnten verdanken viele Millionen Menschen ihr Leben der Übertragung von Organen und Geweben. Die medizinisch-technischen Fortschritte in der Organtransplantation von Mensch zu Mensch (Allotransplantation) haben jedoch weltweit zu einem Mangel an geeigneten humanen Spenderorganen geführt. So steigt die Nachfrage nach transplantierbaren Organen jährlich um 10–15%, während die Bereitschaft zur Organspende stagniert oder gar sinkt.

Zur Deckung des Bedarfs an geeigneten Spenderorganen wird

die Xenotransplantation, d.h. die Übertragung von tierischen Organen auf den Menschen, als Lösung angesehen.

Ein geeignetes Spendertier stellt das Schwein dar, dessen Organgröße, Anatomie, Physiologie und Gewicht dem Menschen ähnelt. Weitere Vorteile sind die kurze Reproduktionszeit, große Würfe, schnelles Wachstum, kostengünstige Haltung und Domestizierung.

Während die Transplantation porciner Herzklappen seit vielen Jahren Routine ist, führt die Verpflanzung von kompletten Organen zu immunologischen Abstoßungsreaktionen. Innerhalb von Sekunden bis Minuten nach Übertragung des Xenotransplantats tritt die sofortige (hyperakute) Abstoßungsreaktion ein, die letztendlich zur Zerstörung des Organs führt. Im Falle der Übertragung von Schweineorganen rührt sie daher, daß die Zellen vom Schwein auf der Oberfläche bestimmte Zuckerketten tragen, die beim Menschen fehlen. Die menschlichen Antikörper reagieren auf die fremden Zuckerketten des Spenderorgans und aktivieren eines der Hauptabwehrsysteme im Blut, das Komplementsystem, das die körperfremden Zellen abtötet und zur Abstoßung des Organs führt. Zur Überwindung der immunologisch bedingten hyperakuten Abstoßung werden verschiedene Ansätze verfolgt, deren Strategie es ist, genetisch veränderte Schweine herzustellen, deren Organe im humanen Organismus keine Abstoßungsreaktion mehr hervorrufen. Erste Erfolge erzielt man mit transgenen Schweinen, die humane Regulatoren der Komplementaktivierung synthetisieren und die Komplementattacken des Empfängers ausschalten. Diese Schweineorgane bleiben nach der Übertragung auf Affen bis zu einige Wochen lang funktionsfähig.

Bis zu einer klinischen Anwendung am Menschen ist es jedoch noch ein weiter Weg. Bislang ist noch nicht bekannt, ob ein Tierorgan dauerhaft im menschlichen Körper überleben und lebenswichtige Funktionen übernehmen kann. Darüber hinaus könnte die Transplantation über Artgrenzen hinweg zu einer Übertragung von unbekannten oder latenten Krankheitserregern auf den Menschen führen und möglicherweise sogar weite Kreise der Bevölkerung infizieren. Mit einer breiten Anwendung der Xenotransplantation wäre daher nach Aussagen von Wissenschaftlern frühestens in 15 bis 20 Jahren zu rechnen.

Klonierung humaner Stammzellen

Koreanische Wissenschaftler haben gegen Ende 1998 gezeigt, daß die für Nagetierzellen entwickelten Klonierungstechniken auch auf menschliche Zellen übertragbar sind. Sie implantierten den Zellkern aus einer Körperzelle in eine entkernte Eizelle – beides aus ein- und derselben Patientin – und beobachteten, daß diese Zelle sich normal wie eine von einem Spermium befruchtete Zelle teilte. Danach stoppten sie das Experiment. Dies führte in der Öffentlichkeit sogleich zu spontan artikulierten Forderungen, die Forschung an humanen Stammzellen weltweit zu verbieten.

Bei der Debatte um die «Klonierung menschlicher Zellen» muß allerdings deutlich zwischen zwei Zielen differenziert werden: Erstens zwischen dem Vorhaben, die klonierten Stammzellen wieder in die Gebärmutter einer Frau einzupflanzen, um sie dort zu einem Fötus heranwachsen zu lassen, der schließlich als genetisch eineiiges Kind geboren wird, und zweitens der *In-vitro*-Forschung an humanen embryonalen Stammzellen zur Weiterentwicklung der Transplantationsmedizin, der Gentherapie, der Pharmaentwicklung sowie der Grundlagenforschung. Während selbst Vorversuche, Menschen identisch zu vermehren – zu klonen –, eindeutig zu ächten sind und gesetzlich unterbunden werden müssen, sollte man die Forschung an embryonalen Stammzellen zu medizinischen Zwecken nicht durch ein allgemeines Verbot stoppen.

Embryonale Stammzellen (ES-Zellen) sind noch undifferenzierte Zellen, d. h., sie sind totipotent und können sich zu allen möglichen Zelltypen und Geweben des erwachsenen Säugers entwickeln. ES-Zellen lassen sich aus der inneren Zellmasse einer Blastocyste, die sich am vierten Tag nach der *In-vitro*-Befruchtung einer Eizelle ausbildet, isolieren. Diese Zellen können in einer Zellkultur beliebig vermehrt werden und stellen ein universell einsetzbares Therapiematerial dar. Durch Zugabe von entsprechenden Wachstumsfaktoren lassen sich ES-Zellen auch unter *In-vitro*-Bedingungen zu jedem gewünschten Zell- und Gewebetyp differenzieren. Durch Reimplantation eines solchen Gewebes in den menschlichen Körper ließen sich bislang irreparable Schäden an einzelnen Organen oder gar neuronalen Geweben beheben. Damit eröffnet die Forschung an humanen ES-Zellen die einzigartige Möglichkeit, bislang unheilbare Krankheiten wie Diabetes mellitus Typ I, Morbus Parkinson, Leukämie oder Schädigungen des Rückenmarks zu heilen. Ebenso bieten sich menschliche ES-Zellen für die Durchführung von Gentherapien an, wodurch eine Vielzahl von Erbkrankheiten heilbar oder zumindest gelindert werden könnten. Daher unterstützt z.B. die US-amerikanische Regierung solche Vorhaben mit öffentlichen Geldern.

Während in anderen Ländern, wie z.B. den USA oder Großbritannien, die Gesetzgebung lediglich die Reimplantation von veränderten humanen Stammzellen in den Uterus einer Frau verbietet, wird in Deutschland die Forschung an menschlichen Stammzellen durch das Embryonenschutzgesetz generell untersagt. Im Hinblick auf das enorme medizinische Potential und die Heilungschancen, welche die neu entwickelte Methodik bietet, erscheint es durchaus sinnvoll, die bestehenden gesetzlichen Restriktionen noch einmal bezüglich ihrer ethischen Grundlagen zu überdenken und europaweit gültig neu zu überarbeiten.

Risiken der Gentechnologie

«Ich halte die Gentechnologie für gefährlich und unkontrollierbar» ist ein oft gehörter Satz, wenn über die Bio-/Gentechnologie diskutiert wird. Häufig werden auch Vergleiche zur Kerntechnik gezogen, z.B. von dem Eingriff in die Kerne, den man besser unterlassen hätte. Katastrophenszenarien werden heraufbeschworen bis hin zu dem gefürchteten «Gen-GAU».

Zu einer nach Zufallsregeln gewachsenen Natur, besonders wenn sie nicht zur «Bedarfszone» gehört, haben Menschen eine wohl angeborene Zuneigung. So muß es nicht verwundern, wenn viele Zeitgenossen einer nutzungsorientierten Technisierung der Natur generell mißtrauisch gegenüberstehen. Wie jede heute schnell und unter kommerziellen Gesichtspunkten eingeführte Technik, unterliegt auch die Biotechnik den Risiken fehlender langfristiger Erfahrung. Neue Allergene durch bisher in der Nahrungskette unbekannte Proteine, unbeabsichtigte Übertragung von Fremdgenen von der Nutz- auf die Schadpflanze, die Technisierung der Landwirtschaft, alles dies sind Risiken, mit denen wir zu rechnen haben. Sie sind jedoch kein alleiniges Attribut der Gentechnik, d.h., diese Unsicherheiten kommen bei traditionellen Züchtungsprogrammen ebenfalls zum Tragen. Die Gentechnik erhöht, da Artengrenzen überschritten werden, allerdings die Eingriffstiefe des Menschen in die Natur.

Zu fragen ist daher, ob die neue Biotechnologie bisher unbekannte Gefahren mit sich bringt. Dafür gibt es nach ca. 30 Jahren Erfahrung mit der Technik keine Anzeichen. Eine generelle Entwarnung ist aber natürlich auch nicht möglich, da die Zeithorizonte besonders auch mit Bezug auf ökologische Risiken noch zu kurz sind. Als Gegengewicht zu weltweitem Einsatz und kommerziellem Druck müssen Langzeit-Überwachungssysteme aufgebaut werden, die es erlauben, anstehende ökologische, soziale oder wirtschaftliche Probleme frühzeitig zu erkennen, damit rechtzeitig Abhilfe geschaffen werden kann. Andererseits kann sich der Faszination der Biotechnologie, besonders wenn es um das Neuprogrammieren von Leben geht, niemand entziehen. Die Versuchung, schöpferisch tätig zu sein, gehört zum Sein des Menschen. Durch Kerntechnik, Biotechnologie und die Telekommunikation wird die Eingriffsgewalt anthropozentrischen Handelns immer größer. Fast flehend zu fordern ist, daß auch die soziale Verantwortung des Menschen für alles Lebende sich entsprechend gestaltet. Wer über so mächtige Techniken verfügt, sollte vor deren Anwendung zuerst seine Ziele definieren. Ohne Verantwortungsgefühl ist der heutige *homo ludens* eine für alle gefährliche Spezies (vgl. S. 429).

Literatur

Gassen, H.G., und W.P. Hammes (1997): Handbuch Gentechnologie und Lebensmittel, Behr's Verlag, Hamburg.

Gassen, H.G., und K. Minol (1996): Gentechnik, 4. Aufl., Gustav Fischer Verlag, Stuttgart.

Glick, B.R., und J.J. Pasternack (1995): Molekulare Biotechnologie, Spektrum Akademischer Verlag, Heidelberg.

Rehm, H.J., und P. Präve (1994): In: Handbuch der Biotechnologie, (P. Präve et al., Hrsg.), 4. Aufl., Oldenbourg Verlag, München.

Ruttloff, H., J. Proll und A. Leuchtenberger (1997): Lebensmittel-Biotechnologie und Ernährung, Springer Verlag, Berlin.

Schenkel, J., (1995): Transgene Tiere, Spektrum Akademischer Verlag, Heidelberg.

Steinbiß, H.H., (1995): Transgene Pflanzen, Spektrum Akademischer Verlag, Heidelberg.

Vom Wissen um das Wissen

Es ist Schicksal und Aufgabe der Naturwissenschaften, auch die scheinbar sichersten Annahmen und Überzeugungen einer naiven Weltsicht kritisch zu hinterfragen. Oft genug hat sich dabei gezeigt, daß die Intuition ein unrichtiges Bild vermittelt: Die Erde ist keine ebene Scheibe; sie steht nicht fest, sondern dreht sich und rast durch den Raum; die Gestirne kreisen nicht um uns; Masse ist eine extrem konzentrierte Form von Energie usw. Allein bei den räumlichen Dimensionen sind die 8 oder 9 Größenordnungen, die dem naiven Menschen zugänglich sind, inzwischen auf 40 Größenordnungen erweitert worden. Aber nicht nur räumlich leben wir gefühlsmäßig in den mittleren Dimensionen eines Mesokosmos, sondern auch zeitlich. Sehr vieles läuft für unmittelbare Wahrnehmung zu schnell ab, anderes zu langsam (siehe Evolution). Daß sie vom scheinbar Gesicherten immer wieder so weit wegführen, das gerade macht ja die Naturwissenschaften so faszinierend und so unheimlich.

Die Philosophie war in gewissem Sinne die Mutter aller dieser neueren Wissenschaften. Aber sie schaut häufig mit Befremden auf das Treiben ihrer «Kinder», die inzwischen weitgehend selbständig geworden sind. Allerdings – wer über Mensch und Welt nachdenken will, muß schon auch all das zur Kenntnis nehmen, was darüber nach und nach an Fakten bekanntgeworden ist. Umgekehrt bleiben auch die Naturwissenschaften auf die Philosophie angewiesen, vor allem auf die Erkenntnistheorie und die Ethik, die allein Grenzen für die Forschung und erst recht für deren Anwendung zu ziehen vermag.

Man sollte also erwarten, daß es zwischen der Philosophie und den Naturwissenschaften eine rege, fruchtbare Zusammenarbeit gibt. Das ist aber bedauerlicherweise nur recht begrenzt so und ist nur zum Teil in Verständigungsschwierigkeiten begründet. Doch gab und gibt es Signale einer Besserung. So haben z.B. die Bücher von Karl Raimund Popper («Logik der Forschung», «Objektive Erkenntnis») bei Naturwissenschaftlern breite, nachhaltige Beachtung gefunden. Seine These der Asymmetrie von Verifikation und Falsifikation ist den Forschern sozusagen in Fleisch und Blut übergegangen: Hypothesen lassen sich niemals zwingend «beweisen», sehr wohl aber als unzutreffend erweisen. Nur wenn eine Hypothese allen Falsifizierungsversuchen widerstanden hat, verdient sie Kredit. Umgekehrt hat die aus der Biologie heraus entwickelte Evolutionäre Erkenntnistheorie Antworten auf grundlegende Fragen der Philosophie geben und z. B. das endlos diskutierte Empirismus-Rationalismus-Problem als Scheinproblem erweisen können.

Gerhard Vollmer hat mit seinem Buch «Evolutionäre Erkenntnistheorie» (Stuttgart 1975) diese Theorie erstmals zusammenfassend dargestellt und gilt neben Konrad Lorenz («Die Rückseite des Spiegels», München 1973), Rupert Riedel («Biologie der Erkenntnis», Berlin 1980) und Hans Mohr («Biologische Erkenntnis», Stuttgart 1981) als ihr eigentlicher Begründer. So ist er besonders berufen, den Wechselbeziehungen zwischen Philosophie und Biologie nachzugehen, wie er das auch im folgenden Beitrag tut.

Biophilosophie

Von Gerhard Vollmer

Wissenschaftsphilosophie

Wissenschaftsphilosophie befaßt sich heute mit fünf unterscheidbaren, wenn auch nicht immer leicht trennbaren Problemfeldern:
a) Wissenschaftstheorie
b) Naturphilosophie
c) Anwendung wissenschaftlicher Erkenntnisse für philosophische Probleme
d) Wissenschaftsethik
e) Wissenschaftsästhetik

a) *Wissenschaftstheorie* ist vorwiegend methodologisch orientiert. Wie alle Methodologien hat sie beschreibende (deskriptive) und vorschreibende (präskriptive) Elemente: Sie untersucht, wie Wissenschaftler vorgehen, *und* sie gibt Ratschläge, wie sie vorgehen sollten. Dieses Sollen ist allerdings kein moralisches, sondern ein Sollen im Sinne einer Zweck-Mittel-Beziehung: Wenn du gute Wissenschaft machen, insbesondere gute Forschung oder gute Lehre betreiben willst, dann solltest du dir bestimmte Maximen zu eigen machen.

b) *Naturphilosophie* heute versucht, die Ergebnisse der Erfahrungswissenschaften, insbesondere der Naturwissenschaften, zu einem einheitlichen Welt-, Natur- und Menschenbild zusammenzufügen und, wo nötig, auch zu ergänzen. Im Gegensatz zu früher beschränkt sich die moderne Naturphilosophie also auf inhaltliche Fragen; formale, analytische, methodische Aspekte wurden in die Wissenschaftstheorie ausgegliedert. Man könnte auch sagen, im 20. Jahrhundert habe sich die Wissenschaftstheorie zu einem eigenständigen Fach entwickelt und insofern von der Naturphilosophie emanzipiert.

c) Viele Probleme, die zunächst von Philosophen gestellt und diskutiert wurden, sind im Laufe der Zeit gelöst worden. Häufig waren dafür wissenschaftliche Erkenntnisse wesentlich oder wenigstens nützlich. Nicht selten sind eben dadurch auch ganz eigenständige wissenschaftliche Disziplinen entstanden. So sind die neuzeitlichen Wissenschaften Physik, Chemie, Biologie, Psychologie nacheinander aus der Philosophie hervorgegangen. Besteht man darauf, dafür einzelne Forscher verantwortlich zu machen oder sogar Jahreszahlen zu nennen, so sind Isaac Newton, 1687, Antoine-Laurent Lavoisier, 1789, Charles Darwin, 1859, Wilhelm Wundt, 1879, gute Kandidaten. Die Kosmologie ist erst in unserem Jahrhundert, nämlich durch Albert Einstein, 1917, zu einer Erfahrungswissenschaft geworden, die Biogenetik als Lehre von der Entstehung des Lebens sogar erst 1971 durch Manfred Eigen. «Mutter Latein und ihre Töchter» ist der Titel eines Buches von Carl Vossen über den Aufstieg des Lateinischen zur Weltsprache und über den gemeinsamen Ursprung der romanischen Sprachen. Ganz analog wird man sagen dürfen, die Philosophie als Mutter habe zahlreiche Kinder, eben die Wissenschaften, in die Welt gesetzt und dadurch eine gewisse Weltgeltung erlangt. Daß Kinder ihre Mutter kritisieren, verleugnen oder vergessen, macht diese Metapher nicht weniger brauchbar, eher noch treffender.

Die bisherigen Erfolge beim Problemlösen zeigen natürlich nicht, daß *alle* philosophischen Probleme lösbar wären. Viele dieser Probleme sind ungelöst, vielleicht sogar unlösbar, und auch gelöste Probleme können samt ihren Lösungen in der Philosophie verbleiben. Sie sind dann «typisch philosophisch»: Sie haben weniger mit Beschreibung und Erklärung, sondern mehr mit Explikation (Begriffsverschärfung), Begründung, Bewertung und Methodologie zu tun. Aber auch bei ihnen können wissenschaftliche Fortschritte zur Klärung beitragen. Für die moderne Kosmologie etwa liefert die wichtigsten Fakten die Astrophysik, für das Leib-Seele-Problem wird man auf die Neurowissenschaften zurückgreifen, und für Fragen der Organverpflanzung muß man über genetische Verwandtschaft, medizinische Möglichkeiten, psychologische Folgen Bescheid wissen. So kommt es, daß heute zwischen Naturwissenschaften und Philosophie zahlreiche Brücken bestehen, bei denen eine Abgrenzung «Ist das nun noch Naturwissenschaft oder schon Philosophie?» schwierig, vielleicht unmöglich ist. Zum Glück ist eine solche Abgrenzung aber auch gar nicht nötig. Eine *Unterscheidung* kann ja sinnvoll sein, auch wenn uns eine säuberliche *Abtrennung* nicht gelingt.

d) *Wissenschaftsethik* hat zwei Teile. Einerseits wird das *Ethos der Wissenschaften* untersucht. Es wird geprüft, nach welchen Prinzipien Wissenschaftler *in Forschung und Lehre* sich richten bzw. sich richten sollten. Hier geht es um Wahrheitssuche, um die Mehrung und Verbreitung von Wissen; da ist von Objektivität, Offenheit,

Prüfbarkeit, Verständlichkeit, Kritisierbarkeit die Rede. Die wichtigsten Ziele sind Effektivität und Zuverlässigkeit – immer unter der *Voraussetzung,* daß man sich der Wahrheitssuche einmal verschrieben hat. Im Vergleich zum Alltagsethos ist das Ethos der Wissenschaft auf einen engen Lebensbereich beschränkt, dort aber außerordentlich streng. Es wird auch weitgehend befolgt; Verstöße gegen das Ethos der Wissenschaft kommen jedoch vor, sogar öfter, als uns lieb sein kann, wenn uns an der Glaubwürdigkeit der Wissenschaft gelegen ist.

Andererseits stellen sich Wissenschaftlern bei der Gewinnung, Weitergabe und Anwendung von Wissen auch allgemeinere moralische Probleme. Jeder Wissenschaftler ist ja auch Mitmensch, Staatsbürger, Vorbild, Erzieher. Darf man Forschung betreiben, wenn die Ergebnisse *voraussehbar* für militärische Zwecke verwendet werden? Darf man Forschungsergebnisse verbreiten, die *möglicherweise* für unmoralische Zwecke verwendet werden? Darf man mit Menschen experimentieren? Wie hoch darf das Risiko sein, dem man sich oder andere aussetzt? Wie kann man kurz- und langfristige Vor- und Nachteile gegeneinander aufwiegen? Wissenschaftsethik in diesem Sinne versucht, allgemein-ethische Prinzipien für Fragen aus Forschung und Lehre umzusetzen. Manchmal muß sie diese Prinzipien auch korrigieren oder sogar neue Prinzipien formulieren. Es handelt sich hier um *angewandte Ethik* in doppeltem Sinne: Es geht um die Anwendung allgemeiner ethischer Prinzipien auf konkrete Probleme und zugleich um die Anwendung wissenschaftlicher Erkenntnisse in Technik, Medizin, Wirtschaft, Politik, Erziehung und Alltag. Diese Fragen sind heute dringlicher denn je, weil wir so viel mehr können, als wir dürfen, und weil unsere Handlungen viel mehr Menschen betreffen und treffen als früher.

e) *Wissenschaftsästhetik* ist ein bisher eher vernachlässigtes Gebiet. Das ist ausgesprochen paradox: Einerseits betonen nämlich alle großen Wissenschaftler immer wieder, daß Schönheit und Eleganz, Harmonie und Symmetrie leitende Gesichtspunkte für ihre Forschung waren, und zwar die Schönheit nicht nur der untersuchten Objekte, sondern auch der Theorien *über* diese Objekte. Wer ließe sich auch nicht durch die grandiosen Bilderwelten der Galaxien, der Sterne, der Schmetterlinge, der Spinnen, des Korallenriffs, der Schneekristalle, der Fraktale beeindrucken? So wirbt ein Verlag für ein Buch über Kosmologie mit der «atemberauben-

den Ästhetik» der Abbildungen. So gibt es aber auch zwischen dem
Physiker Albert Einstein (1879–1955) und dem Gestaltpsycholo-
gen Max Wertheimer (1880–1943) einen längeren Briefwechsel
über die *Eleganz* geometrischer Beweise. Über Symmetrien in der
Natur gibt es Bücher, Symposien, Ausstellungen. Eine ganze Richtung, die «Harmonikale Forschung», befaßt sich mit Symmetrien
und Harmonien, mit ganzen Zahlen und mit dem Goldenen
Schnitt in der Natur. Ihre Protagonisten sind Pythagoras, Platon,
Kepler, Heisenberg.

Andererseits gelingt es den Forschern dann doch nicht, anderen
verbindlich mitzuteilen, *welche* Art von Schönheit sie meinen und
wie sie solche ästhetischen Kriterien einsetzen, wenn sie neue
Ideen suchen, finden oder bewerten. Eine lebendige Einführung in
die ästhetischen Momente der Wissenschaft gibt Ernst Peter
Fischer [1997].

Biophilosophie als Teil der Wissenschaftsphilosophie

Entsprechend der Einteilung der Wissenschaftsphilosophie kennt
auch Biophilosophie fünf Problemkreise:
a) Wissenschaftstheorie der Biologie
b) Naturphilosophie des Lebendigen
c) Einsatz biologischen Fachwissens zur Lösung philosophischer
   Probleme
d) Bioethik
e) Bioästhetik

Viele biophilosophische Probleme lassen sich als Spezialisierun-
gen wissenschaftsphilosophischer Probleme verstehen. Für solche
fachspezifischen Probleme nennen wir im Folgenden einige Beispiele. Umgekehrt werden gerade die Eigenheiten *bio*philosophischer Probleme dann besonders deutlich, wenn sie in die allgemeinere wissenschaftsphilosophische Problematik eingebettet bzw. ihr
gegenüber abgegrenzt werden. Von dieser Möglichkeit werden wir
in den folgenden Kapiteln mehrfach Gebrauch machen.
a) Die *Wissenschaftstheorie der Biologie* behandelt methodologische
Fragen, die für die Biologie typisch, zum Teil sogar auf sie beschränkt sind:

- Welche Art Wissenschaft ist die Biologie?
- Wie unterscheidet sich die Biologie von den Nachbardisziplinen Physik, Chemie und Psychologie? Hat sie eigene Objekte, Methoden, Erklärungsweisen? Hat sie charakteristische Anwendungsprobleme?
- Wie läßt sich Biologie als Wissenschaft innerlich gliedern?
- Kann es zwischen Physik und Biologie Widersprüche geben? Was ist zu tun, wenn solche auftauchen?
- Lassen sich die Begriffe und Aussagen der Biologie auf solche der Chemie oder gar der Physik zurückführen? (Reduktionsprobleme)
- Gibt es Gesetze in der Biologie?
- Wie soll die Biologin mit der Tatsache umgehen, daß die Evolutionsbiologie sich mit Voraussagen, also auch mit der Prüfung ihrer Hypothesen, besonders schwertut? Muß sie die Evolutionstheorie daraufhin mit Karl Popper als metaphysisches Forschungsprogramm ansehen? Oder kann sie auf andere Arten der empirischen Prüfung zurückgreifen?
- Bedarf die Zweckmäßigkeit in der belebten Natur einer besonderen Art der Erklärung, die über die Erklärungsweisen der Physik hinausgeht? Muß und darf dafür ein Zwecksetzer, ein Planer, ein Schöpfer in Anspruch genommen werden?

Mit der letzten Frage sind wir – fast ungewollt – über rein methodologische Probleme bereits hinausgegangen: Die Frage nach zulässigen Formen der Erklärung führt nämlich unweigerlich auf die Frage, welche Instanzen wir – als Biologen, als Erfahrungswissenschaftler, als Wissenschaftler überhaupt – bei Erklärungen zulassen wollen. Diese Frage gehört in die Naturphilosophie.
b) Die *Naturphilosophie des Lebendigen* sucht die Ergebnisse der Biowissenschaften zu deuten und zu einem einheitlichen Naturbild zu vereinen. Im Hinblick auf das Naturbild hat die Biologie eine Vorreiterrolle übernommen, weil sie als erste Disziplin den Gedanken einer durchgehenden *Evolution* fachlich umgesetzt hat, ja inzwischen gänzlich auf ihm ruht. Wenn es in der Biologie trotz ihrer zahlreichen Teilgebiete eine gewisse Einheit gibt, dann liegt das an der grundlegenden Rolle des Evolutionsbegriffs und der Evolutionsgesetze. Alle Biologie ist Evolutionsbiologie. «Nichts in der Biologie hat Sinn außer im Lichte der Evolution», meint denn auch der Biologe Theodosius Dobzhansky (1900–1975). So ist es kein Wunder, daß viele biophilosophische Probleme mit Evolution

zu tun haben: Wie läßt sich die Vielfalt der Lebewesen auf natürliche Weise ordnen? Gibt es eine *scala naturae*, eine Stufenleiter des Lebendigen? Gibt es dabei ein «Höher» und «Niedriger»? Hat die Evolution eine Richtung, vielleicht sogar ein Ziel? Gibt es Fortschritt in der Evolution? Wie läßt er sich charakterisieren, wie erklären? Welche Rolle spielt der Zufall?

c) *Evolutionäre Philosophie:* Der Begründer der Evolutionstheorie ist Charles Darwin (1809–1882). In seinem epochemachenden Werk «Der Ursprung der Arten» belegt er 1859 seine evolutionsbiologischen Thesen an vielen Beispielen, aber nur an Pflanzen und Tieren. Den Menschen erwähnt er erst auf der vorletzten Seite und nur mit einem einzigen Satz: «Viel Licht wird fallen auf den Ursprung des Menschen und seine Geschichte.» Der Grund dafür ist klar: Darwin wußte, daß er mit seiner Theorie auf Ablehnung und Kritik stoßen würde. Einige würden sich gegen die Evolutionstheorie als Ganzes wenden, andere nur gegen die Abstammung des Menschen aus dem Tierreich. Um seine Gegner zu trennen, beschränkte Darwin seine Thesen zunächst auf Pflanzen und Tiere; sein Buch «Die Abstammung des Menschen» erschien erst 1871. Diese Vorsicht half ihm allerdings wenig: Jeder begriff sofort, daß eine konsequente Evolutionstheorie auch den Menschen in die Stammesgeschichte einbeziehen würde, einbeziehen mußte; und so ist es kein Wunder, daß andere ihm mit Büchern über die Herkunft des Menschen zuvorkamen und daß die Ablehnung seiner Theorie sich vornehmlich aus der Abneigung gegen einen tierlichen Ursprung des Menschen speiste.

Bezieht man den Menschen aber erst einmal in die Evolutionsbiologie ein, so wird man nicht bei Körperbau und Stoffwechsel stehenbleiben, sondern die evolutionäre Betrachtungsweise auch auf das Verhalten und die geistigen Fähigkeiten des Menschen ausdehnen, also auf Merkmale, für die sich sonst die Geisteswissenschaften (die «humanities»), insbesondere die Philosophie zuständig fühlen. Darwin selbst hat das kommen sehen, und in unserem Jahrhundert hat die Biologie vielfach Einzug in die Philosophie gehalten. Insbesondere ist die Evolutionsbiologie für viele philosophische Fragen richtungweisend geworden. Fragen der Erkenntnistheorie, der Ethik, der Ästhetik, der Anthropologie erscheinen dadurch in einem neuen Licht. So gibt es inzwischen eine Evolutionäre Erkenntnistheorie, Programme für eine Evolutionäre Ethik und Ansätze zu einer Evolutionären Ästhetik. Zusammen mit anderen Ansätzen, etwa der Evolutionären Psychologie, kann man von einer Evolutionären Anthropologie sprechen.

d) *Bioethik:* Wie steht es mit den ethisch-moralischen Problemen? Hier bewährt sich die Zweiteilung, die wir oben vorgenommen haben. Das *wissenschaftliche Ethos* ist, zumindest dem Anspruch nach, universell: Es enthält keine Regeln, die nur für die biowissenschaftliche Forschung Geltung hätten. Ein Sonderethos für die Biologie gibt es nicht und braucht es auch nicht zu geben. Das schließt nicht aus, daß auch und gerade Biologen sich über das Ethos der Biologie als Wissenschaft Gedanken machen, wie das etwa Hans Mohr immer wieder [z. B. 1987] getan hat.

Ganz anders steht es mit der *Anwendung biologischer Forschungsergebnisse*. Hier ist eine eigenständige *Bioethik* gefordert. Zwar ist auch sie zur Begründung auf allgemeinethische oder wissenschaftsethische Prinzipien angewiesen; aber viele der Maximen, die sie enthält oder entwickelt, sind doch stark auf ihre ureigenen Forschungsgegenstände zugeschnitten, eben auf die Organismen. So ist es für die biologische Forschung durchaus erheblich, daß höhere Tiere leiden können, während die Physik die meisten ihrer Forschungen an unbelebten Systemen durchführen kann. Noch schwerer fällt uns die Entscheidung, was wir uns im Hinblick auf den Menschen erlauben dürfen oder wollen. Zwischen Bioethik und medizinischer Ethik gibt es dabei wieder keine scharfe Grenze.

«Die Jahrhundertwissenschaft» heißt ein Buch des Wissenschaftshistorikers Armin Hermann. Als die wichtigste Wissenschaft des 20. Jahrhunderts wird dort die Physik angesehen. Tatsächlich dürfte die Physik für die erste Hälfte unseres Jahrhunderts bestimmend gewesen sein. Im Jahre 1900 legt Max Planck (1858–1947) die Grundlagen für die Quantentheorie, die wohl größte Umwälzung, welche die Physik je hat erleben müssen. Die erste Jahrhunderthälfte endet mit dem Einsatz von Kernreaktoren einerseits, von Atombomben andererseits. Für die zweite Hälfte unseres Jahrhunderts dürfte jedoch eher die Biologie maßgebend sein. 1952 finden Watson und Crick die DNA-Doppelhelix, und seitdem hat die Molekularbiologie ungeahnte Fortschritte erzielt. Daß auch diese Jahrhunderthälfte mit zweischneidigen Erfolgen, diesmal der angewandten Biologie, enden würde, war wohl vorauszusehen.

e) *Bioästhetik* befaßt sich mit der Schönheit biologischer Formen und Farben. Viele Biologen waren von dieser Schönheit so fasziniert, daß sie versucht haben, sie bildlich wiederzugeben; ihr bekanntester Bewunderer ist vielleicht Ernst Haeckel (1834–1919). Wenn unsere Sprache zwischen dem Bewundern, dem Sich-Wundern und dem Wunder eine besonders enge Beziehung herstellt, so läßt sich das am Reichtum der Formen und Farben in der Welt des Lebendigen am ehesten nachvollziehen. Wie konnte solche Vielfalt entstehen? Und warum gefällt uns das, was gar nicht für uns «gemacht» ist? Über solche Fragen führt auch die Bioästhetik wieder auf naturphilosophische Fragen zurück.

Im folgenden werden wir uns vor allem wissenschaftstheoretischen Fragen und der Evolutionären Philosophie zuwenden. Fragen der Wissenschaftsethik behandelt der Beitrag von Klaus Hahlbrock, Fragen der Bioästhetik der Beitrag von Peter Sitte. Weitere Gedanken zur Biophilosophie finden sich in Vollmer [1995].

Welche Art Wissenschaft ist die Biologie?

Die Biologie ist, wie jeder weiß, eine Naturwissenschaft, sie gehört also zu den *Erfahrungswissenschaften* und damit zu jenen Wissenschaften, die versuchen, die reale Welt zu beschreiben, zu erklären, zu verstehen. Diese Wissenschaften nennt man – im Gegensatz zu den formalen oder Strukturwissenschaften wie Logik und Mathematik – auch *Real-* oder *Wirklichkeitswissenschaften*. In diesen Wissenschaften geht es nicht nur darum, was möglich, sondern vor allem darum, was wirklich ist. Ganz charakteristisch ist deshalb der Bezug auf und die Kontrolle durch die Erfahrung.

Der Aufgabenbereich einer solchen Wissenschaft bestimmt sich nach ihren Gegenständen oder Objekten, nach den Fragen, die sie dazu stellt, und nach den Methoden, deren sie sich zur Beantwortung dieser Fragen bedient. Die Biologie untersucht *lebende Systeme* und steht damit im Spannungsfeld zwischen der allgemeineren Wissenschaft Physik, die sich mit allen realen Systemen – belebten wie unbelebten – befaßt, und der spezielleren Wissenschaft Psychologie, die unter den belebten Systemen nur solche mit Bewußtsein(serscheinungen) untersucht. Die Besonderheit ihrer Objekte hat zur Folge, daß die Biologie Fragen stellt, Begriffe und Gesetze formuliert, Methoden entwickelt und Modelle in Erwägung zieht, die – auch vom Typ her – in der Physik keine Rolle spielen. So stellen zwar *alle* Erfahrungswissenschaften die für sie typischen Fragen

– «Wie beschaffen?»	(zur Beschreibung von *Zuständen*, «Statik»),
– «Wie entstanden?»	(zur Beschreibung des *Werdens*, «Kinematik»),
– «Warum?»	(zur *Erklärung* von Zuständen und Prozessen, «Dynamik»);

aber nur die Biologie stellt die *teleonomische* Frage

| – «Wozu?» | (als Suche nach der gen-, individuen-, gruppen- oder arterhaltenden *Funktion*). |

Ein weiteres charakteristisches Moment der Biologie ist die ungeheure *Komplexität* ihrer Objekte. Wie immer man den Komplexitätsbegriff faßt, in jedem Falle sind alle belebten Systeme erheblich komplexer als alle unbelebten (allerdings nicht als alle vom Menschen hergestellten Objekte). Die Komplexität beruht dabei nicht auf der Zahl der Bausteine, sondern auf der *Vielfalt* ihrer Wechselwirkungen, auf der durchgehend *hierarchischen* Strukturierung der lebenden Systeme und dem kybernetisch-systemtheoretischen *Zusammenwirken* ihrer Teile.

Hochkomplizierte Systeme kann es nun aber auch in weit größerer Zahl und *Verschiedenheit* geben als einfache. Tatsächlich sind ja nicht nur alle existierenden Arten, sondern schon alle Individuen voneinander verschieden. Deshalb ist es auch viel schwieriger, im Bereich des Lebendigen allgemeine Gesetzlichkeiten zu entdecken, zu formulieren und zu überprüfen.

Individuelle Unterschiede machen *Erklärungen* schwieriger. Verschiedene Individuen können sich trotz gleicher äußerer Bedingungen unterschiedlich verhalten und tun das häufig auch. Erst recht können dann winzige äußere Unterschiede zu großen Verhaltensunterschieden führen. Deshalb gibt es in der Biologie zwar viele Regeln, aber nur wenige strenge Gesetzmäßigkeiten; selbst der Fachbiologin fällt es schwer, Regelmäßigkeiten zu nennen, zu denen es nicht gleich wieder Ausnahmen gäbe.

Systeme mit gleichen Merkmalen fassen wir zu *Klassen* zusammen. Die Physik kennt ungefähr 500 solcher Objektklassen. Eine Physikerin, die einen guten Überblick über die *Physik* haben will, muß also rund 500 repräsentative Beispiele kennen und wissen, wie man diese behandelt. In der Chemie könnte man dazu die Anzahl der bekannten chemischen Stoffe zugrunde legen. Sie dürfte inzwischen bei einigen Millionen liegen. Deshalb kann kein Chemiker mehr alle bekannten chemischen Stoffe kennen.

Fragt man nun den Biologen, wie viele Klassen grundsätzlich verschiedener Objekte den Gegenstandsbereich der *Biologie* ausmachen, dann kommt man bei Beschränkung auf die jetzt lebenden Arten auf zwei bis drei Millionen. Nimmt man die ausgestorbenen Arten hinzu, so kommt man nach einer Schätzung des Biologen Ernst Mayr (*1904) leicht auf das Hundertfache. Dieses Verfahren mag etwas willkürlich und die Zahl darum wenig zuverlässig sein. Entscheidend sind hier aber allein die Unterschiede in den *Größenordnungen*. Sie zeigen, daß es in der Biologie deutlich mehr einschlägige Objektklassen gibt als in der Physik, so viele, daß niemand alle diese Klassen praktisch kennen oder theoretisch beherrschen kann.

Ein weiteres Kennzeichen der Biologie ist die bestimmende Rolle des *Zufalls*. Ein Ereignis nennen wir *zufällig*, wenn wir annehmen, daß es keine Ursache hat. (Ob es solche ursachlosen Ereignisse tatsächlich gibt, ist umstritten.) Natürlich gibt es Ereignisse dieser Art auch in der Physik. Doch sähe die Physik nicht so gänzlich anders aus, wenn es den Zufall nicht gäbe. Tatsächlich ist sie ja mehrere Jahrhunderte lang von einem durchgehenden Determinismus ausgegangen. Damit war sie auch erfolgreich, und die Fragwürdigkeit dieses Modells ist erst durch die Quantenphysik und durch die Entdeckung der chaotischen Systeme offenbar geworden.

In der Biologie liegt die Sache wesentlich komplizierter. Ist schon die Zahl der existierenden Arten und erst recht die Gesamtzahl aller lebenden Systeme von einst und jetzt ungeheuer groß, so ist doch selbst sie noch verschwindend klein gegenüber der Zahl der prinzipiell denkbaren und auch der naturgesetzlich möglichen Organismen. Aus dem riesigen Spektrum möglicher lebender Systeme wird auch noch in fernster Zukunft immer nur ein *winziger* Bruchteil verwirklicht sein. Die Auswahl der zu realisierenden Systeme unter den prinzipiell möglichen erfolgt dabei im wesentlichen über Zufallsfaktoren: ungerichtete Mutationen, Schwankungen der Populationsgröße, zufällige Genrekombinationen. So weisen biologische Systeme immer auch zufällige Aspekte auf, die sich weder durch deterministische noch durch Wahrscheinlichkeitsgesetze beschreiben, erklären oder gar voraussagen lassen. Deshalb sind der Wiederholbarkeit, Erklärbarkeit und Voraussagbarkeit in der Biologie wesentlich engere Grenzen gesetzt, als man sie aus der Physik kennt.

Die Hierarchie der Wissenschaften bringt ein weiteres Problem mit sich: Wenn ein Wissenschaftler versucht, ein reales System zu verstehen, so wird er es *zerlegen* und versuchen, seine Teile zu erforschen, in der Hoffnung, das Gesamtsystem aus seinen Teilen und ihrem Zusammenwirken zu erklären. Geht nun ein Physiker zu Teilen eines Systems über, so bleibt er doch Physiker. Die Grundlagen der Physik liegen eben immer noch in der Physik, ganz gleich, ob es sich dabei um Kristalle, Moleküle, Atome, Atomkerne, Elementarteilchen oder Quarks handelt. In anderen Wissenschaften ist das nicht so. Die Biologin, die ihre Systeme zerlegt, bleibt zwar zunächst noch in der Biologie, wenn sie Organe, Gewebe, Fasern, Zellen, Zellkerne, Eiweißstoffe betrachtet. Auch die Molekularbiologie ist, wie der Name schon sagt, noch Biologie. Geht sie aber noch tiefer, so gerät sie unweigerlich in die Biochemie, in die organische und anorganische Chemie und schließlich in die Physik. Die Grundlagen der Biologie liegen also außerhalb der Biologie! Deshalb muß etwa die Entstehung des Lebens letztlich durch Physik und Chemie geklärt werden. Und aus dem gleichen Grunde müssen Biologen von Physik einiges und von Chemie viel verstehen, während Physiker über Biologie nichts zu wissen brauchen. (Schaden kann ihnen solches Wissen freilich nicht.)

Was tun, wenn zwischen Biologie und Physik Widersprüche auftauchen?

Mancher wird meinen, Widersprüche zwischen Physik und Biologie könne es gar nicht geben, weil diese Wissenschaften doch ganz verschiedene Objekte behandelten. Zu gern stellt man sich vor, die Physik habe nur mit *unbelebten*, die Biologie dagegen nur mit *belebten* Systemen zu tun. Das ist aber ein Irrtum. Tatsächlich behandelt die Physik *alle* realen Systeme, und ihre Gesetze müssen für alle einschlägigen Systeme gelten, auch für die belebten. So unterliegt auch ein Vogel der Schwerkraft, genügt eine Nervenzelle dem Energieerhaltungssatz, kann selbst der Mensch den Entropievermehrungssatz nicht außer Kraft setzen. Nicht unerwähnt bleibe auch, daß Julius Robert Mayer (1814–1878) «eigentlich» Arzt war und den Energieerhaltungssatz entdeckte, weil ihm bestimmte Beobachtungen an Menschen, also an Lebewesen, zu denken gaben.

Obwohl die Gesetze der Physik auch für die Lebewesen gelten, sind doch die typischen Merkmale der Lebewesen nicht Thema

der Physik, sondern eben der Biologie. Genauso gelten die Gesetze der Biologie für *alle* Lebewesen, auch für solche, die Bewußtseinserscheinungen zeigen, also für höhere Tiere und für den
Menschen. Diese Bewußtseinserscheinungen selbst sind jedoch
nicht mehr Gegenstand der Biologie, sondern der Psychologie.
Die ursprüngliche Bezeichnung «Tierpsychologie» für die vergleichende Verhaltensforschung oder Ethologie war also durchaus
zu Recht gewählt. Die Wissenschaften Physik, Chemie, Biologie, Ethologie, Psychologie behandeln eben zunehmend engere
Objektklassen, ohne daß die Gesetze der tieferen Ebene auf einer
der höheren Ebenen ungültig würden.

Wenn also zwischen Biologie und Physik Widersprüche auftauchen, so können wir uns nicht damit beruhigen, daß dies ja
eigentlich gar nicht möglich sei. Vielmehr werden wir solche
Widersprüche aufzuklären und zu beseitigen suchen, indem wir
mindestens eine von beiden Disziplinen korrigieren. Allerdings
gibt es keine Regel und keine Vorentscheidung, welche Disziplin
dabei nachzugeben hätte.

So bestand lange Zeit ein deutlicher Widerspruch zwischen
Biologie und Physik im Hinblick auf das Alter der Sonne. Lord
Kelvin (1824–1907), ein berühmter und wegen seiner Verdienste
geadelter Physiker, vermutete wie vor ihm schon Robert Mayer
(1814–1878), die Sonne beziehe ihre Energie aus gravitativer
Schrumpfung, also daraus, daß sie sich allmählich zusammenzöge;
danach könnte sie allerdings nur einige Millionen Jahre lang stabil
gestrahlt haben. Nun sind fast alle Lebewesen auf der Erde auf eine
stabile Sonnenstrahlung unabdingbar angewiesen. (Nur einige
Bakterien begnügen sich mit der Energie heißer Quellen oder
heißer Magmaströme.) Und nach Darwin, also nach der Theorie
eines Biologen, sollte die biologische Evolution wesentlich länger
gedauert haben, mindestens zehnmal so lange. Auch die Geologen
sprachen sich zugunsten eines höheren Erdalters aus. Hier konnten Physik und Biologie nicht beide Recht haben. Darwin betrachtete das als einen der schwerwiegendsten Einwände gegen seine
Theorie, ließ aber wohlweislich offen, ob die fällige Korrektur eher
bei der Sonnen*physik* oder bei der Evolutions*biologie* zu erfolgen
habe. Dieser Widerspruch wurde erst im 20. Jahrhundert aufgelöst durch die Entdeckung einer neuen Energiequelle, die dem
19. Jahrhundert unbekannt war: der Kernfusion. Sterne setzen
Energie frei, indem sie leichte Atomkerne zu schwereren verschmelzen. Das haben 1937 Hans Bethe (*1906) und Carl Fried-

rich von Weizsäcker (*1912) entdeckt. Bei unserer Sonne, die ja astrophysikalisch ein gewöhnlicher Stern ist, reicht diese Energiequelle für etwa zehn Milliarden Jahre; davon sind bisher fünf verstrichen. In diesem Falle wurde der Widerspruch also zugunsten der Biologie (und der Geologie) aufgelöst.

Auch in heutigen Diskussionen spielt der Energiesatz eine argumentative Rolle, etwa beim Leib-Seele-Problem: Der Neurophysiologe John Eccles (1903–1997) und der Philosoph Karl Popper (1903–1994) vertraten – wie lange vor ihnen René Descartes (1596–1650) – die Auffassung, Gehirn und Geist seien zwei unabhängige Instanzen, die miteinander in Wechselwirkung stünden (Interaktionismus). Wenn das zuträfe, dann müßte offenbar Information aus dem einen Bereich in den jeweils anderen gelangen. Es gibt aber, soweit wir wissen, keinen Informationsübertrag ohne Energieübertrag; also müßte zwischen den beiden Bereichen auch Energie ausgetauscht werden. Auf der Ebene des Gehirns, also aus der Sicht von Biologie und Physik, käme das einer Verletzung des Energieerhaltungssatzes gleich. Hier gibt es also einen Widerspruch zwischen Naturwissenschaft und Philosophie. Deshalb lehnen die meisten Naturwissenschaftler diese dualistische und interaktionistische Theorie ab. Eine zwingende Widerlegung ist das freilich nicht; im Prinzip könnte sich auch der Energiesatz einmal als falsch erweisen. Im Augenblick gibt es dafür jedoch keinerlei Hinweise.

Einheit der Natur und Einheit der Wissenschaft:
Reduktionsprobleme

Die Grundlagen der Biologie, so stellten wir fest, liegen gar nicht in der Biologie, sondern in Chemie und Physik. Soll das etwa heißen, daß die Biologie letztlich nur ein Teilgebiet der Physik ist? Zunächst heißt es nur, daß die Gesetze von Physik und Chemie auch für belebte Systeme gelten. Die Gesetze der Biologie könnten davon völlig unabhängig sein; sie könnten zu den physikalisch-chemischen Gesetzmäßigkeiten einfach hinzukommen. Widersprechen dürfen sie diesen zwar nicht; sonst aber wären sie beliebig. Sind sie es?

Seit Jahrtausenden gibt es die Vorstellung, daß in der Natur alles mit allem zusammenhängt. Wenn es eine solche *Einheit der Natur* gibt, müßte sich diese Einheit dann nicht auch durch eine einheitliche Wissenschaft beschreiben lassen, müßte sie sich nicht in einer *Einheit der Wissenschaft* spiegeln? Entspringen die verschiedenen Naturwissenschaften vielleicht nur einer zweckmäßigen Arbeitsteilung bei einem Unternehmen, das letztlich auf ein zusammenhängendes Ganzes gerichtet ist und deshalb auch selbst ein zusammenhängendes Ganzes bilden könnte?

Die Idee einer Einheit der Wissenschaft hat Anhänger und Kritiker gefunden. Ein starkes Plädoyer zu ihren Gunsten hat zuletzt der Biologe Edward O. Wilson (*1929) vorgetragen mit seinem Buch «Die Einheit des Wissens» [1998]. Die Biologie ist für eine solche Fragestellung besonders geeignet, weil sie in der Hierarchie der Wissenschaften eine Mittelstellung einnimmt. Die meisten Argumente für und gegen eine Einheit der Wissenschaft lassen sich anhand der Biologie diskutieren.

Von Einheit der Wissenschaft ist in mindestens drei Bedeutungen die Rede:

* *Einheit der Methode:* Benützen alle Wissenschaften oder wenigstens alle Naturwissenschaften letztlich dieselbe Methode, etwa das hypothetisch-deduktive Verfahren, die Methode von Versuch und Irrtumsbeseitigung?
* *Einheit der Sprache:* Lassen sich alle wissenschaftlichen *Begriffe* in einer Universalsprache, einer Art «Esperanto des Geistes», formulieren? Lassen sie sich aufeinander beziehen, auseinander definieren, vielleicht durch Definition auf wenige Grundbegriffe zurückführen? (Hier sprechen wir von *schwacher Reduktion.*)
* *Einheit der Gesetze:* Lassen sich die wissenschaftlichen *Aussagen*, insbesondere die wissenschaftlichen Gesetze, nicht nur in dieser Sprache formulieren, sondern auseinander ableiten, vielleicht auf wenige Grundsätze zurückführen? (Hier sprechen wir von *starker Reduktion.*)

Im folgenden werden wir uns auf den ehrgeizigsten Einheitsbegriff, auf die Einheit der Gesetze beziehen. Die Einheit der Gesetze schließt die Einheit der Sprache und erst recht die Einheit der Methode ein. Gibt es Argumente, die für eine solche Einheit, für eine starke Reduzierbarkeit sprechen? Das einzig zwingende Argument *für* diese Reduzierbarkeit wäre der Nachweis, daß die Reduktion bereits erfolgt ist. Dazu müßten die entsprechenden Definitionen und Ableitungen angegeben werden, und es müßte plausibel gemacht werden, daß das vorgelegte Inventar an wissenschaftlichen

Begriffen und Gesetzen im wesentlichen vollständig ist. Von einem solchen Zustand sind wir weit entfernt. Wir werden uns also mit schwächeren Argumenten zufriedengeben. Folgende Argumente sprechen zugunsten einer Einheit der Wissenschaft:

Synthese-Argument: Wir sind in der Lage, komplexe Dinge aus einfachen zu synthetisieren, und zwar wiederholt, zuverlässig und voraussagbar. So haben Physiker ab 1937 schwere Elemente synthetisiert; 1829 hat Richard Wöhler organische Verbindungen aus anorganischem Material gewonnen; Stanley Miller hat 1953 Biomoleküle aus abiotischen Substanzen hergestellt; und Biochemiker synthetisieren seit 1975 Virusgenome aus enzymatischem Substrat. Wir sind überzeugt, daß solche Prozesse von kausalen Gesetzen regiert werden. Sollte es dann nicht auch möglich sein, sie theoretisch zu beschreiben und zu erklären, also sie auf Begriffe und Gesetze abzubilden, spätere Stadien auf frühere *zurückzuführen?*

Freilich werden solche Syntheseprozesse von intelligenten und hochkomplizierten Wesen (eben von Wissenschaftlern) geplant und durchgeführt. Gerade die Beteiligung eines solchen äußeren Agenten *könnte* aber ein entscheidendes Element für den Verlauf von Syntheseprozessen sein. Die in Aussicht genommene Reduktion soll dagegen ohne äußeren Planer als erklärende Instanz auskommen.

Ontogenese-Argument: Organismen entwickeln sich aus wenig differenzierten Stadien zu höchst komplizierten Systemen, aus kleinen Zellen zu großen, erwachsenen Individuen. Auch diese Entwicklung folgt kausalen Gesetzen. Sollte es dann nicht möglich sein, solche kausalen Prozesse in einer Theorie der ontogenetischen Entwicklung zu spiegeln, Endzustände aus Anfangszuständen zu *erklären?* Wieder würden kausale Verknüpfungen in der Natur durch logische Verknüpfungen in der Theorie, Erzeugungsvorgänge durch Ableitungsbeziehungen dargestellt.

Nun weisen Entwicklungsprozesse zwar keinen äußeren Agenten auf, werden aber durch genetische *Programme* gesteuert und kontrolliert. Eine Reduktion wäre also erst dann erreicht, wenn auch die Entstehung dieser Programme vollständig erklärt wäre. Beide Einwände – die Beteiligung eines äußeren Agenten und die Wirksamkeit eines internen Programms – entfallen bei dem folgenden Evolutionsargument.

Evolutions-Argument: Nach Auffassung heutiger Wissenschaft sind alle Systeme im Laufe der universellen Evolution aus einfacheren *entstanden.* Wissenschaftliche Theorien bilden Beziehungen (zwischen Ereignissen) auf logische Beziehungen (zwischen Aussagen) ab. Sollte es dann nicht auch möglich sein, die Prozesse dieser universellen Evolution in unseren Theorien zu spiegeln und die Eigenschaften und Gesetze der komplizierten Systeme aus unserem Wissen über einfache Systeme *abzuleiten*, die komplizierteren Systeme aus der Kenntnis ihrer Untersysteme zu *erklären*?

Dieses Evolutions-Argument ist stärker als die beiden vorhergehenden, da es in der Evolution weder einen äußeren *Agenten* noch ein *Programm* gibt. Ist es doch gerade die Leistung von Darwins Selektionstheorie zu zeigen, daß die Evolution *ohne* ein solches Programm auskommt, selbst bei der Entstehung so zweckmäßiger Systeme, wie wir sie bei Lebewesen finden.

Allerdings ist auch das Evolutions-Argument nicht zwingend. Erstens brauchen nicht alle Evolutionprozesse kausaler Natur zu sein. Tatsächlich wissen wir bereits, daß in der universellen Evolution auch Zufallselemente eine wesentliche Rolle spielen. Zufällige Ereignisse lassen aber von ihrer Natur her keine Erklärung zu. Die Reduzierbarkeitsthese muß also von vornherein auf nichtzufällige Prozesse beschränkt werden. Zweitens haben wir keine Garantie, daß sich tatsächlich *alle* kausalen Prozesse in logischen Ableitungsbeziehungen spiegeln. Dafür sind die Begriffe ‹Kausalität›, ‹Kausalbeziehung›, ‹Kausalgesetz›, ‹Kausalprinzip› noch nicht hinreichend geklärt. Und drittens könnte unser Wissen über die einfachen Systeme auf Dauer (nicht nur grundsätzlich fehlbar, sondern auch) so lückenhaft bleiben, daß Reduktionen wegen *mangelnder Kenntnis* unmöglich sind.

Erfolgs-Argument: Immerhin gibt es in der Wissenschaftsgeschichte zahlreiche gelungene Reduktionen. Reduziert wurden:
- Galileis irdische und Keplers Himmelsphysik auf Newtons Mechanik und Gravitationstheorie,
- Newtons Mechanik und Gravitationstheorie auf Einsteins Allgemeine Relativitätstheorie,
- geometrische Optik auf Wellenoptik,
- Wellenoptik auf Elektrodynamik,
- phänomenologische auf statistische Thermodynamik,
- organische auf anorganische Chemie,
- Chemie auf Physik (Chemie als Physik der Atomhülle),
- klassische (Mendelsche) Genetik auf molekulare Genetik.

Solche Erfolge legen die Vermutung nahe, daß weitere Reduktionen möglich sind. Freilich ist in jedem Einzelfalle anzugeben, was unter «Reduktion» zu verstehen ist. Selbst die genannten Fälle sind durchaus umstritten. Außerdem bieten selbst noch so viele Erfolge keine *Garantie*, daß auch im nächsten fraglichen Fall oder gar in allen Fällen eine Reduktion gelingen müßte.

Wissenschaftler sind Programm-Reduktionisten

Die bisher genannten Argumente liefern Motive dafür, die Einheit der Wissenschaft für denkbar, für erreichbar, vielleicht sogar für wünschenswert zu halten. Von ganz anderer Natur ist das *Heuristik-Argument*. Heuristik ist Findekunst. Sie ist eine Kunst; denn ein sicheres Verfahren, einen Algorithmus, wie man Neues findet, gibt es nicht, weder für neue Fragen noch für neue Antworten noch gar für richtige Antworten. Wohl aber gibt es Ratschläge, Faustregeln, Suchstrategien, Kreativitätstechniken. Die wichtigste dieser Regeln hat spätestens René Descartes (1596–1650) in seiner «Abhandlung über die Methode» formuliert: Wenn du ein kompliziertes System verstehen willst, so zerlege es – gedanklich oder tatsächlich – in Teile und versuche, es aus seinen Teilen wieder aufzubauen! Vor allem aber versuche, das Gesamtsystem aus der Kenntnis seiner Teile und ihrer Verschaltung zu verstehen! Offenbar handelt es sich dabei um ein reduktionistisches Programm. Dazu gehört aber die Synthese genauso wie die Analyse, die Rekonstruktion genauso wie die Zerlegung. Wer also die Biologie oder allgemein die Naturwissenschaften als «bloß analytisch» verunglimpft, verrät damit nur seine Unkenntnis der naturwissenschaftlichen Methode.

Wer als Wissenschaftler die Einheit der Wissenschaft für wünschbar und erreichbar hält, wird diese Einheit auch nachzuweisen suchen. Er wird Reduktionsversuche anstellen, sich über Erfolge freuen und Mißerfolge bedauern. Was aber wird jemand tun, der die Einheit der Wissenschaft bezweifelt? Wird er die Hände in den Schoß legen und zusehen, wie andere mit ihren Reduktionsversuchen scheitern? Jemand, der nur abwartet, daß andere mit ihren Forschungsprogrammen scheitern, ist kein Wissenschaftler. Vielmehr wird er ebenfalls Reduktionsversuche anstellen, sich dann allerdings durch Mißerfolge bestätigt, durch Erfolge widerlegt sehen.

Sieht man von der unterschiedlichen Bewertung der Ergebnisse einmal ab, so tun offenbar beide Wissenschaftler dasselbe: Sie stellen Reduktionsversuche an. Denn die Reduzierbarkeitsthese läßt sich nur dadurch sowohl bestätigen als auch widerlegen, daß man Reduktionsversuche macht. Führen diese Versuche zum Ziel, so lernt man, wie die ins Auge gefaßte Reduktion durchzuführen ist; führen sie dagegen nicht zum Ziel, so lernt man, daß die fragliche Reduktion undurchführbar ist und vielleicht auch, wo die eigentlichen Hindernisse liegen.

Ein typisches Beispiel ist der Physiker und Biologe Max Delbrück (1906–1981). Angeregt durch Niels Bohrs Ideen über Komplementarität, ging er in die Biologie, um dem «Geheimnis des Lebens» auf die Spur zu kommen, vor allem, um die natürlichen Grenzen des physikalisch-chemischen (also reduktionistischen) Ansatzes aufzudecken. Er erwartete, daß einige organismische Merkmale sich *nicht* auf Atom- und Molekülphysik und damit auf die Quantenmechanik zurückführen lassen würden, daß sie vielmehr in einem *komplementären* Verhältnis zur Physik stünden: Ein Organismus sei *entweder* lebendige Ganzheit und als solche Gegenstand der Biologie *oder* zerlegt und physikalisch beschreibbar, aber dann eben tot. So widmete sich Delbrück den Bausteinen des Lebendigen, dem «Atom des Biologen» (Fischer [1988]). Kurz vor der Entdeckung der Doppelhelix, also Anfang 1953, wurde ihm jedoch klar, daß seine Hoffnung verfehlt war und daß gerade die von ihm mitbegründete und durch und durch *reduktionistische* Molekularbiologie auf der ganzen Linie *erfolgreich* war. Enttäuscht wandte er sich anderen Problemen zu, nämlich den Anfängen der Wahrnehmung, erhielt aber 1969 – mit bezeichnender Verspätung – doch noch den Nobelpreis für seine molekularbiologischen Entdeckungen.

Methodologisch und von seiner Tätigkeit her ist also *jeder Wissenschaftler Programm-Reduktionist:* Er macht Reduktionsversuche nahezu unabhängig davon, welche Überzeugungen er damit verbindet. Zum methodologischen Reduktionismus gibt es somit keine wissenschaftlich vertretbare Alternative. Wer überhaupt an Erkenntnisfortschritt interessiert ist, der wird einen methodologischen Reduktionismus vertreten oder wenigstens praktizieren. Hinsichtlich der Wahrheitsfrage hat er sich dadurch noch nicht festgelegt.

Freilich kann man unter bestimmten Umständen auch noch den methodologischen Reduktionismus ablehnen, nämlich dann, wenn man gelungene Reduktionen mißbilligt. Man kann Reduktionen und den damit verbundenen Erkenntnisfortschritt, letztlich Wissenschaft überhaupt, ablehnen, etwa aus Furcht, die gewonnenen Erkenntnisse könnten *mißbraucht* werden, sie könnten unser Welt- und *Menschenbild* in unerwünschter Weise verändern, sie könnten nützliche *Illusionen* zerstören oder vorteilhafte *Machtverhältnisse* untergraben. Hierbei spielen offenbar andere Werte als Wahrheit und Erkenntnis die entscheidende Rolle.

Im Gegensatz zu den vorhergehenden Argumenten kann das Heuristik-Argument also nicht zeigen, daß die Reduzierbarkeits- these wahr oder plausibel ist, noch kann sie zeigen, daß man sie methodologisch vertreten muß. Es belegt jedoch eine enge Kopp- lung zwischen Wissenschaft und Reduktion: Wer an Wahrheit und Erkenntnisfortschritt interessiert ist, der muß Programm-Reduk- tionist sein. Man kann nicht das eine wollen und zugleich das ande- re ablehnen; wohl aber kann man beides zugleich ablehnen.

Zweckmäßigkeit und Teleonomie

Niemand kann die Welt des Lebendigen studieren, ohne von der Zweckmäßigkeit organismischer Strukturen beeindruckt zu sein. Diese Zweckmäßigkeit möchten Wissenschaftler nicht nur fest- stellen und beschreiben, sondern auch erklären. Lange Zeit sah man keine andere Möglichkeit, als dafür einen Zwecksetzer, einen Planer, einen Schöpfer verantwortlich zu machen. Man benutzte *teleologische* Argumente: Gott hat uns Augen gegeben, *damit* wir sehen können, der Kuh ein Euter, *damit* sie ihr Kalb ernähren kann. Dementsprechend verstand man auch die Frage «Wozu?» teleologisch: Was hat der Schöpfer damit beabsichtigt? Umgekehrt zählte die Existenz zweckmäßiger Merkmale bei den Lebewesen bis ins 19. Jahrhundert zu den überzeugendsten Argumenten zugunsten der Existenz Gottes.

Erst Darwins Theorie der natürlichen Auslese bot eine alterna- tive Erklärung und nahm damit dem teleologischen Gottesbeweis seine Überzeugungskraft. Wissenschaftler bevorzugen Darwins evolutionsbiologische Erklärung, weil sie prüfbar ist und weniger erklärende Instanzen voraussetzt. (Die Existenz Gottes *widerlegen* kann man so natürlich nicht. Das kann man auch auf keine andere Weise. Denn es handelt sich um eine Existenzaussage von der Form «Es gibt...», und wie man echte Allaussagen, etwa Natur- gesetze, nicht beweisen kann, so kann man echte Existenzaussagen nicht widerlegen.) Die Entscheidung, für Erklärungen keine metaphysischen Instanzen in Anspruch zu nehmen, wird jedenfalls nicht willkürlich gefällt, sondern aufgrund von Argumenten. Es ist das große Verdienst der neuzeitlichen Naturwissenschaften, in einem mühsamen Abgleichprozeß herausgefunden zu haben, worauf man sich bei der Beschreibung und Erklärung der Welt *intersubjektiv* einigen kann.

Wird damit auch die Frage «Wozu?» entbehrlich? Natürlich nicht. Zwar verzichten wir auf einen Zwecksetzer, aber doch nicht auf die augenscheinliche Zweckmäßigkeit, nicht auf die Suche nach der *Funktion* eines organismischen Merkmals. Doch deuten wir diese Frage nicht mehr final oder teleologisch; wir unterstellen keine Absicht, keinen Plan und keinen Planer. Vielmehr verstehen wir die Frage «Wozu?» als verkürzte Frage nach einer speziellen kausalen Erklärung: «Welche *Funktion* ist es, deren Fitness-steigernder Wert evolutiv zur Ausbildung und Erhaltung dieser Struktur geführt hat?» Solche Fragen und die zugehörigen Antworten nennt man – nach einem Vorschlag von Colin S. Pittendrigh – *teleonomisch*. Teleonomie ist dann Fitness-steigernde Zweckmäßigkeit, bedingt durch ein genetisches Programm, nicht durch ein zwecksetzendes Wesen. Der Begriff «Teleonomie» soll den wissenschaftlich vertretbaren Gehalt teleologischer Fragen und Antworten wiedergeben. Die teleonomische Frage «Wozu hat die Kuh ein Euter?» lautet also genauer: «Welche fitnesssteigernde Funktion hatten Euter bei den Vorfahren der Kuh?» Und die ausführliche teleonomische Antwort lautet: «Kühe haben Euter, *weil* unter ihren Vorfahren jene mit der genetischen Anlage zur Euterbildung ihre Kälber besser ernähren und sich deshalb besser vermehren und eben diese Gene weitergeben konnten.» In dieser ausführlichen Fassung ist das problematische «damit» oder «um zu» durch ein letztlich kausales «weil» ersetzt. Teleonomische Erklärungen sind also spezielle kausale Erklärungen.

Wieso können wir die Welt erkennen?
Evolutionäre Erkenntnistheorie

Wir haben schon angedeutet, daß es vor allem der Evolutionsgedanke war, mit dem die Biologie für die Philosophie fruchtbar geworden ist. Die Einsicht, daß der Mensch mit seinen Fähigkeiten, auch mit seinen geistigen Fähigkeiten, in einer jahrmillionenlangen Evolution entstanden ist, kann für die Philosophie, die sich ja vorwiegend mit diesen geistigen Fähigkeiten und ihren Ergebnissen befaßt, nicht folgenlos bleiben. Das gilt für das Erkenntnisvermögen des Menschen, für sein soziales Verhalten wie für sein ästhetisches Urteilen. Von den klassischen philosophischen Disziplinen sind damit Erkenntnistheorie, Ethik und Ästhetik betroffen. Im folgenden werden wir uns mit dem Erkenntnisvermögen befassen; Evolutionäre Ethik und Evolutionäre Ästhetik müssen hier leider unberücksichtigt bleiben.

Erkennen spielt sich in unseren Köpfen ab. Angeregt durch die Signale, die von den Sinnesorganen kommen, konstruiert unser Gehirn ein Bild der Welt, bis hin zu einem ganzen Weltbild. Wir konstruieren diese Welt räumlich dreidimensional, zeitlich geordnet und gerichtet, regelmäßig, sogar naturgesetzlich strukturiert, kausal vernetzt; wir ziehen Schlüsse, gehen von Erfahrungen in der Vergangenheit zu Erwartungen an die Zukunft über und ändern diese Erwartungen im Lichte neuer Erfahrungen.

Mit einigen unserer Konstruktionen haben wir Erfolg, mit anderen scheitern wir. Warum ist das so? Für den Realisten, der überzeugt ist, daß es «da draußen» eine reale, strukturierte und teilweise erkennbare Welt gibt, ist die Antwort einfach: Manche unserer Konstruktionen scheitern immer wieder, weil die Welt da draußen nicht so ist, wie wir uns das gedacht haben. Sind unsere Konstruktionen dagegen erfolgreich, so hoffen wir, daß wir die Welt *richtig* konstruiert, *rekonstruiert*, *erkannt* haben. Dafür haben wir gute Gründe, aber beweisen können wir es nicht. Unser Wissen über die Welt, so *zuverlässig* es in der Regel ist, bleibt nicht nur unvollständig, sondern immer auch *fehlbar*.

Die Prinzipien, nach denen wir diese Welt konstruieren und rekonstruieren, werden nicht von den Sinnesreizen oder von den Außenreizen diktiert. Wie sind sie dann in unseren Kopf gekommen? Die Antwort der Evolutionären Erkenntnistheorie [Vollmer 1975] stützt sich auf die Evolutionsbiologie: Denken und Erkennen sind Leistungen des menschlichen Gehirns, und dieses Gehirn ist in der biologischen Evolution entstanden. Unsere kognitiven Strukturen passen (wenigstens teilweise) auf die Welt, weil sie sich – phylogenetisch – in Anpassung an diese reale Welt herausgebildet haben und weil sie sich – ontogenetisch – auch bei jedem Einzelwesen mit der Umwelt auseinandersetzen müssen. In beiden Fällen ist letztlich der Erfolg das entscheidende Kriterium.

Biologische Anpassung ist jedoch nie ideal. So dürfen wir nicht erwarten, daß Sinnesorgane, Zentralnervensystem, Gehirn ein in jeder Hinsicht korrektes Bild der Welt liefern, insbesondere dort nicht, wo dieses Bild in der Evolution gar nicht getestet wurde. So können wir Leistungen *und* Fehlleistungen unseres Gehirns erklären.

Nehmen wir die räumliche Wahrnehmung als Beispiel. Obwohl unsere Netzhaut flächig, also letztlich *zwei*dimensional ist, sehen wir nicht nur Breite und Höhe, sondern auch Tiefe, also *drei* räumliche Dimensionen. (Für den Tastsinn gilt das ebenfalls.) So können wir den Abstand zu einem Gegenstand, den wir erreichen oder vermeiden wollen, recht gut einschätzen. *Vier*dimensionale Objekte können wir uns dagegen nicht vorstellen. Zwar können Mathematiker vier- und höherdimensionale Gebilde und Räume ohne weiteres definieren und berechnen; ja sie können uns sogar drei- oder zweidimensionale *Projektionen* solcher Gebilde zeigen, als Drahtgebilde etwa oder in Zeichnungen auf Papier, Tafel oder Leinwand; aber anschaulich vorstellen können auch sie sich solche Strukturen nicht. Warum nicht?

Die einfachste Erklärung ist, daß unsere Welt wirklich dreidimensional ist und daß unser Erkenntnisapparat bzw. unser Vorstellungsvermögen phylo- wie ontogenetisch auf diese Dreidimensionalität – mit einem Begriff der Verhaltensforschung – *geprägt* ist. Unsere vergleichsweise gute räumliche Wahrnehmung verdanken wir letztlich der baumbewohnenden Lebensweise unserer Vorfahren, die sich als Greifkletterer im Astgewirr zurechtfinden mußten. «Um es grob, aber bildhaft auszudrücken», meint der Evolutionsbiologe George Gaylord Simpson, «der Affe, der keine realistische Wahrnehmung von dem Ast hatte, nachdem er sprang, war bald ein toter Affe – und gehört daher nicht zu unseren Urahnen.» An drei räumliche Dimensionen sind wir angepaßt, an vier nicht.

Die Evolutionäre Erkenntnistheorie vermag also unsere kognitiven Leistungen und Fehlleistungen zu erklären: Sie sagt uns, warum unser Erkenntnisvermögen nicht besser und warum es nicht schlechter ist. «Warum sind wir nicht klüger?» heißt folgerichtig ein Buch von Nicholas Rescher über den evolutionären Nutzen von Klugheit und Dummheit. Erkenntnistheoretiker möchten jedoch nicht nur herausfinden, was, wie und warum wir erkennen, sondern auch klären, wie zuverlässig unsere kognitiven Fähigkeiten sind. In der Vergangenheit war man da vergleichsweise optimistisch; man nahm an, daß wenigstens ein Teil unseres Wissens sicher, beweisbar, begründbar sei. Aber die Zweifler, die Skeptiker, nahmen an Zahl und an Gewicht zu, und heute sind wir der

Meinung, daß wir kein sicheres Wissen haben noch haben können. Damit entfällt auch die Frage, wie wir zu solch sicherem Wissen gelangen oder worauf seine Sicherheit beruht: Was es nicht gibt, brauchen wir auch nicht zu erklären. Dagegen kann die Evolutionäre Erkenntnistheorie auf die Frage, welche Teile unseres Wissens zuverlässig sind und welche nicht, eine brauchbare (wenn auch nicht beweisbare!) Antwort geben, die wir hier nur skizzieren.

Jenen Ausschnitt der realen Welt, an den sich der Mensch wahrnehmend, erfahrend und handelnd angepaßt hat, nennen wir *Mesokosmos*. Er ist eine Welt der mittleren Dimensionen: mittlerer Entfernungen und Zeiten, kleiner Geschwindigkeiten und Kräfte, geringer Komplexität. Auf diese Welt sind wir geprägt; hier greifen unsere Intuition, unser Vorstellungsvermögen, unsere Anschauung; hier fühlen wir uns zu Hause. Außerhalb des Mesokosmos kann unsere Intuition versagen, und sie tut das auch oft genug.

Während Wahrnehmung und Erfahrung mesokosmisch geprägt sind, vermag wissenschaftliche Erkenntnis den Mesokosmos zu überschreiten. Sie tut das in drei Richtungen: zum besonders Kleinen, zum besonders Großen und zum besonders Komplizierten, und sie tut das vor allem mit Hilfe der *Sprache*. Die Verhältnisse der Relativitätstheorie, der Chaostheorie oder der Molekularbiologie kann sich niemand mehr richtig vorstellen; dort läßt uns die Intuition erfahrungs- und erwartungsgemäß im Stich. Die Sprache erlaubt es uns jedoch, auch dort noch weiterzudenken, Begriffe zu bilden, Vermutungen aufzustellen, mathematische Modelle zu entwerfen, logische Schlüsse zu ziehen, prüfbare Voraussagen abzuleiten, Erkenntnisse zu gewinnen. Die Sprache ist die Leiter, auf der wir den Mesokosmos verlassen können.

Obwohl unsere Intuition nicht auf komplizierte Systeme eingestellt ist, müssen wir mit solchen Systemen doch umgehen. Nicht nur stellen wir immer kompliziertere Systeme her; wir sind von solchen Systemen schon von Natur aus umgeben, stellen sogar selbst solche Systeme dar. Schon jede Zelle ist ein ungeheuer komplexes Gebilde, und das menschliche Gehirn ist das komplizierteste System, das wir überhaupt kennen. Kein Wunder, daß wir Schwierigkeiten haben, dieses Gehirn zu durchschauen. Kein Wunder, daß wir uns manchmal selbst nicht so recht verstehen!

Da wir nun einmal – mehr oder weniger freiwillig – mit äußerst komplizierten Systemen umgehen, wäre es hilfreich, den Umgang mit nicht durchschauten Systemen einzuüben. Nicht nur den Erfolg könnten wir dadurch verbessern; auch die Einsicht in unsere

Fehlbarkeit und in unsere typischen Fehler kann schon hilfreich sein. Politikern, Managern, Entwicklungshelfern, Lehrern würden solche Kurse zweifellos guttun. Sie würden uns bescheidener machen und uns zugleich helfen, von uns und von anderen nicht zuviel zu verlangen. So hat die Evolutionäre Philosophie auch durchaus praktische Konsequenzen.

Literatur

Fischer, E. P., (1988): Das Atom des Biologen. München: Piper 1988.

Fischer, E. P., (1997): Das Schöne und das Biest. Ästhetische Momente in der Wissenschaft. München: Piper 1997.

Mohr, H., (1987): Natur und Moral. Ethik in der Biologie. Darmstadt: Wissenschaftliche Buchgesellschaft 1987, Kap. 4: Das wissenschaftliche Ethos.

Vollmer, G., (1975): Evolutionäre Erkenntnistheorie. Stuttgart: Hirzel 1975, [7]1998.

Vollmer, G., (1995): Biophilosophie. Stuttgart: Reclam 1995.

Wilson, E. O., (1998): Die Einheit des Wissens. Berlin: Siedler 1998.

Von der Schönheit des Lebendigen

Das griechische Wort *aísthesis* bedeutet sinnliche Wahrnehmung, Empfindung, Gefühl. Kaum ein Begriff ist in der Philosophie- und Kunstgeschichte so heillos zerredet und in so vielen ganz unterschiedlichen Bedeutungen verwendet worden wie jener der «Ästhetik». Seit Alexander Gottlieb Baumgarten (1750) konnte er immerhin so aufgefaßt werden wie in der Umgangssprache üblich: Ästhetik gilt da als die Lehre vom Schönen.

So wollen wir es auch hier halten. Damit wird aber auch eine Unterscheidung deutlich, die schon Kant getroffen hat: In der Ästhetik geht es um subjektive Geschmacksurteile, denen die objektiven, als allgemeingültig ausweisbaren Erkenntnisurteile gegenüberstehen. Schiller und der Deutsche Idealismus schrieben der Ästhetik geradezu ein moralisches Programm vor: die Versöhnung von Vernünftigem und Sinnlichem. Zwei Welten sollten hier zusammengebracht werden, die nach Grundlage und Zielrichtung verschieden sind. Hinsichtlich ihrer akademischen Vertreter ließ sich freilich (und läßt sich vielfach auch heute noch) gegenseitiges Desinteresse, ja Ablehnung feststellen. Das hat vor 40 Jahren Charles Percy Snow zu seiner legendären Rede «The Two Cultures and the Scientific Revolution» veranlaßt (vgl. «Die zwei Kulturen», herausgegeben von H. Kreuzer; dtv/Klett-Cotta, Stuttgart 1987). Andererseits ist aber nicht zu übersehen, daß zumal in der Biologie ästhetische Anreize auch in der Forschung stets eine wichtige Rolle gespielt haben und oft genug zu entsprechenden Bekenntnissen und Publikationen geführt haben. Das bekannteste Beispiel dafür sind Ernst Haeckels «Kunstformen der Natur» mit ihren prächtigen Tafelbildern. Und wie sehr die vergängliche, aber immer wieder erneuerte Schönheit vieler Tiere, der Blumen und Bäume und der durch sie mitgeprägten Landschaften alle Menschen in ihren Bann zieht – wer wüßte das nicht.

So lohnt es sich, bei einem Rundgang durch die Biologie auch diese Sphäre zu besuchen. Die besondere Schönheit des Lebendigen gibt Anlaß genug, über die Lebewesen und über uns einmal auf alternative Weise nachzudenken und zu prüfen, wie Erkenntnis und Erlebnis, Vernunft und Gefühl, wie letztlich auch die zwei Kulturen zueinander stehen und wie sie etwa zusammenwirken können.

Bioästhetik –
Biologie zwischen Erkennen und Erleben

Von Peter Sitte

Den «großen Themen» einer Wissenschaft eignet neben ihrer grundsätzlichen Bedeutung meistens auch besondere Aktualität. Oft ist diese allerdings nur vorübergehend: Ein Problemfeld, das durch neue Entdeckungen oder Konzepte in den Brennpunkt des forschenden und öffentlichen Interesses geraten war, wird intensiv bearbeitet, die geweckte Neugier mit immer weiteren Sensationen am Kochen gehalten. Aber schließlich sind die aufgeworfenen Fragen beantwortet, so gut es eben geht, und die Antworten hinreichend wiedergekäut, ohne daß noch etwas Weiteres dabei herauskommt – man wendet sich neuen «großen Themen» zu.

Von dieser Art ist die Bioästhetik nicht. Da gibt es keine dramatischen Fortschritte, da findet sich kaum Sensationelles, und das Erleben der belebten Natur hat durch die Erkenntnisgewinne der Biologie nur begrenzt gewonnen. Dennoch handelt es sich seit jeher um ein großes Thema. Die Schönheit so vieler Lebewesen ruft zu gefühlsmäßiger Verbundenheit mit ihnen nicht weniger auf als das Wissen, letztlich mit ihnen verwandt zu sein. Auch kann niemand in dieser Welt mit all ihren Härten und Zwängen, mit Leiden und Tod ohne echte Freude leben – auch nicht der auf Rationalität getrimmte Forscher. Wie schrieb doch der Physiker-Philosoph Henri Poincaré: «Der Gelehrte studiert die Natur nicht, weil das etwas Nützliches ist. Er studiert sie, weil er daran Freude hat; und er hat Freude daran, weil sie so schön ist. Wenn die Natur nicht so schön wäre, wäre es nicht der Mühe wert, sie kennenzulernen, und das Leben wäre nicht wert, gelebt zu werden.» Wer das nicht sieht, verarmt und weiß oft nicht einmal, warum. Charles Darwin, der eines der ganz großen Themen der Biologie aufgebracht hatte, beklagt in seinen Erinnerungen, daß er sich in seinem Leben zu wenig um Kunst und Schönes gekümmert habe und daß sein Geist «eine Art Maschine» geworden sei. Hier, an der Schnittstelle zwischen Objektivem und Subjektivem, zwischen Rationalem und Emotionalem, ist in einem gewissen Sinn auch die Berührungszone der von Charles Percy Snow vor 40 Jahren definierten «zwei Kulturen», der Kultur der *Scientists* und jener der *Literary Intellectuals* (vor allem auch die der Künstler). Vor einigen Jahren hat Ernst Mayr, einer der Großen der Biologenzunft, seine Überzeugung geäußert, daß gerade die Biologie zur Begegnung der beiden Kulturen besonders einlade. Und wirklich läßt jeder Vergleich von Kunst-Schönem und Belebt-Schönem dies deutlich werden. (Hierzu vorweg eine Klarstellung, um Mißverständnisse zu vermeiden. Ästhetik und Kunst sind benachbarte, aber wesensverschiedene Bereiche. Ästhetik umschließt Menschenwerk und nicht von Menschen Stammendes; Kunst setzt dagegen den Menschen als Betrachter und *Schöpfer* voraus. Die reine Ästhetik kennt die moralische Dimension nicht, ohne die es keine echte Kunst gibt und deretwegen sich Kunst nicht auf einen Kult des Schönen beschränken kann. Im folgenden sind hier allerdings immer solche Kunstwerke gemeint, die ganz dem Schönen gewidmet sind.)

Das Phänomen Schönheit

Schönheit läßt sich nicht verbindlich definieren und deshalb ja auch nicht konstruieren. Sie ist aber, nach dem berühmten Wort Stendhals, «ein Versprechen von Glück». Wie viele Künstler haben ihr Leben dem Bestreben gewidmet, ja geopfert, für sich und andere dieses Versprechen einzulösen – auf tausenderlei verschiedene Art. Und das, obwohl hier im banalen Sinn nichts Lebenswichtiges zu gewinnen scheint, kein praktisches Können und weder Verfügungs- noch Orientierungswissen. Dennoch hat die Suche nach dem Schönen in den Menschengesellschaften aller Länder und aller Zeiten eine überragende Rolle gespielt. Und immer wurde dabei den Lebewesen, die mit uns zusammen die Biosphäre bevölkern, besondere Bedeutung zugemessen – sie sind wie wir den Gesetzmäßigkeiten alles Belebten unterworfen und stehen uns schon deshalb gefühlsmäßig näher als alles Anorganische, als Stern und Stein oder Welle, Wolke und Wind.

Wie gesagt, Schönes läßt sich nicht definieren oder auch nur explizieren. Künstler wissen das am besten. Albrecht Dürer: «Was Schönheit sey, das weiß ich nit»; und Pablo Picasso spöttelte: «Die Leute, die Kunstwerke erklären wollen, bellen meistens die falschen Bäume an.» Dennoch kann man versuchen, wenigstens allgemeine Grundlagen sowohl für ein Verständnis wie für das Erleben von Schönem auszumachen. Hierzu bietet sich vor allem das Begriffspaar Kosmos und Chaos an.

Wir sind mit einer uns oft unbewußten, aber gewaltigen Energie darauf aus, Gesetzmäßigkeiten in unserer Umwelt aufzuspüren – das ist ja auch der Quellgrund aller Wissenschaft. Nur auf der Grundlage erkannter Regelmäßigkeiten im Ordnungsgefüge eines *Kosmos* können wir unsere momentane Situation verstehen und vernünftige Pläne für die Zukunft machen.

Nun steht allerdings vieles in der uns umgebenden Welt ohne erkennbare Beziehungen nebeneinander. Im Extremfall sprechen wir von *Chaos*. Dabei braucht es in Chaosbereichen nicht etwa akausal zuzugehen; aber die Ketten von Ursachen und Wirkungen sind so wirr vernetzt durch Zufälle, Singularitäten, Schmetterlingseffekte und Komplexitäten, daß auch eine detaillierte Kenntnis des momentanen Zustandes keine zuverlässigen Prognosen erlaubt. (Wettervorhersagen stellen, wie man weiß, einen Grenzfall dar.) Während beim Würfelspiel auch die Kenntnis noch so vieler bereits gemachter Würfe nicht vorherzusagen erlaubt, welche Augenzahlen die nächsten zeigen werden, lassen sich Sonnen- und Mondfinsternisse auf Jahrhunderte hinaus vorausberechnen.

Schönes entbehrt nie einer gewissen Ordnung. Carl Friedrich von Weizsäcker hat in dem Vortrag, den er vor 25 Jahren zur Eröffnung der Salzburger Festspiele hielt, gesagt: «Vielleicht ist die allgegenwärtig verborgene Mathematik der Natur der Seinsgrund aller Schönheit.» Oder Adolf Muschg: «Alle Kunst beruht auf Ordnung, Maß und Zahl.» Das griechische Wort Kosmos bedeutet bezeichnenderweise auch «schöner Schmuck», und selbst das moderne Modewort Kosmetik hat (begrenzt) mit Schönheit zu tun. Allerdings ist Ordnung nicht einfach Schönheit. Allzu regelmäßige Gebilde fesseln nicht auf Dauer, weil sie leicht durchschaut werden und damit ihren Reiz verlieren. Und Chaos kann uns je nachdem ängstigen oder belustigen, aber richtig ‹schön› finden wir es eben auch nicht, weil es unser Harmoniebedürfnis unbefriedigt läßt.

Das Schöne ist offenbar in den weiten Überlappungszonen von strenger, starrer Ordnung und totalem Tohuwabohu angesiedelt, auf dieser schier endlosen, breiten Stufenreihe zwischen den beiden Extremen. Theodor Adorno hat einmal konstatiert, es sei Aufgabe der Wissenschaft, Ordnung in das Chaos zu bringen, wogegen Kunst Chaos in die Ordnung bringen solle. (Warum gerade in der modernen Kunst das Chaos so liebevoll kultiviert wird – Kunst in einer übersymmetrisierten urbanen Umwelt! –, das ist vielleicht ein paar Gedanken wert.)

Die Aufgabe einer Bioästhetik ist damit bereits umrissen: Es geht darum, verständlich zu machen, warum uns gerade viele Lebewesen so besonders schön erscheinen; welche Gesetzmäßigkeiten und welche Freiheiten das Leben der Organismen bestimmen – ihre Entwicklung, ihre Gestalt, ihr Entstehen und ihr Sterben –, wie also bei ihnen (und damit auch bei uns selbst) Kosmos und Chaos verwoben sind. Goethe: «Alle Gestalten sind ähnlich, doch keine gleichet der andern; und so deutet das Chor auf ein geheimes Gesetz.» Nicht nur die Biologie, auch die Bioästhetik ist auf der Suche nach diesem geheimen Gesetz, das sich hinter der Vielfalt verbirgt.

Gesetz und Zufall bei Lebewesen

Auch dem oberflächlichen oder uninteressierten Betrachter kann nicht verborgen bleiben, daß sich in den Gestalten der Organismen, ihren sichtbaren Symmetrien und Mustern Gesetzmäßigkeiten ausdrücken. Die wissenschaftliche Biologie ist ja genau darum bemüht, die zugrundeliegenden, uns zunächst unbekannten Gesetzmäßigkeiten ihres Werdens und Wachsens, ihres Funktionierens und Verhaltens zu entschleiern. Dabei hat sich längst gezeigt, daß die regulativen Beziehungen innerhalb eines jeden Organismus, von der kleinsten Bakterienzelle bis zum Riesenwal und zum Mammutbaum, (fast) perfekt sind. Anders ginge es gar nicht: Ein Weiterleben des gesamten Systems ist nur möglich, wenn alle die tausendfältigen Einzelleistungen aufeinander abgestimmt sind und zahllose Regelkreise dafür sorgen, daß alles am rechten Ort und im richtigen Ausmaß geschieht. Reparierbare Störungen bedeuten oft Krankheit, unreparierbare unweigerlich den Tod. Rupert Riedel: «Es gibt in dem uns bekannten Universum kein Phänomen, dessen Gehalt an Ordnung auch nur annähernd jenem der Lebenserscheinungen gleichkäme.»

Andererseits bestätigt aber jeder Detailvergleich die Aussage in Thomas Manns «Zauberberg»: «Dem Leben graute vor der genauen Richtigkeit.» Der Körper eines erwachsenen Menschen enthält etwa 60 000 Milliarden Zellen. (Niemand kann sich unter dieser Zahl etwas vorstellen. Wenn man alle diese Zellen zählen müßte und jede Sekunde eine abhaken könnte, würde man etwa 4 Millionen Jahre an dieser Arbeit sitzen!) Aber von diesen fast unendlich vielen Zellen gleicht keine einzige einer anderen völlig, obwohl sie alle einem Zellklon entsprechen, d. h. die gleichen Erbanlagen enthalten. Innerhalb eines homogenen Gewebes sind die Zellen zwar ähnlich, aber nie identisch. Entsprechend verhält es sich auch bei überzelligen Strukturen – Geweben, Organen und den Körpersegmenten und -gliedern vielzelliger Organismen. Unter den 200 000–500 000 Blättern eines Baumes sind keine zwei völlig gleichgestaltet. Warum wohl?

Lebewesen können aus energetischen und entropischen Gründen keinen Entwicklungszustand auf Dauer beibehalten. In einer Welt, die sich bei ständig zunehmender Entropie zum Chaos hin entwickelt, sind alle Organismen auf ständige Energiezufuhr und Entropieabgabe angewiesen, um ihren labilen, zugleich extrem hohen Ordnungsgrad aufrechterhalten zu können – sie können nur als *offene Systeme* existieren, in stetem Austausch mit ihrer Umgebung. Das hat aber zur Folge, daß die Entwicklung von Organismen nicht wie das vorher eingespeicherte, unveränderliche und von der Umwelt gut abgeschirmte Programm eines Uhrwerks ablaufen kann. Vielmehr vermögen sich Lebewesen nur durch ständiges Probieren und Korrigieren auf geänderte Umweltbedingungen richtig einzustellen, und auch interne Parameter verschieben sich beim Wachstum und erfordern entsprechendes Reagieren. Aber dabei kommt dann eben nie genau Gleiches heraus, sondern im Rahmen der vererbten Möglichkeiten jedesmal zwar Ähnliches, aber wenigstens im Detail Variiertes. In der Technik ist das anders: Bei Massenfertigung von Teilstücken muß jedes einzelne den anderen sehr genau gleichen, um eine ausschußarme Produktion sicherzustellen. Aber Leben ist eben kein Zustand, sondern steter Vorgang – Bewegung, Wachstum, Entwicklung und Tod, das ganze «Stirb und werde», das seit 4 Milliarden Jahren auf dieser Erde dahinrollt in ununterbrochenen, sich langsam verändernden Generationszyklen. Hier herrscht keine monopolare Steuerung. Vielmehr bewirken Effektoren und Inhibitoren, Agonisten und Antagonisten in delikater Balance die fortdauernde Approximierung neuer Fließgleichgewichte. Nur durch solche bipolare Steuerung und Dynamik können sich Lebewesen anpassen, und nur so sind sie überhaupt fähig zu Evolution.

Allzu einfache und starr-symmetrische Strukturen sind nicht lebensfähig. Das belegen die Viren. Ein Virion (Viruspartikel, vgl. Abb. 53) ist ein lebloser Organismus. Es trägt zwar genetische Information, kann sie aber nicht selbständig realisieren – dazu ist es viel zu einfach organisiert. Nur wenn es Viren gelingt, in die brodelnde Dynamik lebender Zellen einzudringen, können sie sich

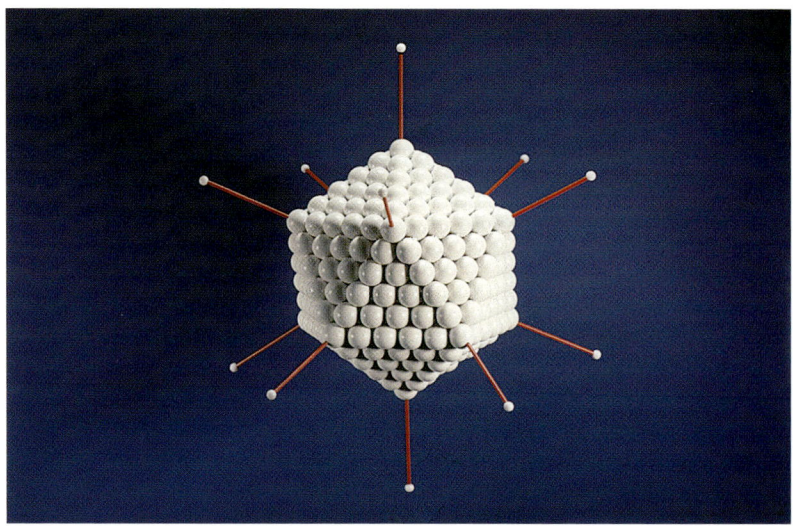

Abb. 53: Viruspartikel sind vergleichsweise einfach und häufig sehr regelmäßig gebaut. Als Beispiel hier das Modell eines Adenovirus, dessen Hülle
aus genau 252 Proteineinheiten besteht. Sie bilden einen regelmäßigen
Zwanzigflächner aus gleichseitigen Dreiecken. Die 14 Fortsätze ermöglichen
dem Virus die Infektion einer Wirtszelle. Die Nulceinsäure ist im inneren
der Hülle versteckt.

dort vermehren *lassen*. Aber dafür müssen sie dann auch ihre starre, hochsymmetrische Struktur aufgeben, die erst wieder auftritt,
wenn die Virionen der nächsten Generation die befallene Zelle
verlassen.

Als konkretes Beispiel für das Zusammenwirken von Zufall und
Notwendigkeit bei Lebewesen kann das *Vererbungsgeschehen* dienen. Zwar werden – in jeder Generation neu – artgleiche, d. h. sehr
ähnliche Individuen gemäß der genetischen Information erzeugt.
Diese wird zumal bei komplexen Vielzellern mit äußerster Präzision vermehrt und weitergegeben. Dennoch macht etwa das
Mendelsche Spaltungsgesetz für den konkreten Einzelfall nur
Wahrscheinlichkeitsaussagen. Während bei den normalen Zellteilungen, den Mitosen, dem Zufall praktisch keine Chance gelassen
wird (was sich u. a. in der weitgehenden Identität der Individuen
eines Klons äußert), sind dem Start neuer Lebenszyklen bei sexu-
eller Vermehrung gleich fünf Zufallsgeneratoren vorgeschaltet, die
für eine ständige Durchmischung (Rekombination) des Gen-Pools
(Genbestandes) der Art sorgen:

412

- der weitgehend zufällige, aber durch Enzyme katalysierte Austausch von Genen zwischen väterlichen und mütterlichen («homologen») Chromosomen bei der Keimzellbildung in beiden Geschlechtern (Fachterminus: *Crossing over*);
- die Zufallsverteilung väterlicher und mütterlicher Chromosomen im Zuge der Reifeteilungen bei der Keimzellbildung in beiden Geschlechtern («interchromosomale Rekombination»); und schließlich
- das zufällige Zusammentreffen jener Gameten, die durch ihr Verschmelzen den nächsten Lebenszyklus in Gang setzen.

Konkret beim Menschen: Welche der 40 000 potentiellen Eizellen einer Frau ist gerade reif geworden, welches der über 100 Millionen Spermien im Ejakulat des Mannes, die ebenfalls alle erbverschieden sind, wird das Rennen machen? Unter diesen Umständen und bei der großen Vielfalt von Erbfaktoren, über die *Homo sapiens* als biologische Art verfügt, ist es so gut wie ausgeschlossen, daß ein Mensch mit irgendeinem anderen irgendwo auf der Erde oder irgendwann in der Geschichte der Menschheit genetisch identisch ist. (Eine begrenzt geltende Ausnahme machen eineiige Mehrlinge als Ergebnisse natürlicher Klonierung; auch sie werden allerdings durch Mutationen nach und nach verschieden.) Schon bei rein genetischer Betrachtung, die ja nicht entfernt alles Wesentliche umfaßt, ist also jeder Mensch einmalig. Die genetische Ausstattung, die er am Beginn seines Daseins mitbekommt – nicht bei der Geburt und nicht in irgendeinem Schwangerschaftsmonat, sondern bei der Zeugung –, ist für jeden von uns entscheidendes Schicksal, Ergebnis eines vielfältig verschränkten Zufallsspiels. Daß wir darauf von Natur aus keinen Einfluß haben, enthebt uns einer Verantwortung, die kein Mensch tragen könnte. Das will wohlbedacht sein in einer Zeit, in der die künstliche Klonierung auch von Menschen in den Bereich des Machbaren gerückt ist.

Gesetz und Zufall bei Lebewesen: Nicht zuletzt die Evolution der Lebewesenwelt ist nur durch das Zusammenwirken beider Faktoren möglich. Vererbung und die ihr zugrundeliegende genetische Information ermöglichen den Fortbestand der millionenfach verschiedenen Organismenarten. Aber alle stammesgeschichtlichen Veränderungen und evolutiven Anpassungen beruhen mit auf zufälligen Erbänderungen, die sich auf dem Prüfstand der Selektion bewähren konnten. Ein Vergleich drängt sich auf mit komplexen Spielen, etwa dem Schachspiel. Auch hier stehen alle

Vorgänge unter der Herrschaft strenger Regeln. Das Spiel selbst läuft dennoch ergebnisoffen ab, nicht zuletzt wegen kleiner Spielfehler, die von der Regel zugelassen sind. Wäre es anders, niemand würde Schach spielen. Und ohne Mutationen hätte es keine Evolution gegeben.

Die Gestalthöhe

Die Dialektik von Ordnung und Chaos kann in Zahlen gefaßt werden, wie Christian v. Ehrenfels schon vor über 100 Jahren gezeigt hat. Er hat als Gestalthöhe (G) das Produkt aus der Vielfalt (V) beteiligter Elemente und der «Strenge» ihrer Einbindung (S) in die betrachtete Struktur definiert: $G = S \cdot V$. Nur geringe Gestalthöhen werden von Strukturen erreicht, die lauter gleichartige Komponenten enthalten, selbst wenn diese präzis geordnet sind (Kristallgitter oder Hochhausfassaden), oder die bei noch so vielen verschiedenen Elementen chaotisch sind wie eine Müllhalde. Durch große Gestalthöhe sind andererseits alle jene Systeme ausgezeichnet, bei denen viele verschiedene Komponenten strikt aufeinander bezogen und synergistisch verflochten sind, funktionell zusammenwirken (Beispiele: neben allen Lebewesen auch komplexe Maschinen und viele Kunstwerke).

Abb. 54: Beispiele für einfache Symmetrien. – a: *Metamerie*: Ausschnitt aus ▷ einem Wedel des Straußfarns. Die Hauptachse trägt in regelmäßigen Abständen und Winkeln Seitenachsen (3 davon sichtbar), diese wieder in metameren Reihen Blättchen mit metamerem Adernmuster. Metamere Bildungen sind bei Organismen überaus zahlreich. Die Achsenglieder von Pflanzen (Schachtelhalm!), viele Insekten (Hundert- und Tausendfüßer!) und unsere Wirbelsäule sind besonders bekannte Beispiele. Ein metameres Zeitmuster wird durch Tierfährten wiedergegeben. – b: *Rotationssymmetrie*: 15zähliges Narbenrad auf dem Fruchtknoten einer Mohnblüte, umgeben von radiär angeordneten, zahlreichen Staubblättern und 4 Blütenblättern. Drehsymmetrie ist besonders häufig an Blüten zu beobachten; im Tierreich ist sie selten. – c: *Bilateral- oder Spiegelsymmetrie*: Orchideenblüte eines Frauenschuhs (*Paphiopedilum*). Die Mediane geht vertikal durch die Bildmitte. Nicht nur viele Blüten (z. B. Taubnessel, Fingerhut) sind bilateralsymmetrisch, sondern auch die allermeisten Laubblätter. Im Tierreich überwiegt diese Symmetrieform, besonders augenfällig ist sie etwa bei Schmetterlingen. Über 90% aller Tierarten gehören zu den «Bilateralia» – auch wir Menschen.

a

b

c

Es ist ohne weiteres einsichtig, daß die Gestalthöhe bei allen lebenden Organismen geradezu astronomische Werte erreicht. Bezeichnenderweise bedeutet der Tod, der ja immer durch ein Erlöschen wesentlicher funktioneller Beziehungen bedingt ist, auch einen Absturz der Gestalthöhe. Und es ist ebenso bezeichnend, daß bei den Viren jener hohe Grad von Gestalthöhe nicht erreicht wird, der ein selbständiges Leben ermöglichen könnte.

Symmetrie

Bei fast allen Organismen prägen sich Gesetzmäßigkeiten ihrer Entwicklung in Symmetrien und auffälligen Mustern ihres Körperbaues aus. Wie auch im Anorganischen (z. B. bei Kristallen), handelt es sich um regelmäßige Strukturbeziehungen zwischen gleichgestalteten Elementen. Die «klassischen» Symmetrieformen (Abb. 54) sind:

- *Metamerie* = Verschiebungssymmetrie: Strukturelemente sind in gleicher Orientierung und regelmäßigen Abständen entlang einer geraden oder auch gekrümmten, z. B. schraubigen Linie angeordnet. Die Zahl der Elemente kann (theoretisch) beliebig groß sein (Abb. 54a). Bei Bündelung oder Überlagerung metamerer Strukturen bilden sich regelmäßige, flächige oder räumliche *Muster* (Abb. 55).
- *Radiärsymmetrie* = Rotationssymmetrie: Gleiche Strukturelemente sind um einen Punkt oder den Querschnitt einer Achse in gleichen Winkelabständen angeordnet. Die Zahl der Elemente ist begrenzt, die Symmetrieachse kann durch ihre «Zähligkeit» charakterisiert werden (Abb. 54b). Kugelsymmetrie, wie sie bei vielen Einzellern, bei Pollenkörnern, Eiern, Früchten approximiert wird, ist die räumliche Entsprechung zur Rotationssymmetrie.
- *Bilateralsymmetrie* = Spiegelsymmetrie: Von einem Strukturelement ist auch sein Spiegelbild vorhanden, die Zahl der Elemente ist somit zwei (Abb. 54c). Die zwischen Bild und Spiegelbild liegende Spiegelungsebene wird als Mediane bezeichnet.

Symmetrien dieser Art sind, wie gesagt, auch in der unbelebten Natur nicht selten. Sie finden sich vor allem im Mineralreich – in Kristallgittern, in Schalen- und Strahlensphäriten; oder bei Spiegelungen an Wasserflächen. Aber während sich da überall einfache

Naturgesetze manifestieren, drücken sich in den Symmetrien und Mustern von lebenden Systemen genetische Programme und komplexe funktionale Beziehungen aus. Aldous Huxley hat das (in «Time Must Have a Stop») so ausgedrückt: «Der Unterschied zwischen einem Stück Stein und einem Atom liegt darin, daß das Atom aufs höchste organisiert ist, der Stein dagegen nicht. Das Atom ist eine geprägte Form, und so auch das Molekül und jeder Kristall; der Stein aber, obwohl aus solchen Strukturen zusammengesetzt, ist ein bloßes Durcheinander. Erst mit dem Auftreten des Lebens beginnt eine Organisation größeren Stils. Das Leben nimmt Atome, Moleküle und Kristalle, aber statt aus ihnen ein Chaos zu machen wie den Stein, vereinigt es sie zu eigenen, neuen und komplizierteren Formen.» Tatsächlich werden im Lebensreich wahre Orgien von Symmetrien entfaltet. Freilich ist nach allem früher Gesagten nicht zu erwarten, daß Biomuster die Strukturpräzision von Kristallen aufweisen (vgl. Abb. 55). Von chaotischen Zufallsmustern, bei denen die Abstände der Musterelemente beliebig differieren, sind sie dennoch weit entfernt. Sie sind aber doch nur selten so regelmäßig wie etwa das Sechseckmuster (jedes Element ist von sechs weiteren in immer gleichen Winkelabständen von 60° umgeben), wie es sich beim Zusammenschütteln gleichgroßer Kugeln von selbst bildet und an den Proteinhüllen von Virionen zu beobachten ist (Abb. 53). Immerhin wird es in Bienenwaben oder im Schuppenmuster vieler Fische approximiert, übrigens auch von den Blattanlagen an pflanzlichen Vegetationspunkten, worauf letztlich die regelmäßigen Blattstellungen an allen Sproßachsen beruhen.

Ein weiterer, wichtiger Aspekt von Biomustern, der mit ihrer begrenzten Ungenauigkeit zusammenhängt, ist ihre *Flexibiltät*. Sie tritt besonders bei raschen Bewegungen von Tieren hervor. Unser eigener Körper weist – wie der der allermeisten Tiere – eine ausgeprägte Bilateralsymmetrie auf, die vor allem auch unser Antlitz prägt. Median angelegte Organe (Nase, Mund, Magen und Darm, Harnblase...) sind in Einzahl vorhanden, seitlich angelegte in je zwei sich spiegelbildlich entsprechenden Ausbildungen (Augen, Ohren, Arme und Hände, Lungen, Nieren, Ovarien und Hoden, Beine und Füße...) Wenn wir aber diese Bilateralsymmetrie ständig beibehalten müßten, könnten wir uns nur wie Hampelmänner bewegen – an Gehen oder Rückwärtsschauen wäre ebensowenig zu denken wie an Tennis- oder Geigespielen.

Eine weitere für Lebewesen wichtige Symmetrieform ist die

Komplementärsymmetrie. Sie wird nicht von ähnlichen, sondern von zueinander passenden Strukturelementen bestimmt, entsprechend etwa Schlüssel und Schloß oder Stecker und Dose. Gelenke mit Kopf und Pfanne oder Begattungsorgane sind makroskopische biologische Beispiele, und im Molekularen beruhen viele zentrale Prozesse auf der gegenseitigen Erkennung komplementärsymmetrischer Molekülstrukturen, so die spezifischen Reaktionen von Enzymen mit «ihren» Substraten, die Antigenerkennung durch Antikörper, jene der Hormone durch Rezeptoren. Und vor allem beruht auf Komplementärsymmetrie die gegenseitige Erkennung der Basen in der DNA-Doppelhelix (Stichwort *spezifische Basenpaarung*: A mit T, G mit C) und damit die präzise Vermehrung der genetischen Information (DNA-Replikation), weiterhin dann auch die Transkription von Gensequenzen in der RNA und die Realisierung der genetischen Information.

Abb. 55: Regelmäßige Biomuster. – a: Blütenknospenstand («Rose») eines Grünen Blumenkohls. Die Gipfelknospe (oben) ist von Seitenknospen in auffälligen Spiralreihen umgeben, an denen sich die Spiralstruktur wiederholt, was besonders an den bereits vergrößerten basalen Seitentrieben deutlich wird. An deren Seitentrieben wiederholt sich das Muster erneut – die «Rose» ist ein Beispiel für eine fraktale Struktur. – b: Zellkultur von Bindegewebszellen (Fibroblasten). Die meist spindelförmigen Zellen haben den gelatinösen Nährboden dicht besiedelt und bilden trotz ihrer unterschiedlichen Formen und Orientierungen durch ihre gleichmäßigen Abstände dennoch ein einigermaßen regelmäßiges Muster. Dagegen ist das überlagerte Muster der sich gerade teilenden, abgekugelten Zellen ein Zufallsmuster, in dem die Abstände zu nächstbenachbarten Musterelementen beliebig variieren. – c: Blattmosaik von Wildem Wein. Die gleich geformten und orientierten Blätter haben ungefähr identische Abstände voneinander. Dieses Mosaik ist also von einem Zufallsmuster weit entfernt, ohne freilich die noch höhere Regelmäßigkeit etwa der Schuppenreihen eines Schmetterlingsflügels, nun gar die eines Kristallgitters zu erreichen. Muster dieser Art werden von Organismen sehr häufig ausgebildet. Bekannte Beispiele sind Moospolster, die Poren- und Lamellenanordnung an der Hutunterseite von Pilzen, aber auch – bei ständiger gegenseitiger Verschiebung – Staren- und Heringschwärme.

a

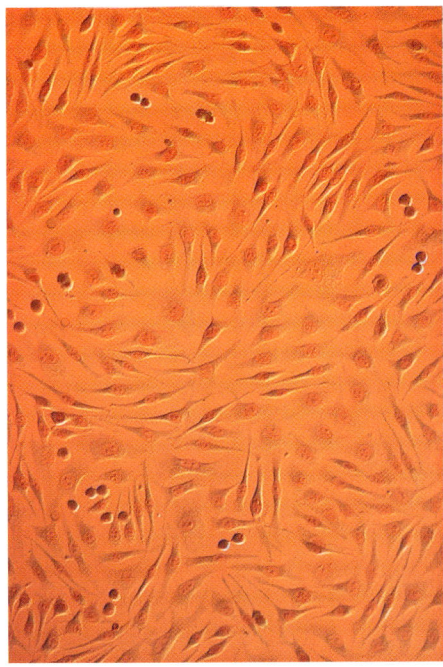
b

c

Erkennen und Erleben – ein Widerspruch?

Das Erleben des Schönen bedarf in seiner Unmittelbarkeit keiner Erklärungen, keiner Logik, keines Wissens. Das Kind, der schlichte Naturmensch, unsere Altvorderen, die uns in ihren steinzeitlichen Höhlenbildern ihren Schönheitssinn überliefert haben – sie alle bezeugen, daß weder die Freude an Schönem noch das Streben danach höhere Bildung voraussetzen. Kann vertiefte Einsicht, das *rerum cognoscere causas*, vielleicht sogar die Erlebnisfähigkeit stören, weil durch sie die rationale Einsicht einseitig überbetont und die Welt immer weiter entschleiert und entzaubert wird? Erscheinen nicht Mythen oft schöner als wissenschaftliche Theorien?

Das ist tatsächlich immer wieder so gesehen worden. Auf die kürzeste Form hat es Christian Morgenstern gebracht: «Erklären entwertet.» In Schillers Gedicht «Die Götter Griechenlands» finden sich die Verse:

> Wo jetzt nur, wie unsere Weisen sagen,
> Seelenlos ein Feuerball sich dreht,
> Lenkte damals seinen goldnen Wagen
> Helios in stiller Majestät.
> …
> Fühllos selbst für ihres Künstlers Ehre,
> Gleich dem toten Schlag der Pendeluhr,
> Dient sie knechtisch dem Gesetz der Schwere,
> Die entgötterte Natur.
> …
> Müßig kehrten zu dem Dichterlande
> Heim die Götter, unnütz einer Welt,
> Die, entwachsen ihrem Gängelbande,
> Sich durch eignes Schweben hält.
>
> Ja, sie kehrten heim, und alles Schöne,
> Alles Hohe nahmen sie mit fort,
> Alle Farben, alle Lebenstöne,
> Und uns blieb nur das entseelte Wort.
> …

So empfinden viele; und das Problem ist in Wirklichkeit sogar noch umfassender. Ludwig Wittgenstein hat konstatiert: «Wir fühlen, daß selbst wenn alle möglichen wissenschaftlichen Fragen beantwortet sind, unsere Lebensprobleme noch gar nicht berührt sind.» Und tatsächlich, die Naturwissenschaft kann «keine Werturteile, keine Sinnkriterien, keine Zielmodelle begründen, die … die Verbindlichkeit wissenschaftlicher Sätze hätten. Die Wissenschaft kann den Menschen nicht verbindlich sagen, was im moralischen Sinn ‹gut› ist oder was ‹schön› ist» (Hans Mohr). Das bedeutet, daß uns noch so vieles an durch Forschung gefördertem Wissen weder moralisch besser noch unser Schönheitsempfinden reicher machen kann. Das war im Grunde wohl immer schon bekannt. Vor viereinhalb Jahrhunderten prägte Ignatius von Loyola den Satz: «Nicht Vielwissen sättigt die Seele.» Umgekehrt ist allen, die in der Forschung tätig sind, bewußt, daß bei der Auswertung ihrer Beobachtungen und Experimente Gefühlsregungen ausgegrenzt bleiben müssen – hier haben Freude und Sorge, Sehnsucht und Ergriffenheit, Leidenschaft und Verzweiflung keinen Platz. Die Daten des Forschers verdienen nur dann Kredit, wenn sie unabhängig sind nicht nur von der gerade angewandten Methode, sondern auch von seiner Person: Andere müssen seine Ergebnisse jederzeit bestätigen können. Objektivität ist gefordert, Subjektivität muß vermieden bleiben. Albert Einstein: «Die Wissenschaft ist gekennzeichnet durch die Wendung vom Ich zum Es.»

Wer sich andererseits der Phantasie, dem Wunderbaren, dem Mysterium öffnen will, wer träumen will oder Kunstwerke schaffen, der muß die Dämme der Vernunft durchstoßen und sich von der Zensur der Logik freimachen. Dieser Trieb ist in jedem Menschen stark; bei manchen so übermächtig, daß sie ihren Verstand absichtlich mit Gift betäuben und so nun wirklich bereit sind, den Pakt mit dem Teufel zu schließen. Aber wie immer: In diesem Bereich steht das Komplexe, das Einmalige und Nichtgesetzmäßige im Vordergrund, genau das, womit die Wissenschaft bei ihrer Suche nach möglichst allgemeinen Naturgesetzen nicht so recht umgehen kann. An die Stelle der verstandesmäßigen Analyse mit ihrer atomisierenden Tendenz tritt hier die ganzheitliche Schau, Gefühl und Intuition überholen das Rationale. Subjektivität ist Trumpf, Objektivität gilt nichts.

Nun hat es immer wieder herausragende Menschen gegeben, die in beiden Sphären lebten (so Goethe, der die «zwei Seelen» in seiner Brust wunderbar im Gedicht ‹Ginkgo biloba› anspricht: «Fühlst du nicht an meinen Liedern, daß ich eins und doppelt bin?»). Muß gefühlsmäßiges Erleben durch verstandesmäßiges Erkennen zwangsläufig gestört, ja zerstört werden? Das könnte tatsächlich nur dann so sein, wenn es sich um echte Gegensätze handelte. Im Abendland ist die Tendenz zu scharfer begrifflicher Scheidung, zum Denken in Alternativen seit jeher besonders ausgeprägt – und wir verdanken dem vieles. Aber man kann sich auch auf grundsätzlich andere Art den Kopf über die Welt zerbrechen. Die chinesische Weltsicht pflegt von alters her das Bild der kosmischen Dualkräfte *Yin* und *Yang*. Diese beiden Prinzipien – das vorwärtsdrängende, explorative und das zurückhaltend-bewahrende – sind nicht alternativ, sondern komplementär. Sie schließen sich nicht nur nicht gegenseitig aus, sondern ergänzen, ja bedürfen einander und bedingen sich wechselseitig wie Ja und Nein, Plus und Minus, Rechts und Links, Oben und Unten, Nord und Süd, wie Dunkles und Helles, Häßliches und Schönes.

So verstanden, bilden rationales Erkennen und gefühlsmäßiges Erleben zwar keine ungegliederte Einheit in uns; aber nur wer über beides verfügt, kann die runde Fülle menschlichen Seins wirklich erleben.

Evolutionäre Ästhetik?

Freude ist die Essenz eines positiven Lebensgefühls. Ein Tor zur Freude ist das Schönheitserlebnis. Und das überreiche Schöne im Riesenreich alles Lebendigen hält dieses Tor weit offen, ja es drängt uns geradezu durch sein enormes Angebot dazu, es zu durchschreiten.

Warum sind denn Musikveranstaltungen, Tanz (gerade auch Solotanz!) und Ballett oder sportliche Spiele selbst bei passiven Zuhörern/Zuschauern so beliebt, warum werden dafür (wie ja auch für Museen und Gärten) auch in Zeiten leerer öffentlicher Kassen aufwendige Institutionen subventioniert? Sie vermitteln Freude; und das nicht zuletzt deshalb, weil sie ein treffendes Bild von Leben geben: Aktion und Dynamik, das ständige Stören und virtuose Wiedererlangen von Gleichgewicht, Rhythmus – Ordnung und Chaos in beständigem Wechsel.

Wenn nun aber das wiederholte Schönheitserlebnis so wesentlich ist für Freude und Frohsinn, dann muß der Biologe fragen, ob wir nicht archaische Grundmuster und Suchbilder für Schönes in uns tragen, so wie wir ja im Bereich des Erkennens, Denkens, Verhaltens die genetisch fixierte, selektionsgefilterte Erfahrung unserer Ahnen in uns tragen. Solches ist tatsächlich oft gedacht worden.

Abb. 56: Der Blütenkorb der Sonnenblume enthält über 1500 Röhrenblüten, die außen von sterilen Zungenblüten umstellt sind. Die Röhrenblüten blühen von außen nach innen auf. Dieser Prozeß hat hier gerade begonnen, die offenen Röhrenblüten umschließen einen Kranz von Blütenknospen; im Zentrum werden die jüngsten noch von den sie begleitenden Blättern überdeckt. Im Knospenbereich ist die charakteristische Spiralanordnung erkennbar (vgl. dazu Abb. 55a), hinter der sich der Goldene Schnitt verbirgt.

Im platonischen Ideenhimmel thront das Schöne neben dem Wahren und dem Guten. Die Pythagoräer dachten an einen Sphärenklang, einen alles durchdringenden, harmonischen Grundakkord des Universums, den wir nur deshalb nicht hören, weil wir ihn immer hören. Der Zoologe und Evolutionstheoretiker Bernhard Rensch hat aufgrund seiner Studien über das Schöne in der Kunst die Überzeugung geäußert, daß es «generell gültige basale Kriterien ... gibt, die z. T. erblich verankert sind und das Kunstschaffen aller Völker geleitet haben.» So gibt es wohl neben Evolutionärer Erkenntnislehre und Evolutionärer Ethik auch eine Evolutionäre Ästhetik – ein weites Feld, bisher wenig beackert, und sicher nicht ohne Stolpersteine. Denn man wird sich vor einer bloßen Zweckmäßigkeits-Ästhetik hüten müssen; man wird die Rolle des Häßlichen klären müssen; und man wird erklären müssen, warum auch traurig Stimmendes als sehr schön empfunden werden kann.

Beim sog. Goldenen Schnitt wird eine Strecke (ein Winkel, eine

Masse ...) a so in zwei ungleiche Teile zerlegt, daß der kleinere (c) sich zum größeren (b) verhält wie dieser zu a. Das Verhältnis a/b = b/c enspricht dann der Irrationalzahl 1,618034... Dieses Verhältnis wurde und wird seit jeher als besonders schön empfunden. Die griechischen Tempel waren gemäß dem Ideal der *sectio aurea* errichtet, die Johannes Kepler gar als die «göttliche Proportion» bezeichnete. Die Gotik hat sich ihrer ständig bedient – die Rosenfenster der Kathedralen oder der Freiburger Münsterturm, von Jacob Burckhardt als der «schönste Turm der Christenheit» bezeichnet, legen dafür Zeugnis ab. In der Renaissance wurde der Goldene Schnitt mit Enthusiasmus neu hervorgeholt.

Aber auch in der belebten Natur ist der Goldene Schnitt häufig approximiert oder voll realisiert. Das trifft z.B. auf alle dispersen, schraubigen Blattstellungen zu, wie sie sich an vielen Sprossen, Blattrosetten, an Kiefern- und Fichtenzapfen leicht beobachten lassen. Sie bestimmen auch die Stellung der Einzelblüten in den Blütenkörben der Korbblütler (Abb. 56). Die entzückenden Spiralmuster, die sich dabei ergeben (und die sich eben in vielen gotischen Rosenfenstern wiederfinden), sind Resultat einer genetisch festgelegten Entwicklungsfolge, wobei jede neue Blüte an der abgeflachten Achse gegenüber ihrer Vorgängerin um 137°30'... verschoben angelegt wird, genau im Winkelverhältnis des Goldenen Schnittes. Im Blütenkorb der Sonnenblume ist (wenn auch kryptisch) der Goldene Schnitt über 1500mal realisiert.

Wie kommt es wohl, daß sich in dieser irrationalen Proportion Naturschönes und Kunstschönes treffen? Sie setzt offenbar gegenüber der einfachen, statischen Spiegelsymmetrie ein dynamisch-verführerisches Ungleichgewicht, kein zerstörerisches, sondern auf komplexere Weise besonders harmonisches. Haben wir diese Proportion in der belebten Natur so oft – wenn auch unbewußt – wahrgenommen, daß sie uns in dieser sonst so sehr von Chaos einerseits, von allzu einfachen und damit letztlich langweilenden Symmetrien andererseits durchsetzten Welt jenes «Versprechen von Glück» bedeuten kann, in dem Stendhal das Wesen der Schönheit sah?

Literatur

Cramer, F.: Chaos und Ordnung. Die komplexe Struktur des Lebendigen. DVA, Stuttgart 1988

Haeckel, E.: Kunstformen der Natur. Vollst. Nachdruck, Prestel, München 1998

Rensch, B.: Psychologische Grundlagen der Wertung bildender Kunst. blaue eule, Essen 1984

Richter, K.: Die Herkunft des Schönen. Grundzüge der evolutionären Ästhetik. Philipp von Zabern, Mainz 1999

Sitte, P.: Symmetrien bei Organismen. Biol. in uns. Zeit 66, 161–170 (1984)

Sitte, P.: Biologie und Kunst. Die besondere Ästhetik des Lebendigen. Biol. in uns. Zeit 27, 151–160 (1997)

Wissen und Handeln: Können, Sollen, Dürfen

Mit dem hier folgenden, abschließenden Kapitel wird eine Problematik angeschnitten, die unbestritten zu den ganz großen und besonders aktuellen Themen unserer Tage gehört. Tatsächlich wird es ständig um- und umgewendet in den internationalen Wissenschaftsjournalen, im Fernsehen und in der Tagespresse. Politik und Rechtsprechung müssen sich immer wieder einstellen auf neue, von der fortstürmenden Forschung eröffnete Möglichkeiten. Die zahllosen Diskussionen machen auch noch einmal und für jedermann spürbar den ungeheuren Fortschritt deutlich, den die Biologie in den letzten Jahrzehnten erzielen konnte – hätte es ihn nicht gegeben, wäre die ganze Aufregung ja nicht zu verstehen.

Während alle übrigen Essays des Buches sich auf inhaltlich klar begrenzte, überwiegend fachspezifisch definierte und insoweit konkret «greifbare» Themenbereiche beziehen, ist die Frage der Verantwortung – gerade angesichts der heute bereits absehbaren weiteren Entwicklung von Biologie, Biotechnologie und Medizin – das genaue Gegenteil: Das Thema wird bestimmt durch nahezu unbegrenzte Komplexität, eine täglich größer werdende Entfernung zwischen mangelhaften Laienkenntnissen und rasch zunehmendem Spezialistentum sowie durch daraus erwachsende diffuse Ängste und eine unspezifische Emotionalität.

Verantwortung bedeutet grundsätzlich Festlegung, auch und gerade dann, wenn es nur relative Positionen und Sicherheiten geben kann. Sie ist insoweit immer eine höchst persönliche Angelegenheit. Immerhin wird erfahrungsgemäß das konkrete, allgemeinverständlich formulierte Argument ernst genommen, wenn die Kompetenz und Ehrlichkeit dessen, der es vorbringt, außer Zweifel steht.

Klaus Hahlbrock hat sich dem Problem der Verantwortung der biologischen Forschung und ihren Anwendungen seit vielen Jahren in Wissenschaft und Öffentlichkeit immer wieder mit beispielgebender Ernsthaftigkeit gewidmet. So wurde ihm denn auch das Schlußwort anvertraut zu diesem Buch über große Themen der Jahrhundertwissenschaft Biologie.

Verantwortete Wissenschaft

Von Klaus Hahlbrock

Mit einem noch vor wenigen Jahrzehnten ungeahnten Erkenntnissprung ist nun auch die Biologie als dritte der drei großen Naturwissenschaften dem Verständnis ihrer vielfältigen Erscheinungsformen und damit der Beherrschung ihres Forschungsgegenstandes einen gewaltigen Schritt nähergekommen. Innerhalb nur eines Jahrhunderts entdeckte zunächst die Physik die subatomaren Bausteine und die verbindenden Kräfte der Materie, gründete darauf die Chemie ihre Kenntnisse von der Reaktions- und Kombinationsfähigkeit der Atome in einfachen und komplexen Molekülen und entschlüsselt nun die Biologie auf dieser Basis die molekularen Grundlagen des Lebens – bis hin zur Struktur und Wirkungsweise der Gene als den universellen Informationsträgern für Funktion, Vererbung und Individualität. Die vorausgehenden Kapitel haben einen Eindruck von der Höhe dieses Sprunges in einigen ausgewählten Bereichen der Biologie vermittelt.

Niemals zuvor hatte eine so rasche Folge bahnbrechender Entdeckungen so tiefe Einblicke in die Zusammenhänge, die Komplexität und die dynamische Vielfalt der uns umgebenden und uns konstituierenden Natur eröffnet. In der unbelebten Natur reichen die Einblicke von den flüchtigen Spuren winziger, ultrakurzlebiger Materieteilchen bis zu gewaltigen Sternexplosionen in Milliarden von Lichtjahren entfernten Galaxien, aus denen Alter, Entstehungsart und Ausdehnungsgeschwindigkeit des Weltalls berechnet werden. Im Reich des Lebendigen liegen zwar die Größenordnungen der Forschungsobjekte weniger weit auseinander, dafür aber unserem alltäglichen Erfahrungsbereich um so näher, und trotz aller rasch zunehmenden Kenntnisse erscheint uns der komplexe Zusammenhang zwischen mechanistischem Detail und flexibler Reaktionsweise eines lebenden Organismus um so unfaßlicher.

Man denke nur an die Präzision und die Geschwindigkeit, mit der ein Tennisspieler in Sekundenbruchteilen den Sehreiz, den ein mit bis zu 200 km/h auf ihn zufliegender Tennisball auslöst, in unzählige fein abgestimmte Muskelbewegungen seines gesamten Körpers umsetzt und dabei eine Reizleitung benutzt, bei der unter anderem molekulare Poren hochselektiv elektrisch geladene Kaliumatome (100 Millionen pro Sekunde und Pore!) in jeweils genau dosierter Menge räumlich und zeitlich koordiniert durch die

Membranen von Milliarden untereinander spezifisch vernetzter Nervenzellen pumpen, – oder an die allen niederen und höheren Organismen eigene Zellteilung, die mit der Trennung und dem exakten Kopieren eines meterlangen DNA-Doppelstranges mit weitaus größerer Geschwindigkeit als der eines sich bei schneller Fahrt drehenden Autorades beginnt, wobei an vielen untereinander abgestimmten Stellen jeweils Hunderte von Bausteinen pro Sekunde miteinander verknüpft werden und dennoch im statistischen Mittel nur an jeder einhundertmillionsten Position ein mit der Kopie vererbter Fehler entsteht.

Niemals zuvor waren aber auch so tiefgreifende Revolutionen in fast allen Bereichen des praktischen Lebens die unmittelbare Folge dieser Entdeckungen – und in nie gekanntem Ausmaß offenbarte sich die Ambivalenz jeglichen technischen Fortschritts. Die Erkenntnisse der Physik haben nicht nur völlig neue Wege in der medizinischen Diagnostik und Therapie eröffnet, sondern auch den Bau der Atombombe, und die Entdeckungen der Chemie haben ebenso zu neuartigen synthetischen Arzneimitteln und Kunststoffen wie zu Giftgasen und langfristig wirkenden Umweltgiften geführt. Da ist es nur folgerichtig, hinter den sich abzeichnenden Möglichkeiten der angewandten Biologie, der Biotechnologie, wiederum die gleiche Ambivalenz zu vermuten und gerade in der Disziplin, die uns selbst am unmittelbarsten betrifft, ein entsprechend hohes Maß an Verantwortungsbewußtsein zu fordern.

Damit sind wir, zumindest in dieser Gewichtigkeit, mit einer gänzlich neuartigen Forderung konfrontiert: Verantwortung von Forschung und Anwendung nun auch auf dem bisher scheinbar so unschuldigen Gebiet der Biologie! Galt sie doch bis vor kurzem noch als das Orchideen- und Schmetterlingsfach, das sich mit den Schönheiten und unerklärbaren Wundern der belebten Natur beschäftigte – mit so schwer zugänglichen und entsprechend schwer zähmbaren Wesensmerkmalen wie Individualität, Plastizität, Artenvielfalt und der unkalkulierbaren Dynamik ganzer Biotope. Man braucht nur die ungeheure Komplexität des Stoffwechsels, der nieder- und hochmolekularen Strukturen und der scheinbar chaotischen Bewegungen in der lebenden Zelle mit der hochsymmetrischen Gitteranordnung von Natrium- und Chloridatomen in einem Kochsalzkristall zu vergleichen, um den Unterschied im theoretischen Verständnis der belebten und unbelebten Natur bildhaft vor Augen zu haben. Entsprechend empirisch-unsystematisch war bisher die praktische Anwendung biologischer

Forschungsergebnisse in der Biotechnologie, im Gegensatz zu zahllosen höchst präzisen physikalischen und chemischen Verfahrenstechniken. Doch gerade hier vollzieht sich derzeit ein tiefgreifender Wandel. Also muß auch hier die Frage nach der Verantwortung mit besonderem Nachdruck gestellt werden, zumal bei näherem Hinsehen die bisherige Entwicklung dafür keineswegs so belanglos ist, wie sie einem auf die Bedürfnisse von heute und morgen fixierten Blick erscheinen mag.

Verantwortung ist jedoch leichter zu fordern, als allgemeingültig zu definieren oder gar selbst zu tragen. Der Bedeutung des Gegenstands kann nur die volle und gemeinsam getragene Verantwortung gerecht werden. Jeder hat sein persönliches Handeln und dessen Folgen, jegliches Tun und jegliches Unterlassen, unter Berücksichtigung aller relevanten Begleitumstände, allen verfügbaren Wissens und aller denkbaren Konsequenzen zu verantworten – der Biologe insbesondere seine Wissenschaft und die sich daraus ergebenden Möglichkeiten. Dabei alles Relevante zu berücksichtigen heißt, den Status quo von Theorie (Biologie) und Praxis (Biotechnologie) aus historischer Perspektive zu werten und daraus das bestmögliche Handeln für die Zukunft herzuleiten.

Folgenreiche Vergangenheit

Seit Jahrtausenden sind biotechnologische Verfahren feste Bestandteile der menschlichen Kulturentwicklung und unabdingbare Voraussetzung für unseren heutigen Lebensstandard. Die nachhaltigsten Auswirkungen hatte der Wechsel vom Sammeln und Jagen der Nahrung zu Ackerbau und Viehhaltung. Sie schufen die Basis für eine jahrtausendelange Auslesezüchtung der jeweils leistungsfähigsten Pflanzensorten und Tierrassen. Diese im heutigen Sinne noch völlig unwissenschaftliche, in ihrer langfristigen Zielgerichtetheit aber bereits äußerst wirkungsvolle Methode der menschlichen Einflußnahme auf die Evolution von «Nutzpflanzen» und «Nutztieren» war im Prinzip eine frühe, wenn auch im Vergleich zum heutigen Vorgehen noch «blinde» Form der Gentechnik – der unbewußten, aber dennoch planvollen Veränderung der genetischen Eigenart eines Organismus. Analoges gilt für die ebenfalls seit Jahrtausenden zum Haltbarmachen oder «Veredeln» von Nahrungsmitteln bei der Herstellung von Käse, Brot, Bier oder Wein biotechnologisch genutzten Bakterien und Hefen, und seit einigen

Abb. 57: Vergleich einer ursprünglichen Wildform mit einer hoch-
gezüchteten, ertragreichen Weizensorte, die das abgebildete Wachstums-
stadium im heute üblichen Anbau nur nach intensiver menschlicher Pflege
erreicht.

Jahrzehnten werden auch zur Gewinnung von Antibiotika, Vitami-
nen und anderen hochwertigen Substanzen aus Mikroorganismen
ausschließlich Hochleistungsstämme benutzt, die speziell für diesen Zweck gezüchtet wurden.

Alle diese Züchtungsprodukte waren trotz zielgerichteter Aus-
leseverfahren Zufallsergebnisse von individuellen Merkmalskom-
binationen bei der sexuellen Vermehrung oder von spontanen
Mutationen. Wie weit dies allerdings auch ohne Kenntnis der
Mendelschen Erbregeln und der molekularen Ereignisse bei Mutationen führen konnte, zeigt der tägliche Blick auf unsere Zier- und
Nutzpflanzen bzw. Haus- und Nutztiere. Ein besonders markantes
und geläufiges Beispiel ist die extreme Vielfalt unterschiedlicher
Hunderassen – vom Pinscher bis zur Dogge –, die alle von derselben Wildform, vom Wolf abstammen. Keine von ihnen wäre ohne
das intensive züchterische Einwirken des Menschen entstanden, so
wie auch alle übrigen Haus- und Nutztiere und alle wichtigen
Nahrungspflanzen durch langwierige Züchtung aus Wildformen
hervorgegangen sind, mit denen vor allem zahlreiche Nahrungspflanzen inzwischen nur noch sehr geringe Ähnlichkeit besitzen.

Ob Speisekartoffel, Brot- oder Futtergetreide, Blumenkohl oder Ölsaat – sie alle sind um größtmöglicher Ernteerträge und bestmöglicher Nahrungsqualität willen herausgezüchtete Pflanzenorgane, die nur unter dauerndem züchterischem Selektionsdruck entstehen und erhalten bleiben konnten. Dabei gehen die überproportional betonten Spezialleistungen in der physiologischen Balance des Gesamtorganismus direkt oder indirekt auf Kosten anderer ursprünglich vorhandener Eigenschaften, so daß eine insgesamt stark verringerte Vitalität gegenüber den Wildformen durch ständige menschliche Pflege und künstliche Schutzmaßnahmen ausgeglichen werden muß.

Dieser tiefe Eingriff in die Evolution der Arten – gravierend verstärkt durch die Explosion der menschlichen Bevölkerung, entsprechend intensive Nahrungsproduktion und die dadurch mittelbar oder unmittelbar bedingte Ausrottung oder ernsthafte Bedrohung vieler Arten – hat das Ökosystem Erde im Lauf der Jahrtausende nachhaltig verändert. Welch geringer Eigenwert dabei bisher der natürlichen Evolution beigemessen wurde, zeigt sich daran, daß es nicht nur um wichtige existentielle Grundbedürfnisse, sondern auch um die spielerische Herausforderung der Natur bei der Züchtung ästhetisch oder anderweitig besonders beeindruckender Spielarten von Zierorganismen und Haustieren ging (Zierpflanzen aller Art, Hunde, Kaninchen, Vögel, Fische u. a.).

Diese nachhaltige Veränderung der Ökosphäre wurde durch weltweite Vermischung der Arten in der jüngeren Phase der Menschheitsgeschichte entscheidend verstärkt. Ob gezüchtet oder ungezüchtet: Nutz- und Zierorganismen aller Art, mitsamt der ganzen Vielfalt ihrer natürlichen Begleiter – von praktisch allen wichtigen Nahrungspflanzen und -tieren über die japanische Zierkirsche und den Kartoffelkäfer bis zu zahllosen Krankheitserregern –, wurden mit der Eroberung der Kontinente ohne Beachtung möglicher ökologischer Konsequenzen weltweit verbreitet.

Die Frage, ob und wie diese Entwicklung zu verantworten sei, wurde entweder nicht gestellt oder hatte bestenfalls sehr begrenzte Wirkung, z. B. durch lokale Einfuhrverbote von Tier- und Pflanzenprodukten. Im Gegenteil: Von vergleichsweise unbedeutenden Ausnahmen abgesehen, wurde jeder weitere Artentransfer selbst aus fernen, zuvor unbekannten Kontinenten (Kartoffel, Tomate, Tabak, Mais, Kakao, Baumwolle, Gummibaum von Süd- und Mittelamerika in andere Weltregionen und viele andere Arten in umgekehrter Richtung) als neuer Beweis für die Stabilität und Plastizität der natürlichen Ökosysteme gewertet. Es ist heute nur noch schwer vorstellbar, daß vor nicht einmal hundert Jahren angesichts der überwältigenden Fülle ständig neu entdeckter Tier- und Pflanzenarten und immer noch riesiger unerforschter Erdregionen – weißer Flecken bis zur Größe Westeuropas auf der Weltkarte – der ökologische Puffer als praktisch unbegrenzt erschien. Um so nachdrücklicher drängt sich auch hier die Frage nach der Verantwortung zu einem Zeitpunkt auf, da viel weitreichendere Möglichkeiten in der Biotechnologie und in allen übrigen Bereichen der praktischen Anwendung biologischer Forschungsergebnisse mit dem schmerzlichen Erkennen unüberwindbarer Grenzen der bisherigen Entwicklung zusammentreffen.

Innerhalb nur eines Jahrhunderts ist das scheinbar unerschöpfliche und unzerstörbare, eher als bedrohend denn als bedroht empfundene Ökosystem Erde zu einem durch moderne Verkehrsmittel, Tourismus, Bulldozer, Kreissäge und Umweltgifte gefährdeten, mit höchster Priorität schützenswerten Gut geworden. Viele existentielle Bedrohungen, einschließlich der ursprünglich mächtigsten Konkurrenten, der großen Raubtiere, sind weitgehend beseitigt oder gebändigt – unvermindert geblieben sind vor allem Krankheiten und Hungersnöte. Von letzteren versuchte man sich immer mehr durch Ausweitung der landwirtschaftlichen Nutzflächen, intensive Züchtung und den Einsatz von Technik, Dünge- und Pflanzenschutzmitteln zu befreien. Die dramatische Zunahme der menschlichen Bevölkerung hat dieses Ziel immer wieder in unerreichbare Ferne gerückt: Mehr landwirtschaftlich nutzbare Fläche ist ohne ernsthafte Gefährdung der ökologischen Stabilität auf dieser Erde inzwischen nicht mehr verfügbar, und der anfangs gefeierte Einsatz von Pflanzenschutzmitteln hat sich bereits wieder als höchst ambivalent in seiner Auswirkung auf das Ökosystem herausgestellt. Heute richtet sich die größte Hoffnung auf die Züchtung, auch wenn eine weiter zunehmende menschliche Bevölkerung selbst bei steigender landwirtschaftlicher Produktionsrate und anhaltender Überproduktion in Europa und Nordamerika mit großer Wahrscheinlichkeit in Zukunft noch weniger ausreichend ernährt werden kann, als es derzeit der Fall ist.

Ein nicht weniger gravierendes Problem, wiederum potenziert durch die menschliche Bevölkerungsdichte, ist die Bekämpfung von Krankheiten – trotz aller immensen Fortschritte, insbesondere durch Hygiene, Antibiotika, Impfstoffe und synthetische Arzneimittel [s. die Beiträge von Eichmann, Gerok, Kaufmann]. Wohl in keinem Bereich der biologischen Forschung sind die praktischen Fortschritte so groß und gleichzeitig noch so jungen Datums, die weiteren Anstrengungen so umfangreich und die Erwartungen an die zukünftigen Entwicklungen so hoch.

Zwischenstand

So stehen Hoffnungen und Ängste, existentielle Nöte und die Sorge vor mangelndem Verantwortungsbewußtsein einander gegenüber. Zum ersten Mal ist es die Biologie, auf die sich beides konzentriert. Ausgangsbasis dafür waren die unerwartete Entdeckung einiger molekularbiologischer Phänomene und ein daraus entwickeltes neuartiges Methodenarsenal zur Erforschung und gezielten Veränderung der Gene [s. Gassen]. Molekularbiologie und ihr technischer Zwilling, die Gentechnik, stehen dafür als fast synonyme Begriffe, je nach erkenntnis- oder anwendungsorientiertem Methodeneinsatz. Das revolutionäre Ergebnis ist der Übergang von einer zufallsabhängigen Auslesezüchtung zur systematischen Übertragung, Veränderung oder Beseitigung einzelner Gene, die für molekular definierbare Merkmale verantwortlich sind. In der Wissenschaft ist dies die Molekulargenetik mit all ihren Facetten, in der praktischen Anwendung sind es das Züchten mit völlig neuen Mitteln, die Gendiagnostik, die Gentherapie, neuartige Syntheseverfahren und viele absehbare oder mit jedem zusätzlichen Methodensprung neu sich ergebende Weiterungen. Gleichzeitige Fortentwicklungen der Klonierungs- und Reproduktionstechniken, die Zell- und Entwicklungsbiologie eröffnet haben, ergänzen das Spektrum der Möglichkeiten.

Während die Reichweite und Konsequenzen dieser neuen Biologie erst in groben Umrissen erkennbar sind, kündigt sich bereits unter dem Schlagwort «Genomforschung» bzw. «Genomik» eine noch engere Verknüpfung biologischer Grundlagenforschung mit der wirtschaftlichen Nutzung an. Unter diesem nicht sehr konkreten Begriff – nichts anderes waren ja im Prinzip auch die klassische und der Beginn der molekularen Genetik – vollzieht sich gegenwärtig weltweit mit atemberaubender Geschwindigkeit der vermutlich folgenreichste Teil der biotechnologischen Revolution. Nie zuvor waren biologische Wissenschaft und Wirtschaft so eng miteinander verflochten, zum gegenseitigen Vorteil, aber auch in ungewohnter Konkurrenz. Mit großer Sogwirkung verbreiten die Modebegriffe von der «Leitwissenschaft» Biologie und der «Leittechnologie» Gentechnik gleichermaßen Faszination und besorgte Unruhe. Sie symbolisieren die suggestive Kraft der Kombination von wissenschaftlichem und ökonomischem Potential der Genomforschung, das in nie dagewesener organisatorischer und finanzieller Verflechtung von Grundlagenforschung, Wirtschaft und Politik im globalen Wettbewerb genutzt werden soll. Zum konkurrenzfähigen Mithalten werden in einigen Industrieländern öffentliche und private Mittel in einem Umfang eingesetzt wie mit Ausnahme von Weltraumprojekten niemals zuvor für ein wissenschaftsbasiertes Ziel von höchstem politisch-ökonomischem Interesse.

Absehbare Entwicklungen

Das Ergebnis wird eine neue «theoretische» Biologie sein, deren wissenschaftliche Grundlagen die dreidimensionalen Strukturen und die räumlichen und zeitlichen Muster der molekularen Wechselwirkungen innerhalb und zwischen Organismen sein werden. Wesentlich brisanter als die Vorstellung einer derart «gläsernen» Welt der Organismen ist jedoch das Nutzungspotential in der praktischen Anwendung, gerade weil auch die Biologie inzwischen vor einer gegenseitigen Durchdringung von Wissenschaft und Technik steht, wie sie – bisher eklatantestes Beispiel – vor allem im Bereich der Informatik so tiefgreifende Wirkung hatte.

Wohin diese Entwicklung führt, können wir im einzelnen nicht voraussehen, allein schon deshalb nicht, weil unerwartete Entdeckungen und methodische Durchbrüche immer wieder neue Möglichkeiten schaffen. Doch die große Linie einer theoretischer werdenden Biologie wird einerseits in der Wissenschaft die Umkehr des seit Aristoteles so erfolgreich betriebenen Reduktionismus sein: der Versuch, das lebendige Ganze aus der Wirkungsweise seiner einzelnen Teile zu verstehen. Wenn das Wesensmerkmal des Lebendigen nicht das bloße Zusammen*sein*, sondern das dynamische und koordinierte Zusammen*wirken* eines hochkomplexen Ganzen ist, dann ist die Kenntnis aller Teile für dessen Verständnis zwar unerläßlich, aber eben auch nicht mehr als der Beginn einer ebenfalls unerläßlichen, integrierten und theoretisch fundierten Betrachtungsweise.

Andererseits bewirkt die gegenseitige Durchdringung von Theorie und Praxis eine immer raschere Umsetzung der Forschungsergebnisse in die biotechnologische Anwendung. Dieser Trend hat besonders die alles dominierenden Bereiche Gesundheit und Ernährung erfaßt. Zahlreiche gentechnisch hergestellte, oft lebensrettende Arzneimittel, die mit konventionellen Methoden entweder gar nicht oder nur zu unerschwinglichen Preisen und in fragwürdiger Qualität zu haben waren, sind bereits auf dem Markt. Viele weitere sind in Erprobung, und besondere Anstrengungen richten sich auf die Entwicklung wirksamer und möglichst nebenwirkungsarmer Mittel gegen bisher kaum direkt behandelbare Krankheitsauslöser wie Rheuma, Allergien, Krebs, Aids-, Grippe- und andere Viren [s. Eichmann, Kaufmann]. Langfristig von mindestens gleichrangiger, für die vielen mittelbar oder unmittelbar Betroffenen von schicksalhafter Bedeutung sind die sich abzeichnenden Möglichkeiten der Gendiagnostik und der Gentherapie bei genetisch bedingten Erkrankungen oder Behinderungen [s. Gerok].

In der Züchtung landwirtschaftlicher Nutzpflanzen ist die Anwendung gentechnischer Methoden ebenfalls in vollem Gange. Die erste Generation gentechnisch veränderter («transgener») Pflanzen, die insbesondere in den USA bereits in großem Umfang angebaut werden, trägt noch jeweils ein einzelnes fremdes Gen («Transgen»), das Insekten- oder Herbizidresistenz (Mais, Soja, Baumwolle u.a.), längere Haltbarkeit («Gentomate») oder veränderte Produktzusammensetzung (Rapsöl, Kartoffelstärke) vermittelt. Die nächste Generation wird zwei oder mehr Transgene und damit auch komplexere Eigenschaften enthalten, vor allem Krankheitsresistenz – spätestens seit den großen Hungersnöten in der Mitte des 18. Jahrhunderts eines der vordringlichsten Ziele der Nutzpflanzenzüchtung – und Resistenz oder zumindest erhöhte Toleranz gegenüber extremen Temperaturen, Trockenheit oder hohem Salzgehalt von Wasser oder Boden.

Grundsätzlich wird alles bei der Verwendung transgener Pflanzen in der Züchtung von Interesse sein, was der Menge und der Qualität des Nahrungsangebots, der Vermeidung von Umweltschäden, der Nachhaltigkeit des Anbaus und der Herstellung interessanter Produkte dient, von der Stickstoffixierung zum Einsparen von Kunstdünger über impfstoffhaltige Früchte für kostengünstige Impfprogramme in Entwicklungsländern bis zu veränderten Holzeigenschaften zur Verringerung von Umweltschäden bei der Pa-

Stufen der Evolution

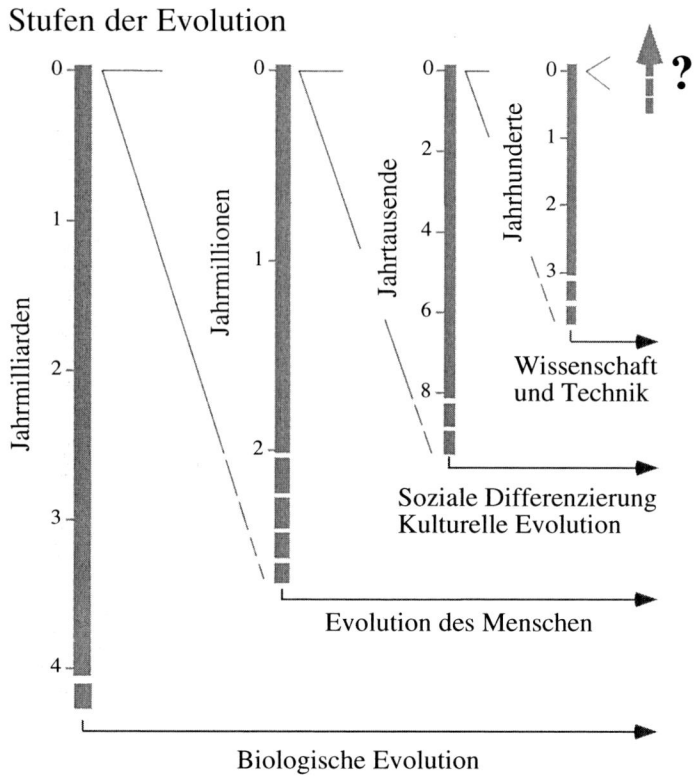

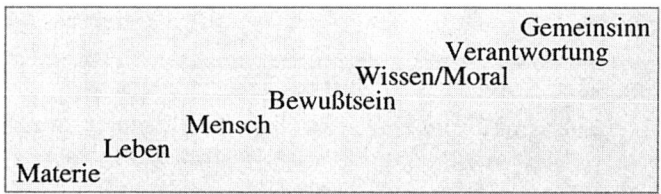

Abb. 58: Die wichtigsten Entwicklungsstadien von der Entstehung der Erde vor ca. 4,5 Milliarden Jahren (linke Skala) bis zur Jetztzeit mit der Frage nach der Verantwortung des weiteren Fortschritts.

pierherstellung. Analoges gilt für die prinzipiell ebenso vielfältigen, wenn auch jeweils artspezifischen Möglichkeiten in der Tier- und Mikroorganismenzüchtung – und entsprechend hoch sind auch hier die Anforderungen an ethische Maßstäbe und biologische Sicherheit.

Kurzum, wir erleben in der Biologie eine Revolution, die in ihrer historischen Bedeutung der neolithischen Revolution – dem folgenreichen Übergang vom passiven Erleben und Erleiden zum aktiven Gestalten der natürlichen Umwelt, vom Suchen und Aneignen zum Domestizieren und Produzieren, vom Umherziehen handwerklich und sprachlich begabter Primatenhorden zu Seßhaftigkeit und Welteroberung eines vernunftbegabten *Homo faber* – kaum nachstehen wird. Diesmal vollzieht sich der Wandel jedoch nicht in kleinen Menschengruppen auf einer steinzeitlichen Bewußtseins- und Entwicklungsstufe, denen die Tragweite ihres Tuns verborgen blieb, sondern er ist das Ergebnis bewußten Handelns, das die volle Last der Verantwortung trägt und von der Gewißheit ausgehen muß, daß es trotz aller Träume vom Paradies auf dem einmal eingeschlagenen Weg nicht zurück, sondern nur vorwärts gehen kann.

Doch wie soll diese Verantwortung realisiert werden angesichts der ständig zunehmenden Geschwindigkeit, der kaum hinterfragten Automatik und der globalen Anonymisierung des wissenschaftlichen und technischen Fortschritts, zumal in einer Welt härtester Konkurrenzkämpfe und blutiger Konfrontationen, die wenig Anlaß zu Vertrauen in eine verantwortungsbewußte Gestaltung der zukünftigen Lebensbedingungen gibt, vielmehr tiefsitzende Ängste ständig verstärkt? Oder kürzer und konkreter gefragt: Wer kann und wer muß in dieser Situation was verantworten?

Grundpositionen und übergeordnete Ziele

Auf diese Frage einigermaßen konkret und allgemeingültig einzugehen verlangt, einige Grundpositionen vorauszusetzen, auf die teilweise bereits direkt oder indirekt Bezug genommen wurde:
- Ängste, wie begründet oder unbegründet sie auch sein mögen, sind ernstzunehmende Fakten.
- Wissenschaft und Technik sind wesentliche Bestandteile der menschlichen Kultur und damit der Gesellschaft als Ganzes.
- Wissenschaft ist Suche nach Erkenntnis von zuvor Unbekanntem, also grundsätzlich nicht planbar im Hinblick auf erwünschtes oder unerwünschtes Wissen.
- Risikofreies Leben ist unmöglich. Das beständige Ziel ist Risikominimierung.
- Die Ambivalenz jeglichen Handelns und jeglichen Fortschritts

ist ebenso unausweichlich wie das Dilemma, komplexe, langfristig entstandene und langfristig wirkende Probleme (Bevölkerungsexplosion, Ressourcenübernutzung, ökologische Schäden) nicht kurzfristig mit einfachen Mitteln lösen zu können.

• Um so mehr werden alle realisierbaren Beiträge geleistet werden müssen, auch wenn jeder einzelne nur geringe Wirkung hat.

• Ein Bekenntnis zu einer lebenswerten Zukunft ist ein Bekenntnis zum Fortschritt. Eine Gesellschaft, die sich nur mit dem beschäftigt, was sie nicht will, hat keine Zukunft.

• Fortschritt ist das Fortschreiten von einer geerbten Gegenwart zu einer mitverantworteten Zukunft. Mit fortschreitender Erkenntnis wächst die Verantwortung.

• Verantwortung ist eine moralische Kategorie, die mit den Mitteln der Wissenschaft allein weder begründet noch sichergestellt werden kann.

• Verantwortung ist unteilbar. Jeder verantwortet uneingeschränkt all sein Tun und Unterlassen, auch in Mitverantwortung für das Ganze.

• Verantwortungsbewußtes Urteilen über Entwicklungen in Wissenschaft und Technik verlangt ausreichendes Grundwissen als Absicherung gegen realitätsferne Meinungsbildung.

• Und schließlich: Resignation und passives Verharren in der Hoffnung, doch noch den Königsweg «zurück zur Natur» zu finden, ist verlorenes Mitwirkungspotential.

Von der Biologie sind besonders wirksame Beiträge vor allem in den Bereichen Ökologie und Molekularbiologie/Gentechnik zu erwarten. Die ökologische Forschung kann dazu beitragen, eines der wichtigsten Wissensgebiete der Biologie aus der Belastung durch Glaubensdogmatik und ideologischen Richtungsstreit zu befreien, und somit der eigentliche Gewinn des Wechsels von einer reduktionistischen zu einer integrativen Betrachtungsweise sein. Zwar erscheinen ökologische Forschung und deren praktische Nutzanwendung geradezu als vorrangiges Diktat der Verantwortung. Doch um so leichter wird übersehen, daß auch auf diesem scheinbar so eindeutigen Gebiet die Ambivalenz des Handelns unausweichlich ist, daß Anwendung ein Willensakt, ein Zusammenfügen von interpretiertem Erfahrungswissen und zielgerichtetem Wollen ist und daß es absolutes, unumstößlich gesichertes Wissen grundsätzlich nicht geben kann – daß also ausnahmslos jedes Tun und jedes Unterlassen relativ zu anderen Interpretations- und Entscheidungsmöglichkeiten verantwortet werden muß. Jede Entscheidung hat angesichts der komplexen Netzwerke, in denen alle natürlichen Systeme ebenso wie alle menschlichen Aktivitäten untereinander und miteinander verwoben sind, vielfältige Auswirkungen und deswegen neben absoluter immer auch relative Bedeutung.

Entscheidungen dieser Art erfordern deshalb als gemeinsame Ausgangsbasis allgemeingültige Zielsetzungen und deren Reihung nach Prioritäten, die in jedem konkreten Einzelfall den übergeordneten Bezug zu den wichtigsten existentiellen Grundbedürfnissen und zu den unverzichtbaren ethischen Grundprinzipien herstellen. Unter möglichst gleichrangiger Berücksichtigung der aus biologischer Sicht essentiellen Lebens- und Überlebensfähigkeit einer stabilitätssichernden Artenvielfalt und der aus ethischer Sicht zu fordernden Lebenswürde dürfte die Reihung zumindest der fünf wichtigsten Ziele kaum strittig sein:

1. Erhaltung einer nachhaltig lebensfähigen Biosphäre
2. Achtung und Sicherung der Menschenwürde
3. Sicherung der menschlichen Ernährung (Qualität und Quantität)
4. Menschliche Gesundheit im übrigen (Vorsorge und Heilung)
5. Artenschutz, soweit nicht in 1. enthalten

Ein derartig grundsätzlicher Kriterienkatalog als Richtschnur für verantwortungsvolles Handeln hat mehrere entscheidende Vorteile gegenüber einer jeweils spezifisch auf eine wissenschaftliche oder technische Entwicklung bezogenen und damit fast immer ohne Rücksicht auf den größeren Zusammenhang geführten Anwendungs- bzw. Nichtanwendungsdebatte: Er sichert die Existenz übergeordneter, allgemeingültiger Ziele auch bei weit auseinanderliegenden Partikularinteressen, er zwingt zur integrierten Betrachtungsweise, und er betont neben der hohen Verantwortung der Biologen und Biotechnologen auch die Mitverantwortung jedes einzelnen Mitglieds der Gesellschaft. Einige allgemeine Schlußfolgerungen hierzu werden den Abschluß dieses Kapitels bilden. Zunächst aber trotz der erforderlichen Kürze einige konkrete Beispiele.

Ob die technische Nutzanwendung einer wissenschaftlichen Entdeckung für wünschenswert oder akzeptabel befunden wird, sollte also nicht das Ergebnis einer eingeschränkten Absolutbetrachtung, sondern einer relativen Bewertung anhand aller relevanten Kriterien sein. Gentechnik zum Beispiel sollte grundsätzlich nur dann angewendet werden, wenn dadurch ein hochrangiges Ziel besser als auf jedem anderen Weg erreicht werden kann, ohne daß damit ein unakzeptabler Nachteil für eines oder gar mehrere übergeordnete Ziele verbunden ist. Das bedeutet vor allem anderen, daß die Lebens- und Überlebensfähigkeit der Biosphäre als Ganzes unter keinen Umständen gefährdet sein darf, nicht einmal zur Verhinderung von Tod durch Hunger oder Krankheit. Da aber eine derartige Gefährdung durch Gentechnik nach umfangreicher, inzwischen mehr als dreißigjähriger Erfahrung nicht erkennbar ist, sie im Gegenteil bei verantwortungsvoller Nutzung vielfältige Möglichkeiten für anders nicht erreichbare Fortschritte im Bereich der menschlichen Gesundheit sowie für eine ertragreichere und gleichzeitig umweltschonendere Landwirtschaft bietet, kann sie sowohl den Zielen 3 und 4 als auch dem wichtigsten ersten Ziel dienen – allerdings entsprechend der Forderung des Kriterienkatalogs unter der Voraussetzung, daß das zweite Ziel nicht mißachtet wird.

Das zweite Ziel, die Achtung und Sicherung der Menschenwürde, und weitgehend auch das fünfte, ein noch genauer zu definierender Artenschutz, sind nicht primär biologisch, sondern ethisch begründet. Sie stehen für das Bedürfnis des Menschen nach persönlicher Freiheit und Sinnhaftigkeit, nach Unantastbarkeit der genetischen und emotionalen Individualität sowie nach möglichst weitgehender Berücksichtigung der Lebenswürde auch der «Mitgeschöpfe», insbesondere der biologisch und emotional nahestehenden Tiere. Dieses Bedürfnis entspricht aus biologischer Sicht dem individuell-gesundheitlich und ökologisch stabilisierenden Wert der genetischen Vielfalt, drückt aber indirekt als inhärenten Gegenpol auch das Konfliktpotential in einer zu hohen Populationsdichte aus.

Die Würde eines Individuums besteht also in seiner in jeder Hinsicht respektierten und unmanipulierten, d. h. «gewürdigten» Individualität, auch wenn seine soziale Integration Kompromisse verlangt. Jeder gezielte Eingriff in die genetische Identität ist eine Form der Züchtung und muß deshalb beim Menschen, ob mit oder ohne Gentechnik, mit Sicherheit ausgeschlossen sein – es sei denn zur Heilung eines objektiv feststellbaren Gendefekts bei schwerer genetisch bedingter Krankheit, keinesfalls aber zur Verwirklichung eines subjektiv definierten Wunschziels. Bei allen übrigen Organismen muß der züchterische Eingriff möglichst weitgehend auf die Punkte 3 und 4 der Zieldefinition beschränkt bleiben.

Der entscheidende Vorteil einer solchen Orientierung an übergeordneten Kriterien liegt in ihrer langfristig uneingeschränkten
Allgemeingültigkeit und entsprechenden Unabhängigkeit vom
jeweiligen Stand von Wissenschaft und Technik. Der Ausschluß
von Menschenzüchtung und klar formulierte Einschränkungen bei
der Züchtung anderer Organismen gelten unabhängig von den
jeweils verfügbaren Methoden. Damit werden alle aus einge-
schränkter Perspektive und damit notwendigerweise unvollständig
geführte Debatten über die Zulässigkeit einzelner Techniken oder
Forschungsgebiete durch die übergeordnete Frage ersetzt, welche
der vorhandenen oder zu entwickelnden Techniken die geeignetsten sind, um ein angestrebtes Ziel zu erreichen.

Vor allem das fünfte, bisher noch sehr unzureichend definierte
Ziel eines erweiterten Artenschutzes – jenseits der Mindestanfor-
derungen einer nachhaltig lebensfähigen Biosphäre – verlangt nach
den bisherigen Erfahrungen mit vielen überwiegend emotional
oder gar ideologisch motivierten Diskussionen über so unterschiedliche Teilaspekte wie Tierexperimente, Tierzüchtung, Tier-
haltung, Tiertransporte, Natur-, Pflanzen-, Vogel-, Kröten- und
Landschaftsschutz besonders dringend nach einer grundsätzliche-
ren Betrachtungsweise. Die gleichzeitige Festlegung sowohl der
vorrangigen Ziele als auch klar definierter Grenzen von jeglicher
Tier-, Pflanzen-, Pilz- und Bakterienzüchtung würde vermutlich
der Verwirklichung des übergeordneten Gesamtziels eines möglichst umfassenden Artenschutzes wesentlich wirkungsvoller dienen als getrennte Lösungsversuche von Teilproblemen, die dann
jeweils alle übrigen Belange weitgehend außer acht lassen. Voraussetzung ist allerdings auch hier die Bereitschaft der Fachexperten
und der übrigen Mitglieder der Gesellschaft zu gemeinsamem,
verantwortungsvollem Handeln.

Verantwortung des Biologen

Biologen sind eine der vielen Gruppen von Spezialisten in einer
differenzierten Gesellschaft. Der Biologe verantwortet sein Handeln nicht nur grundsätzlich wie jedes andere Mitglied der Gesellschaft, sondern darüber hinaus spezifisch als Fachexperte. Als
Fachwissenschaftler verantwortet er vor allem die Qualität und die
Methoden seiner Forschungsarbeit, die Einhaltung gesetzlicher
Bestimmungen und ethischer Normen sowie die Interpretation

und die Kommunikation seiner Ergebnisse, einschließlich der absehbaren Konsequenzen, die sich aus seinem Kenntnisstand ergeben.

Der gegenwärtige Stand läßt keinen Zweifel daran, wie groß für jeden einzelnen Biologen die Verantwortung der «Jahrhundertwissenschaft» Biologie ist, sowohl nach außen gegenüber der Gesellschaft als Ganzes wie auch innerhalb der rasch wachsenden Gemeinschaft der auf diesem Gebiet tätigen Spezialisten. Da alle übrigen Teile der Gesellschaft die Biologie – und insbesondere ihr sichtbares Ergebnis, die Biotechnologie – wie jede andere Allianz von Wissenschaft und Wirtschaft vor allem als anonyme Macht und allein schon deshalb als fremd und bedrohlich wahrnehmen, besteht ein wesentlicher Teil der Verantwortung des Biologen im Überwinden dieser Anonymität. Das verlangt persönliches Einbringen in die öffentliche Diskussion. Dabei sind erfahrungsgemäß allgemeine Klarstellungen bezüglich der Begrenztheit und Nichtvorhersagbarkeit jeglichen Wissens sowie der grundsätzlichen Ambivalenz von wissenschaftlichem und technischem Fortschritt ebenso wichtig wie die sachgerechte Darstellung einzelner Forschungsergebnisse und ihrer übergeordneten Zusammenhänge.

Von der anderen Seite betrachtet: Die allgemeine Bereitschaft, den verantwortungsvollen Umgang mit dem Nutzungspotential der Biologie als vordringliche Gemeinschaftsaufgabe anzusehen, setzt den Abbau irrationaler Ängste durch rationale Diskussion voraus. Daß der Biologe dazu die notwendige Sachinformation ebenso wie seine fachliche Einschätzung der «Chancen und Risiken» biotechnologischer Anwendung objektiv und für Laien einsichtig beiträgt, ist der selbstverständlichste Teil seiner Verantwortung. Neben speziellem Fachwissen gehört dazu jedoch ebenso selbstverständlich die notwendige Kenntnis der Zusammenhänge und das strikte Einhalten der Grenze zwischen solider Wissenschaft und sensationssüchtiger Pseudowissenschaft, kurz: Kompetenz und Redlichkeit.

Zwei über die Grenzen der biologischen Fachdisziplinen hinaus bekannte Beispiele für verantwortungsbewußten Umgang mit neuartigen Erkenntnissen sind die äußerst strengen, selbstauferlegten Regeln für die Anwendung von Gentechnik bereits in der Anfangsphase ihrer Entwicklung und die Festlegung einer mehrstufigen Risikoabschätzung bei Freilandversuchen mit transgenen Pflanzen (vom Labor und Gewächshaus mit jeweils speziellen Sicherheitsvorschriften über kontrollierte Feldversuche bis zum freien Feldanbau). In beiden Fällen haben sich die ursprünglichen Vorsichtsmaßnahmen mit zunehmender Erfahrung als allzu weitgehend erwiesen und bilden in entsprechend abgemilderter Form inzwischen weltweit die Grundlage der Gentechnikgesetzgebung. Derartige Beispiele sind Maßstab und Verpflichtung.

Verantwortung der Gesellschaft

Doch die Verantwortung des Biologen läuft ins Leere, wenn der Adressat – der übrige Teil der Gesellschaft – ihr nicht auf seine Weise entspricht, d. h. seiner korrespondierenden Verantwortung als Träger der Gemeinschaftsaufgabe nicht gerecht wird. Die Verantwortung der Gesellschaft besteht in der Bereitschaft zur unvoreingenommenen Auseinandersetzung mit neuen Entwicklungen in der Wissenschaft, dem Bemühen um ausgewogene Urteilsbildung in Fragen von allgemeinem Interesse sowie der darauf gründenden Mitwirkung in demokratischen Entscheidungsprozessen. Urteilsbildung setzt Urteilsfähigkeit voraus und diese wiederum ausreichendes Grundwissen, insbesondere in so entscheidungsrelevanten Fächern wie der Biologie.

Grundwissen bedeutet mehr als die notwendigen Grundkenntnisse in wichtigen Sachfragen. Ebenso unerläßlich ist eine breite Schul- und Allgemeinbildung als Gegenpol einer zunehmenden Spezialisierung, der gegen pseudowissenschaftliche Sensationsberichte die notwendige Skepsis setzt und eine feste Ausgangsbasis für ein ausgewogenes, wenn auch naturgemäß im fachlichen Detail laienhaftes Urteil bildet. Viel ist gewonnen, wenn auf dieser Basis bei der Urteilsbildung auch so grundlegende und einflußreiche Tatsachen berücksichtigt werden wie die Dominanz individueller und kollektiver Konsuminteressen gegenüber ethischen Grundsätzen, die scheinbare Sicherheit von Meinungen gegenüber der tatsächlichen Unsicherheit des Wissens, die oft nur scheinbare Informationsaufnahme in Form von reizvoller, aber sachlich unzuverlässiger Unterhaltung («Infotainment»), die unausweichliche Janusköpfigkeit des Fortschritts und die alles überragende Bedeutung der drei großen, sich gegenseitig verstärkenden Jahrhundertprobleme: Bevölkerungsexplosion, globale Umweltzerstörung und unsoziales Verhalten – von Diffamierung und materieller Ausbeutung bis zu Terrorismus und Krieg.

Gemeinsam verantwortete Wissenschaft

Gemeinsinn und Wissen sind die Grundlagen verantwortungsbewußten Handelns. Die anstehenden Probleme sind zu groß und zu
drängend, als daß die Verweigerung von Wissen aus Angst vor der
niedrigen Schwelle vom Segen zum Fluch eine verantwortbare
Haltung sein könnte. Die großen Erkenntnissprünge der Biologie
eröffnen nicht nur eine neue Dimension des Wissens über uns
selbst und die übrige belebte Natur, sondern auch den Zugang zu
einer daraus abgeleiteten Wertschätzung, die als Basis für eine
schonende Nutzung statt weiterer Zerstörung der biologischen
Vielfalt unerläßlich ist.

Die Fortschritte von Wissenschaft und Technik waren die entscheidenden Triebkräfte der jüngsten Phase der Evolution. Wer
am weiteren Fortschritt teilhaben will, verantwortet ihn mit; wer
ihn ablehnt, trägt dafür die Verantwortung.

Literatur

Clar, Günter, Doré, Julia, und Mohr, Hans, Hrsg., (1997): Humankapital und Wissen. Grundlagen einer nachhaltigen Entwicklung. Springer-Verlag, Berlin.

Frühwald, Wolfgang, (1997): Zeit der Wissenschaft. Forschungskultur an der
Schwelle zum 21. Jahrhundert. DuMont Buchverlag, Köln.

Hahlbrock, Klaus, (1991): Kann unsere Erde die Menschen noch ernähren? Bevölkerungsexplosion – Umwelt – Gentechnik. Piper Verlag, München (vergriffen,
Anfragen an den Autor).

Markl, Hubert, (1986): Natur als Kulturaufgabe. Über die Beziehung des Menschen zur lebendigen Natur. Deutsche Verlags-Anstalt, Stuttgart.

Winnacker, Ernst-Ludwig, (1997): Das Genom. Möglichkeiten und Grenzen der
Genforschung. Eichborn Verlag, Frankfurt/M.

Die Autorinnen und Autoren

Eichmann, Klaus, Dr. med., geb. 1939. Studium der Medizin in Marburg und München. 1968–71 Research Associate und Assistant Professor an der Rockefeller University in New York, dann bis 1976 Nachwuchsgruppenleiter am Institut für Genetik der Universität Köln und bis 1981 Abteilungsleiter am Deutschen Krebsforschungszentrum in Heidelberg. Seit 1981 Direktor am Max-Planck-Institut für Immunbiologie in Freiburg i. Br., Leiter der Abt. Zelluläre Immunologie. 1992–95 Präsident der European Federation of Immunological Societies. Ca. 200 Originalpublikationen über immunbiologische Themen.

Franke, Werner Wilhelm, geb. 1940. Studium der Biologie, Chemie und Physik in Heidelberg, anschließend Assistent und ab 1971 Dozent an der Universität Freiburg. 1973 Ernennung zum Abteilungsleiter am Deutschen Krebforschungszentrum (DKFZ) in Heidelberg, zugleich C3-Professur an der Heidelberger Universität. 1982–90 Geschäftsführender Direktor des Instituts für Zell- und Tumorbiologie am DKFZ, seit 1988 Vorsitzender des Wiss. Rates des DKFZ. 1986 Berufung zum ordentlichen Professor der Universität Heidelberg. Franke hat eine reiche Publikationstätigkeit entwickelt und gehört(e) als Herausgeber bzw. Mitherausgeber zum Stab von etwa 20 internationalen wissenschaftlichen Zeitschriften. 1982–90 war er Präsident der European Cell Biology Organization (ECBO), 1988–94 Generalsekretär der European Molecular Biology Conference (EMBC) und wurde 1999 zum Präsidenten der Deutschen Gesellschaft für Zellbiologie gewählt. Er ist Mitglied der Heidelberger Akademie der Wissenschaften und der Academia Europaea sowie Ehrenmitglied der American Association of Anatomists. Für seine Arbeiten erhielt er zahlreiche Preise, u.a. den Wilhelm-und-Maria-Meyenburg-Preis für Krebsforschung (1981), den Ernst-Jung-Preis für Med. Forschung (1984), den Wilhelm-Feldberg-Preis (England, 1995) und den Preis der Deutschen Krebsgesellschaft (1995).

Gassen, Hans Günter, geb. 1938. Chemiestudium in Marburg. 1967–69 Postdoc am Oak Ridge Natl. Lab., USA; 1969–71 am Max-Planck-Institut f. experimentelle Medizin in Göttingen. 1972 Habilitation in Münster; 1986–92 Leiter des Forschungsverbundes «Angewandte Gentechnik» mit den Firmen Grünenthal, Merck und Röhm. Seit 1973 Professor und Leiter des Fachgebiets Biochemie an der TU Darmstadt. Firmengründungen: B.R.A.I.N. GmbH (1993), GENIUS GmbH (1998). Mitglied der DFG-Senatskommission «Lebensmittel». 5 Sachbücher, ca. 150 wiss. Veröffentlichungen.

Gerok, Wolfgang, Dr. med., Dr. med. h. c., geb. 1926 in Tübingen. Studium der Medizin in Freiburg und Tübingen. Wiss. Ausbildung am Max-Planck-Institut f. Biochemie, am Pathologischen Institut in Tübingen und am Laboratorium f. Proteinchemie der Med. Klinik in Zürich. Internistische Ausbildung an den Universitätskliniken Marburg, Tübingen und Mainz. 1968–94 Ärztl. Direktor an der Med. Universitätsklinik Freiburg i. Br. Wiss. Arbeitsgebiet: Biochemie und Molekularbiologie der Leberkrankheiten. 1987–88 Vorsitzender der Ges. Deutscher Naturforscher u. Ärzte. Mehrere Auszeichnungen und Mitgliedschaften wissenschaftl. Akademien, darunter der LEOPOLDINA. Mitglied des Ordens Pour le mérite für Wissenschaft und Künste.

Hahlbrock, Klaus, Dr. rer. nat., geb. 1935 in Hameln. Studium der Chemie, anschließend von 1966–67 und wieder 1968–73 Wiss. Assistent am Lehrst. f. Biochemie der Pflanzen der Univ. Freiburg i. Br., dazwischen (und wieder 1969) als Postdoctoral Fellow an der University of California in Davis. 1973 Wiss. Rat und Professor, 1976 und 1979 Dekan der Fakultät für Biologie in Freiburg. Seit 1983 Wiss. Mitglied der Max-Planck-Gesellschaft und Direktor am MPI f. Züchtungsforschung in Köln. 1988–91 Vorsitzender des wiss. Beirats der GSF (Forschungszentrum für Umwelt und Gesundheit) in Neuherberg/München. 1990–93 Vorsitzender der Biologisch-Medizinischen Sektion und seit 1996 Vizepräsident und Mitglied des Senats der Max-Planck-Gesellschaft. Mitglied der LEOPOLDINA (seit 1996 im Senat der Akademie) und der Academia Europaea; korr. Mitglied der American Society of Plant Physiologists. Foreign Associate der National Academy of Sciences der USA. Tate and Lyle Award (1979); Otto-Bayer-Preis (1985).

Hektor, Thomas, Dr. Ing., geb. 1964. Studium der Chemie in Darmstadt, 1991–95 Doktorand bei Prof. Gassen, anschließend Wiss. Mitarbeiter in der Abt. f. Öffentlichkeitsarbeit der TU Darmstadt. 1997–98 Laborleiter in einem BMBF-Forschungsprojekt zur Entwicklung eines Nukleinsäure-Biosensors bei der Fa. Merck, seit 1999 Projektleiter in der Fa. GENIUS. Arbeitet z. Z. an einem System zur Bewertung möglicher Langzeitschäden durch Einsatz gentechnischer Methoden im Lebensmittelbereich.

Jäckle, Herbert, Dr. rer. nat., geb. 1949 in Konstanz. Studium der Chemie und Biologie in Freiburg i. Br., als Postdoc 1978–81 an der University of Texas at Austin und am EMBL in Heidelberg. 1982–87 Leiter einer Nachwuchs- sowie einer Arbeitsgruppe am Max-Planck-Institut für Entwicklungsbiologie in Tübingen, dann bis 1991 Professor für Genetik an der Universität in München, seit 1991 Direktor der Abt. Molekulare Entwicklungsbiologie am MPI f. biophysikal. Chemie in Göttingen. Mitglied der Akademie LEOPOLDINA und zahlreicher wiss. Gremien. Neben wiss. Publikationen über molekularbiol. Techniken und ihre Anwendung auf Entwicklungsprozesse bei *Drosophila* Mitarbeit an Lehrbüchern (zuletzt am Lehrb. d. Genetik, hrsg. v. W. Seyffert, Stuttgart 1998). Zahlreiche wiss. Auszeichnungen, darunter der Gottfried-Wilhelm-Leibniz-Preis (1986), die Karl-Ritter-von-Frisch-Medaille (1992), die Mendel-Medaille der LEOPOLDINA und der Louis-Jeantet-Preis f. Medizin (1999).

Kaufmann, Stefan H. E., Dr. rer. nat., geb. 1948 in Ludwigshafen/Rhein. Studium der Biologie in Mainz, Habilitation 1981 für Mikrobiologie und Immunologie an der FU Berlin. 1987–91 Professor für Med. Mikrobiologie und Immunologie, danach bis 1998 Ordinarius für Immunologie an der Universität Ulm. Seit 1993 Gründungsdirektor und wiss. Mitglied am Max-Planck-Institut für Infektionsbiologie in Berlin. Veröffentlichte mehrere hundert wiss. Arbeiten zur Infektionsimmunologie, Herausgabe mehrerer Bücher. Kaufmann ist Mitherausgeber zahlreicher wiss. Zeitschriften aus den Bereichen Infektion und Immunität.

König, Barbara, Dr. rer. nat., geb. 1955 in Saarbrücken. Studium der Biologie in Konstanz; 1980 einjähriger Studienaufenthalt am Dept. of Zoology der Monash University in Melbourne, Australien. Nach Promotion bei Hubert Markl in Konstanz (1985) bis 1988 als Postdoc am Zoolog. Institut der Univ. Basel. Nach kurzer freiberuflicher Tätigkeit als Übersetzerin ab 1989 Wiss. Assistentin/Oberassistentin in Würzburg. 1996 Heisenberg-Stipendium, ab 1996 außerordentliche Professur f. Zoologie, speziell Verhaltensbiologie an der Universität Zürich. 1985 Byk-Preis der Herbert-Quandt-Stiftung.

Mohr, Hans, Dr. rer. nat., Drs. h. c. (Strasbourg, Frankreich, und Limburg, Belgien), geb. 1930 in Altburg/Schwarzwald. Studium der Biologie, Physik und Philosophie in Tübingen, anschließend Postdoctoral Research Fellow in den USA. Seit 1960 Professor für Biologie an der Universität Freiburg i. Br. Von 1992–96 Vorstandsmitglied der Akademie f. Technikfolgenabschätzung in Stuttgart. 1997 Emeritierung. Mitglied der LEOPOLDINA (seit 1992 Mitglied des Präsidiums) und der Heidelberger Akademie der Wissenschaften. 17 Bücher, darunter Lehrbuch der Pflanzenphysiologie (5 Aufl., englische Ausgabe 1995). Zahlreiche Buchbeiträge, ca. 300 Artikel in Fachzeitschriften. Max-Born-Medaille (1990); Arthur-Burkhardt-Preis (1997); Staatsmedaille in Gold des Landes Baden-Württemberg und Bundesverdienstkreuz 1. Klasse (1998).

Nachtigall, Werner, Dr. rer. nat., geb. 1934 in Saaz (Sudeten). Studium der Naturwissenschaften in München. Nach Promotion und Staatsexamen 1959–66 Assistent am radiologischen, dann zoologischen Institut der Univ. München. 1967 als Gastforscher am Dept. of Zoology in Berkeley. Seit 1969 Professor für Zoologie an der Universität des Saarlandes; 1990 Gründung der Gesellschaft «Technische Biologie und Bionik». Mitglied der Akademie der Wissenschaften und der Literatur zu Mainz. 1971 Fabricius-Medaille, 1982 Karl-Ritter-von-Frisch-Medaille. Ca. 200 wissenschaftliche Veröffentlichungen, 24 Bücher.

Perl, Sabine, Dipl.-Ing., geb. 1969. Chemiestudium an der TU Darmstadt, seit 1996 Dissertation bei Prof. Gassen. Seit 1999 Wiss. Mitarbeiterin in der Abt. Biotechnologie der Hessischen Technologie-stiftung.

Singer, Wolf, Dr. med., geb. 1943 in München. Studium der Medizin in München und an der Université de Paris. Nach der Promotion (München 1968) Ausbildungsaufenthalt an der University of Sussex, England. 1975 Habilitation an der med. Fakultät der TU München. Seit 1981 wissenschaftl. Mitglied der Max-Planck-Gesellschaft und Direktor am MPI für Hirnforschung in Frankfurt/M. Mitglied zahlreicher wiss. Gesellschaften und Kommissionen sowie verschiedener Editorial Boards. Mitglied der LEO-POLDINA, der Pontifical Academy of Sciences und der Berlin-Brandenburgischen Akademie der Wissenschaften. Preis der IPSEN Foundation 1991; Ernst-Jung-Preis und Zülch-Preis (1994); Hessischer Kulturpreis (1998).

Sitte, Peter, Dr. phil., Dr. rer. nat. h. c., geb. 1929 in Innsbruck. Studium der Biologie, Physik, Chemie und Philosophie in Innsbruck. 1959–65 a. o. Professur an der Heidelberger Universität, dann bis zur Emeritierung 1996 Professor für Zellbiologie an der Universität Freiburg i. Br. Mitglied (und Senator) der Akademie LEOPOLDINA sowie der Akademien d. Wiss. in Göttingen und der Österreichischen Akademie der Wissenschaften. Präsident mehrerer wiss. Gesellschaften (f. Elektronenmikroskopie 1974–75; f. Zellbiologie 1975–77; Ges. Deutscher Naturforscher u. Ärzte 1977–78). Autor, Mitautor bzw. Herausgeber mehrerer Bücher. Ca. 180 wiss. Veröffentlichungen. 1971–83 Herausgeber von «Biologie in unserer Zeit». Schleiden-Medaille (1992); Lorenz-Oken-Medaille (1992); Miescher-Ishida Award (1998).

Streit, Bruno, Dr. phil., geb. 1948 in Basel. Studium der Biologie und Limnologie in Basel und Konstanz. Nach Habilitation und Lehr- und Forschungstätigkeit als Dozent an der Univ. Basel. 1982 Wechsel an die Stanford University in Kalifornien. 1984 Berufung an die Univ. Frankfurt, seit 1985 Leitung der Abteilung Ökologie und Evolution. Zahlreiche Spezialarbeiten aus diesem Bereich; Herausgeber bzw. Autor mehrerer Bücher (z. T. in Englisch) aus den Bereichen Biologie, Ökologie, Evolutionsbiologie und Umweltwissenschaften.

Tanner, Widmar, Dr. rer. nat., geb. 1938 in Wagstadt (Mähren). Promotionsarbeit an der Purdue University, Indiana, USA. 1969 Habilitation an der Universität München, seit 1970 Inhaber des Lehrstuhls für Zellbiologie und Pflanzenphysiologie der Universität Regensburg. Zahlreiche wiss. Arbeiten über Membrantransportvorgänge, sowie über Verlauf und Funktion der Glykosylierung von Proteinen. Eh. Mitglied des Wissenschaftsrates, des Präsidiums der Deutschen Forschungsgemeinschaft und Prorektor der Universität Regensburg. Mitglied der LEOPOLDINA und der Bayerischen Akademie der Wissenschaften.

Vollmer, Gerhard, Dr. rer. nat., Dr. phil., geb. 1943. 1963–73 Studien in Physik, Mathematik, Chemie, Philosophie und Sprachwissenschaften in München, Berlin, Hamburg, Freiburg, Montreal. Nach vier Assistentenjahren und sechs Jahren als Akadem. Rat/Oberrat 1981–91 Professor für Philosophie in Gießen, seit 1991 an der TU Braunschweig. Mitglied der Akademie LEOPOLDINA. Arbeitsgebiete: Logik, Erkenntnis- und Wissenschaftstheorie, Naturphilosophie, Künstliche Intelligenz. Bücher: Evolutionäre Erkenntnistheorie (1975, 7. Aufl. 1998); Was können wir wissen? Zwei Bände (1985–86); Wissenschaftstheorie im Einsatz (1993); Auf der Suche nach der Ordnung (1995; alle bei Hirzel, Stuttgart); Biophilosophie (1995, Reclam, Stuttgart).

Wieser, Wolfgang, Dr. phil., geb. 1924 in Wien. Studium der Zoologie, Botanik, Anthropologie und Philosophie an der Universität Wien. Nach mehrjährigen Studienaufenthalten in Schweden und den USA ab 1960 Universitätsassistent in Wien. Seit 1967 Vorstand des Instituts für Zoophysiologie der Universität Innsbruck, das 1978 mit dem Inst. f. Zoologie vereinigt wurde. 1994 Emeritierung. Mitglied der Österr. Akademie der Wissenschaften, Fellow of the American Association for the Advancement of Science. Zahlreiche Fachpublikationen und Bücher, zuletzt Bioenergetik (1986); Vom Werden zum Sein – Energetische und soziale  Aspekte der Evolution (1986); Die Evolution der Evolutionstheorie (1994; Hrsg.). Eine ausführliche Darstellung der in seinem Beitrag angesprochenen Konzepte und Probleme der modernen Evolutionsbiologie findet sich in seinem jüngsten Buch: Die Erfindung der Individualität oder die zwei Gesichter der Evolution (Spektrum Verlag, Heidelberg 1998).

Naturwissenschaften bei C. H. Beck

Holk Cruse/Jeffrey Dean/Helge Ritter
Die Entdeckung der Intelligenz oder Können Ameisen denken?
Intelligenz bei Tieren und Maschinen
1998. 278 Seiten mit 71 Abbildungen. Gebunden

Randolph M. Nesse/Georg C. Williams
Warum wir krank werden
Die Antworten der Evolutionsmedizin
Aus dem Amerikanischen von Susanne Kuhlmann-Krieg
2. Auflage. 1998. 320 Seiten mit 11 Abbildungen und
2 Tabellen. Gebunden

Reimara Rössler/Peter E. Kloeden
Das Thanatosprinzip
Biologische Grundlagen des Alterns
Unter Mitwirkung von Otto E. Rössler und einem
Vorwort von Peter Weibel
1997. 215 Seiten mit 13 Abbildungen. Gebunden

Volker Sommer
Heilige Egoisten
Die Soziobiologie indischer Tempelaffen
1996. 301 Seiten mit 32 Abbildungen und 2 Tabellen. Gebunden

Volker Sommer
Wider die Natur?
Homosexualität und Evolution
1990. 224 Seiten mit 17 Abbildungen und 9 Tabellen. Gebunden

Tijs Goldschmidt
Darwins Traumsee
Nachrichten von meiner Forschungsreise nach Afrika
Aus dem Niederländischen von Janneke Panders
Nachdruck der 1. Auflage. 1998. 349 Seiten mit 27 Abbildungen.
Gebunden

Verlag C. H. Beck München

Naturwissenschaften bei C.H.Beck

Hansjörg Küster
Geschichte des Waldes
Von der Urzeit bis zur Gegenwart
1998. 267 Seiten mit 53 Abbildungen, davon 47 in Farbe. Leinen

Hansjörg Küster
Geschichte der Landschaft in Mitteleuropa
Von der Eiszeit bis zur Gegenwart
20.–32. Tausend der Gesamtauflage. 1999. 424 Seiten mit
211 Abbildungen, Grafiken und Karten, davon 193 in Farbe.
Broschierte Sonderausgabe

Dezsö Varju
Mit den Ohren sehen und den Beinen hören
Die spektakulären Sinne der Tiere
1998. 285 Seiten mit 34 Abbildungen, davon 9 in Farbe. Gebunden

Reinhard Werth
Hirnwelten
Berichte vom Rande des Bewußtseins
1998. 231 Seiten mit 11 Abbildungen. Gebunden

Klaus Michael Meyer-Abich
Vom Baum der Erkenntnis zum Baum des Lebens
Ganzheitliches Denken der Natur in Wissenschaft und Wirtschaft
Von Klaus Michael Meyer-Abich, Gerhard Scherhorn,
Franz-Theo Gottwald, Hans Werner Ingensiep,
Michael Drieschner, Zeyde-Margreth Erdmann
1997. 470 Seiten. Leinen
Kulturgeschichte der Natur in Einzeldarstellungen

Claus Priesner/Karin Figala (Hrsg.)
Alchemie
Lexikon einer hermetischen Wissenschaft
1998. 412 Seiten mit 40 Abbildungen. Leinen

Verlag C.H.Beck München